数学分析理论及其应用技巧研究

侯丽芬　赵士元　李小娥　著

吉林科学技术出版社

图书在版编目(CIP)数据

数学分析理论及其应用技巧研究 / 侯丽芬，赵士元，李小娥著. --长春：吉林科学技术出版社，2021.5

ISBN 978-7-5578-8046-0

Ⅰ.①数… Ⅱ.①侯… ②赵… ③李… Ⅲ.①数学分析－研究 Ⅳ.①O17

中国版本图书馆 CIP 数据核字(2021)第 099163 号

SHUXUE FENXI LILUN JIQI YINGYONG JIQIAO YANJIU

数学分析理论及其应用技巧研究

著　　侯丽芬　赵士元　李小娥
出 版 人　宛　霞
责任编辑　郑宏宇
封面设计　马静静
制　　版　北京亚吉飞数码科技有限公司
幅面尺寸　170 mm×240 mm
开　　本　710 mm×1000 mm　1/16
字　　数　399 千字
印　　张　22.25
印　　数　1—5 000 册
版　　次　2022 年 3 月第 1 版
印　　次　2022 年 3 月第 1 次印刷

出　　版　吉林科学技术出版社
发　　行　吉林科学技术出版社
地　　址　长春市南关区福祉大路 5788 号龙腾国际大厦
邮　　编　130118
发行部传真/电话　0431－85635176　85651759　85635177
85651628　85652585
储运部电话　0431－86059116
编辑部电话　0431－81629516
网　　址　www.jlsycbs.net
印　　刷　三河市德贤弘印务有限公司

书　　号　ISBN 978-7-5578-8046-0
定　　价　94.00 元

如有印装质量问题　可寄出版社调换

前　言

随着信息科学与计算技术的发展，数学在理论和应用两方面的重要性越来越突出，同时使得一些专业对数学基础课程在内容的深度和广度上都提出了更高的要求.数学分析是以极限为工具，研究函数的微分和积分的一门学科.学好数学分析将为进一步学习微分方程、复变函数、数值计算方法以及概率论等打下坚实的基础.通过对数学分析的学习有助于读者树立辩证唯物主义思想和观点，有助于培养读者严密的逻辑思维能力和较强的抽象思维能力.

本书系统地总结了数学分析的基本知识、基本理论、基本方法和解题技巧，收集了大量的具有代表性的题目，由浅入深地介绍了数学分析的解题思路和解题方法，在解题过程中启发读者进而打开思路并掌握技巧，使读者能够更好地融汇知识、理解概念和掌握方法，以提高读者分析问题和解决问题的能力.

全书共分为 15 章，包括实数与函数、极限、函数的连续性、导数与微分、一元函数不定积分、一元函数定积分、数项级数、函数列与函数项级数、幂级数、傅里叶级数、多元函数微分学、隐函数定理及其应用、含参量积分与广义积分、重积分、曲线积分与曲面积分.

本书主要的特色是：

(1)本书在知识处理上力求整体化、系统化、深入化，注重概念的加深理解、定理的使用方法总结及典型例题解题方法的剖析，旨在揭示数学分析的方法、解题规律与技巧，使学生牢牢掌握数学分析的基本理论和方法，大力提高解题能力.

(2)在传授知识的同时，培养读者比较熟练的运算能力、抽象思维和形象思维能力、逻辑推理能力、自主学习能力以及一定的数学建模能力，正确领会一些重要的数学思想方法，以提高抽象概括问题的能力和应用数学知识分析解决实际问题的能力.

全书由侯丽芬、赵士元、李小娥撰写，具体分工如下：

第 1 章～第 5 章：侯丽芬(朔州师范高等专科学校)；

第 6 章、第 12 章～第 15 章：赵士元（朔州师范高等专科学校）；

第 7 章～第 11 章：李小娥（潞安职业技术学院）.

本书的撰写凝聚了作者的智慧、经验和心血，在撰写过程中参考并引用了大量的书籍、专著和文献，在此向这些专家、编辑及文献原作者表示衷心的感谢.由于作者水平所限以及时间仓促，书中难免存在一些不足和疏漏之处，敬请广大读者和专家给予批评指正.

作　者

2021 年 1 月

目　录

第 1 章　实数与函数 ………………………………………… 1

1.1　实数 ………………………………………… 1

1.2　集合及其确界 ………………………………………… 5

1.3　函数的概念 ………………………………………… 9

第 2 章　极限 ………………………………………… 24

2.1　数列与函数的极限 ………………………………………… 24

2.2　两个重要的极限 ………………………………………… 38

2.3　求极限的一些方法与技巧 ………………………………………… 42

2.4　无穷小量与无穷大量 ………………………………………… 46

2.5　单调数列与函数极限的应用 ………………………………………… 50

第 3 章　函数的连续性 ………………………………………… 60

3.1　连续性的概念 ………………………………………… 60

3.2　连续函数的性质 ………………………………………… 61

3.3　无穷小与无穷大的阶 ………………………………………… 64

3.4　函数的一致连续性 ………………………………………… 68

3.5　连续函数性质的应用 ………………………………………… 69

第 4 章　导数与微分 ………………………………………… 72

4.1　导数及导函数的性质 ………………………………………… 72

4.2　导数的运算规则 ………………………………………… 77

4.3　高阶导数 ………………………………………… 79

4.4　微分及其在近似计算中的应用 ………………………………………… 82

4.5　微分中值定理及导数的应用 ………………………………………… 86

第 5 章　一元函数不定积分 ………………………………………… 97

5.1　不定积分的概念 ………………………………………… 97

5.2　换元积分法与分部积分法 ………………………………………… 100

5.3　有理函数的积分法 …… 110
5.4　可化为有理函数的积分法 …… 114

第6章　一元函数定积分 …… 118
6.1　定积分的概念 …… 118
6.2　可积条件和定积分的性质 …… 120
6.3　定积分的基本公式 …… 125
6.4　定积分的应用 …… 131

第7章　数项级数 …… 142
7.1　数项级数的基本概念 …… 142
7.2　数项级数的敛散性 …… 147
7.3　正项级数 …… 151
7.4　变号级数 …… 159
7.5　无穷乘积 …… 168

第8章　函数列与函数项级数 …… 173
8.1　收敛概念 …… 173
8.2　函数项级数及其一致收敛性 …… 180
8.3　一致收敛函数列与函数项级数的性质 …… 184

第9章　幂级数 …… 190
9.1　幂级数及其性质 …… 190
9.2　函数的幂级数展开 …… 196
9.3　幂级数的应用举例 …… 202

第10章　傅里叶级数 …… 209
10.1　傅里叶级数 …… 209
10.2　以$2l$为周期的函数的傅里叶级数 …… 216
10.3　收敛定理的证明 …… 218
10.4　傅里叶级数的应用举例 …… 223

第11章　多元函数微分学 …… 225
11.1　平面点集与多元函数 …… 225
11.2　多元函数的极限和连续性 …… 230
11.3　多元函数的偏导数和全微分 …… 231
11.4　高阶偏导数 …… 242

11.5 多元复合函数的求导法…… 245
11.6 多元函数的极值及其应用…… 249

第 12 章 隐函数定理及其应用 …… 253
12.1 隐函数存在定理…… 253
12.2 偏导数的几何应用…… 259
12.3 条件极值…… 265

第 13 章 含参量积分与广义积分 …… 271
13.1 含参变量的积分…… 271
13.2 无穷区间上的广义积分…… 276
13.3 广义积分收敛性的判别…… 277
13.4 欧拉积分、广义积分的计算 …… 279

第 14 章 重积分 …… 282
14.1 二重积分及其计算…… 282
14.2 三重积分及其计算…… 290
14.3 计算重积分的反常对策…… 294
14.4 重积分的应用…… 298

第 15 章 曲线积分与曲面积分 …… 312
15.1 第一型曲线积分…… 312
15.2 第一型曲面积分…… 318
15.3 第二型曲线积分…… 321
15.4 第二型曲面积分…… 326
15.5 高斯公式和斯托克斯公式…… 333

参考文献…… 343

第1章　实数与函数

函数是高等数学的主要研究对象，它可以被认为是高等数学尤其是微积分理论的灵魂，函数是抽象出来的一种数量与数量之间的对应规律.这一章内容主要介绍实数与函数的概念和一些基本性质.为了以后的叙述方便，本章中还介绍一些数学中常用的符号.

1.1　实　数

1.1.1　实数的概念

数学分析研究的基本对象是定义在实数集上的函数.已经知道，有理数和无理数统称为实数，实数的全体称为实数集或实数域，记为 $\mathbf{R}$，即

$$\mathbf{R}=\{x \mid x \text{ 为实数}\}$$

实数集 $\mathbf{R}$ 中的任意一个实数与数轴上的点是一一对应的，因此对于实数和数轴上的点今后不加区别.

实数集具有以下性质：

(1)实数集对加、减、乘、除(除数不为零)四则运算是封闭的，即任意两个实数的加、减、乘、除(除数不为零)仍然为实数.

(2)实数集是有序集，即任意两个实数 a 和 b 必满足下列 3 个关系之一：

$$a<b, a=b, a>b.$$

(3)实数的大小关系具有传递性，即若 $a>b$，$b>c$，则有 $a>c$.

(4)实数集具有稠密性，即任何两个不相等的实数之间必有有理数，也必有无理数.从而进一步推得任何两个不相等的实数之间，必有无穷多个有理数，也必有无穷多个无理数.

(5)实数具有阿基米德性，即对任何两个正实数 a 和 b，若 $b>a>0$，则存在正整数 n，使得 $na>b$.

例 1.1.1 设 $a,b\in\mathbf{R}$.证明:若对任意正数 ε,有 $a>b-\varepsilon$,则 $a\geqslant b$.

证明:反证法.假设 $a<b$.取正数 $\varepsilon_0=b-a>0$,由已知条件,得

$$a>b-\varepsilon_0=b-(b-a)=a.$$

这显然是矛盾的.

1.1.2 实数连续的完备性和紧性的统一

本节将给出实数连续统完备性和紧性的定理,同时叙述实数连续性的基本定理,并主要讨论实数基本定理之间彼此相互推证的方法及应用,从而说明实数连续的完备性和紧性的统一.

首先叙述实数的完备性定理.

定理 1.1.1(柯西收敛原理) 数列 $\{x_n\}$ 收敛 $\mathbf{N}^+\Leftrightarrow$ 对任意的 $\varepsilon>0$,存在正整数 N,对任意的 $n,m>N$,有 $|x_n-x_m|<\varepsilon$.

实数闭区间的紧性共有四个定理:

定理 1.1.2(有限覆盖定理) 闭区间 $[a,b]$ 的任一个覆盖,必存在有限的子覆盖.

定理 1.1.3(区间套定理) 设 $\{[a_n,b_n]\}$ 是一个区间套,则必存在唯一的实数 r,属于每一个闭区间 $[a_n,b_n]$,$n=1,2,\cdots$,即 $r\in\bigcap\limits_{n=1}^{\infty}[a_n,b_n]$.

定理 1.1.4(紧致性定理) 有界数列必有收敛的子数列.

定理 1.1.5(聚点定理) 有界无穷点集至少有一聚点.

实数连续性的等价定理:

定理 1.1.6(戴德金实数连续性定理) 实数系 R 按戴德金连续性准则是连续的. 即对 R 的任一分划 $A|B$,都存在唯一的实数 r,它大于或等于下类 A 中的每一个数,小于或等于上类 B 中的每一个实数.

定理 1.1.7(确界存在原理) 在实数系 R 内,非空的有上(下)界的数集必有上(下)确界存在.

定理 1.1.8(单调有界原理) 单调上升(下降)有上(下)界的数列必有极限.

实数闭区间的紧性的四个定理是等价的,本节只给出聚点定理证明紧致性定理.

例 1.1.2 利用聚点定理证明紧致性定理.

证明:设 $\{x_n\}$ 为有界数列,若 $\{x_n\}$ 中有无限多个相等的项,则由这些项组成的子列是一个常数列,而常数列总是收敛的.

若数列$\{x_n\}$不含有无限多个相等的项，则在数轴上对应的点集必为有界无限点集，故由聚点定理，点集$\{x_n\}$至少有一个聚点，记为ξ. 下证$\{x_n\}$中有子列收敛于ξ. 由聚点的定义知对任意的$\varepsilon>0$，邻域$(\xi-\varepsilon,\xi+\varepsilon)$中含有$\{x_n\}$中无穷多个点.

取$\varepsilon_1=1$，存在n_1，使$x_{n_1}\in(\xi-1,\xi+1)$.

取$\varepsilon_2=\dfrac{1}{2}$，存在$n_2>n_1$，使$x_{n_2}\in\left(\xi-\dfrac{1}{2},\xi+\dfrac{1}{2}\right)$，

取$\varepsilon_k=\dfrac{1}{k}$，存在$n_k>n_{k-1}$，使$x_{n_k}\in\left(\xi-\dfrac{1}{k},\xi+\dfrac{1}{k}\right)$，

从而得到的子列$\{x_{n_k}\}$，满足$x_{n_k}\in\left(\xi-\dfrac{1}{k},\xi+\dfrac{1}{k}\right)$，则$|x_{n_k}-\xi|<\dfrac{1}{k}$，于是$\lim\limits_{k\to\infty}x_{n_k}=\xi$.

即证得结论.

例 1.1.3　利用紧致性定理证明柯西收敛原理的充分性.

证明：设数列$\{x_n\}$满足$\mathbf{N}^+$对任意的$\varepsilon>0$，存在正整数N，对任意的n，$m>N$，有$|x_n-x_m|<\varepsilon$，则取$\varepsilon=1$，存在n_0，当$n>n_0$时，有$|x_n-x_{n_0}|<1$，因此$|x_n|<|x_{n_0}|+1$.

取$M=\max\{|x_1|,|x_2|,\cdots,|x_{n_0-1}|,|x_{n_0}|+1\}$，则有$|x_n|\leqslant M$，从而$\{x_n\}$有界，有收敛的子数列$\{x_{n_k}\}$，设$\lim\limits_{k\to\infty}x_{n_k}=a$，下面证明$\lim\limits_{n\to\infty}x_n=a$. 任给$\varepsilon>0$，存在$N_1$，当$n>N_1$时，$\forall n,m>N_1$，$|x_n-x_m|<\dfrac{\varepsilon}{2}$.

另一方面，存在k_0，当$k>k_0$时，有$|x_{n_k}-a|<\dfrac{\varepsilon}{2}$，取$N=\max\{N_1,n_{k_0}\}$，只要$n>N$，选取$n_k>N$，有

$$|x_n-a|\leqslant|x_n-x_{n_k}|+|x_{n_k}-a|<\frac{\varepsilon}{2}+\frac{\varepsilon}{2}=\varepsilon.$$

例 1.1.4　利用柯西收敛原理证明区间套定理.

证明：设$\{[a_n,b_n]\}$是一个区间套，则对任意的正整数n和m，不妨假定$n<m$，则由区间套的定义知$|a_n-a_m|\leqslant|a_n-b_n|$，又因为$\lim\limits_{n\to\infty}(b_n-a_n)=0$，则任给$\varepsilon>0$，存在$N$，当$n>N$时，$\forall n,m>N$，有$|a_n-a_m|\leqslant|a_n-b_n|<\varepsilon$.

由柯西收敛原理知数，列$\{a_n\}$收敛，设为r，则$b_n=b_n-a_n+a_n\to r$，从而r即为所求，由极限的唯一性及区间套的构造知唯一性满足.

由例 1.1.2、例 1.14 知，实数的完备性和实数闭区间的紧性是等价的，从而对于实数域，完成了完备性和紧性的统一.

1.1.3 实数连续理论在数学中的应用

现代分析的理论基础是极限理论，而极限理论的基础建立在实数系的连续性理论中，因此实数基本定理在现代分析的理论证明中具有非常重要的作用.

定理 1.1.9 $f(x)$在x_0点连续的充要条件是：任给$\varepsilon>0$，存在$\delta>0$，当$|x'-x_0|<\delta$，$|x''-x_0|<\delta$时，恒有$|f(x')-f(x'')|<\varepsilon$.

证明：必要性：由$f(x)$在x_0点连续知$\lim\limits_{x\to x_0}f(x)=f(x_0)$，故$\forall\varepsilon>0$，$\exists\delta>0$，$\forall x$，$|x-x_0|<\delta$，就有$|f(x)-f(x_0)|<\frac{\varepsilon}{2}$，因此由$|x'-x_0|<\delta$，$|x''-x_0|<\delta$知

$$\begin{aligned}|f(x')-f(x'')|&=|(f(x')-f(x_0))-(f(x'')-f(x_0))|\\&\leqslant|f(x')-f(x_0)|+|f(x'')-f(x_0)|<\varepsilon.\end{aligned}$$

因而必要性成立.

充分性：设$\{x_n\}$是任意满足$\lim\limits_{n\to\infty}x_n=x_0$的数列，由已知$\forall\varepsilon>0$，$\exists\delta>0$，只要$|x'-x_0|<\delta$，$|x''-x_0|<\delta$时，就有$|f(x')-f(x'')|<\varepsilon$.

对上述$\delta>0$，由于$\lim\limits_{n\to\infty}x_n=x_0$，故$\exists N$，$\forall n>N$时，有$|x_n-x_0|<\delta$，于是$\forall m>N$，有$|x_m-x_0|<\delta$，则$|f(x_n)-f(x_m)|<\varepsilon$，即$\{f(x_n)\}$是基本列，由实数列的 Cauchy 收敛准则知$\lim\limits_{n\to\infty}f(x_n)$存在.由$\{x_n\}$的取法知任意趋向于$x_0$的实数列$\{x_n\}$，$\lim\limits_{n\to\infty}f(x_n)$存在.下证它们的极限都相等.

反设$\lim\limits_{n\to\infty}x_n=x_0(x_n\neq x_0)$，$\lim\limits_{n\to\infty}x'_n=x_0(x'_n\neq x_0)$，但$\lim\limits_{n\to\infty}f(x_n)\neq\lim\limits_{n\to\infty}f(x'_n)$，则定义一个新的数列

$$\{y_n\}=\{x_1,x'_1,x_2,x'_2,\cdots\},$$

由$\{y_n\}$的构造知$\lim\limits_{n\to\infty}y_n=x_0$，但$\lim\limits_{n\to\infty}f(y_n)$有两个子序列极限不相等，故极限$\lim\limits_{n\to\infty}f(y_n)$不存在，矛盾.从而任意趋向于$x_0$的实数列$\{x_n\}$构成的数列$f(x_n)$都有极限存在，而且极限都相等，由 Heine 归结原则知$\lim\limits_{x\to x_0}f(x)$存在.特别地，取$\{x_n\}$为恒为$x_0$的常数列，则可得$\lim\limits_{n\to\infty}f(x_n)=f(x_0)$，即$\lim\limits_{x\to x_0}f(x)=f(x_0)$，从而$f(x)$在$x_0$点连续.

同理，可得到下面类似的结论：

定理 1.1.10 (1)$\lim\limits_{x\to\infty}f(x)$存在的充要条件是：任给$\varepsilon>0$，存在$X>0$，当$|x'|>X$，$|x''|>X$时，恒有$|f(x')-f(x'')|<\varepsilon$.

(2) $\lim\limits_{x\to x_0^+} f(x)$存在的充要条件是：任给 $\varepsilon>0$，存在 $\delta>0$，当 $x'-x_0<\delta$，$x''-x_0<\delta$ 时，恒有 $|f(x')-f(x'')|<\varepsilon$.

有了函数极限的收敛法则后，证明函数极限的收敛时就可以避开用定义证明时必须要先已知极限值的弊端，而可以直接从函数值相减的角度出发. 另外，它也是继 Heine 定理的另一种证明函数极限不存在的有效工具.

1.2　集合及其确界

1.2.1　集合的概念与基本运算

一般来说，把具有某种共同特性的事物的全体称为集合，属于集合的每个个体称为该集合的元素.我们通常用大写拉丁字母 $A, B, C\cdots$ 表示集合，用小写拉丁字母 $a, b, c\cdots$ 表示集合中的元素.如果 a 是集合 A 中的元素，就说 a 属于 A，记作：$a\in A$；否则就说 a 不属于 A，记作：$a\notin A$.

一般地，我们常接触以下几个集合：**N** 表示所有自然数构成的集合，称为自然数集；**R** 表示所有实数构成的集合，称为实数集；**Z** 表示所有整数构成的集合，称为整数集；**Q** 表示所有有理数构成的集合，称为有理数集.

设 A、B 是两个集合，如果集合 A 的元素是集合 B 的元素，则称 A 是 B 的子集，记作 $A\subseteq B$.如果集合 A 与集合 B 互为子集，$A\subset B$ 且 $B\subset A$，则称集合 A 与集合 B 相等，记作 $A=B$.若 $A\subseteq B$ 且 $A\neq B$，则称 A 是 B 的真子集，记作 $A\subset B$.不含任何元素的集合称为空集，记作 φ.规定空集是任何集合的子集.

集合的基本运算有并、交、差.

由所有属于集合 A 或属于集合 B 的元素组成的集合称为 A 与 B 的并集，记作 $A\cup B$，$A\cup B=\{x\mid x\in A，或\ x\in B\}$.

由所有属于集合 A 且属于集合 B 的元素组成的集合称为 A 与 B 的交集，记作 $A\cap B$，$A\cap B=\{x\mid x\in A，且\ x\in B\}$.

如果一个集合含有 A 中的元素，但不含有集合 B 中的元素，那么就称该集合为 A 与 B 的差集，记作 $A-B$，$A-B=\{x\mid x\in A，且\ x\notin B\}$.

1.2.2　区间和邻域

区间是用得较多的一类数集.区间有如表 1-2-1 所示.

表 1-2-1

区间的名称	区间满足的不等式	区间的记号	区间在数轴上的表示
闭区间	$a \leqslant x \leqslant b$	$[a,b]$	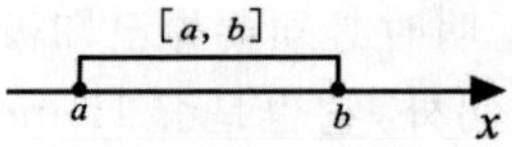
开区间	$a < x < b$	(a,b)	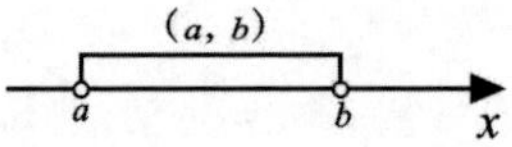
半开 区间	$a < x \leqslant b$ 或 $a \leqslant x < b$	$(a,b]$ 或 $[a,b)$	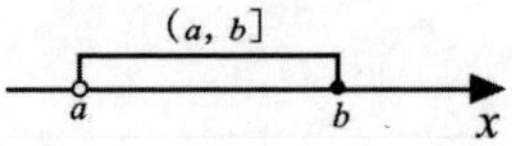 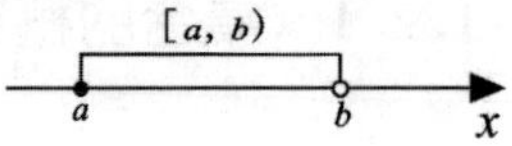

另外，我们还可以定义一些无限区间：

$[a,+\infty)$表示不小于 a 的实数的全体，即为：$a \leqslant x < +\infty$；

$(-\infty,b)$表示小于 b 的实数的全体，即为：$-\infty < x < b$；

$(-\infty,+\infty)$表示全体实数 R，也可记为：$-\infty < x < +\infty$；

这里 $-\infty$ 和 $+\infty$ 是一个符合，分别读作正无穷大和负无穷大.

邻域也是一个经常用的集合.设 a 与 δ 是两个实数，当 $\delta > 0$ 时，我们称开区间$(a-\delta,a+\delta)$为点 a 的 δ 邻域，记作 $U_{\delta}(a)$.点 a 称为邻域的中心，δ 称为邻域的半径.点 a 的 δ 邻域在数轴上表示为以点 a 为中心，长度为 2δ 且不包括端点的线段(图 1-2-1).

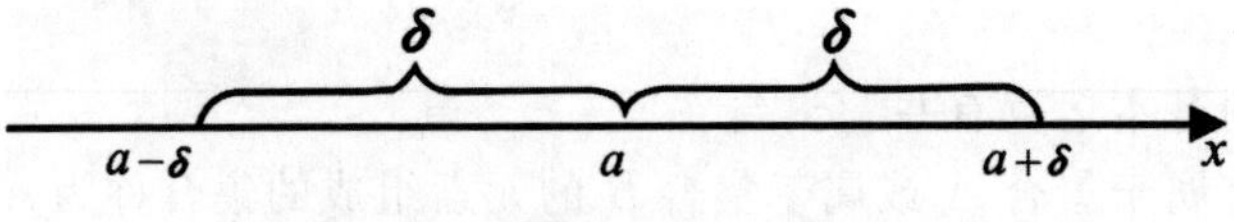

图 1-2-1

如果我们把点 a 去掉，则点集$\{x \mid a-\delta < x < a\} \cup \{x \mid a < x < a+\delta\}$称为点 a 的去心 δ 邻域，记作$\mathring{U}_{\delta}(a)$(图 1-2-2).

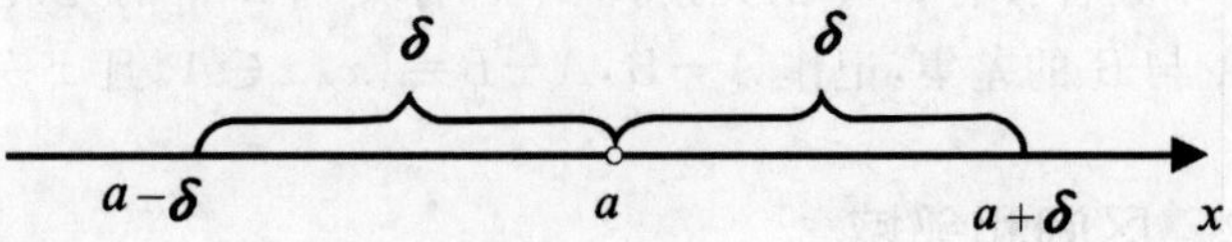

图 1-2-2

1.2.3 确界存在定理的应用

确界存在定理中包含着上确界和下确界的定义，因上(下)确界本身有独立的意义，从而有广泛的应用，在函数可积性的充要条件的讨论中窥见一斑.

例 1.2.1 设 A 与 B 皆为非空有界数集，定义数集

$$A+B=\{z \mid z=x+y, x\in A, y\in B\}$$

证明：(1)$\sup(A+B)=\sup A+\sup B$；

(2)$\inf(A+B)=\inf A+\inf B$.

证明：(1)由已知，A 与 B 皆为非空有界数集，根据确界存在定理，它们的上、下确界都存在.对任意的 $z\in A+B$，由定义，存在 $x\in A$ 及 $y\in B$ 使得

$$z=x+y\leqslant \sup A+\sup B,$$

即实数 $\sup A+\sup B$ 是数集 $A+B$ 的上界；又 $\forall \varepsilon>0$，$\exists x'\in A$，$\exists y'\in B$，使得 $x'>\sup A-\dfrac{\varepsilon}{2}$，$y'>\sup B-\dfrac{\varepsilon}{2}$，从而 $z'=x'+y'\in A+B$ 且 $z'>\sup A+\sup B-\varepsilon$，由定义可得 $\sup(A+B)=\sup A+\sup B$.

同理证明(2).

例 1.2.2 设数集 A 有上界，但无最大数，证明在 A 中必能找到严格单调递增的数列 $\{x_n\}$，使得 $\lim\limits_{n\to\infty}x_n=\sup A$.

证明：根据确界存在定理知 $\sup A$ 存在，记 $\alpha=\sup A$.由 A 无最大数知 $\alpha\notin A$，由上确界的定义知，对 $\varepsilon_1=1$，存在 $x_1\in A$ 使得 $\alpha>x_1>\alpha-1$，对 $\varepsilon_2=\dfrac{1}{2}$，存在 $x_2\in A$ 使得 $\alpha>x_2>\max\left\{\alpha-\dfrac{1}{2}, x_1\right\}$，一般地，对 $\varepsilon_n=\dfrac{1}{n}$，存在 $x_n\in A$ 使得 $\alpha>x_n>\max\left\{\alpha-\dfrac{1}{n}, x_{n-1}\right\}$，易证这样选取的数列 $\{x_n\}$ 即为所求.

例 1.2.3 $f(x)$在 D 单调增加并有界，证明 $f(x)$在任意的 $x_0\in D$ 存在左右极限.

证明：对任意的 $x_0\in D$，由 $f(x)$在 D 有界知 $\eta=\sup\limits_{x<x_0}f(x)$存在. $\forall \varepsilon>0$，$\exists x_1<x_0, x_1\in D$，使得 $\eta-\varepsilon<f(x_1)\leqslant\eta$. 取 $\delta=x_0-x_1$，则当 $x_0-\delta<x<x_0$ 时，$x>x_1$，于是 $\eta-\varepsilon<f(x_1)\leqslant f(x)\leqslant\eta$，即 $|f(x)-\eta|<\varepsilon$，故 $f(x)$在 x_0 存在左极限.同理证明 $f(x)$在任意的 $x_0\in D$ 存在右极限.

例 1.2.4 (1)用确界存在定理证明有限覆盖定理.

(2)用确界存在定理证明闭区间连续函数的有界性.

(3)用确界存在定理证明闭区间连续函数的最值定理.

证明:(1)$[a,b]$有一个覆盖$E=\{E_\alpha\}$.定义数集$A=\{x>a\mid[a,x]$有E的有限子覆盖$\}$.从区间的左端点$x=a$开始,由于E中当然有一个开区间覆盖a,因此a及其右侧的附近的点均在A中,从而数集A非空.由A的定义知,若$x\in A$,则$[a,x]\subset A$.因此,若A无上界,则$b\in A$.从而$[a,b]$在E有有限的子覆盖.设A有上界,由确界存在定理得A有上确界.设$\xi=\sup A$.任取$x<\xi(x>a)$,由上确界的定义知,$\exists y\in A$使$x<y$,则$[a,x]\subset[a,y]\subset A$,故$x\in A$.因此只需证$b<\xi$.用反证法,若$b\geqslant\xi$,则$\xi\in[a,b]$.因此,存在开区间$E_0\in E$使$\xi\in E_0$.于是可找到$a_0,b_0\in E_0$,使$a<a_0<\xi<b_0$.由上面知$a_0\in A$.即$[a,a_0]$在$E$有有限子覆盖.在此子覆盖中再加上一个开区间$E_0$,就成为$[a,b_0]$的一个有限子覆盖,所以$b_0\in A$,这与$\xi=\sup A$矛盾.

(2)设$f(x)$在闭区间$[a,b]$连续,定义数集$A=\{x\in[a,b]\mid f(x)$在$[a,x]$有界$\}$.由于$f(x)$在a右连续,故$f(x)$在a右侧附近局部有界,从而数集A非空.因$A\subset[a,b]$,由确界存在定理得A有上确界.设$\xi=\sup A$,则$\xi\leqslant b$.由A的定义可知,若$x\in A$,则$[a,x]\subset A$.任取$a<x<\xi$,由上确界的定义知,$\exists y\in A$使$x<y$,则$[a,x]\subset[a,y]\subset A$,故$x\in A$.下证$\xi=b$.用反证法,若$\xi<b$,则$\xi\in[a,b)$.由$f(x)$在$\xi$连续知,存在$\delta>0$使$f(x)$在$[\xi-\delta,\xi+\delta]$有界.由上面知$[a,\xi-\delta]\subset A$.从而$f(x)$在区间$[a,\xi+\delta]=[a,\xi-\delta]\cup[\xi-\delta,\xi+\delta]$有界,因此$\xi+\delta\in A$,与$\xi=\sup A$矛盾,故$\xi=b$.由$f(x)$在$b$连续知,存在$\delta'>0$使$f(x)$在$[b-\delta',b]$有界.又由前面知$f(x)$在$[a,b-\delta']$有界,因此$f(x)$在$[a,b]$有界.

(3)假设$f(x)$在$[a,b]$连续,设它的值域为D.由有界性知D有上界和下界,根据确界存在定理知其有上确界和下确界,设为M和m,下证存在ξ,使得$f(\xi)=M$.若不然,则对任意$x\in[a,b]$,都有$f(x)<M$.令$g(x)=\dfrac{1}{M-f(x)},x\in[a,b]$,易见函数$g(x)$在$[a,b]$连续,故在$[a,b]$有上界,设$G$是$g(x)$的一个上界,则

$$0<g(x)=\frac{1}{M-f(x)}\leqslant G,x\in[a,b],$$

从而推得$f(x)\leqslant M-\dfrac{1}{G},x\in[a,b]$,但这与$M$为$f(x)$的上确界矛盾,故存在$\xi$,使得$f(\xi)=M$.

同理证明$f(x)$有最小值.

由例1.2.4的证明可以发现,在使用确界存在原理时,只要说明函数存在上界和下界,上确界和下确界即存在,而证明的关键点往往在于利用上确

界和下确界的定义来达到某种性质，从而完成证明，所以确界存在定理的应用主要依赖于上(下)确界的定义.

1.3　函数的概念

1.3.1　函数概念引入

我们先讨论两个变量的情形.

例 1.3.1　边长为 x 的正方形的面积为

$$A=x^2.$$

这就是两个变量 A 和 x 之间的关系，当边长 x 在区间 $(0,+\infty)$ 内任取一个值时，由上式可以确定正方形的面积 A 的相应值.

例 1.3.2　在自由落体运动中，设物体下落的时间为 t，下落的距离为 s，假设开始下落的时刻 $t=0$，那么 s 和 t 之间的关系为

$$s=\frac{1}{2}gt^2.$$

其中，g 为重力加速度.如果物体到达地面的时刻为 $t=T$，则 t 在区间 $[0,T]$ 上任取一个值时，由上式就可以确定出 s 的相应值.

在以上两个例子中都给出了一对变量之间的相依关系，这种相依关系确定了一种对应法则，根据这一法则，当其中一个变量在其变化范围内任取一个值时，另一个变量依照对应法则，有唯一确定的值与之对应.两个变量之间的这种对应关系就是函数概念的实质.

定义 1.3.1　设 D 是实数集 $\mathbf{R}$ 的一个非空子集，若对 D 中的每一个 x，按照对应法则 f，实数集 $\mathbf{R}$ 中有唯一的数 y 与之相对应，我们称 f 为从 D 到 $\mathbf{R}$ 的一个函数，记作

$$f:D\to\mathbf{R}.$$

上述 y 与 x 之间的对应关系记作 $y=f(x)$，并称 y 为 x 的函数值，D 称为函数的定义域，数集 $f(D)=\{y\mid y=f(x),x\in D\}$ 称为函数的值域.若把 x,y 看成变量，则 x 称为自变量，y 称为因变量.

那么，定义域 D 就是自变量 x 的取值范围，而值域 $f(D)$ 是因变量 y 的取值范围.特别，当值域 $f(D)$ 是仅由一个实数 C 组成的集合时，$f(x)$ 称为常值函数.这时，$f(x)=C$，也就是说，我们把常量看成特殊的因变量.

对于定义，我们作如下几点说明：

(1)为了使用方便,我们将符号“$f:D\to\mathbf{R}$”记为“$y=f(x)$”,并称“$f(x)$是x的函数(值)”.当强调定义域时,也常记作

$$y=f(x),x\in D.$$

(2)函数$y=f(x)$中表示对应关系的符号f也可改用其他字母,例如“φ”,“F”等.这时函数就记为$y=\varphi(x)$,$y=F(x)$,等等.

(3)用$y=f(x)$表示一个函数时,f所代表的对应法则已完全确定,对应于点$x=x_0$的函数值记为$f(x_0)$或$y\Big|_{x=x_0}$.

例如,设$y=f(x)=\sqrt{4-x^2}$,它在点$x=0$,$x=-2$的函数值分别为

$$y\Big|_{x=0}=f(0)=\sqrt{4-0^2}=2,$$

$$y\Big|_{x=-2}=f(-2)=\sqrt{4-(-2)^2}=0.$$

(4)从函数的定义知.定义域和对应法则是函数的两个基本要素,两个函数相同当且仅当它们的定义域和对应法则都相同.

(5)在实际问题中,函数的定义域可根据变量的实际意义来确定;但在解题中,对于用表达式表示的函数,其省略未标出的定义域通常指的是:使该表达式有意义的自变量取值范围.

以后,凡没有特别说明时,函数都是指单值函数.

例 1.3.3 常量C可以看作一个函数.显然,对于任意一个实数x,都对应唯一的常数C,这个函数也称为常数函数,其定义域是实数集$\boldsymbol{R}$.

例 1.3.4 分段函数

$$\operatorname{sgn}x=\begin{cases}1, & x>0\\ 0, & x=0.\\ -1, & x<0\end{cases}$$

例 1.3.5 狄里克雷函数

$$D(x)=\begin{cases}1, & x\text{ 为有理数}\\ 0, & x\text{ 为无理数}\end{cases}.$$

例 1.3.6 求函数$f(x)=\arcsin\dfrac{x-1}{5}+\dfrac{1}{\sqrt{25-x^2}}$的定义域.

解:这个函数的表达式是两项之和,所以当且仅当每一项都有意义时,函数才有定义.第一项的定义域是$D_1=\{x\mid -4\leqslant x\leqslant 6\}$,第二项的定义域$D_2=\{x\mid -5<x<5\}$.所以可以得到,函数$f(x)$的定义域是$D=D_1\cap D_2=\{x\mid -4\leqslant x<5\}$或写为$[-4,5)$.

1.3.2　函数的特性

1.3.2.1　有界性

定义 1.3.2　函数 $f(x)$的定义域为 D,数集 $I\subset D$,如果存在一个正数 M,使得对一切 $x\in I$,总有

$$|f(x)|\leqslant M,$$

则称函数 $f(x)$在 I 上有界.

如果不存在这样的 M,即存在一个正数 M,使得对一切 $x_M\in I$,总有

$$|f(x_M)|>M,$$

则称函数 $f(x)$在 I 上有界.

函数的有界定义也可以这样表述,若存在常数 m,M 使得对一切 $x\in I$,总有

$$m\leqslant f(x)\leqslant M,$$

就称函数 $f(x)$在 I 上有界,并称 m,M 分别是 $f(x)$在 I 上的一个下界和上界.

有界函数的图形特征:有界函数的图形完全落在两条平行于 x 轴的直线之间,如图 1-3-2 所示.

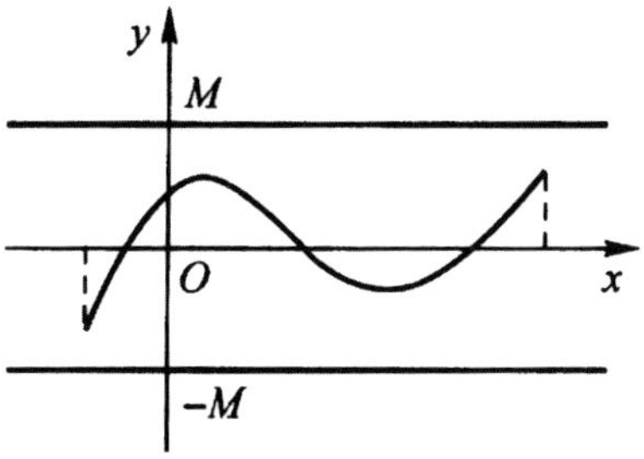

图 1-3-2

一个函数是否有界,不仅与函数本身的构造有关,还与自变量的取值范围有关.例如,函数 $f(x)=\dfrac{1}{x}$在区间(0,1)上是无界的,但在(1,2)上是有界的.因为$\left|\dfrac{1}{x}\right|\leqslant 1$,对一切 $x\in(1,2)$都成立.而在(0,1)上,无论 M 多大,在(0,1)上总可以找到 $x_1=\dfrac{1}{2M}$,$f(x_1)=\dfrac{1}{x_1}=2M>M$.

例 1.3.8 证明函数 $f(x)=\frac{1}{x}$在区间$(0,+\infty)$无界.

证明：$\forall M>0$，取 $x_M=\frac{1}{M+1}$，则 $x_M\in(0,+\infty)$，而

$$f(x_M)=\left|\frac{1}{x_M}\right|=M+1>M,$$

所以函数 $f(x)=\frac{1}{x}$在区间$(0,+\infty)$无界.

1.3.2.2 单调性

定义 1.3.3 设函数 $y=f(x)(x\in D)$，区间 $I\subset D$，对于区间 I 内任意两点 x_1,x_2，当 $x_1<x_2$ 时，若 $f(x_1)<f(x_2)$，则称 $f(x)$为 I 上的单调增函数，区间 I 称为单调增区间；若 $f(x_1)>f(x_2)$，则称 $f(x)$为 I 上的单调减函数，区间 I 称为单调减区间，单调增区间或单调减区间统称为单调区间.

单调增加函数与单调减少函数统称单调函数，函数的这种性质称为单调性.

单调函数的图形特征：对于单调增加函数，它的图形曲线是沿 x 轴正向上升的，即随着自变量 x 的增大，其对应的函数值增大，如图 1-3-3 所示.

对于单调减少函数，它的图形曲线是沿 x 轴正向下降的，即随着自变量 x 的增大，其对应的函数值减少，如图 1-3-4 所示.

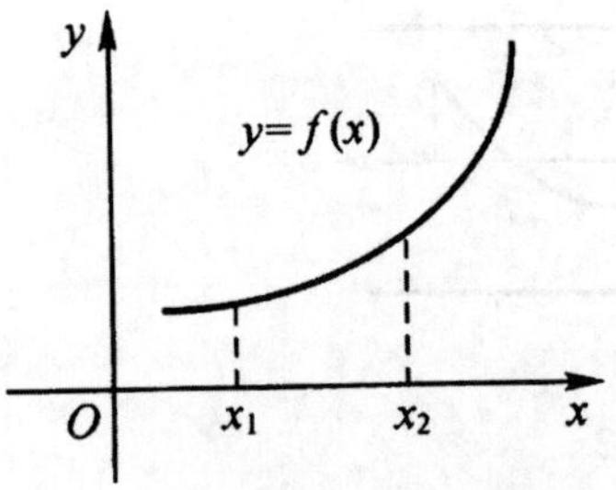

图 1-3-3

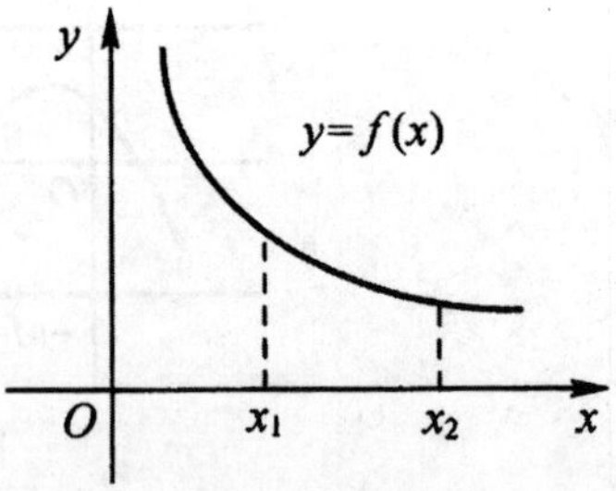

图 1-3-4

单调性是函数的一个局部性概念，讨论函数的单调性是就某个区间而言的.例如，函数 $y=x^3$ 在$(-\infty,+\infty)$内是单调增函数，如图 1-3-5 所示.

函数 $y=x^2$ 在$(-\infty,0]$上是单调减的，在$[0,+\infty)$上是单调增的，而在$(-\infty,+\infty)$内则不是单调函数，如图 1-3-6 所示.

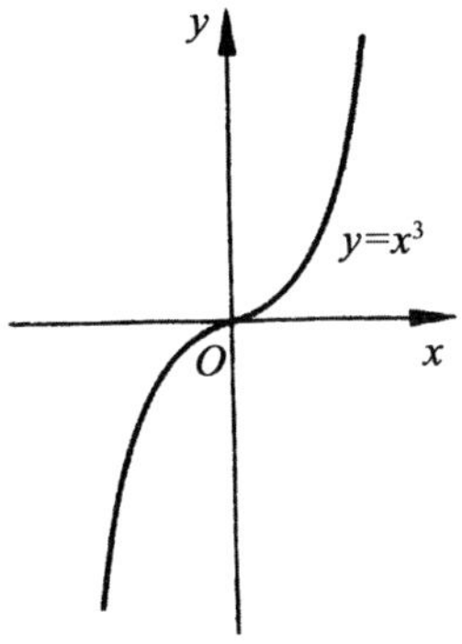

图 1-3-5

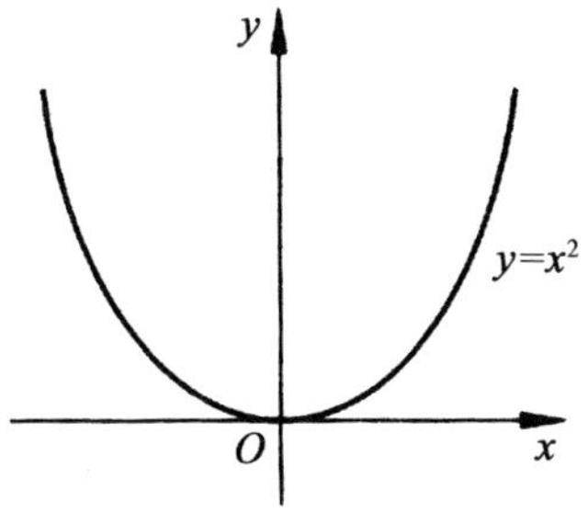

图 1-3-6

1.3.2.3　奇偶性

定义 1.3.4　设函数 $y=f(x)$在关于原点对称的区间 D 上有定义，若对于任意 $x\in D$，都有 $f(-x)=f(x)$，则称 $f(x)$为 D 上的偶函数；若 $f(-x)=-f(x)$，则称 $f(x)$为 D 上的奇函数；如果函数 $y=f(x)$既不是奇函数又不是偶函数，则称 $y=f(x)$为非奇非偶函数.

如 $y=x^2$ 是偶函数，$y=x^3$ 是奇函数.

偶函数的图像关于 y 轴对称，如图 1-3-7 所示.

奇函数的图像关于原点对称，如图 1-3-8 所示.

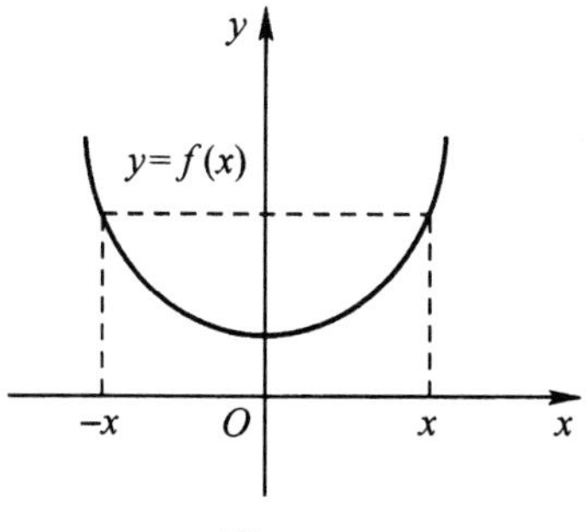

图 1-3-7

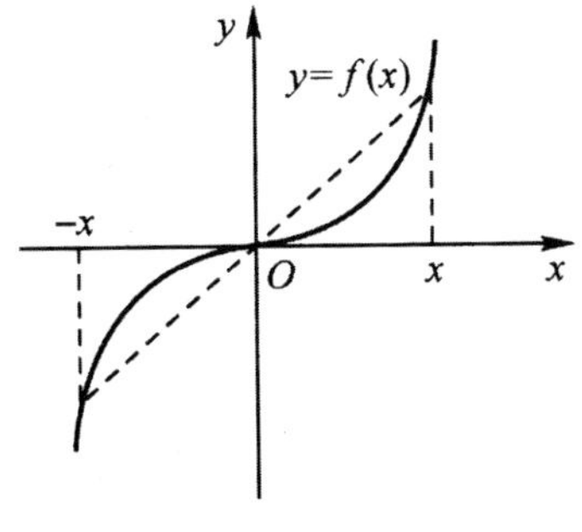

图 1-3-8

例 1.3.9　判断函数 $f(x)=\begin{cases}2+3x, x\leqslant 0\\ 2-3x, x>0\end{cases}$ 的奇偶性.

解：如图 1-3-9 所示，由于

$$f(-x)=\begin{cases}2+3(-x), (-x)\leqslant 0\\ 2-3(-x), (-x)>1\end{cases}$$

$$=\begin{cases}2-3x, x\geqslant 0\\ 2+3x, x<0\end{cases}$$
$$=f(x).$$

故 $f(x)$是偶函数,也可根据它的图形关于 y 轴对称来判定.

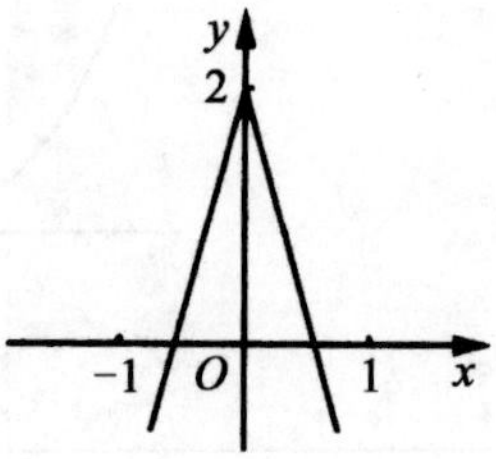

图 1-3-9

1.3.2.4 周期性

定义 1.3.5 设函数 $y=f(x)$的定义域为 D,如果存在常数 $T>0$,使得对于任意 $x\in D$,且 $x+T\in D$,都有 $f(x+T)=f(x)$,则称函数 $y=f(x)$为周期函数,T 称为周期.

例如,函数 $y=\sin x$ 的周期为 2π,函数 $y=\tan x$ 的周期为 π.

显然若 T 是 $f(x)$的周期,则 nT(n 为整数)均为其周期.通常我们所说的周期是指最小正周期.

我们常见的三角函数 $f(x)=\sin x$,$f(x)=\cos x$ 都是以 2π 为周期;$f(x)=\tan x$,$f(x)=\cot x$ 都是以 π 为周期.

周期函数的图形特征如下:

每隔 T 单位函数,函数值都相等.对于周期函数只需讨论一个周期上的性质,就可以了解函数的整体性质.

有很多自然现象,如季节、气候等都是年复一年的呈周期变化的;有很多经济活动,小到商品销售,大到经济宏观运行,其变化具有周期规律性.从图形上看,以 T 为周期的函数 $f(x)$的图像沿 x 轴平行移动 T 仍然保持不变,如图 1-3-10 所示.

例 1.3.10 若函数 $y=f(x)$以 ω 为周期,试证函数 $y=f(Ax)(A>0)$是以$\frac{\omega}{a}$为周期.

证明:令 $F(x)=f(Ax)$,我们只须证明 $F\left(x+\frac{\omega}{a}\right)=F(x)$即可.

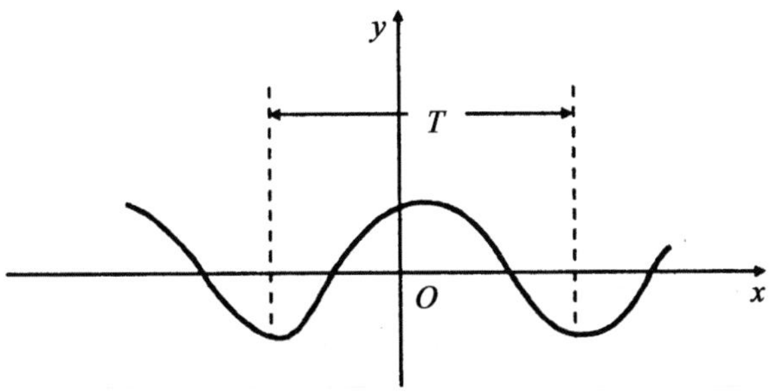

图 1-3-10

因为 $$F\left(x+\frac{\omega}{a}\right)=f\left[A\left(x+\frac{\omega}{a}\right)\right]=f(Ax+\omega),$$

令 $t=Ax$，则 $f(Ax+\omega)=f(t+\omega)=f(t)$.

即 $$f(Ax+\omega)=f(Ax).$$

所以 $$F\left(x+\frac{\omega}{a}\right)=F(x),$$

即 $$f(Ax)\text{以}\frac{\omega}{a}\text{为周期}.$$

例如，$\sin 3x$ 的周期是 $\frac{2\pi}{3}$，$\cos\frac{1}{2}x$ 的周期是 4π.

1.3.3　函数的表示方法

函数的表示方法一般有三种：表格法、图像法和解析法.

表格法就是将自变量与因变量的对应数据列成表格来表示函数关系；图像法就是用平面上的曲线来反映自变量与因变量之间的对应关系；解析法就是写出函数的解析表达式和定义域，此时对于定义域中每个自变量，可按照表达式中所给定的数学运算确定对应的因变量.下面用实例分别说明函数的表示方法.

1.3.3.1　表格法

例 1.3.11　由实验观测到某金属轴在不同温度 t 是的长度 l 如表 1-3-1 所示.

表 1-3-1

t/℃	10	20	30	40	50	60
l/m	1.000 12	1.000 24	1.000 35	1.000 48	1.000 61	1.000 72

它反映了该金属轴在不同的温度 t 时对应的长度 l.

表格法能够利用现成的数据直接查到函数值，使用方便、省时，但是表中所列数据往往不完全，不能查出函数的任意值，当表格很大时，变量变化的规律性不易从表上看清楚，不便于进行运算和理论分析.

1.3.3.2 图像法

例 1.3.12 确定分段函数

$$f(x)=\begin{cases}x^2, & -1\leqslant x\leqslant 1\\ 2x, & 1<x\leqslant 3\end{cases}$$

的定义域并作出函数图象.

解:易知函数的定义域为$[-1,3]$，其图像如图 1-3-11 所示.

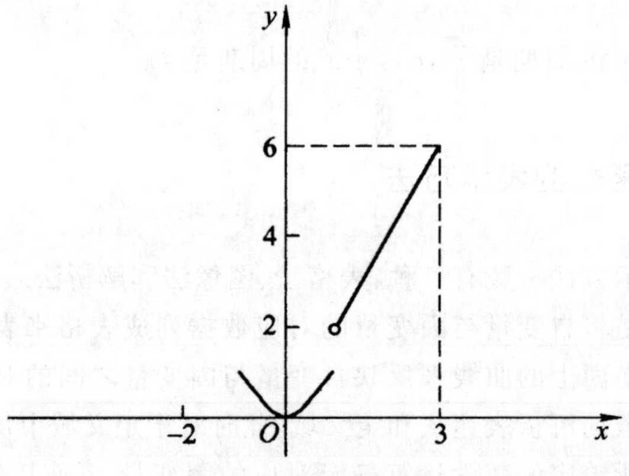

图 1-3-11

例 1.3.13 函数

$$y=|x|=\begin{cases}x, & x\geqslant 0\\ -x, & x<0\end{cases}$$

称为绝对值函数，其定义域为$(-\infty,+\infty)$，值域为$[0,+\infty)$. 函数图象如图 1-3-12 所示.

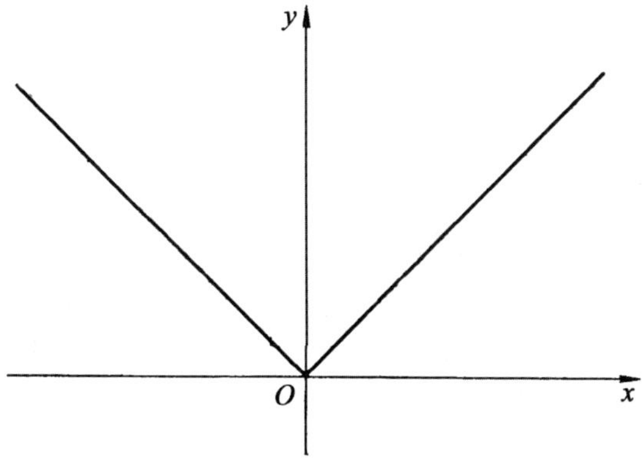

图 1-3-12

图像法的缺点是不便于作理论上的分析、推导和运算.

1.3.3.3　解析法

例 1.3.14　制作一个容积为定数 V 的圆柱形无盖水箱,其底面单位面积造价为 a,侧面单位面积造价为底面单位面积造价的 2 倍,试将总造价表示成底半径 r 的函数.

解:设圆桶用料的总造价为 P,则

$$P=a\pi r^2+2a\cdot 2\pi rh.$$

因为圆桶体积

$$\pi r^2 h=V$$

是定数,由

$$\pi r^2 h=V$$

解出

$$h=\frac{V}{\pi r^2},$$

则

$$\begin{aligned}P&=a\pi r^2+2a\cdot 2\pi rh\\&=a\pi r^2+4a\pi r\frac{V}{\pi r^2}\\&=\pi ar^2+\frac{4aV}{r}(r>0).\end{aligned}$$

这里用公式表示了圆桶用料的总造价 P 与底半径 r 的函数关系.

解析法的优点是简明准确,便于理论分析.

缺点是解析法表示的函数不够直观，并且有些实际问题中的函数关系很难甚至不能用公式法表示.

函数的三种表示法各有优点和缺点，针对不同的问题可以采用不同的表示法.有时为了把函数关系表达清楚，通常同时使用多种表示法.

1.3.4 常见的经济函数

(1)需求函数.若不考虑其他因素，需求函数通常是价格的单调减少函数，记作 $Q_d=Q_d(p)$.最常见的需求函数是线性需求函数 $Q_d=a-bp(a,b>0)$.

(2)供给函数.若不考虑其他因素，供给函数通常是价格的单调增加函数.记作 $Q_s=Q_s(p)$.最常见的供给函数是线性供给函数 $Q_s=-c+dp(c,d>0)$.

对一种商品而言，如果需求量等于供给量，则这种商品就达到了市场均衡.令 $Q_d=Q_s$，求得的价格 p_0 称为该商品的市场均衡价格.当市场均衡时有 $Q_d=Q_s=Q_0$，称 Q_0 为市场均衡数量.

根据市场的不同情况，需求函数与供给函数还有二次函数、多项式函数与指数函数等，但其基本规律是相同的，都可找到相应的市场均衡点 (p_0,q_0).

(3)总成本函数.产品总成本包括固定成本和变动成本两部分，总成本函数记作：$C(q)=C_0+C_1(q)$，称 $\overline{C}(q)=\dfrac{C(q)}{q}$ 为单位成本函数或平均成本函数.

(4)收入函数.销售某种产品的收入 $R(q)$，等于产品的单位价格 p 乘以销售量 q，即 $R(q)=pq$ 为收入函数，称 $\overline{R}(q)=\dfrac{R(q)}{q}$ 为单位收入函数或平均收入函数.

(5)利润函数.销售利润 L 等于总收入 R 减去总成本 C，即 $L=R-C$ 为利润函数，称 $\overline{L}(q)=\dfrac{L(q)}{q}$ 为单位利润函数或平均利润函数.当 $L=R-C>0$ 时，生产者盈利；当 $L=R-C<0$ 时，生产者亏损；当 $L=R-C=0$ 时，生产者盈亏平衡，使 $L(q)=0$ 的点 q_0 称为盈亏平衡点(又称为保本点).

例 1.3.15 生产某产品的固定成本为 5 000 元，每件产品的销售价格为 15 元，单位变动成本是价格的 60%，求：

(1)生产该产品的总成本函数；

(2)当产量为 100 件时的总成本和平均成本.

解：(1)设产量为 q 件，则 $C_1(q)=(15\times 60\%)q=9q$，

又因为 $C_0=5\ 000$，故总成本函数为 $C(q)=C_0+C_1(q)=5\ 000+9q$.

(2) $C(100)=5\ 000+9\times 100=5\ 900$

$$\overline{C}(100)=\frac{C(100)}{100}=\frac{5\ 900}{100}=59.$$

1.3.5　函数的构建

我们在应用数学解决实际应用问题的过程中，首先需要将原问题量化，然后分析哪些是常量，哪些是变量，再确定选取哪个作为自变量，哪个作为因变量，最后建立起这些量之间的数学模型——函数关系.

下面我们给出几个建立函数关系的例子.

例 1.3.16　一个正圆锥外切于半径为 R 的半球，半球的底面在圆锥的底面上，其剖面，如图 1-3-13 所示，试将圆锥的体积表示为圆锥底半径 r 的函数.

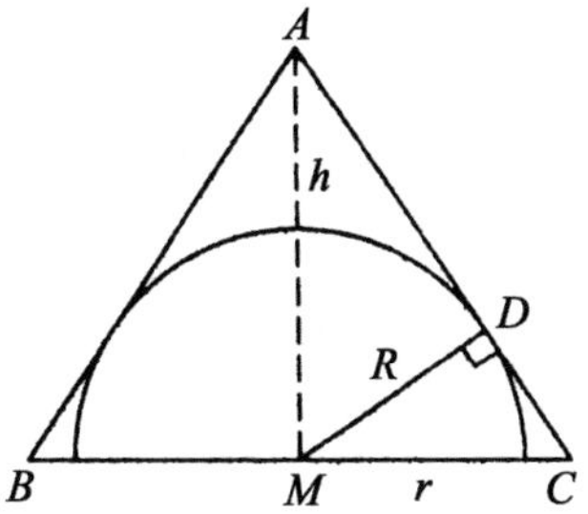

图 1-3-13

解：根据题意可知，半球大小不变，其半径 R 为常量，圆锥的体积 V 由其高 h 与底半径 r 而定

$$V=\frac{1}{3}\pi r^2 h.$$

现在要将 h 用 r 表示出来，从图 1-3-13 可知

$$CD=\sqrt{r^2-R^2},$$

因为 $\Delta AMD\sim\Delta MCD$，所以

$$\frac{r}{\sqrt{r^2-R^2}}=\frac{h}{R},h=\frac{rR}{\sqrt{r^2-R^2}}.$$

从而，可得

$$V=\frac{1}{3}\pi r^3\ \frac{R}{\sqrt{r^2-R^2}}(R<r<+\infty).$$

例 1.3.17 把圆心角为 α(弧度)的扇形卷成一个锥形,试求圆锥顶角 ω 与 α 的函数关系.

解:设扇形 AOB 的圆心角是 α,半径为 r,如图 1-3-14 所示,

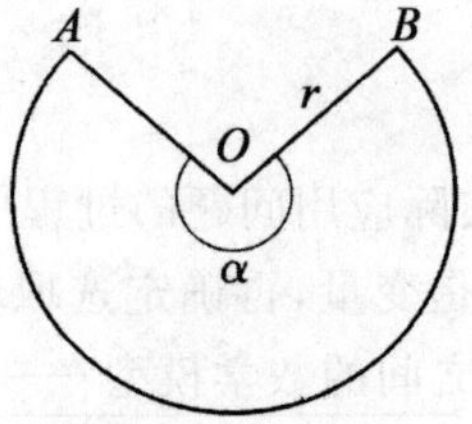

图 1-3-14

于是弧 $\overset{\frown}{AB}$ 的长度为 $r\alpha$.把这个扇形卷成圆锥后,它的顶角为 ω,底圆周长为 $r\alpha$,如图 1-3-15 所示,

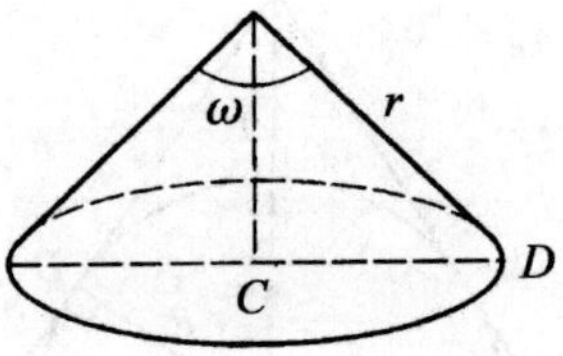

图 1-3-15

所以底圆半径

$$CD=\frac{r\alpha}{2\pi}$$

因为

$$\sin\frac{\omega}{2}=\frac{CD}{r}=\frac{\alpha}{2\pi}$$

所以

$$\omega=2\arcsin\frac{\alpha}{2\pi}(0<\alpha<2\pi).$$

例 1.3.18 曲柄连杆机构是利用曲柄 OC 的旋转运动,通过连杆 CB 使滑块 B 做往复直线运动.设 $OC=r$,$C=l$,曲柄以等角速度 ω 绕 O 旋转,求滑块的位移的大小 s 与时间 t 之间的函数关系(假定曲柄 OC 开始作旋转运动时,C 在点处),如图 1-3-16 所示.

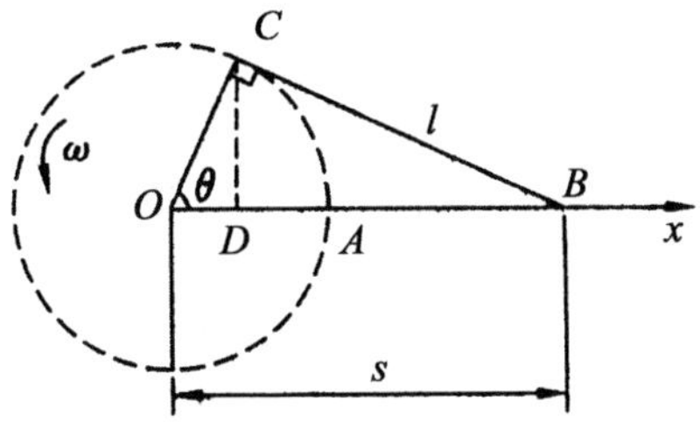

图 1-3-16

解:由图可知

$$S=OD+DB.$$

又因为

$$OD=r\cos\theta,CD=r\sin\theta,\theta=\omega t.$$

从而有

$$OD=r\cos\omega t,CD=r\sin\omega t.$$

在直角三角形 CDB 中,

$$DB=\sqrt{l^2-r^2\sin^2\omega t},$$

所以

$$s=r\cos\omega t+\sqrt{l^2-r^2\sin^2\omega t}\,(0\leqslant t<+\infty).$$

例 1.3.19　某工厂生产某型号车床,年产量为 a 台,分若干批进行生产,每批生产准备费为 b 元,设产品均匀投入市场,且上一批用完后立即生产下一批,即平均库存量为批量的一半.设每年每台库存费为 c 元.易知,生产批量大则库存费高;生产批量少则批数增多,因而生产准备费高.试求出一年中库存费与生产准备费的和同批量的函数关系.

解:设批量为 x,库存费与生产准备费的和为 $P(x)$.

由于年产量为 a,因此每年生产的批数为$\dfrac{a}{x}$(设其为整数),那么生产准备费为 $b\cdot\dfrac{a}{x}$.

又由于平均库存量为$\dfrac{x}{2}$,因此库存费为 $c\cdot\dfrac{x}{2}$.所以,可得

$$P(x)=b\cdot\frac{a}{x}+c\cdot\frac{x}{2}=\frac{ab}{x}+\frac{cx}{2}.$$

函数的定义域为$(0,a]$中的正整数因子.

例 1.3.20　物体从高度为 H 的地方自由下落.试写出物体下落速度 v 作为其所在高度 h 的函数的表达式.

解:由物理学知道,自由落体的加速度是常数 $g=9.8\ \mathrm{m/s^2}$.所以物体在任一时刻 t 的速度是

$$v=gt.$$

另一方面,自由落体的行程 s 与经过的时间 t 的关系是

$$s=\frac{1}{2}gt^2,$$

即

$$t=\sqrt{\frac{2s}{g}}$$

根据题意,H,h,s 之间的关系是 $H-h=s$,如图 1-3-17 所示.

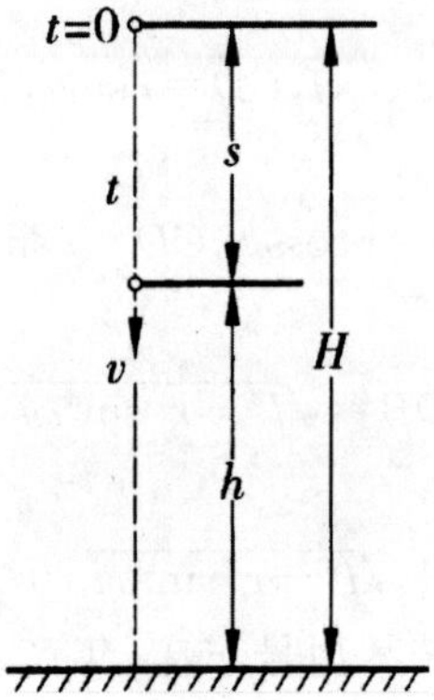

图 1-3-17

则

$$\begin{aligned} v&=gt=g\sqrt{\frac{2s}{g}}\\ &=\sqrt{2gs}\\ &=\sqrt{2g(H-h)}. \end{aligned}$$

例 1.3.21 一个问题中有两个变量,其中一个变量分别取正数、零和负数时,另一个变量依次取 1、0 和 −1,写出它们的函数关系式.

解:引进数学符号,函数表示为

$$y=\operatorname{sgn}x=\begin{cases}1, & x>0,\\ 0, & x=0,\\ -1, & x<0.\end{cases}$$

其中 sgn 表示“符号”. $y=\mathrm{sgn}x$ 称为符号函数，它的定义域为 $(-\infty,+\infty)$，值域为 $\{-1,0,1\}$. 其图像如图 1-3-18 所示.

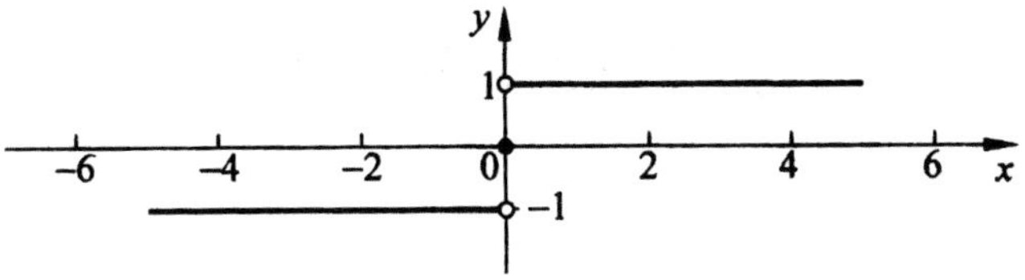

图 1-3-18

第2章 极 限

极限理论贯穿于数学分析之中，它是从有限认识到无限认识、从近似认识到精确认识的一种数学方法，是数学分析有别于初等数学的根本标志.极限理论的两个基本问题是：(1)极限存在性的论证；(2)极限值的计算.它们各有侧重，但彼此密切相关，若求出某极限的值，则其存在性被证实；反之，若某极限被证明存在，则其值也可求出.通常极限分数列极限和函数极限，它们有平行的理论、类似的方法，彼此间有深刻的内在联系.

2.1 数列与函数的极限

2.1.1 数列的极限

设有一圆，首先作圆内接正六边形，把它的面积记为 A_1；再作圆的内接正十二边形，其面积记为 A_2；再作圆的内接正二十四边形，其面积记为 A_3；依次循环下去(一般把内接正 $6\times 2^{n-1}$ 边形的面积记为 A_n)可得一系列内接正多边形的面积：A_1、A_2、…、A_n、…，它们就构成一列有序数列.显然，当内接正多边形的边数无限增加时，A_n 也无限接近某一确定的数值(圆的面积)，这个确定的数值在数学上被称为数列 A_1、A_2、…、A_n、…，当 $n\to\infty$(读作 n 趋近于无穷大)的极限.

2.1.1.1 数列

数列就是按一定次序排列的一列数 $x_1,x_2,\cdots x_n,\cdots$，其中每一个数称为数列的项，第 n 项 x_n 称为数列的一般项.数列也记作$\{x_n\}$.例如：

$$\left\{\frac{1}{2^n}\right\}:\frac{1}{2},\frac{1}{4},\frac{1}{8}\cdots,\cdots;$$

$$\left\{\frac{n}{n+1}\right\}:\frac{1}{2},\frac{2}{3},\frac{3}{4},\cdots\frac{n}{n+1}\cdots;$$

$$\left\{(-1)^n \frac{1}{n}\right\}: 1, -\frac{1}{2}, \frac{1}{3}, -\frac{1}{4}\cdots, (-1)^n \frac{1}{n}\cdots;$$

由于数列含有无穷多项，所以数列可以看作是以自然数为自变量的函数 $x_n=f(n)$，又称为整数函数.把它按自变量增加的次序一一列出：x_1，x_2，…x_n，…就是一个数列.

我们要考虑：当 n 无限增大时，x_n 会如何变化.而这也就是我们要研究的数列极限问题.这里我们先给出数列极限的描述性定义：

定义 2.1.1 如果当 n 无限增大时，x_n 能任意靠近一个确定的常数 a，那我们就说当 n 趋于无穷大($n\to\infty$)时，x_n 趋于极限则 a，记为

$$\lim_{n\to\infty} x_n = a$$

例 2.1.1 讨论数列 $\left\{\frac{1}{2^n}\right\}$ 的极限.

解：因为 $a_n=\frac{1}{2^n}$，当 $n\to\infty$ 时，a_n 无限趋近于常数 0，所以数列 $a_n=\frac{1}{2^n}$ 的极限是 0，即 $\lim\limits_{n\to\infty}\frac{1}{2^n}=0$.

例 2.1.2 讨论数列 $\left\{(-1)^{n+1}\frac{1}{n}\right\}$ 的极限.

解：$a_n=(-1)^{n+1}\frac{1}{n}$，当 n 的值越大，a_n 的绝对值就越小，当 $n\to\infty$ 时，a_n 无限趋近于确定的常数 0，所以数列 a_n 的极限是 0，即 $\lim\limits_{n\to\infty}(-1)^{n+1}\frac{1}{n}=0$.

例 2.1.3 讨论数列 $1,-1,1,-1,\cdots,(-1)^{n-1},\cdots$ 的极限.

解：$a_n=(-1)^{n-1}$，当 n 为奇数时，$a_n=1$；当 n 为偶数时，$a_n=-1$.因此，当 $n\to\infty$ 时，a_n 始终在 1 和 -1 两个数上来回跳动，显然不趋向于一个确定的常数，所以，数列 $\{(-1)^{n-1}\}$ 没有极限.

一般的，数列的极限定义如下：

定义 2.1.2(ε-N 语言) 设 $\{x_n\}$ 为一数列，如果存在常数 a，对于任意给定的正数 ε(不论它多么小)，总存在正整数 N，使得对于 $n>N$ 时的一切 x_n，不等式

$$|x_n-a|<\varepsilon$$

都成立，则称常数 a 是数列 $\{x_n\}$ 的极限，或者称数列 $\{x_n\}$ 收敛于 a，记为

$$\lim_{n\to\infty} x_n = a, \text{或} \quad x_n\to a\ (n\to\infty).$$

如果不存在这样的常数 a，则称数列 x_n 没有极限或称数列 x_n 是发散的，是数列 $\{x_n\}$ 的极限，或者称数列 $\{x_n\}$ 收敛于 a，记为

$$\lim_{n\to\infty} x_n = a, \text{或} \quad x_n \to a\ (n\to\infty).$$

下面我们再给出它的一个几何解释，以使我们能理解它.将常数 a 及数列 $\{x_n\}$ 在数轴上用它们的对应点表示出来，再在数轴上作点 a 的 ε 邻域，即开区间 $(a-\varepsilon, a+\varepsilon)$（见图 2-1-1），$\lim\limits_{n\to\infty} x_n = a$ 即指：当 n 无限增大时，数轴上的点 x_n 无限趋近于点 a.也就是说，当 n 无限增大时，x_n 与 a 之差的绝对值 $|x_n - a|$ 越来越趋近于零，即 $|a_n - a| < \varepsilon$，因不等式 $|x_n - a| < \varepsilon$ 与不等式 $a-\varepsilon < x_n < a+\varepsilon$ 等价，故当 $n > N$ 时，所有的点 x_n 都落在开区间 $(a-\varepsilon, a+\varepsilon)$ 内，而只有有限个（至多只有 N 个）在此区间以外.

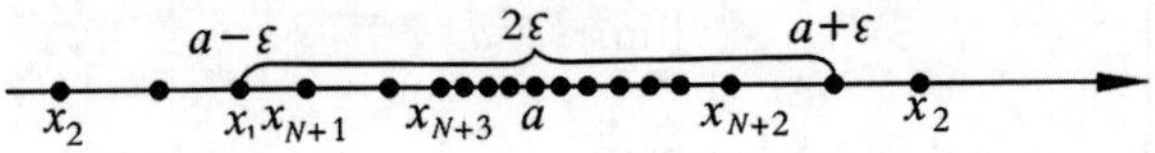

图 2-1-1

2.1.1.2 收敛数列的性质

性质 2.1.1（极限的唯一性） 如果数列 $\{x_n\}$ 收敛，那么它的极限唯一.

性质 2.1.2（收敛数列的有界性） 如果数列 $\{x_n\}$ 收敛，那么数列 $\{x_n\}$ 一定有界.

它可以解释为：对于收敛数列 $\{x_n\}$，存在着正数 M，使得一切 x_n 都满足不等式 $|x_n| \leqslant M$.

注：有界的数列不一定收敛，即：数列有界是数列收敛的必要条件，但不是充分条件.例如，数列 $1, -1, 1, -1 \cdots, (-1)^{n+1}, \cdots$ 是有界的，但它是发散的.

性质 2.1.3（收敛数列的保号性） 如果数列 $\{x_n\}$ 收敛，即 $\lim\limits_{n\to\infty} a_n = a$，且 $a > 0$（或 $a < 0$），那么存在正整数 $N > 0$，当 $n > N$ 时都有，（或）.

性质 2.1.4（收敛数列与其子数列间的关系） 如果数列 $\{x_n\}$ 收敛于 a，那么它的任一子数列也收敛，且极限也是 a.

如果数列 $\{x_n\}$ 有两个子数列收敛于不同的极限，那么数列 $\{x_n\}$ 是发散的，如：

$$1, -1, 1, -1, \cdots, (-1)^{n+1}, \cdots$$

子数列 $\{x_{2k-1}\}$ 收敛于 1，而子数列 $\{x_{2k}\}$ 收敛于 -1.因此 $\{(-1)^{n+1}\}$ $(n=1,2,\cdots)$ 是发散的，这也说明，一个发散的数列也可能有收敛的子数列.

注：子数列是指在数列 $\{x_n\}$ 中任意抽取无限多项并保持它们在原数列的中的相对位置.

2.1.1.3 数列极限存在的条件

由于有理数系 $\mathbf{Q}$ 为有序集，从而实数系 $\mathbf{R}$ 也是有序集，对任意有序集，可以定义其子集合的上界和下界.

定义 2.1.3 设 S 是有序集，$A\subseteq S$，如果存在 $\beta\in S$，对每个 $x\in A$ 均有 $x\leqslant\beta$.则称集合 A 有上界，且 β 为 A 的一个上界.显然，上界不是唯一的.

类似地定义集合 A 的下界.如果一个集合有上界，且有下界，则称该集合为有界集合；否则称为无界集合.

定义 2.1.4 设 S 为有序集合，$A\subseteq S$，且 A 有上界，如果存在 $\alpha\in S$，满足以下性质：

(1)α 为 A 的一个上界，即对任意 $x\in A$，$x\leqslant\alpha$.

(2)对任意 r，如果 $r<\alpha$，则 r 不是 A 的上界；或等价地，对任意 $\varepsilon>0$，存在 $x_\varepsilon\in A$，使得 $x_\varepsilon>\alpha-\varepsilon$.

则称数 α 为 A 的最小上界，或称为 A 的上确界，记作

$$\alpha=\sup A=\sup_{x\in A}x$$

类似地，定义有下界的集合 A 的下确界 t，并记作

$$t=\inf A=\inf_{x\in A}x$$

不难验证，上述定义的上(下)确界是唯一的.

上确界和下确界统称为确界.

例 2.1.4 求集合 $A=\{x\in\mathbf{Q}\mid x^2<2 \text{ 且 } x\geqslant 0\}$ 的上、下确界.

解：(1)$t=0$ 为 A 的下确界.

因为对任意 $x\in A$，有 $x\geqslant 0$，所以 $t=0$ 为 A 的一个下界.

又因为对任意 $\varepsilon>0$，由于 $0\in A$，所以 ε 不是 A 的下界，从而 $t=0$ 为 A 的最大下界，即下确界.

(2)同理可证，$\alpha=\sqrt{2}$ 为 A 的上确界.

例 2.1.5 设数集 A 有上确界 α，且 $\alpha=\sup A\notin A$.证明：

(1)存在数列 $\{a_n\}\subset A$，使得 $\lim\limits_{n\to\infty}a_n=\alpha$.

(2)存在严格递增数列 $\{a_n\}\subset A$，使得 $\lim\limits_{n\to\infty}a_n=\alpha$.

证明：(1)由假设，对任意 $a\in A$，有 $a<\alpha$，且对任意 $\varepsilon>0$，存在 $a'\in A$，使得 $\alpha-\varepsilon<a'<\alpha$.

现依次取 $\varepsilon=\dfrac{1}{n}$，$n=1,2,\cdots$，相应地存在 $a_n'\in A$，使得

$$\alpha-\frac{1}{n}<a_n'<\alpha,n=1,2,3,\cdots.$$

从而$\lim\limits_{n\to\infty} a'_n=\alpha$.

(2)为保证所得到的数列$\{a'_n\}$为严格递增,对$n\geqslant 2$,取

$$\varepsilon_n=\min\left\{\frac{1}{n},\alpha-a'_{n-1}\right\},n=2,3,4,\cdots$$

于是$a'_1=\alpha-(\alpha-a'_1)\leqslant\alpha-\varepsilon_2<a'_2$.

$$a'_{n-1}=\alpha-(\alpha-a'_{n-1})\leqslant\alpha-\varepsilon_n<a'_n,n=2,3,\cdots$$

即$\{a'_n\}$为严格单调递增数列.

定义 2.1.5 数集S具有最小界性,如果对任意$A\subset S,A\neq\varnothing$,且$A$有上界,则$A$必有上确界,且上确界属于$S$.

具有最小界性的有序域是存在的,即

定理 2.1.1(确界原理) 设S为非空实数集.若集合S有上界,则在$\mathbf{R}$中S存在上确界.

例 2.1.6 设A和B为非空实数集.如果对任意$a\in A,b\in B$,都有$a\leqslant b$,那么,A存在上确界,B存在下确界,且$\sup A\leqslant\inf B$.

证明:由假设,数集B中任一数b都是A的上界,数集A中任一数a都是B的下界,即数集A和B分别有上界和下界.由确界原理$\sup A$和$\inf B$都存在.又由于对任意$a\in A$,a为B的一个下界,从而$a\leqslant\inf B$,即$\inf B$为数集A的一个上界.故$\sup A\leqslant\inf B$.

若将$+\infty$和$-\infty$补充到实数集中,并规定任一实数a与$+\infty$,$-\infty$的大小关系为

$$a<+\infty,a>-\infty,-\infty<+\infty.$$

则确界原理可以扩充为:若数集S无上界,则定义$+\infty$为S的非正常上确界,仍记作$\sup S=+\infty$;若数集S无下界,则定义$\inf S=-\infty$为S的非正常下确界.

前面定义的确界称为正常上、下确界.在上述扩充意义之下,则对任一非空数集必有上、下确界.

2.1.2 函数的极限

对于一个函数,人们最关心的往往是它的变化趋势,这就需要引入函数极限的概念.函数的极限分为两种:一种是函数在无穷远处的极限;另一种则是函数在某一点处的极限.

2.1.2.1 函数极限的概念

由于数列可以看作是定义在正整数集合上的函数.因此,数列的极限可

以推广到函数中去.不同的是,对于函数 $y=f(x)$,自变量 x 的变化趋势有两种情况:一种是 x 的绝对值无限增大(记为 $x\to\infty$);另一种是 x 无限趋近于某个常数 x_0(记为 $x\to x_0$).

下面我们对自变量 x 的这两种不同的变化趋势,分别给出函数 $f(x)$ 的极限定义.

(1)当 $x\to\infty$ 时函数 $f(x)$ 的极限.设函数 f 定义在 $(-\infty,0)\cup(0,+\infty)$ 上,类似于数列情形,我们研究当自变量 x 趋于 ∞ 时,对应的函数值能否无限地接近于某个定数 A.

例如,从函数 $y=\dfrac{1}{x}$ 图象(图 2-1-2)中可以看出,当自变量 x 的绝对值 $|x|$ 无限增大($x\to\infty$)时,函数 $y=\dfrac{1}{x}$ 的图象无限接近于 x 轴,即函数 $y=\dfrac{1}{x}$ 的值无限趋近于零.我们就说,当 $x\to\infty$ 时,函数 $y=\dfrac{1}{x}$ 的极限为 0.

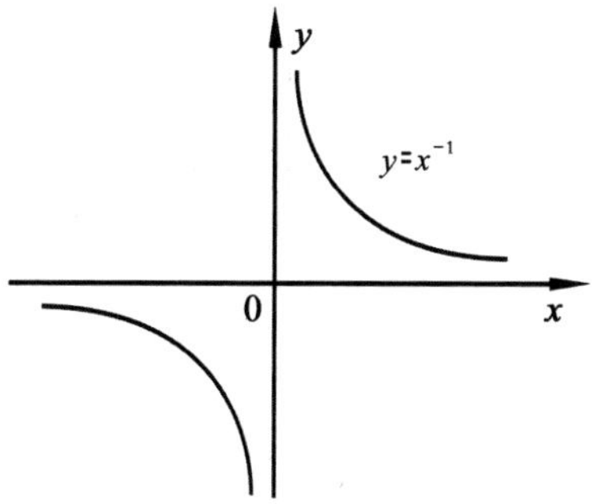

图 2-1-2

一般地,我们有下面的定义:

定义 2.1.6 如果当 x 的绝对值无限增大时($x\to\infty$),函数 $f(x)$ 无限趋近于一个确定的常数 A,则称 A 是函数 $f(x)$ 当 $x\to\infty$ 时的极限.记为 $\lim\limits_{x\to\infty}f(x)=A$,或记为 $f(x)\to A\ (x\to\infty)$.

若 x 仅取正值,记为 $x\to+\infty$,即 $\lim\limits_{x\to+\infty}f(x)=A$.

若 x 仅取负值,记为 $x\to-\infty$,即 $\lim\limits_{x\to-\infty}f(x)=A$.

例 2.1.7 讨论极限 $\lim\limits_{x\to-\infty}\arctan x$

解:由函数 $y=\arctan x$ 的图象(图 2-1-3)可以看出,当 $x\to-\infty$ 时,函数值 $\arctan x$ 无限趋近于 $-\dfrac{\pi}{2}$,所以 $\lim\limits_{x\to-\infty}\arctan x=-\dfrac{\pi}{2}$.

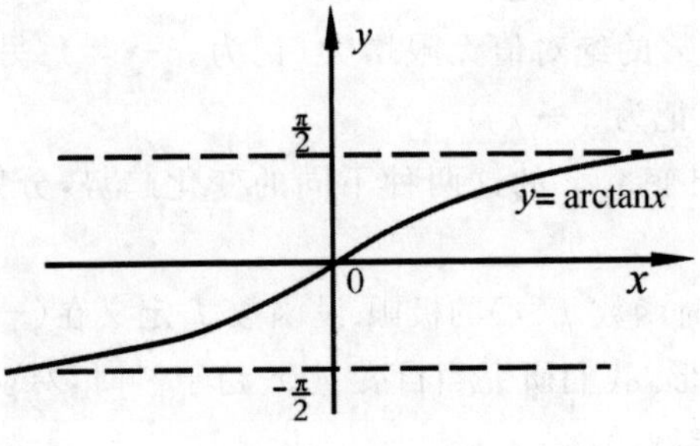

图 2-1-3

例 2.1.8 讨论极限$\lim\limits_{n\to\infty}\sin x$.

解:由函数 $y=\sin x$ 的图象(图 2-1-4)可以看出,当 $x\to\infty$时,函数值 $y=\sin x$ 在 1 与 −1 之间摆动,而不趋向于一个常数.所以,当 $x\to\infty$时,函数 $y=\sin x$ 没有极限.即$\lim\limits_{x\to\infty}\sin x$ 不存在.

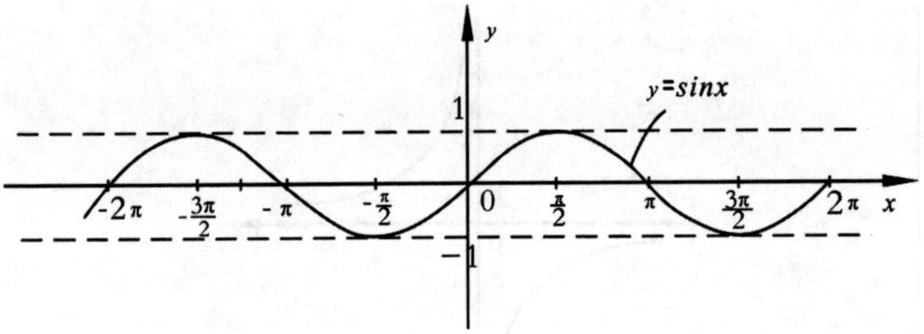

图 2-1-4

同样,我们也给出它的分析定义:

定义 2.1.7 设 f 定义在$[a,+\infty)$上的函数,A 为定数.若对任给的 $\varepsilon>0$,存在正数 $M(\geqslant a)$,使得当 $x>M$ 时有 $|f(x)-A|<\varepsilon$,则称函数 f 当 x 趋于$+\infty$时以 A 为极限,记作 $\lim\limits_{x\to+\infty}f(x)=A$ 或 $f(x)\to A(x\to+\infty)$.

在这个定义中正数 M 的作用与数列极限定义中 N 的相类似,表明 x 充分大的程度;但这里所考虑的是比 M 大的所有实数 x,而不仅仅是正整数 n.因此,当 x 趋于$+\infty$时函数 f 以 A 为极限意味着:A 的任意小邻域内必含有 f 在$+\infty$的某邻域内的全部函数值.

它的几何意义如图 2-1-5 所示.

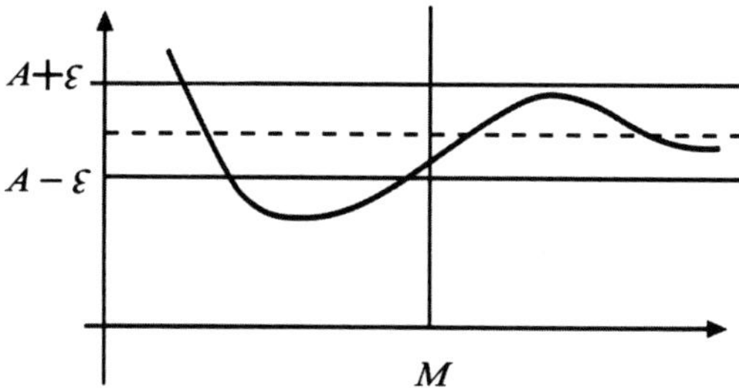

图 2-1-5

对任给的 $\varepsilon>0$，在坐标平面上平行于 x 轴的两条直线 $y=A+\varepsilon$ 与 $y=A-\varepsilon$，围成以直线 $y=A$ 为中心线、宽为 2ε 的带形区域；定义中的"当 $x>M$ 时有 $|f(x)-A|<\varepsilon$"表示：在直线 $x=M$ 的右方，曲线 $y=f(x)$ 全部落在这个带形区域之内.如果正数 ε 给的小一点，即当带形区域更窄一点，那么直线 $x=M$ 一般要往右平移；但无论带形区域如何窄，总存在这样的正数 M，使得曲线 $y=f(x)$ 在直线 $x=M$ 的右边部分全部落在这更窄的带形区域内.

一般地，当 x 趋于 ∞ 时函数极限的分析定义与定义 2.1.7 相仿，只须把定义 2.1.7 中的"$x>M$"改为 $|x|>M$ 即可.

显然，若 f 为定义在 $U(\infty)$ 上的函数，则

$$\lim_{x\to\infty}f(x)=A\Leftrightarrow\lim_{x\to+\infty}f(x)=\lim_{x\to-\infty}f(x)=A.$$

例 2.1.9 求证 $\lim\limits_{x\to\infty}\dfrac{1}{x}=0$

证明：任给 $\varepsilon>0$，取 $M=\dfrac{1}{\varepsilon}$，则当 $|x|>M$ 时有

$$\left|\frac{1}{x}-0\right|=\frac{1}{|x|}<\frac{1}{M}=\varepsilon,$$

所以 $\lim\limits_{x\to\infty}\dfrac{1}{x}=0$.

例 2.1.10 证明：(1) $\lim\limits_{x\to-\infty}\arctan x=-\dfrac{\pi}{2}$；(2) $\lim\limits_{x\to+\infty}\arctan x=\dfrac{\pi}{2}$.

证明：任给 $\varepsilon>0$，由于

$$\left|\arctan x-\left(-\frac{\pi}{2}\right)\right|<\varepsilon$$

等价于 $-\varepsilon-\dfrac{\pi}{2}<\arctan x<\varepsilon-\dfrac{\pi}{2}$，而此不等式的左半部分对任何 x 都成立，所以只要考察其右半部分 x 的变化范围.为此，先限制 $\varepsilon<\dfrac{\pi}{2}$，则有

$$x<\tan\left(\varepsilon-\frac{\pi}{2}\right)=-\tan\left(\frac{\pi}{2}-\varepsilon\right).$$

故对任给的正数 $\varepsilon\ \left(<\frac{\pi}{2}\right)$，只须取 $M=\tan\left(\frac{\pi}{2}-\varepsilon\right)$，则当 $x<-M$ 时便有(2)式成立.这就证明了(1).类似地可证(2).

注:由结论(1)可知，当 $x\to\infty$ 时 $\arctan x$ 不存在极限.

(2)当 $x\to x_0$ 时函数 $f(x)$ 的极限.

下面我们研究 x 趋向于某个常数 x_0(记为 $x\to x_0$)时函数 $f(x)$ 的变化趋势.

定义 2.1.8 如果当 x 无限趋近于定值 x_0，即 $x\to x_0(x\neq x_0)$ 时，函数 $f(x)$ 无限趋近于一个确定的常数 A，则称 A 是函数 $f(x)$ 当 $x\to x_0$ 时的极限，记为

$$\lim_{x\to x_0}f(x)=A,\text{或记为 } f(x)\to A(x\to x_0).$$

设 f 为定义在 x_0 某个空心邻域 $\mathring{U}(x_0)$ 内的函数.现在讨论当 x 趋于 $x_0(x\neq x_0)$ 时，对应的函数值能否趋于某个定数 A.这类函数极限的精确定义如下：

定义 2.1.9(函数极限的 $\boldsymbol{\varepsilon-\delta}$ 定义) 设函数 f 在 x_0 某个空心邻域 $\mathring{U}(x_0,\delta')$ 内有定义，A 为定数.若对任给的 $\varepsilon>0$，存在正数 $\delta(<\delta')$，使得当 $0<|x-x_0|<\delta$ 时有 $|f(x)-A|<\varepsilon$，则称函数 f 当 x 趋于 x_0 时以 A 为极限，记作 $\lim\limits_{x\to x_0}f(x)=A$ 或 $f(x)\to A(x\to x_0)$.

下面我们举例说明如何应用 $\varepsilon-\delta$ 定义来验证这种类型的函数极限.请读者特别注意以下各例中 δ 的值是怎样确定的.

例 2.1.11 设 $f(x)=\dfrac{x^2-4}{x-2}$，证明 $\lim\limits_{x\to 2}f(x)=4$.

证明:由于当 $x\neq 2$ 时，$|f(x)-4|=\left|\dfrac{x^2-4}{x-2}-4\right|=|x+2-4|=|x-2|$，故对给定的 $\varepsilon>0$，只要取 $\delta=\varepsilon$，则当 $0<|x-2|<\delta$ 时有 $|f(x)-4|<\varepsilon$.这就证明了 $\lim\limits_{x\to 2}f(x)=4$.

例 2.1.12 $\lim\limits_{x\to 1}\dfrac{x^2-1}{2x^2-x-1}=\dfrac{2}{3}$.

证明:当 $x\neq 1$ 时有

$$\left|\frac{x^2-1}{2x^2-x-1}-\frac{2}{3}\right|=\left|\frac{x+1}{2x+1}-\frac{2}{3}\right|=\frac{|x-1|}{3|2x+1|}$$

若限制 x 于 $0<|x-1|<1$(此时 $x>0$)，则 $|2x+1|>1$.于是，对任给的 $\varepsilon>0$，只要取 $\delta=\min\{3\varepsilon,1\}$，则当 $0<|x-1|<\delta$ 时，便有 $\left|\dfrac{x^2-1}{2x^2-x-1}-\dfrac{2}{3}\right|<$

$\frac{|x-1|}{3}<\varepsilon$.

通过以上各个例子,读者对函数极限的 $\varepsilon-\delta$ 定义应能体会到下面几点.

①定义 2.1.9 中的正数 δ,相当于数列极限 $\varepsilon-N$ 定义中的 N,它依赖于 ε,但也不是由它所唯一确定.一般来说,ε 愈小,δ 也相应地要小一些,而且把 δ 取得更小些也无妨.如在例 2.1.12 中可取 $\delta=\frac{\varepsilon}{2}$ 或 $\delta=\frac{\varepsilon}{3}$ 等.

②定义中只要求函数 f 在 x_0 某一空心邻域内有定义,而一般不考虑 f 在点 x_0 处的函数值是否有定义,或者取什么值.这是因为,对于函数极限我们所研究的是当 x 趋于 x_0 过程中函数值的变化趋势.如在例 2.1.11 中,函数 f 在点 $x=2$ 是没有定义的,但当 $x\to2$ 时 f 的函数值趋于一个定数.

③定义 2.1.9 中的不等式 $0<|x-x_0|<\delta$ 等价于 $x\in\mathring{U}(x_0,\delta)$,而 $|f(x)-A|<\varepsilon$ 等价于 $f(x)\in U(A,\varepsilon)$.于是,$\varepsilon-\delta$ 定义又可写成:任给 $\varepsilon>0$,存在 $\delta>0$,使得对一切 $x\in\mathring{U}(x_0,\delta)$,有 $f(x)\in U(A,\varepsilon)$.

④$\varepsilon-\delta$ 定义的几何意义:对任给的 $\varepsilon>0$,在坐标平面上画一条以直线 $y=A$ 为中心线、宽 2ε 为的横带,则必存在以直线 $x=x_0$ 为中心线、宽 2δ 为的竖带,使函数 $y=f(x)$ 的图象在该竖带中的部分落在横带内,但点 $(x_0,f(x_0))$ 可能例外(或无意义).

2.1.2.2　函数的单侧极限

有些函数在其定义域上某些点左侧与右侧的解析式不同(如分段函数定义域上的某些点),或函数在某些点仅在其一侧有定义(如在定义区间端点处),这时函数在那些点上的极限只能单侧地给出定义.

例如 $f(x)=\begin{cases}x^2, x\geqslant0\\ x, x<0\end{cases}$,当 $x>0$ 而趋于 0 时,应按 $f(x)=x^2$ 来考察函数值的变化趋势;当 $x<0$ 而趋于 0 时,应按 $f(x)=x$ 来考察.

定义 2.1.10　如果当 x 从 x_0 的左侧($x<x_0$)无限趋近于 x_0 时,函数 $f(x)$ 无限趋近于一个确定的常数 A,则称 A 是函数 $f(x)$ 在点 x_0 处左极限,记作

$$\lim_{x\to x_0^-}f(x)=A$$

如果当 x 从 x_0 的右侧($x>x_0$)无限趋近于 x_0 时,函数 $f(x)$ 无限趋近于一个确定的常数 A,则称 A 是函数 $f(x)$ 在点 x_0 处的右极限,记作

$$\lim_{x\to x_0^+}f(x)=A$$

也可以写出它们的分析定义：

定义 2.1.11 设函数 f 在$\mathring{U}(x_0,\delta')$内有定义，$A$ 为定数.若对任给的 $\varepsilon>0$，存在正数 $\delta(<\delta')$，使得当 $x_0<x<x_0+\delta$（或 $x_0-\delta<x<x_0$）时有 $|f(x)-A|<\varepsilon$，则称 A 为函数 f 当 x 趋于 x_0^+（或 x_0^-）时的右（左）极限，记作 $\lim\limits_{x\to x_0^+}f(x)=A$（$\lim\limits_{x\to x_0^-}f(x)=A$）.

右极限与左极限统称为单侧极限.

例 2.1.13 讨论 $y=\sqrt{1-x^2}$ 在定义区间端点 ±1 处的单侧极限.

解：由于 $|x|\leqslant1$，故有 $1-x^2=(1+x)(1-x)\leqslant2(1-x)$.

任给 $\varepsilon>0$，则当 $2(1-x)<\varepsilon^2$ 时，就有 $\sqrt{1-x^2}<\varepsilon$.

于是取 $\delta=\dfrac{\varepsilon^2}{2}$，则当 $0<1-x<\delta$ 即 $1-\delta<x<1$ 时，上式成立.这就推出 $\lim\limits_{x\to1^-}\sqrt{1-x^2}=0$，类似地可得 $\lim\limits_{x\to(-1)^+}\sqrt{1-x^2}=0$.

定理 2.1.3 函数极限 $\lim\limits_{x\to x_0}f(x)=A$ 成立的充分必要条件是：

$$\lim_{x\to x_0^-}f(x)=\lim_{x\to x_0^+}f(x)=A.$$

例 2.1.14 已知函数

$f(x)=\begin{cases}-x+1,x\leqslant1\\2x+1,x>1\end{cases}$，讨论极限 $\lim\limits_{x\to1}f(x)$ 是否存在.

解：从函数 $y=f(x)$ 的图象（图 2-1-6）中可以看出：

$$\lim_{x\to1^-}f(x)=0,\ \lim_{x\to1^+}f(x)=3,\text{由于}\ \lim_{x\to1^-}f(x)\neq\lim_{x\to1^+}f(x).$$

所以 $\lim\limits_{x\to1}f(x)$ 不存在.

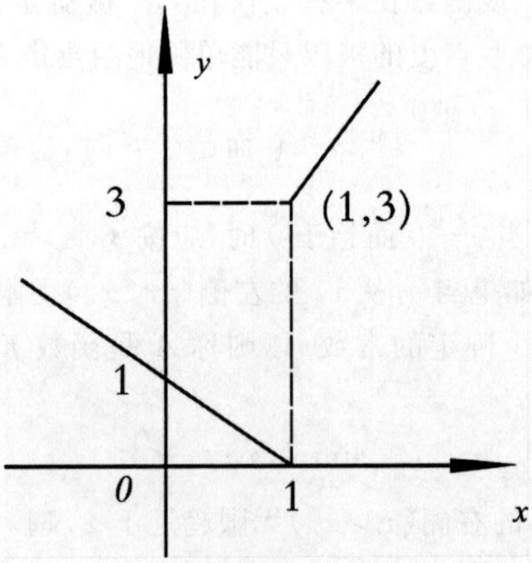

图 2-1-6

2.1.2.3 函数极限的性质

函数极限具有同数列极限相类似的性质，在这里，我们以 $x \to x_0$ 的情形为例，简要总结如下：

(1)唯一性.如果当 $x \to x_0$ 时，函数 $f(x)$ 存在极限，那么其极限值唯一.即如果 $\lim\limits_{x \to x_0} f(x) = A$ 且 $\lim\limits_{x \to x_0} f(x) = B$，则 $A = B$.

(2)局部有界性.若 $\lim\limits_{x \to x_0} f(x) = A$，则 $\exists \delta > 0$，使 $f(x)$ 在 $0 < |x - x_0| < \delta$ 内有界.但是这里必须注意的是，$f(x)$ 的有界性仅仅在点 x_0 的某个小邻域内，故称局部有界性，这与数列的情形是有差别的.

(3)局部保号性.若 $\lim\limits_{x \to x_0} f(x) = A$，且 $A > 0$，则 $\exists \delta > 0$，使得当 $0 < |x - x_0| < \delta$ 时，有 $f(x) > 0$.这里需要注意以下三点：

①如果将条件中的 $A > 0$ 改为 $A < 0$，则结论改为 $f(x) < 0$.

②如果 $\lim\limits_{x \to x_0} f(x) = A \neq 0$，则 $\exists \delta > 0$，当 $0 < |x - x_0| < \delta$ 时，有 $|f(x)| > 0$.

③如果 $\lim\limits_{x \to x_0} f(x) = A$，且在 x_0 的某个去心邻域内，$f(x) \geqslant 0$(或 $\leqslant 0$)，则 $A \geqslant 0$(或 $\leqslant 0$).同数列的情形一样，若 $f(x) > 0$，则结论仍为 $A \geqslant 0$.

2.1.2.4 函数极限的分类

(1)函数在无穷远处的极限.在高等数学中通常采用“$\varepsilon - X$ 定义法”来给出函数在无穷远处的极限的定义.这里的 X 与数列极限定义中的 N 相类似，只是 $X \in \mathbf{R}^+$($\mathbf{R}^+$ 表示正实数域).

定义 2.1.12 设函数 $f(x)$ 在自变量的绝对值 $|x|$ 大于某一正数 $X(X \in \mathbf{R}^+)$ 时有定义(有意义)，A 是一个常数，如果 $\forall \varepsilon > 0$，总存在 $X \in \mathbf{R}^+$，使得当 $|x| > X$ 时，有 $|f(x) - A| < \varepsilon$ 恒成立，则称当 $x \to \infty$ 时，函数 $f(x)$ 有极限，或称函数 $f(x)$ 收敛，且常数 A 即为 $x \to \infty$ 时函数 $f(x)$ 的极限，记作 $\lim\limits_{x \to \infty} f(x) = A$ 或 $f(x) \to A\ (x \to \infty)$.否则，则称当 $x \to \infty$ 时，函数 $f(x)$ 的极限不存在，或函数 $f(x)$ 发散.

这里需要特别注意的是，如果将定义 2.1.12 中的 $|x| > X$ 改成 $x > X$ 或 $x < -X$，则可以得到函数 $f(x)$ 当 x 趋于正无穷或负无穷时的极限的定义：设函数 $f(x)$ 在自变量 x 大于某一正数 X 时有定义，A 是一个常数，如果 $\forall \varepsilon > 0$，总存在 $X \in \mathbf{R}^+$，使得当 $x > X$ 时，有 $|f(x) - A| < \varepsilon$ 恒成立，则称当 $x \to +\infty$ 时，函数 $f(x)$ 有极限 A(或收敛于 A)，记作 $\lim\limits_{x \to +\infty} f(x) = A$

或 $f(x)\to A\ (x\to+\infty)$；设函数 $f(x)$ 在自变量 x 小于某一正数 X 的相反数时有定义，A 是一个常数，如果 $\forall\varepsilon>0$，总存在 $X\in\mathbf{R}^+$，使得当 $x<-X$ 时，有 $|f(x)-A|<\varepsilon$ 恒成立，则称当 $x\to-\infty$ 时，函数 $f(x)$ 有极限 A（或收敛于 A），记作 $\lim\limits_{x\to-\infty}f(x)=A$ 或 $f(x)\to A\ (x\to-\infty)$.

如图 2-1-7 所示，给出了函数 $f(x)$ 在无穷远处的极限的几何意义. $\lim\limits_{x\to+\infty}f(x)=A$（或 $\lim\limits_{x\to-\infty}f(x)=A$ 或 $\lim\limits_{x\to\infty}f(x)=A$）意味着无论给出多么窄的横条形区域 $\{-\infty<x<+\infty, A-\varepsilon<y<A+\varepsilon\}$，必定存在一个正数 X，使得代表函数 $f(x)$ 的曲线在直线 $x=X$ 的右侧（或 $x=-X$ 的左侧，或 $x=-X$ 左侧和 $x=X$ 的右侧）将完全进入该窄条形区域.

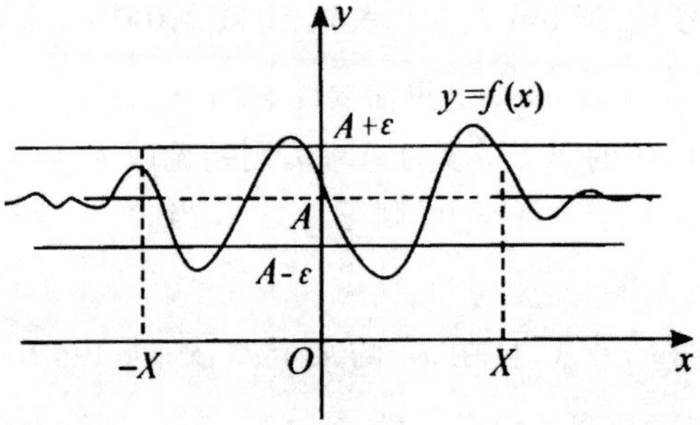

图 2-1-7

根据上述讨论，我们可以十分清楚地意识到，$\lim\limits_{x\to\infty}f(x)=A$ 等价于 $\lim\limits_{x\to-\infty}f(x)=A$ 和 $\lim\limits_{x\to+\infty}f(x)=A$ 同时成立.

(2)函数在某一点处的极限.

在高等数学中通常采用"$\varepsilon-\delta$ 定义法"来给出函数在某一点处的极限的定义.

定义 2.1.13 设函数 $f(x)$ 在 x_0 的某个去心邻域内有定义，A 是一个常数，如果 $\forall\varepsilon>0$，$\exists\delta>0$，使得当 $0<|x-x_0|<\delta$ 时，不等式 $|f(x)-A|<\varepsilon$ 恒成立，则称当 $x\to x_0$ 时，函数 $f(x)$ 有极限 A（或收敛于 A），记为 $\lim\limits_{x\to x_0}f(x)=A$ 或 $f(x)\to A\ (x\to x_0)$. 否则，则称当 $x\to x_0$ 时，函数 $f(x)$ 不存在极限（或发散）.

函数 $f(x)$ 在点 x_0 处的极限仅与 $f(x)$ 在点 x_0 的一个去心邻域内的值有关，与 $f(x)$ 在点 x_0 处的值无关[甚至 $f(x)$ 可以在点 x_0 处无定义]，也与 $f(x)$ 在点 x_0 的去心邻域外的值无关. $\lim\limits_{x\to x_0}f(x)=A$ 具有明显的几何意义，对任给的 $\varepsilon>0$，作平行于 x 轴的两条直线 $y=A-\varepsilon$ 与 $y=A+\varepsilon$，总

可找到点 x_0 的一个 δ 邻域，使得当 $x\in(x_0-\delta,x_0+\delta)$ 且 $x\neq x_0$ 时，对应的函数值满足 $A-\varepsilon<f(x)<A+\varepsilon$，即函数图像上的点 $(x,f(x))$ 落在直线 $y=A-\varepsilon$ 与 $y=A+\varepsilon$ 之间的带形区域内，如图 2-1-8 所示.

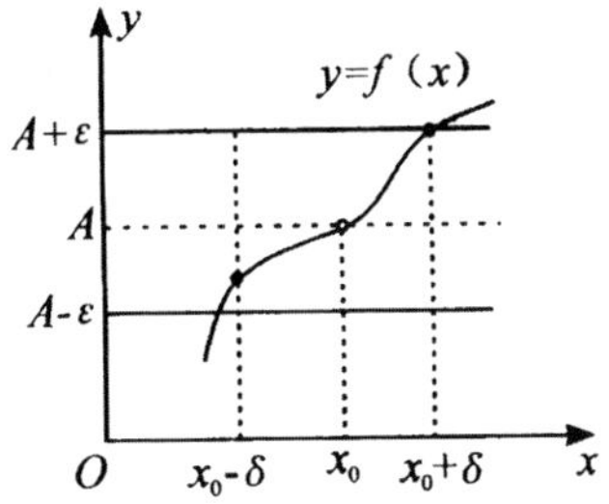

图 2-1-8

与函数 $f(x)$ 在无穷远处的极限相类似，当自变量向左或向右趋于点 x_0 时，函数 $f(x)$ 的收敛情况可能不同，于是有左极限和右极限的定义.

定义 2.1.14　设函数 $f(x)$ 在点 x_0 的左侧 (x_0-a,x_0) 有定义，A 是一个常数，如果 $\forall\varepsilon>0$，$\exists\delta>0\,(\delta<a)$，使得当 $x_0-\delta<x<x_0$ 时，不等式 $|f(x)-A|<\varepsilon$ 恒成立，则称当 $x\to x_0$ 时，函数 $f(x)$ 有左极限 A，记作 $\lim\limits_{x\to x_0^-}f(x)=A$，$f(x)\to A\ (x\to x_0^-)$ 或 $f(x_0-0)=A$. 类似地，可以有当 $x\to x_0$ 时，函数 $f(x)$ 的右极限的定义，记作 $\lim\limits_{x\to x_0^+}f(x)=A$，$f(x)\to A\ (x\to x_0^+)$ 或 $f(x_0+0)=A$.

在高等数学中，将函数 $f(x)$ 在点 x_0 处的左、右极限统称为单侧极限. 它们分别类似于 x 趋向负无穷和正无穷时的情形.

根据上述讨论，我们同样可以十分清楚地意识到，$\lim\limits_{x\to x_0}f(x)=A$ 等价于 $\lim\limits_{x\to x_0^-}f(x)=A$ 和 $\lim\limits_{x\to x_0^+}f(x)=A$ 同时成立.

与前面关于数列极限的讨论相结合，可以总结出如下重要定理.

定理 2.1.5(Heine 定理)　$\lim\limits_{x\to x_0}f(x)=A$ 等价于对任一满足 $\lim\limits_{n\to\infty}x_n=x_0$ 且 $x_n\neq x_0$ 的数列 $\{x_n\}$ 均有 $\lim\limits_{n\to\infty}f(x_n)=A$.

Heine 定理反映了变量以连续形式变化时的趋势与以离散形式变化时的趋势之间的关系，前者是一般形式，后者是特殊形式. 常用它来判断函数极限不存在的情况.

2.2 两个重要的极限

在高等数学中,有两个十分重要的极限,这两个极限不仅可以结合极限的有关运算准则求解其他极限,而且在微积分的有关运算中也起着不可或缺的作用.这两个极限具体表述如下:

2.2.1 重要极限 1:$\lim\limits_{x\to 0}\dfrac{\sin x}{x}=1$

证明:因 $x\to 0$,设 $0<|x|<\frac{\pi}{2}$.作单位圆(图 2-2-1),当 $0<x<\frac{\pi}{2}$时,取$\angle AOB=x$,由图可见 ΔAOB 面积<扇形 OAB<ΔOBD 面积,即

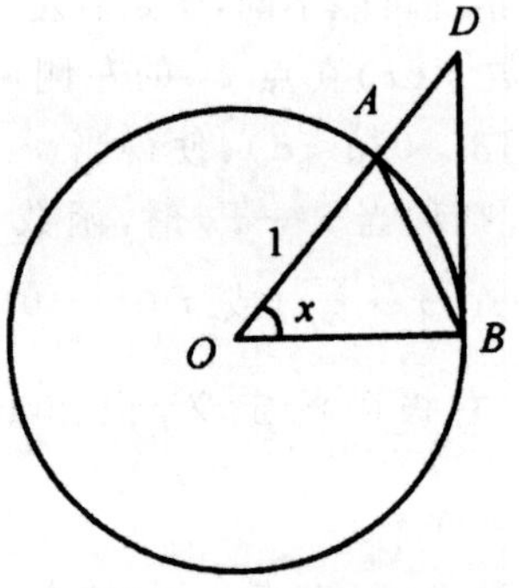

图 2-2-1

$$\frac{1}{2}\sin x<\frac{1}{2}x<\frac{1}{2}\tan x.$$

因为 $\sin x>0$,所以

$$1<\frac{x}{\sin x}<\frac{1}{\cos x},$$

亦即

$$\cos x<\frac{\sin x}{x}<1.$$

当$-\frac{\pi}{2}<x<0$ 时,不等式仍成立.事实上

$$\cos(-x)<\frac{\sin(-x)}{-x}<1,$$

即

$$\cos x < \frac{\sin x}{x} < 1.$$

由于$\lim\limits_{x\to0}\cos x=1$,由极限存在准则可得

$$\lim_{x\to0}\frac{\sin x}{x}=1.$$

例 2.2.1 求$\lim\limits_{x\to0}\frac{\sin kx}{x}$($k$ 为非零常数).

解:设 $u=kx$,则 $x\to0$ 时 $u\to0$,于是有

$$\lim_{x\to0}\frac{\sin kx}{x}=k\lim_{x\to0}\frac{\sin kx}{kx}=k\lim_{x\to0}\frac{\sin u}{u}=k\cdot1=k.$$

计算时,也可以将字母 u 省去,用下面的计算格式:

$$\lim_{x\to0}\frac{\sin kx}{x}=k\lim_{x\to0}\frac{\sin kx}{kx}=k\cdot1=k.$$

例 2.2.2 求$\lim\limits_{x\to0}\frac{\sin2x}{\sin5x}$

解:$\lim\limits_{x\to0}\frac{\sin2x}{\sin5x}=\frac{2}{5}\lim\limits_{x\to0}\frac{\frac{\sin2x}{2x}}{\frac{\sin5x}{5x}}=\frac{2}{5}\frac{\lim\limits_{x\to0}\frac{\sin2x}{2x}}{\lim\limits_{x\to0}\frac{\sin5x}{5x}}=\frac{2}{5}\times\frac{1}{1}=\frac{2}{5}.$

例 2.2.3 求$\lim\limits_{x\to0}\frac{\tan x}{x}$

解:$\lim\limits_{x\to0}\frac{\tan x}{x}=\lim\limits_{x\to0}\frac{1}{\cos x}\cdot\frac{\sin x}{x}=\lim\limits_{x\to0}\frac{1}{\cos x}\cdot\lim\limits_{x\to0}\frac{\sin x}{x}=\frac{1}{1}\times1=1.$

即

$$\lim_{x\to0}\frac{\tan x}{x}=1.$$

例 2.2.4 求$\lim\limits_{x\to0}\frac{1-\cos x}{x^2}$

解:$\lim\limits_{x\to0}\frac{1-\cos x}{x^2}=\lim\limits_{x\to0}\frac{2\sin^2\frac{x}{2}}{x^2}=\frac{1}{2}\lim\limits_{x\to0}\left[\frac{\sin\frac{x}{2}}{\frac{x}{2}}\right]^2=\frac{1}{2}\times1^2=\frac{1}{2}$

例 2.2.5 求$\lim\limits_{x\to\infty}\left(x\sin\frac{1}{x}\right)$

解:令 $u=\frac{1}{x}$,$x=\frac{1}{u}$,且当 $x\to\infty$时 $u\to0$.

$$\lim_{x\to\infty}\left(x\sin\frac{1}{x}\right)=\lim_{u\to 0}\frac{\sin u}{u}=1.$$

计算时可以将字母 u 省去,用下面的计算格式:

$$\lim_{x\to\infty}\left(x\sin\frac{1}{x}\right)=\lim_{x\to\infty}\frac{\sin\frac{1}{x}}{\frac{1}{x}}=1.$$

2.2.2 重要极限 2: $\lim\limits_{n\to\infty}\left(1+\frac{1}{n}\right)^n=\mathrm{e}$

证明: 要证明 $\lim\limits_{n\to\infty}\left(1+\frac{1}{n}\right)^n$ 存在,只要证明数列 $\left\{\left(1+\frac{1}{n}\right)^n\right\}$ 单调有界就行了.

(1)先证明 $\{x_n\}=\left\{\left(1+\frac{1}{n}\right)^n\right\}$ 是递增的.

按(牛顿)二项式定理展开,有

$$\begin{aligned}x_n&=\left(1+\frac{1}{n}\right)^n\\&=1+\frac{n}{1!}\cdot\frac{1}{n}+\frac{n(n-1)}{2!}\cdot\frac{1}{n^2}+\frac{n(n-1)(n-2)}{3!}\cdot\frac{1}{n^3}+\cdots+\\&\quad\frac{n(n-1)\cdots(n-n+1)}{n!}\cdot\frac{1}{n^n}\\&=1+1+\frac{1}{2!}\left(1-\frac{1}{n}\right)+\frac{1}{3!}\left(1-\frac{1}{n}\right)\left(1-\frac{2}{n}\right)+\cdots+\\&\quad\frac{1}{n!}\left(1-\frac{1}{n}\right)\left(1-\frac{2}{n}\right)\cdots\left(1-\frac{n-1}{n}\right).\end{aligned}$$

类似地,

$$\begin{aligned}x_{n+1}&=1+1+\frac{1}{2!}\left(1-\frac{1}{n+1}\right)+\frac{1}{3!}\left(1-\frac{1}{n+1}\right)\left(1-\frac{2}{n+1}\right)+\cdots+\\&\quad\frac{1}{n!}\left(1-\frac{1}{n+1}\right)\left(1-\frac{2}{n+1}\right)\cdots\left(1-\frac{n-1}{n+1}\right)+\\&\quad\frac{1}{(n+1)!}\left(1-\frac{1}{n+1}\right)\left(1-\frac{2}{n+1}\right)\cdots\left(1-\frac{n}{n+1}\right).\end{aligned}$$

比较 x_n、x_{n+1} 的展开式,可以看到除前两项外,x_n 的每一项都小于 x_{n+1} 的对应项,并且 x_{n+1} 还多了最后一项,其值大于 0,因此 $x_n<x_{n+1}$,这就说明数列 $\{x_n\}$ 是单调增加的.

(2)再证明$\{x_n\}=\left\{\left(1+\frac{1}{n}\right)^n\right\}$是有界的.

如果 x_n 的展开式中各项括号内的数用较大的数 1 代替,得

$$x_n<1+1+\frac{1}{2!}+\frac{1}{3!}+\cdots+\frac{1}{n!}<1+1+\frac{1}{2}+\frac{1}{2^2}+\cdots+\frac{1}{2^{n-1}}$$

$$=1+\frac{1-\frac{1}{2^n}}{1-\frac{1}{2}}=3-\frac{1}{2^{n-1}}<3,$$

这说明数列$\{x_n\}$有界.根据极限存在准则,这个数列$\{x_n\}$的极限存在,通常用字母 e 来表示这个极限,即

$$\lim_{n\to\infty}\left(1+\frac{1}{n}\right)^n=\mathrm{e}$$

如果把上式中的自变量 n 换成连续变量 x,仍可证明

$$\lim_{x\to\infty}\left(1+\frac{1}{x}\right)^x=\mathrm{e}.$$

数 e 是一个无理数,它的值是 e=2.718281828459045….今后,把以 e 为底的对数记作 $\ln x$,称之为自然对数.在科技计算中,e 和自然对数起了重要作用.

在上一极限式中做变换 $x=\frac{1}{t}$,就得到表示 e 的另一种常用极限形式:

$$\lim_{t\to 0}(1+t)^{\frac{1}{t}}=\mathrm{e}.$$

例 2.2.6　求$\lim\limits_{x\to\infty}\left(1+\frac{4}{x}\right)^x$.

解:令 $t=\frac{4}{x}$,$x=\frac{4}{t}$,当 $x\to\infty$时 $t\to 0$.

$$\lim_{x\to\infty}\left(1+\frac{4}{x}\right)^x=\lim_{t\to 0}(1+t)^{\frac{4}{t}}=\lim_{t\to 0}[(1+t)^{\frac{1}{t}}]^4=e^4.$$

也可以如下计算:

$$\lim_{x\to\infty}\left(1+\frac{4}{x}\right)^x=\lim_{x\to\infty}\left[\left(1+\frac{1}{\frac{x}{4}}\right)^{\frac{x}{4}}\right]^4=e^4.$$

例 2.2.7　求$\lim\limits_{x\to 0}\left(\frac{1+x}{1-x}\right)^{\frac{1}{x}}$.

解:$\lim\limits_{x\to 0}\left(\frac{1+x}{1-x}\right)^{\frac{1}{x}}=\lim\limits_{x\to 0}\frac{(1+x)^{\frac{1}{x}}}{(1-x)^{\frac{1}{x}}}=\lim\limits_{x\to 0}\frac{(1+x)^{\frac{1}{x}}}{\{[1+(-x)]^{\frac{1}{-x}}\}^{-1}}=\frac{e}{e^{-1}}=e^2.$

例 2.2.8 求$\lim\limits_{x\to0}(1-x)^{\frac{1}{x}}$.

解:令 $u=-x$,则当 $x\to0$ 时 $u\to0$,因此

$$\lim_{x\to0}(1-x)^{\frac{1}{x}}=\lim_{u\to0}(1+u)^{-\frac{1}{u}}=\frac{1}{\mathrm{e}}.$$

2.3 求极限的一些方法与技巧

求极限是数学分析最重要的基本运算,只有正确理解极限的概念以及掌握求极限的方法,才能真正地学好微积分.由于数列或函数的形式和变化的形态的多样性,不可能找到统一的方法,只能根据具体情况进行具体分析和处理,这里介绍一些常见基本类型,提供一些常用方法、技巧以及一些重要极限.

2.3.1 极限运算法则和复合运算法则

前面我们讨论了极限的概念,本节要建立极限的四则运算法则和复合函数的极限运算法则.在下面的讨论中,记号“ lim”下面没有表明自变量的变化过程,是指对 $x\to x_0$ 和 $x\to\infty$ 以及单侧极限均成立.但在论证时,只证明了 $x\to x_0$ 的情形.

定理 2.3.1(四则运算法则) 若极限$\lim f(x)$与$\lim g(x)$都存在,则函数 $f\pm g,f\cdot g$ 极限也存在,且

①$\lim[f(x)\pm g(x)]=\lim f(x)\pm\lim g(x)$

②$\lim[f(x)g(x)]=\lim f(x)\cdot\lim g(x)$

③若$\lim g(x)\neq0,\lim\dfrac{f(x)}{g(x)}=\dfrac{\lim f(x)}{\lim g(x)}$

证明:下面仅就 $x\to x_0$ 的情况证明(2).

假设$\lim\limits_{x\to x_0}f(x)=A,\lim\limits_{x\to x_0}g(x)=B$,则由函数极限与无穷小之间关系,得

$$f(x)=A+\alpha,g(x)=B+\beta,$$

其中 α,β 是 $x\to x_0$ 时的无穷小量.

所以 $f(x)g(x)=(A+\alpha)(B+\beta)=AB+(A\beta+B\alpha+\alpha\beta)$.

当 $x\to x_0$ 时,由无穷小的运算性质知$(A\beta+B\alpha+\alpha\beta)$是无穷小量;再由函数极限与无穷小量之间的关系,得

$$\lim_{x\to x_0} f(x)\cdot g(x)=AB=\lim_{x\to x_0} f(x)\cdot \lim_{x\to x_0} g(x).$$

证毕.

显然,定理有下面几个推论:

推论 2.3.1 如果$\lim f_i(x)(i=1,2,\cdots,n)$存在,则

$$\lim[f_1(x)\pm f_2(x)\pm\cdots\pm f_n(x)]=\lim f_1(x)\pm \lim f_2(x)\pm\cdots\pm\lim f_n(x).$$

推论 2.3.2 如果$\lim f_i(x)(i=1,2,\cdots,n)$存在,则

$$\lim[f_1(x)f_2(x)\cdots f_n(x)]=\lim f_1(x)\lim f_2(x)\cdots\lim f_n(x).$$

推论 2.3.3 如果$\lim f(x)$存在,而 C 为常数,则

$$\lim[Cf(x)]=C\lim f(x).$$

推论 2.3.4 如果$\lim f(x)$存在,而 n 为正整数,则

$$\lim[f(x)]^n=[\lim f(x)]^n.$$

定理 2.3.2(复合运算法则) 设函数 $y=f[\varphi(x)]$由 $y=f(u)$,$u=\varphi(x)$复合而成,$y=f[\varphi(x)]$在 x_0 的一个空心邻域内(除 x_0 外)有定义,若$\lim\limits_{x\to x_0}\varphi(x)=u_0$,$\lim\limits_{u\to u_0} f(u)=A$ 且当$x\in \mathring{U}(x_0,\delta)$时,有 $\varphi(x)\neq u_0$,则

$$\lim_{x\to x_0} f[\varphi(x)]=\lim_{u\to u_0} f(u)=A.$$

这个定理使我们可以采用变量替换的方法计算函数的极限.还须指出,以上的定理和推论对于数列也是成立的.

我们利用上述定理和推论,可以计算一些函数的极限.

例 2.3.1 求$\lim\limits_{x\to 1}(5x^2+7x-11)$.

解:
$$\begin{aligned}\lim_{x\to 1}(5x^2+7x-11)&=\lim_{x\to 1}5x^2+\lim_{x\to 1}7x-\lim_{x\to 1}11=5\lim_{x\to 1}x^2+7\lim_{x\to 1}x-11\\&=5(\lim_{x\to 1}x)^2+7\times 1-11=5\times 1^2+7-11=13.\end{aligned}$$

例 2.3.2 求$\lim\limits_{x\to 2}\dfrac{x^4+1}{3x-2}$

解:
$$\begin{aligned}\lim_{x\to 2}\frac{x^4+1}{3x-2}&=\frac{\lim\limits_{x\to 2}(x^4+1)}{\lim\limits_{x\to 2}(3x-2)}=\frac{\lim\limits_{x\to 2}x^4+\lim\limits_{x\to 2}1}{\lim\limits_{x\to 2}3x-\lim\limits_{x\to 2}2}=\frac{(\lim\limits_{x\to 2}x)^4+1}{3\lim\limits_{x\to 2}x-2}\\&=\frac{2^4+1}{3\times 2-2}=\frac{17}{4}.\end{aligned}$$

由例 2.3.1、例 2.3.2 很容易看出,在求有理整函数(多项式)或有理分式函数当 $x\to x_0$ 的极限时,只要把 x_0 代入函数中的 x 就行了;但是,代入有理分式函数时,分母不得为零,否则没有意义.即

若 $f(x)$,$g(x)$都是多项式,且 $g(x_0)\neq 0$,则有

$$\lim_{x \to x_0} f(x)=f(x_0), \lim_{x \to x_0} g(x)=g(x_0), \lim_{x \to x_0}\frac{f(x)}{g(x)}=\frac{f(x_0)}{g(x_0)}.$$

应该注意的是:若 $g(x_0)=0$,关于商的极限的运算法则不能应用,可以用其他方法去求极限.

例 2.3.3 求$\lim\limits_{x \to 1}\frac{2x^2-3}{x-1}$.

解:因为 $\lim\limits_{x \to 1}(x-1)=1-1=0$,所以不能利用定理求此分式的极限,但

$$\lim_{x \to 1}(2x^2-3)=-1 \neq 0.$$

所以,我们可以先求出 $\lim\limits_{x \to 1}\frac{x-1}{2x^2-3}=\frac{1-1}{2 \times 1^2-3}=0$.

即当 $x \to 1$ 时,$\frac{x-1}{2x^2-3}$是无穷小量,再由无穷大量与无穷小量的关系,可知$\frac{2x^2-3}{x-1}$是无穷大量.所以 $\lim\limits_{x \to 1}\frac{2x^2-3}{x-1}=\infty$.

例 2.3.4 求 $\lim\limits_{x \to 2}\frac{x-2}{x^2-4}$.

解: 因为 $x \to 2$ 时 $x \neq 2$,因而可约去分子分母中的公因子$(x-2)$,所以

$$\lim_{x \to 2}\frac{x-2}{x^2-4}=\lim_{x \to 2}\frac{x-2}{(x-2)(x+2)}=\lim_{x \to 2}\frac{1}{x+2}=\frac{1}{2+2}=\frac{1}{4}.$$

公因子$(x-2)$又称为"零因子",所以上述求极限的方法又称为消去零因子法.在计算分子、分母都是无穷小量的有理分式函数的极限时,可考虑用消去零因子法.

例 2.3.5 求$\lim\limits_{n \to \infty}\frac{n^2-2n-1}{2n^3+n+1}$.

解:先用 n^3 除分母和分子,然后再求极限,得

$$\lim_{n \to \infty}\frac{n^2-2n-1}{2n^3+n+1}=\lim_{n \to \infty}\frac{\frac{1}{n}-\frac{1}{n^2}-\frac{1}{n^3}}{2+\frac{1}{n^2}+\frac{1}{n^3}}=\frac{0-0-0}{2+0+0}=0.$$

这种把无穷大通过除法转化为无穷小的这种求极限的方法,常常被称为无穷小析出法.

例 2.3.6 求$\lim\limits_{n \to \infty}\frac{2n^3+n+1}{n^2-2n-1}$.

解: 由例 2.3.5 的结果,再根据无穷小与无穷大的关系,得

$$\lim_{n \to \infty}\frac{2n^3+n+1}{n^2-2n-1}=\infty.$$

例 2.3.7 求$\lim\limits_{x\to\infty}\dfrac{2x^2+1}{3x^2-x+4}$.

解： 先用 x^2 除分母和分子，得

$$\lim_{x\to\infty}\frac{2x^2+1}{3x^2-x+4}=\lim_{x\to\infty}\frac{2+\frac{1}{x^2}}{3-\frac{1}{x}+\frac{4}{x^2}}=\frac{2+0}{3-0+0}=\frac{2}{3}.$$

由例 2.3.5、例 2.3.6、例 2.3.7 的结果，我们可得出如下规律：

$$\lim_{x\to\infty}\frac{a_0x^n+a_1x^{n-1}+\cdots+a_n}{b_0x^m+b_1x^{m-1}+\cdots+b_m}=\begin{cases}\frac{a_0}{b_0}, & n=m\\ 0, & n<m\\ \infty, & n>m\end{cases}$$

这里 $a_i(i=0,1,2,\cdots n)$，$a_j(j=0,1,2,\cdots m)$为常数，$a_0\neq0$，$b_0\neq0$，m，n 均为非负整数.

例 2.3.8 计算$\lim\limits_{x\to0}\sin3x$.

解：令 $u=3x$ 则 $y=\sin3x$ 由 $y=\sin u$，$u=3x$ 复合而成.

当 $x\to0$ 时，$u=3x\to0$ 且 $u\to0$ 时，$\sin u\to0$，所以$\lim\limits_{x\to0}\sin3x=0$.

例 2.3.9 计算$\lim\limits_{x\to\infty}2^{\frac{1}{x}}$

解：令 $u=\dfrac{1}{x}$，因为$\lim\limits_{x\to\infty}\dfrac{1}{x}=0$ 且$\lim\limits_{u\to0}2^u=1$，所以$\lim\limits_{x\to\infty}2^{\frac{1}{x}}=1$.

例 2.3.10 计算 $\lim\limits_{x\to0^+}2^{-\frac{1}{x}}$.

解：因为 $\lim\limits_{x\to0^+}\dfrac{1}{x}=+\infty$，且 $\lim\limits_{x\to0^+}2^{\frac{1}{x}}=+\infty$，又 $2^{-\frac{1}{x}}=\dfrac{1}{2^{\frac{1}{x}}}$.

所以由无穷大量与无穷小量的关系可知，$\lim\limits_{x\to0^+}2^{-\frac{1}{x}}=0$.

2.3.2 求极限的基本格式

求极限的函数为 Limit，其格式如表 2-3-1 所示.

表 2-3-1

命 令	意 义
Limit[f[x],x->x_0]	当 $x\to x_0$ 时，求 $f(x)$的极限
Limit[f[x],x->Infinity]	当 $x\to\infty$时，求 $f(x)$的极限

续表

命令	意义
Limit[f[x],x－＞x_0,Direction－＞1]	求 $f(x)$ 在 x_0 的右极限
Limit[f[x],x－＞x_0,Direction－＞－1]	求 $f(x)$ 在 x_0 的左极限

2.3.3 求极限举例

例 2.3.11 求出下列极限

(1)$\lim\limits_{x\to\frac{\pi}{3}}\dfrac{\sin\left(x-\dfrac{\pi}{3}\right)}{1-2\cos x}$;(2)$\lim\limits_{x\to+\infty}x\left(\sqrt{x^2+1}-x\right)$;

(3)$\lim\limits_{x\to 0}\left[\tan\left(\dfrac{\pi}{4}-x\right)\right]^{\cot x}$;(4)$\lim\limits_{x\to\infty}\left(\sin\dfrac{1}{x}+\cos\dfrac{1}{x}\right)^{x}$.

解:(1)In[1]:=Limit[(x^2－1)/(2x^2－x－1),x－＞0]

Out[1]=1

(2)In[2]:=Limit[x(Sqrt[x^2＋1]－x),x－＞Infinity]

Out[2]=$\dfrac{1}{2}$

(3)In[3]:=Limit[Tan[Pi/4－x]^C0t[x],x－＞0]

Out[3]=$\dfrac{1}{e^2}$

(4)In[4]:=Limit[(Sin[1/x]＋Cos[1/x])^x,x－＞Infinity]

Out[4]=e

In[5]:=Limit[(Sin[1/x]＋Cos[1/x])^x,x－＞－Infinity]

Out[5]=e

2.4 无穷小量与无穷大量

2.4.1 无穷小量

定义 2.4.1 如果在 x 的某种变化趋势下,函数 $f(x)$以零为极限,则称函数 $f(x)$是在 x 的这种变化趋势下的无穷小量(简称无穷小).简而言之,以零为极限的函数叫做无穷小量.

例如,函数 $f(x)=\sin x$,当 $x\to 0$ 时 $\sin x\to 0$.所以,当 $x\to 0$ 时,函数 $f(x)=\sin x$ 为无穷小量.

对于无穷小量的概念须要注意下面两点:

(1)无穷小量是一个变量,而不是常量.因此,不能把它与很小的数混淆起来.但是,只有零这个特殊的数可以看作无穷小量,因为它满足无穷小量的定义.

(2)无穷小量反应了一个变量的变化趋势,因此,在谈到某个变量是无穷小量时,应指明其自变量的变化过程.例如,当 $x\to 0$ 时变量 $\sin x$ 是无穷小量.

由函数极限和无穷小量的概念,可以得到函数极限与无穷小量的关系如下:

定理 2.4.1　函数 $f(x)$ 当 $x\to x_0$(或 $x\to\infty$)时存在极限 A 的充分必要条件是:$f(x)=A+\alpha$,其中 α 是 $x\to x_0$(或 $x\to\infty$)时的无穷小量.

证明:必要性

设 $\lim\limits_{x\to x_0} f(x)=A$,从而对任给的 $\varepsilon>0$,存在正数 δ,使得当 $0<|x-x_0|<\delta$ 时有 $|f(x)-A|<\varepsilon$.现在令 $\alpha=f(x)-A$,则当 $0<|x-x_0|<\delta$ 时,有 $|\alpha|=|f(x)-A|<\varepsilon$.即 α 是 $x\to x_0$ 时的无穷小量.

充分性

设 $f(x)=A+\alpha$,其中 α 是 $x\to x_0$ 时的无穷小量.于是对任给的 $\varepsilon>0$,存在正数 δ,使得当 $0<|x-x_0|<\delta$ 时有 $|f(x)-A|=|\alpha|<\varepsilon$,即 $\lim\limits_{x\to x_0} f(x)=A$.

定理 2.4.2　有限个无穷小量的代数和还是无穷小量.

证明:考虑两个无穷小的和.设 α 与 β 是当 $x\to x_0$ 时的无穷小,而 $\gamma=\alpha+\beta$.因为 α 是当 $x\to x_0$ 时的无穷小,故 $\forall\varepsilon/2>0$,$\exists\delta_1>0$,当 $0<|x-x_0|<\delta_1$ 时,有 $|\alpha|<\varepsilon/2$ 成立.又因为 β 是当 $x\to x_0$ 时的无穷小,故 $\forall\varepsilon/2>0$,$\exists\delta_2>0$,当 $0<|x-x_0|<\delta_2$ 时,有 $|\beta|<\varepsilon/2$ 成立.

综合以上,取 $\delta=\min\{\delta_1,\delta_2\}$,当 $0<|x-x_0|<\delta$ 时,有下面不等式成立 $|\gamma|=|\alpha+\beta|\leqslant|\alpha|+|\beta|<\varepsilon/2+\varepsilon/2=\varepsilon$,故 $\gamma=\alpha+\beta$ 也是无穷小.

定理 2.4.3　有界变量与无穷小量的乘积还是无穷小量.

证明:设 α 是当 $x\to x_0$ 时的无穷小,β 在 x_0 的某一去心领域内有界.

$$\gamma=\alpha\cdot\beta.$$

因为 β 在 x_0 的某一去心领域内有界,故 $\exists M>0$,$\delta_1>0$,当 $0<|x-x_0|<\delta_1$ 时,有 $|\beta|\leqslant M$ 成立.

又因为 α 是当 $x\to x_0$ 时的无穷小,故 $\forall\dfrac{\varepsilon}{M}>0$,$\exists\delta_2>0$,当 $0<$

$|x-x_0|<\delta_2$ 时，有 $|\alpha|<\frac{\varepsilon}{M}$ 成立.

综合以上，取 $\delta=\min\{\delta_1,\delta_2\}$，当 $0<|x-x_0|<\delta$ 时，有下面不等式成立 $|\gamma|=|\alpha\cdot\beta|=|\alpha|\cdot|\beta|<\frac{\varepsilon}{M}M=\varepsilon$，故 $\gamma=\alpha\cdot\beta$ 也是无穷小.

显然，我们可以得到以下推论：

推论 1 常量与无穷小量的乘积还是无穷小量.

推论 2 有限个无穷小量的乘积还是无穷小量.

例 2.4.1 自变量 x 在怎样的变化过程中，下列函数是无穷小量.

(1) $y=\frac{1}{3x-2}$；(2) $y=2x-3$.

解：(1) 因为 $\lim\limits_{x\to\infty}\frac{1}{3x-2}=0$ 所以 $x\to\infty$ 时 $\frac{1}{3x-2}$ 是无穷小量.

(2) 因为 $\lim\limits_{x\to\frac{3}{2}}(2x-3)=0$ 所以 $x\to\frac{3}{2}$ 时 $2x-3$ 是无穷小量.

例 2.4.2 求 $\lim\limits_{x\to\infty}\frac{\sin x}{x}$.

解：因为当 $x\to\infty$ 时，$\frac{1}{x}$ 是无穷小量，而 $\sin x$ 是有界函数：$|\sin x|\leqslant 1$.

所以 $\frac{1}{x}\sin x$ 是无穷小量，即 $\lim\limits_{x\to\infty}\frac{\sin x}{x}=\lim\limits_{x\to\infty}\frac{1}{x}\sin x=0$.

例 2.4.3 求 $\lim\limits_{n\to\infty}\left(\frac{1}{n^2}+\frac{2}{n^2}+\cdots+\frac{n}{n^2}\right)$

解：$\lim\limits_{n\to\infty}\left(\frac{1}{n^2}+\frac{2}{n^2}+\cdots+\frac{n}{n^2}\right)=\lim\limits_{n\to\infty}\frac{n(n+1)}{2n^2}=\frac{1}{2}$

$n\to\infty$ 时 $\frac{1}{n^2},\frac{2}{n^2},\cdots,\frac{n}{n^2}$ 都是无穷小量，但由例 2.4.3 可知，无穷个无穷小量的代数和未必是无穷小量.

2.4.2 无穷大量

无穷大量也是一个变量，它的变化趋势与无穷小量正好相反，对于无穷大量我们有如下定义.

定义 2.4.2 如果在 x 的某种变化趋势下，函数 $f(x)$ 的绝对值 $|f(x)|$ 无限增大，则称函数 $f(x)$ 是在 x 的这种变化趋势下的无穷大量（简称无穷大）.

可见,对于自变量 x 的某种趋向(或 $n\to\infty$ 时),所有以 ∞,$+\infty$,或 $-\infty$ 为非正常极限的函数(包括数列),都是无穷大量.

例 2.4.4　函数 $f(x)=\dfrac{1}{x}$,当 $x\to 0$ 时,绝对值 $|f(x)|=\dfrac{1}{|x|}$ 无限增大,所以 $f(x)=\dfrac{1}{x}$ 是当 $x\to 0$ 时的无穷大量.

例 2.4.5　证明 $\lim\limits_{x\to 0}\dfrac{1}{x^2}=+\infty$.

证明: 任给 $G>0$,要使 $\dfrac{1}{x^2}>G$,只要 $|x|<\dfrac{1}{\sqrt{G}}$,因此令 $\delta=\dfrac{1}{\sqrt{G}}$,则对一切 $x\in\mathring{U}(0,\delta)$ 有 $\dfrac{1}{x^2}>G$.这就证明了 $\lim\limits_{x\to 0}\dfrac{1}{x^2}=+\infty$.

无穷大量是没有极限的,但是,为了表示它的变化趋势,我们仍然把函数 $f(x)$ 当 $x\to x_0$(或 $x\to\infty$)时的无穷大,记为

$$\lim_{\substack{x\to x_0\\(x\to\infty)}} f(x)=\infty,\text{或 } f(x)\to\infty(x\to x_0)\text{或}(x\to\infty).$$

这个记法读作"$f(x)$ 是无穷大量",但有时为了叙述的方便,也说成"$f(x)$ 的极限是无穷大".与无穷小量一样,还须注意,无穷大量也是一个变量,切不可把它与一个很大的实数相混淆,任何一个很大的数,无论它多么大,都不是无穷大.同样,在谈到某量是无穷大量时,也要指明自变量的变化过程.

例如,$y=\dfrac{1}{x-4}$,当 $x\to 4$ 时,它是无穷大量;当 $x\to\infty$ 时,它是无穷小量;当 $x\to 0$ 时,它极限是 $-\dfrac{1}{4}$,既不是无穷小量,也不是无穷大量.

定理 2.4.4　在自变量 x 的同一变化过程中,(1) 如果 $f(x)$ 是无穷大量,则 $\dfrac{1}{f(x)}$ 是无穷小量;(2) 如果 $f(x)(f(x)\neq 0)$ 是无穷小量,则 $\dfrac{1}{f(x)}$ 是无穷大量.

证明:(1) 设 $\lim\limits_{x\to x_0} f(x)=\infty$,现在证 $\dfrac{1}{f(x)}$ 是无穷小量.

因为 $\lim\limits_{x\to x_0} f(x)=\infty$,从而对 $M=\dfrac{1}{\varepsilon}$,存在正数 δ,使得当 $0<|x-x_0|<\delta$ 时有 $|f(x)|>M=1/\varepsilon$.即 $\left|\dfrac{1}{f(x)}\right|<\varepsilon$,所以 $\dfrac{1}{f(x)}$ 是无穷小量.

(2)设$\lim\limits_{x\to x_0}f(x)=0$,且$f(x)\neq0$,现在证$\dfrac{1}{f(x)}$是无穷大量.

$\forall M=\dfrac{1}{\varepsilon}>0$,从而对$\varepsilon=\dfrac{1}{M}>0$,存在正数$\delta$,使得当$0<|x-x_0|<\delta$时有$|f(x)|<\varepsilon=\dfrac{1}{M}$.且$f(x)\neq0$,即$\left|\dfrac{1}{f(x)}\right|>M$,所以$\dfrac{1}{f(x)}$是无穷大量.

例 2.4.6 求$\lim\limits_{x\to\frac{\pi}{2}}\cot x$.

解:因为$\lim\limits_{x\to\frac{\pi}{2}}\tan x=\infty$,所以由定理 2.4.4 得$\lim\limits_{x\to\frac{\pi}{2}}\cot x=\lim\limits_{x\to\frac{\pi}{2}}\dfrac{1}{\tan x}=0$.

例 2.4.7 自变量怎样的变化过程中,下列函数为无穷大量.

(1)$y=\dfrac{1}{x-1}$;(2)$y=\log_2^x$;(3)$y=\left(\dfrac{1}{5}\right)^x$.

解:(1)当$x\to1$时,$x-1\to0$,$\dfrac{1}{x-1}$为无穷大量.

(2)当$x\to0^+$或$x\to+\infty$时,$\log_2^x$为无穷大量.

(3)当$x\to-\infty$时,$\left(\dfrac{1}{2}\right)^x$为无穷大量.

2.5 单调数列与函数极限的应用

2.5.1 单调数列

收敛数列必定是有界数列,而有界数列不一定收敛.下面我们将进行讨论.

定义 2.5.1(单调数列) 若数列$\{a_n\}$满足$a_n\leqslant a_{n+1}$ $(a_n\geqslant a_{n+1})$,$n=1,2,3,\cdots$ 则称$\{a_n\}$单调递增(单调递减).若数列$\{a_n\}$满足

$$a_n<a_{n+1}\ (a_n>a_{n+1}),n=1,2,3,\cdots$$

则称$\{a_n\}$严格单调递增(严格单调递减).

定理 2.5.1(单调有界定理) 若数列$\{a_n\}$单调递增且有上界(或单调递减且有下界),则该数列收敛.

证明:设$\{a_n\}$为单调递增有上界数列,则数列$\{a_n\}$有上确界,记$\beta=\sup\{a_n\}$,下面证明$\lim\limits_{n\to\infty}a_n=\beta$,由上确界定义有

$$\forall\varepsilon>0,\exists N\in N^*,\text{s.t.}a_N>\beta-\varepsilon,$$

当 $n>N$ 时,由数列单调性,可知 $a_n \geqslant a_N > \beta-\varepsilon$,又由于 β 是上确界,显然 $a_n \leqslant \beta < \beta+\varepsilon$,因此 $n>N$ 时有 $|a_n-\beta|<\varepsilon$. 从而 $\lim\limits_{n\to\infty} a_n=\beta$.定理得证.

这是一个非常有用的定理.它使我们只须从数列本身性质就可以判断其敛散性,这比从定义判断数列的敛散性要方便得多.由定理 2.4.1 的证明过程可以得到下面的推论.

推论 1 若数列 $\{a_n\}$ 是单调递增数列,则 $\lim\limits_{n\to\infty} a_n=\sup\{a_n\}$;

推论 2 若数列 $\{a_n\}$ 是单调递减数列,则 $\lim\limits_{n\to\infty} a_n=\inf\{a_n\}$.

例 2.5.1 求极限 $\lim\limits_{x\to 1}\left(\dfrac{1}{1-x}-\dfrac{3}{1-x^3}\right)$.

解:因 $x\to 1$ 时 $\dfrac{1}{1-x}$ 及 $\dfrac{3}{1-x^3}$ 的极限均不存在,应当先合并,化简后再求极限,则有

$$\begin{aligned}\lim_{x\to 1}\left(\frac{1}{1-x}-\frac{3}{1-x^3}\right)&=\lim_{x\to 1}\frac{1+x+x^2-3}{1-x^3}\\&=\lim_{x\to 1}\frac{(x-1)(x+2)}{(1-x)(1+x+x^2)}\\&=-\lim_{x\to 1}\frac{x+2}{1+x+x^2}\\&=-\frac{3}{3}=-1.\end{aligned}$$

例 2.5.2 求极限 $\lim\limits_{x\to 1}\left[\left(\dfrac{x^2-1}{x-1}\right)^3+\dfrac{4(x^2-1)}{x-1}\right]$.

解:函数 $y=\left(\dfrac{x^2-1}{x-1}\right)^3+\dfrac{4(x^2-1)}{x-1}$ 由 $y=u^3+4u$ 与 $u=\dfrac{x^2-1}{x-1}$ 复合而成,又因为 $\lim\limits_{x\to x_0}\dfrac{x^2-1}{x-1}=2$, $\lim\limits_{u\to 2}(u^3+4u)=16$,所以

$$\lim_{x\to 1}\left[\left(\frac{x^2-1}{x-1}\right)^3+\frac{4(x^2-1)}{x-1}\right]=\lim_{u\to 2}(u^3+4u)=16.$$

例 2.5.3 求 $\lim\limits_{x\to 1}\dfrac{\sqrt[3]{x}-1}{\sqrt{x}-1}$.

解:该极限是"$\dfrac{0}{0}$"型.令 $x=t^6$,则 $x\to 1$ 时 $t\to 1$.于是

$$\lim_{x\to 1}\frac{\sqrt[3]{x}-1}{\sqrt{x}-1}=\lim_{t\to 1}\frac{t^2-1}{t^3-1}=\lim_{t\to 1}\frac{(t-1)(t+1)}{(t-1)(t^2+t+1)}=\frac{2}{3}.$$

例 2.5.4 求 $\lim\limits_{n\to\infty}\left(\dfrac{1}{\sqrt{n^2+1}}+\dfrac{1}{\sqrt{n^2+2}}+\cdots+\dfrac{1}{\sqrt{n^2+n}}\right)$.

解:因为$\frac{n}{\sqrt{n^2+n}}<\frac{1}{\sqrt{n^2+1}}+\cdots+\frac{1}{\sqrt{n^2+n}}<\frac{n}{\sqrt{n^2+1}}$

又

$$\lim_{n\to\infty}\frac{n}{\sqrt{n^2+n}}=\lim_{n\to\infty}\frac{1}{\sqrt{1+\frac{1}{n}}}=1,$$

$$\lim_{n\to\infty}\frac{n}{\sqrt{n^2+1}}=\lim_{n\to\infty}\frac{1}{\sqrt{1+\frac{1}{n}}}=1,$$

由夹逼准则得

$$\lim_{n\to\infty}\left(\frac{1}{\sqrt{n^2+1}}+\frac{1}{\sqrt{n^2+2}}+\cdots+\frac{1}{\sqrt{n^2+n}}\right)=1.$$

例 2.5.5 设 $a>0,a_0>0,a_{n+1}=\frac{1}{2}\left(a_n+\frac{a}{a_n}\right)(n=0,1,2,\cdots)$,证明 $\lim\limits_{n\to\infty}a_n=\sqrt{a}$.

证明:根据题意可得,数列$\{a_n\}$是一个非负数列,所以

$$a_{n+1}=\frac{1}{2}\left(a_n+\frac{a}{a_n}\right)\geqslant\sqrt{a_n\times\frac{a}{a_n}}=\sqrt{a},$$

即数列$\{a_n\}$有下界,又

$$a_{n+1}-a_n=\frac{1}{2}\left(a_n+\frac{a}{a_n}\right)-a_n=\frac{a-a_n^2}{2a_n}\leqslant 0,$$

即

$$a_{n+1}\leqslant a_n,$$

所以数列$\{a_n\}$单调递减有下界,$\lim\limits_{n\to\infty}a_n$ 存在,令$\lim\limits_{n\to\infty}a_n=A$,则

$$\lim_{n\to\infty}a_{n+1}=\frac{1}{2}\left(a_n+\frac{a}{a_n}\right)=\frac{1}{2}\left(\lim_{n\to\infty}a_n+\lim_{n\to\infty}\frac{a}{a_n}\right),$$

即

$$A=\frac{1}{2}\left(A+\frac{a}{A}\right),$$

解得 $A=\pm\sqrt{a}$,根据极限保号性可得,$A=-\sqrt{a}$ 应舍去,所以$\lim\limits_{n\to\infty}a_n=\sqrt{a}$.

例 2.5.6 求极限$\lim\limits_{x\to 0}\frac{\tan x-\sin x}{x(\sin x)^2}$.

解:因为 $x\to 0$ 时,$\sin x\sim x$,因此

$$\lim_{x\to 0}\frac{\tan x-\sin x}{x(\sin x)^2}=\frac{1-\cos x}{x\sin x}\cdot\frac{1}{\cos x}=\frac{1-\cos x}{x^2}\cdot\frac{1}{\cos x}\cdot\frac{x}{\sin x},$$

于是

$$\lim_{x\to 0}\frac{\tan x-\sin x}{x(\sin x)^2}=\lim_{x\to 0}\frac{1-\cos x}{x^2}\cdot\lim_{x\to 0}\frac{1}{\cos x}\cdot\lim_{x\to 0}\frac{x}{\sin x}=\frac{1}{2}.$$

2.5.2 极限的应用

2.5.2.1 生成器问题

一台数据生成器的生成规律为

$$x_{n+1}=\frac{4x_n-2}{x_n+1},$$

若要产生一个收敛数列，且满足对任意的正整数 n，均有 $x_n<x_{n+1}$，即为单调递增数列，问初始输入 x_0 的取值范围应为多少，数列极限值又为多少？

解：分析可知，产生的数列为收敛数列，其数列极限值可用生成规律的等式两边取极限运算得到；初始输入的取值范围根据单调性列出不等式解得.由数列为单调递增数列知，$x_n<x_{n+1}$，即

$$x_n<\frac{4x_n-2}{x_n+1},$$

化简得

$$x_n^2-3x_n+2<0,$$

则

$$1<x_n<2.$$

这说明初始输入 x_0 的取值范围为(1,2).设数列的极限为 x，有

$$\lim_{n\to\infty}x_n=\lim_{n\to\infty}x_{n+1}=x$$

对生成规律等式两边取极限，得

$$\lim_{n\to\infty}x_{n+1}=\lim_{n\to\infty}\frac{4x_n-2}{x_n+1}=\frac{4\lim\limits_{n\to\infty}x_n-2}{\lim\limits_{n\to\infty}x_n+1},$$

即

$$x=\frac{4x-2}{x+1},$$

化简得

$$x^2-3x+2=0,$$

则 $x=1$ 或 $x=2$.而数列的通项 x_n 满足在区间(1,2)内取值，数列是单调递增数列，所以数列极限值为 2.

2.5.2.2 病毒传染问题

2003 年 Sars 病毒肆虐中国大地，造成了中国大量的人员伤亡.现经研究人员的统计模拟，得到该病毒的传染模型为

$$N(t)=\frac{1\ 000\ 000}{1+5\ 000\mathrm{e}^{-0.1t}},$$

其中 t 表示疾病流行的时间，N 表示 t 时刻感染的人数.问：从长远考虑，将有多少人感染上这种病？

解：依题意即是考虑当 $t\to\infty$ 时，N 的极限值为

$$\lim_{t\to\infty}N(t)=\lim_{t\to\infty}\frac{1\ 000\ 000}{1+5\ 000\mathrm{e}^{-0.1t}}=1\ 000\ 000,$$

即从长远考虑，将有 1 000 000 人感染这种病.从图 2-5-1 也可看出这种趋势.

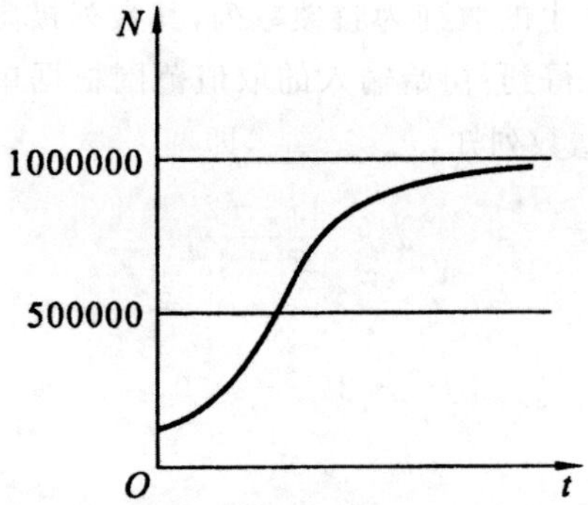

图 2-5-1

2.5.2.3 连续复利问题

在讨论单调有界收敛准则与第二个重要极限 $\lim\limits_{x\to\infty}\left(1+\frac{1}{x}\right)^x=\mathrm{e}$ 时，我们已经简单讨论了单利和复利的概念.事实上复利可以按年计算，也可以按月计算，甚至按天计算.如果年复利率 r 不变，月利率就是 $\frac{r}{12}$，日利率就是 $\frac{r}{365.25}$.作为第二个重要极限的应用，我们来讨论复利公式.设本金为 P，年利率为 r，一年后的本利和为 s_1，则

$$s_1=P+Pr=P(1+r),$$

把 s_1 作为本金存入，第二年末的本利和为

$$s_2=s_1+s_1r=s_1(1+r)=P(1+r)^2,$$

再把 s_2 存入，如此反复，第 n 年末的本利和为

$$s_n=P(1+r)^n.$$

若把一年均分为 t 期来计息，这时每期利率可以认为是 $\frac{r}{t}$，于是推得 n 年的本利和

$$s_n=P\left(1+\frac{r}{t}\right)^{nt}.$$

假设计息期无限缩短，则期数 $t\to\infty$，于是得到计算连续复利公式为

$$s_n=\lim_{n\to\infty}P\left(1+\frac{r}{t}\right)^{nt}=P\lim_{n\to\infty}\left(1+\frac{r}{t}\right)^{nt}=P\lim_{n\to\infty}\left[\left(1+\frac{r}{t}\right)^{\frac{t}{r}}\right]^{nr}=Pe^{nr}.$$

复利的结果是惊人的，A、B 两个人都是 25 岁，都做了一年 1 000 元的投资，假设回报率是 18%. 一年后，A 拿投资所赚到的利息 180 元去买了喜欢的东西；而 B 则选择将这 180 元利息加入到 1 000 元的本金里继续投资，这样 B 总共投资了 1 180 元. 如果 A 继续把每年的利息花掉，而 B 则继续拿利息再投资，回报率仍在 18%，那么他们未来拥有的金额如表 2-5-1 所示.

表 2-5-1

第 n 年底	A 和 B 的年龄	A 拥有的资金	B 拥有的资金
4	29	1 000	2 000
8	33	1 000	4 000
12	37	1 000	8 000
16	41	1 000	16 000
20	45	1 000	32 000
24	49	1 000	64 000
28	53	1 000	128 000
32	57	1 000	256 000
36	61	1 000	512 000
40	65	1 000	1 024 000

也就是说，区区 1 000 元的投资，40 年后就可取得 1 000 倍以上的报酬，使 B 成为一个百万富翁！要正确地理解和运用复利，就要了解复利的"三要素"：投入资金的数额；实现的收益率；投资时间的长短.

对复利概念理解和运用得最为充分的行业是保险公司,在推出各种长期保险业务品种的背后,是保险公司利用复利概念获取最大利润的实质.从某种意义而言,我们对复利概念的正确理解和运用,就是为自己的未来买了一份最成功的保险.

2.5.2.4 抵押贷款与分期付款

设贷款期限为 t 个月,贷款额为 P_0,月利率为 r(按复利计算),每月还款额为 I,P_n 表示第 n 个月的欠款额,则

$$P_n=P_{n-1}(1+r)-I,$$

由此得

$$\begin{aligned}P_t&=P_{t-1}(1+r)-I\\&=[P_{t-2}(1+r)-I](1+r)-I\\&=P_{t-2}(1+r)^2-I[(1+r)+1]\\&=[P_{t-3}(1+r)-I](1+r)^2-I(1+r)-I\\&=P_{t-3}(1+r)^3-I[(1+r)^2+(1+r)+1]\\&\quad\cdots\\&=P_0(1+r)^t-I[(1+r)^{t-1}+(1+r)^{t-2}+\cdots+1]\\&=P_0(1+r)^t-I\,\frac{(1+r)^t-1}{r},\end{aligned}$$

第 t 个月还清贷款,则 $P_t=0$,即

$$I=P_0r\,\frac{(1+r)^t}{(1+r)^t-1}.$$

例 2.5.7 某先生决定按照抵押贷款的方式购买一套住房,如果选择一次性付清房款 20 万元,不足的部分(不超过房价的 70%)可以向银行申请抵押贷款,期限是 20 年,贷款的年利率为 10.8%,如果他只有 8 万元存款,而向银行贷款 12 万元,那么他每月应向银行还款多少?

解:由题意知,还款时间 $t=12\times20=240$ 个月,月利率 $r=\frac{0.108}{12}=0.009$,贷款 $P_0=120\,000$ 元,代入公式 $I=P_0r\,\frac{(1+r)^t}{(1+r)^t-1}$得

$$I=120\,000\times0.009\times\frac{(1+0.009)^{240}}{(1+0.009)^{240}-1}\approx1\,222.33\text{ 元}$$

该先生每月应还款大约为 1 222.33 元.

例 2.5.8 某商店对手机进行分期付款,每部售价为 2 000 元的手机,如果分两年付款,每月只需付 100 元;同时来自银行的贷款信息:5 000 元以

下的贷款,在两年内还清,年利率为 8.64%,那么应该是向银行贷款还是分期付款购得这款手机?

解:如果贷款,两年还清,由公式 $I=P_0 r\dfrac{(1+r)^t}{(1+r)^t-1}$知,每月还款额为

$$I=2\ 000\times\frac{0.086\ 4}{12}\times\frac{\left(1+\frac{0.086\ 4}{12}\right)^{24}}{\left(1+\frac{0.086\ 4}{12}\right)^{24}-1}\approx 91.04(\text{元})$$

这表明应该向银行贷款而不是采取分期付款的方式购买这款手机.

2.5.2.5　分形几何中的科克曲线

从古希腊以来,人们已深入研究了直线、圆、椭圆、抛物线、双曲线等规则图形.但是,自然界的许多物体的形状及现象都是十分复杂的,如起伏蜿蜒的山脉,坑坑洼洼的地面,曲曲折折的海岸线,层层分叉的树木,支流纵横的水系,变幻飘忽的浮云,杂乱无章的粉尘等,传统的几何工具已无能为力了.

20 世纪 70 年代,英国数学家曼德布鲁特开创了"分形"几何的研究,形成了一个新的数学分支.分形的研究跨越了许多学科及科技领域,并展现了美妙和广阔的前景.分形几何中一个基本的有代表性的问题就是科克曲线.

设有一个正三角形,每边的长度为单位 1,现在每个边长正中间$\frac{1}{3}$处,再凸出造一个正三角形.小正三角形在三边上的出现,使原来的三角形变成六角形.再在六角形的 12 条边上,重复进行中间$\frac{1}{3}$处凸出造一个正三角形的过程,得到 48 边形.48 边形每边的正中间还可以再在中间$\frac{1}{3}$处凸出造一个更小的正三角形,如此继续下去,其外缘的构造越来越精细.该曲线称为科克曲线,或雪花曲线.如图 2-5-2 所示,是开始四个阶段的雪花曲线.

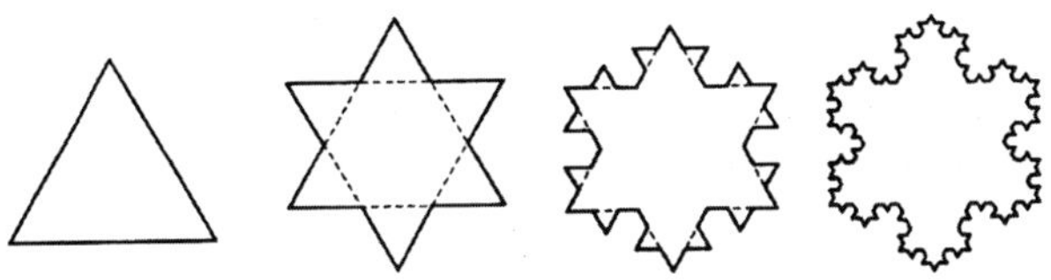

图 2-5-2

易知,若正三角形的边长为 $L_0=1$,则面积为 $S_0=\frac{\sqrt{3}}{4}$.于是第一次操作后,边长 $L_1=\frac{4}{3}L_0$,面积 $S_1=S_0+3\times\frac{1}{9}S_0$.

第二次操作后,边长 $L_2=\frac{4}{3}L_1=\left(\frac{4}{3}\right)^2L_0$,面积

$$S_2=S_1+3\left\{4\left[\left(\frac{1}{9}\right)^2S_0\right]\right\}=S_0+3\times\frac{1}{9}S_0+3\times4\times\left(\frac{1}{9}\right)^2S_0.$$

如此作下去,其规律是:每条边生成四条新边;下一步,四条新边共生成四个新的小三角形.每一步操作中,曲线的整个长度将被乘以$\frac{4}{3}$.即第 n 步后的边长是

$$L_n=\left(\frac{4}{3}\right)^nL_0=\left(\frac{4}{3}\right)^n.$$

从第二步起,每一步比上一步在每条边上多了 4 个小三角形,每个小三角形面积为一步三角形面积的$\frac{1}{9}$,因而可推算出第 n 步后的总面积为

$$S_n=S_0+3\left(\frac{1}{9}+\frac{4}{9^2}+\frac{4^2}{9^3}+\cdots+\frac{4^{n-1}}{9^n}\right)S_0.$$

于是

$$\lim_{n\to\infty}L_n=+\infty,$$

$$\lim_{n\to\infty}S_n=S_0+3\times\frac{\frac{1}{9}}{1-\frac{4}{9}}S_0=\frac{8}{5}S_0=\frac{2\sqrt{3}}{5}.$$

由此可见,科克曲线是一条特色鲜明的连续的闭合曲线.它的总面积是有限的,永远小于原正三角形的外接圆面积,但它的长度却是无限的大.这似乎是一个自相矛盾的结果:在有限的圆内却有着无限长的曲线.

现将此问题稍加推广:有一棱长为单位 1 的正四面体,开始时,四面体的表面积为 $S_0=\sqrt{3}$,体积为 $V_0=\frac{\sqrt{2}}{12}$.之后在四面体的每个面上,以三条中位线为边构成正三角形.以这样的正三角形为底向外作小正四面体,于是其表面积 S_1 和体积 V_1 分别为

$$S_1=\frac{3}{2}S_0,$$

$$V_1=V_0+4\times\frac{1}{8}V_0.$$

依此下去,有

$$S_n = \frac{3}{2}S_{n-1} = \left(\frac{3}{2}\right)^n S_0,$$

$$V_n = V_0\left\{1 + \left[\frac{1}{2} + \frac{1}{2}\left(\frac{3}{4}\right) + \frac{1}{2}\left(\frac{3}{4}\right)^2 + \cdots + \frac{1}{2}\left(\frac{3}{4}\right)^{n-1}\right]\right\}.$$

于是

$$\lim_{n\to\infty} S_n = +\infty,$$

$$\lim_{n\to\infty} V_n = V_0\left(1 + \frac{\frac{1}{2}}{1-\frac{3}{4}}\right) = 3V_0 = \frac{\sqrt{2}}{4}.$$

可见用上述方法形成的几何体有着与科克曲线类似的性质.

第3章　函数的连续性

在自然界中，有许多数量变化过程是“连续性”的，如气温随时间的变化、河水的流动等；当然，也有很多数量变化过程存在“间断”现象.在数学上，数量变化的“连续性”通常体现为函数的连续性，而数量变化过程的“间断”现象通常体现为函数的间断点.

3.1　连续性的概念

连续性是函数的重要性态之一，在实际问题中普遍存在连续性问题，连续函数是数学分析中着重讨论的一类函数.从几何形象上说，连续函数在坐标平面上的图像是一条连绵不断的曲线，“连续”与“间断”（不连续），照字面上来讲，是不难理解的.

函数连续性的本质就是自变量的微小变化仅引起因变量的微小变化.换句话说，函数的连续性体现变化过程的稳定性.与此相反，间断意味着稳定性的破坏，即自变量的微小变化引起因变量的剧烈改变.在高等数学中，人们借助函数极限的概念来对函数的连续性进行精确描述.

假定函数 $y=f(x)$ 在点 x_0 的某邻域内有定义，当自变量从 x_0 变化到 x 时，对应的函数值从 $f(x_0)$ 变化到 $f(x)$.令 $\Delta x=x-x_0$，人们将其称为自变量 x 在点 x_0 的改变量（又称自变量 x 在点 x_0 的增量）；相应地，令 $\Delta y=f(x)-f(x_0)$，即 $\Delta y=f(x_0+\Delta x)-f(x_0)$，人们将其称为函数 $y=f(x)$ 在点 x_0 的改变量（又称函数 y 在点 x_0 的增量）.这一定义并没有明确指出自变量变化的方向，故而增量 Δx 可以是正数也可以是负数或0.至于函数的增量 Δy，其是正数还是负数或0，完全由函数本身决定.在自变量与函数的增量的基础上，即可引出函数连续性的定义.

定义 3.1.1　设函数 $y=f(x)$ 在点 x_0 的某一领域内有定义，如果 $\lim\limits_{\Delta x\to 0}\Delta y=\lim\limits_{\Delta x\to 0}[f(x_0+\Delta x)-f(x_0)]=0$，则称函数 $y=f(x)$ 在点 x_0 处连续，并称 x_0 是函数 $y=f(x)$ 的连续点；如果函数 $y=f(x)$ 在 x_0 不连续，

则称函数 $y=f(x)$ 在 x_0 间断，并称 x_0 是函数 $y=f(x)$ 的间断点.

对于定义 3.1.1，需要深刻认识到以下几点：

(1) $\Delta x\to 0$ 与 $x\to x_0$ 是等价的，而 $\Delta y\to 0$ 与 $f(x)\to f(x_0)$ 也是等价的，函数 $y=f(x)$ 在点 x_0 处连续意味着 $f(x_0)$ 与 $\lim\limits_{x\to x_0}f(x)$ 同时存在，且有 $\lim\limits_{x\to x_0}f(x)=f(x_0)$.

(2) 函数 $y=f(x)$ 在点 x_0 处连续等价于 $\forall\varepsilon>0$，$\exists\delta>0$，当 $|x-x_0|<\delta$ 时，有 $|f(x)-f(x_0)|<\varepsilon$ 恒成立.

(3) 若函数 $y=f(x)$ 在点 x_0 处连续，则 $|f(x)|$ 也在点 x_0 处连续.

与函数 $y=f(x)$ 在点 x_0 处的左、右极限的概念相对应，函数 $y=f(x)$ 在点 x_0 处也有左连续与右连续的说法.

定义 3.1.2　设函数 $y=f(x)$ 在点 x_0 的右(左)邻域内有定义，且有 $\lim\limits_{x\to x_0^+}f(x)=f(x_0)$ ($\lim\limits_{x\to x_0^-}f(x)=f(x_0)$)，则称函数 $y=f(x)$ 在点 x_0 处右(左)连续.

通过函数 $y=f(x)$ 在点 x_0 处连续即左、右连续的定义，可以进一步推出如下定理：

定理 3.1.1　函数 $y=f(x)$ 在点 x_0 处连续的充分必要条件是函数 $y=f(x)$ 在点 x_0 处右连续且左连续，即 $\lim\limits_{x\to x_0^+}f(x)=f(x_0)=\lim\limits_{x\to x_0^-}f(x)$.

如果函数 $y=f(x)$ 在开区间 (a,b) 上的每一点都连续，则称函数 $y=f(x)$ 是开区间 (a,b) 上的连续函数；如果函数 $y=f(x)$ 在开区间 (a,b) 上的每一点都连续，且在左端点 a 处右连续，在右端点 b 处左连续，则称函数 $y=f(x)$ 是闭区间 $[a,b]$ 上的连续函数.

3.2　连续函数的性质

前面已经说明了函数在闭区间上连续的概念，而闭区间上的连续函数的许多性质在理论上及应用上很有价值，下面我们以定理的形式叙述这些性质，并给出几何解释.

3.2.1　最大值与最小值定理与有界性定理

先介绍最大值和最小值的概念.

定义 3.2.1　设函数 $f(x)$ 在区间 I 上有定义，如果存在 $x_0\in I$，使得

对于任一 $x\in I$，都有

$$f(x)\leqslant f(x_0)(\text{或 } f(x)\geqslant f(x_0)),$$

则称 $f(x)$ 在 x_0 处取得最大值(或最小值)，$f(x_0)$ 称为 $f(x)$ 在区间 I 上的最大值(或最小值)，x_0 称为 $f(x)$ 在区间 I 上的最大值点(或最小值点).

例如，函数 $f(x)=1+\sin x$ 在区间 $[0,2\pi]$ 有最大值 2 和最小值 0. 又如，符号函数 $f(x)=\text{sgn}x$ 在区间 $(-\infty,+\infty)$ 内有最大值 1 和最小值 -1；但在 $(0,+\infty)$ 内，$\text{sgn}x$ 的最大值和最小值都等于 1.

定理 3.2.1(最大值与最小值定理) 闭区间上的连续函数在该区间上一定能取得最大值和最小值.

定理 3.4.2 表明，如果 $f(x)$ 在闭区间 $[a,b]$ 上连续，则至少存在一点 $x_1\in[a,b]$，使 $f(x_1)$ 是 $f(x)$ 在 $[a,b]$ 上的最大值；又至少存在一点 $x_2\in[a,b]$，使 $f(x_2)$ 是 $f(x)$ 在 $[a,b]$ 上的最小值(见图 3-2-1).

注意：定理 3.2.1 的两个条件：闭区间 $[a,b]$ 及 $f(x)$ 在 $[a,b]$ 上连续，缺少一个都可能导致结论不成立.例如 $y=x$ 在区间 $(-1,1)$ 内连续，但在 $(-1,1)$ 内既无最大值也无最小值；又如函数 $f(x)=\begin{cases}1-x, & 0\leqslant x<1\\ 1, & x=1\\ 3-x, & 1<x\leqslant 2\end{cases}$ 在闭区间 $[0,2]$ 上有间断点 $x=1$，该函数在 $[0,2]$ 上同样既无最大值又无最小值(见图 3-2-2).

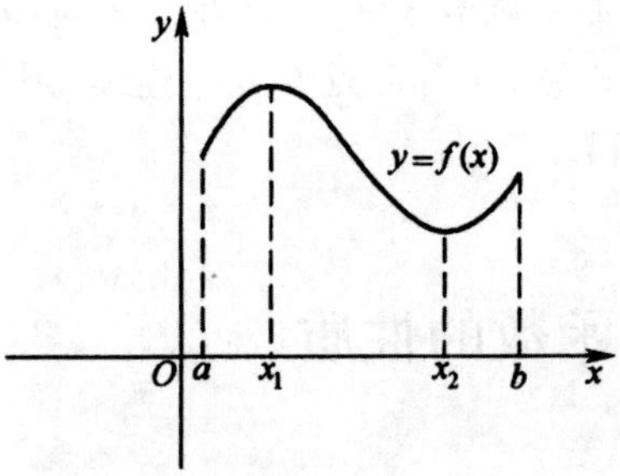

图 3-2-1

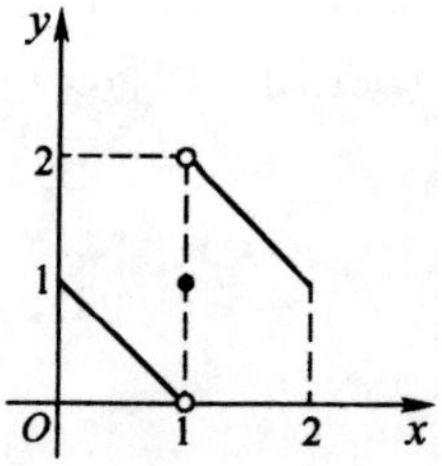

图 3-2-2

根据最大值最小值定理，很容易得到如下的有界性定理.

推论 3.2.1(有界性定理) 闭区间上的连续函数在该区间上一定有界.

此推论表明，如果函数 $f(x)$ 在闭区间 $[a,b]$ 上连续，那么存在常数 $M>0$，使得对任一 $x\in[a,b]$，都有 $|f(x)|\leqslant M$.

与定理 3.2.1 相似，该推论的两个条件缺一不可.

3.2.2　零点定理与介值定理

如果 x_0 使 $f(x_0)=0$，则称 x_0 为函数 $f(x)$ 的零点.

定理 3.2.2(零点定理)　设 $f(x)$ 在闭区间 $[a,b]$ 上连续，且 $f(a)$ 与 $f(b)$ 异号(即 $f(a)\cdot f(b)<0$)，那么在开区间 (a,b) 内至少存在一点 ξ，使

$$f(\xi)=0.$$

从几何直观来看，定理 3.2.2 表示：如果连续曲线弧 $y=f(x)$ 的两个端点位于 x 轴的不同侧，那么该曲线弧与 x 轴至少有一个交点(见图 1-4-3).

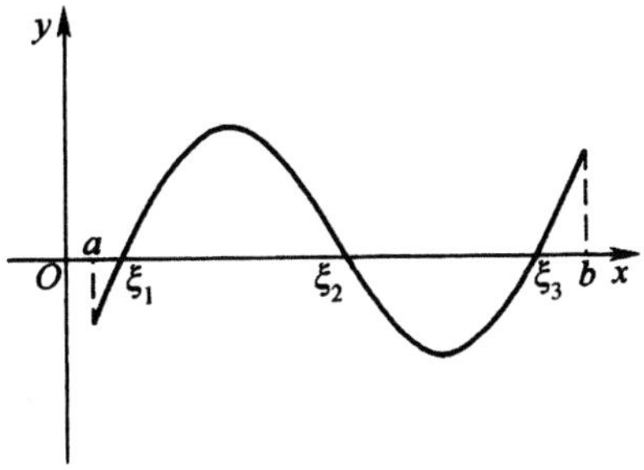

图 3-2-3

由定理 3.2.2 立即可推得下面更具一般性的定理.

定理 3.2.3(介值定理)　设函数 $f(x)$ 在闭区间 $[a,b]$ 上连续，且 $f(a)\neq f(b)$，则对于 $f(a)$ 与 $f(b)$ 之间的任意一个数 C，在 (a,b) 内至少存在一点 ξ，使得

$$f(\xi)=C.$$

证明：设 $\varphi(x)=f(x)-C$，则 $\varphi(x)$ 在 $[a,b]$ 上连续，且 $\varphi(a)=f(a)-C$，$\varphi(b)=f(b)-C$.由 $f(a)\neq f(b)$ 知，$\varphi(a)$ 与 $\varphi(b)$ 异号，根据零点定理，至少存在一点 $\xi\in(a,b)$，使得 $\varphi(\xi)=0$.又 $\varphi(\xi)=f(\xi)-C$，由上式即得

$$f(\xi)=C.$$

从几何直观来看，定理 3.2.3 表明：若数 C 介于 $f(a)$ 与 $f(b)$ 之间，则连续曲线弧 $y=f(x)$ 与水平直线 $y=C$ 至少有一个交点(见图 3-2-4).

推论 3.2.2　闭区间的连续函数必取得介于最大值与最小值之间的任何值.

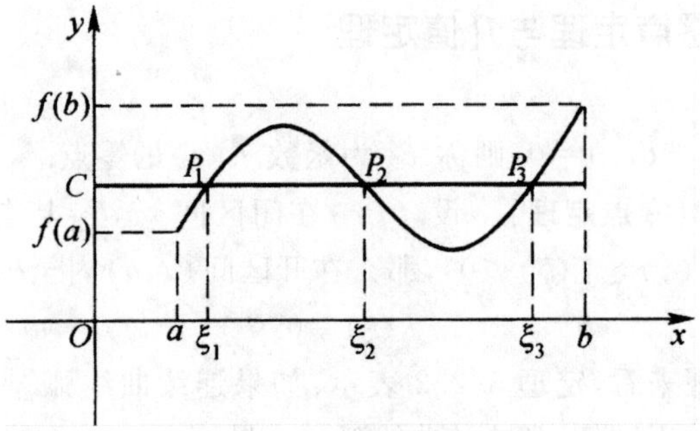

图 3-2-4

例 3.2.1 证明:方程 $x^3-3x=1$ 在(1,2)之间至少有一个根.

证明:令 $f(x)=x^3-3x-1$,则 $f(x)$ 在[1,2]上连续,且

$$f(1)=-3<0, f(2)=1>0.$$

根据零点定理,在(1,2)内至少存在一点 ξ,使 $f(\xi)=0$,即

$$\xi^3-3\xi-1=0,$$

这说明方程 $x^3-3x=1$ 在(1,2)内至少有一个根 ξ.

3.3 无穷小与无穷大的阶

与数列的极限类似,函数极限同样有无穷小和无穷大的概念.

3.3.1 无穷小的阶

我们首先讨论无穷小量.无穷小量是以 0 为极限的变量,这里自变量的极限过程可以是 $x\to x_0$,也可以扩展到 $x\to x_0^+$,$x\to x_0^-$,$x\to\infty$,$x\to+\infty$,$x\to-\infty$.以 $x\to x_0$ 为例,有如下定义.

定义 3.3.1 若 $\lim\limits_{x\to x_0}f(x)=0$,则称 $f(x)$ 是 $x\to x_0$ 时的无穷小.

两个无穷小趋于 0 的速度快慢的比较可以通过它们之间商的极限来考察.

定义 3.3.2(无穷小阶的比较) 设 $f(x)$、$g(x)$ 是当 $x\to x_0$ 时的无穷小,且在 x_0 的某个去心邻域内 $g(x)\neq0$.

(1)若$\lim\limits_{x\to x_0}\dfrac{f(x)}{g(x)}=0$,则称当 $x\to x_0$ 时 $f(x)$是 $g(x)$的高阶无穷小;

(2)若$\lim\limits_{x\to x_0}\dfrac{f(x)}{g(x)}=l, l\neq 0$,则称当 $x\to x_0$ 时 $f(x)$是 $g(x)$的同阶无穷小;

(3)若$\lim\limits_{x\to x_0}\dfrac{f(x)}{g(x)}=1$,则称当 $x\to x_0$ 时 $f(x)$是 $g(x)$的等价无穷小,记为

$$f(x)\sim g(x)\,(x\to x_0).$$

不难发现无穷小之间的等价"~"满足等价性质的三条要求:自反性、对称性和传递性.

在无穷小阶的比较中,若自变量的变化过程为 $x\to x_0$(或 $x\to x_0^{\pm}$),我们经常选取 $g(x)=(x-x_0)^k\,(k>0)$为标准,对无穷小的阶进行量化.若自变量的变化过程为 $x\to+\infty$,则可以选择 $g(x)=x^{-k}\,(k>0)$作为标准来进行量化.

定义 3.3.3(无穷小阶的量化)

若$\lim\limits_{x\to x_0}\dfrac{f(x)}{(x-x_0)^k}=l\neq 0, k>0, k>0$,则称 $f(x)$是当 $x\to x_0$ 时的 k 阶无穷小.

若$\lim\limits_{x\to+\infty}\dfrac{f(x)}{x^k}=\lim\limits_{x\to+\infty}x^k f(x)=l\neq 0, k>0$,则称 $f(x)$是当 $x\to+\infty$时的 k 阶无穷小.

3.3.2 无穷大的阶

当 $x\to x_0$ 时,若函数$|f(x)|$无限增大,则称 $f(x)$为 $x\to x_0$ 时的无穷大.具体地,无穷大的定义如下:

定义 3.3.4 设 $f(x)$在 x_0 的某个去心邻域内有定义,如果对任给的正数 M,存在 $\delta>0$,使得当 $0<|x-x_0|<\delta$ 时,$|f(x)|>M$.则称 $f(x)$为 $x\to x_0$ 时的无穷大,记为

$$\lim_{x\to x_0}f(x)=\infty,\text{或 } f(x)\to\infty\,(x\to x_0).$$

如果任给正数 M,存在 $\delta>0$.使得当 $0<|x\to x_0|<\delta$ 时,$f(x)>M$.则称 $f(x)$为 δ 时的正无穷大,记为

$$\lim_{x\to x_0}f(x)=+\infty,\text{或 } f(x)\to+\infty\,(x\to x_0).$$

类似还可以定义负无穷大.

读者可以自行定义自变量变换过程为 $x \to x_0^+$，$x \to x_0^-$，$x \to +\infty$，$x \to -\infty$，$x \to \infty$.以 $x \to x_0$ 时的无穷大(或正负无穷大)，分别可以表示为：

$\lim\limits_{x \to x_0^+} f(x) = \infty(\pm\infty)$；$\lim\limits_{x \to x_0^-} f(x) = \infty(\pm\infty)$)；$\lim\limits_{x \to x_0} f(x) = \infty(\pm\infty)$；

$\lim\limits_{x \to +\infty} f(x) = \infty(\pm\infty)$；$\lim\limits_{x \to -\infty} f(x) = \infty(\pm\infty)$.

根据无穷大的定义不难证明当 $k>0$ 时，$\lim\limits_{x \to +\infty} x^k = +\infty$，$\lim\limits_{x \to x_0^+} (x-x_0)^{-k} = +\infty$.由此出发，根据函数极限的四则运算性质，我们可以得到如下有理函数的极限.与无穷小类似，我们可以通过两个无穷大的商来比较和量化无穷大的阶.

定义 3.3.5(无穷大阶的比较) 设 $f(x)$，$g(x)$ 为当 $x \to x_0$ 时的无穷大.

(1)若 $\lim\limits_{x \to x_0} \dfrac{f(x)}{g(x)} = 0$，则称当 $x \to x_0$ 时 $g(x)$ 是 $f(x)$ 的高阶无穷大；

(2)若 $\lim\limits_{x \to x_0} \dfrac{f(x)}{(x-x_0)^k} = l \neq 0$，则称当 $x \to x_0$ 时 $f(x)$ 是 $g(x)$ 的同阶无穷大；

(3)若 $\lim\limits_{x \to x_0} \dfrac{f(x)}{g(x)} = 1$，则称当 $x \to x_0$ 时 $f(x)$ 是 $g(x)$ 的等价无穷大，记为

$$f(x) \sim g(x)\ (x \to x_0).$$

同样的，自变量 $x \to x_0$ 时我们能以 $(x \to x_0)^{-k}$ 为标准，当 $x \to +\infty$ 时，我们以 x^k 为标准给出无穷大阶的量化.

定义 3.3.6(无穷大阶的量化) 若 $\lim\limits_{x \to x_0} \dfrac{f(x)}{(x-x_0)^{-k}} = l \neq 0, k>0, k>0$，则称 $f(x)$ 是当 $x \to x_0$ 时的 k 阶无穷大，若 $\lim\limits_{x \to +\infty} \dfrac{f(x)}{x^k} = l \neq 0, k>0$，则称 $f(x)$ 是当 $x \to +\infty$ 时的 k 阶无穷大.

3.3.3 无穷小和无穷大的表示

为了方便地表示无穷大和无穷小的阶的比较，下面我们再引入两个相关的记号.

定义 3.3.7 设函数 $f(x)$ 和 $g(x)$ 在点 x_0 的某个去心邻域内有定义，且 $g(x) \neq 0$：

(1)若存在 $M>0$,使得在 x_0 的某个去心邻域内有 $\left|\frac{f(x)}{g(x)}\right|\leqslant M$,则记 $f(x)=O(g(x))(x\to x_0)$;

(2)若当 $x\to x_0$ 时,$\frac{f(x)}{g(x)}\to 0$,则用 $f(x)=o(g(x))(x\to x_0)$表示.

由该定义,当 $g(x)$是 $x\to x_0$ 的无穷小时,$o(g(x))$就表示其高阶无穷小.有了上面两个记号,可以方便的表示一些无穷大或无穷小的关系,例如:

$$x=O(\sin x)(x\to 0),x^2-2x+1=O(x^2)(x\to\infty);$$

$$x^2\sin\frac{1}{x}=o(x)(x\to 0),x^2\sin\frac{1}{x}=O(x^2)(x\to 0).$$

在定义 3.3.7 中取 $g(x)\equiv 1$,则可以用 $f(x)=o(1)$表示无穷小量,$f(x)=O(1)$表示有界量,下面使用记号 $o(\cdot)$和 $O(\cdot)$表示几个关于无穷小或无穷大的运算性质,其中无穷小的运算性质在 Taylor 公式计算中有重要应用.

定理 3.3.1　设 $n,m>0,n>m$,则

(1)当 $x\to 0$ 时,$o(x^n)+o(x^m)=o(x^m)$,$o(x^n)o(x^m)=o(x^{n+m})$.

(2)当 $x\to+\infty$ 时,$O(x^n)+O(x^m)=O(x^n)$,$O(x^n)O(x^m)=O(x^{n+m})$;

(3)若 $x\to x_0$ 时,$\alpha=o(1)$,且在 x_0 的某个去心邻城内 $\alpha(x)\neq 0$,则

$$o(\alpha)+o(\alpha)=o(\alpha);(o(\alpha))^k=o(\alpha^k).$$

(4)若 $x\to x_0$ 时,$\alpha=o(1)$,且在 x_0 的某个去心邻域内 $\alpha(x)\neq 0$,则对任意 $c\neq 0$,$c\alpha+o(\alpha)\sim c\alpha(x\to x_0)$.

注意:这里的"="表示"是"的意思.式"$o(x^n)+o(x^m)=o(x^m)$"表示的是"若 $f(x)=o(x^n)$,$g(x)=o(x^m)(x\to 0)$,则有 $f(x)+g(x)=o(x^m)(x\to 0)$".这四个性质通过极限的四则运算性质不难得到,在此不再赘述其证明.

最后我们给出等价无穷小,无穷大在求函数极限中的应用.

定理 3.3.2　设函数 $f(x)$,$g(x)$,$h(x)$在点 x_0 的某个去心邻域内有定义,且有 $f(x)\sim g(x)(x\to x_0)$.

(1)若 $\lim\limits_{x\to x_0}g(x)h(x)=a$,则有 $\lim\limits_{x\to x_0}f(x)h(x)=a$;

(2)若 $\lim\limits_{x\to x_0}\frac{h(x)}{g(x)}=a$,则 $\lim\limits_{x\to x_0}\frac{h(x)}{f(x)}=a$.

证明:由极限的四则运算性质得

$$\lim_{x\to x_0} g(x)h(x)=\lim_{x\to x_0}\frac{h(x)}{g(x)}g(x)h(x)=a.$$

类似可得

$$\lim_{x\to x_0}\frac{h(x)}{f(x)}=.\lim_{x\to x_0}\frac{h(x)}{g(x)}$$

定理 3.3.2 说明在求两个函数的积或商的极限时，可以用等价代换来简化运算.由前面的例题我们知道：

$$\lim_{x\to 0}\frac{\sin x}{x}=\lim_{x\to 0}\frac{1-\cos x}{\frac{x^2}{2}}=\lim_{x\to 0}\frac{\tan x}{x}=\lim_{x\to 0}\frac{\arcsin x}{x}$$

$$=\lim_{x\to 0}\frac{\arctan x}{x}=\lim_{x\to 0}\frac{\ln(1+x)}{x}=\lim_{x\to 0}\frac{e^x-1}{x}=\lim_{x\to 0}\frac{(1+x)^{\lambda}-1}{\lambda x}=1$$

用等价无穷小的语言可以相应描述为，当 $x\to 0$ 时，

$$\sin x\sim x,1-\cos x\sim\frac{1}{2}x^2,\tan x\sim x,\arcsin x\sim x,\arctan x\sim x,$$

$$\ln(1+x)\sim x,e^x-1\sim x,(1+x)^k-1\sim\lambda x.$$

3.4 函数的一致连续性

在一些函数理论问题中，需要一种比连续性更强的概念，即函数的一致连续性.

定义 3.4.1 设函数 $f(x)$ 在区间 I 上有定义，如果 $\forall\varepsilon>0$，$\exists\delta(\varepsilon)>0$，$\forall x_1,x_2\in I$，当 $|x_1-x_2|<\delta$ 时，有 $|f(x_1)-f(x_2)|<\varepsilon$，则称函数 $f(x)$ 在区间 I 上是一致连续的.

一致连续性表示，不论在区间 I 的任何部分，只要自变量的两个数值接近到一定程度，就可使对应的函数值达到所指定的接近程度.

根据函数一致连续性的定义可以看出，如果函数 $f(x)$ 在区间 I 上是一致连续的，那么它在区间 I 上一定是连续的.这一结论反过来也成立，即为著名的 Cantor 定理.

定理 3.4.2(Cantor 定理) 在闭区间 $[a,b]$ 上的连续函数 $f(x)$ 一定在该区间上一致连续.

3.5 连续函数性质的应用

复利可以按年计算,也可以按月计算,甚至按天计算.如果年复利率 r 不变,月利率就是$\frac{r}{12}$,日利率就是$\frac{r}{365.25}$.作为第二个重要极限的应用,下面介绍复利公式.设本金为 P,年利率为 r,一年后的本利和为 s_1,则

$$s_1=P+Pr=P(1+r);$$

把 s_1 作为本金存入,第二年末的本利和为

$$s_2=s_1+s_1r=s_1(1+r)=P(1+r)^2;$$

再把 s_2 存入,如此反复,第 n 年末的本利和为

$$s_n=P(1+r)^n.$$

若把一年均分为 t 期来计息,这时每期利率可以认为是$\frac{r}{t}$,于是推得 n 年的本利和

$$s_n=P\left(1+\frac{r}{t}\right)^m\ (m=nt).$$

假设计息期无限缩短,则期数 $t\to\infty$,于是得到计算连续复利公式为

$$S_n=\lim_{t\to\infty}P\left(1+\frac{r}{t}\right)^{nt}=P\lim_{t\to\infty}\left(1+\frac{r}{t}\right)^{nt}=P\lim_{t\to\infty}\left[\left(1+\frac{r}{t}\right)^{\frac{t}{r}}\right]^{nr}=Pe^{nr}.$$

例 3.5.1 若孩子出生后,父母拿出 A_0 作为给孩子的初始投资,希望等到孩子 20 岁生日时,这笔资金能涨到 50 000,如果投资按照 6%连续复利计算,则初始投资应该是多少?

解:由 $A=A_0e^{kr}$,得 $50\ 000=A_0e^{0.06\times 20}$,由此得出

$$A_0=50\ 000e^{-1.2}\approx 15\ 059.71.$$

因此,他的父母必须现在投资 15 059.71 元,等到他 20 岁生日的时候能得到 50 000 元.

例 3.5.2 已知 $(-1,0)$,$(0,1)$,$(1,2)$,$(2,3)$四个区间,试确定函数 $f(x)=\frac{|x|\sin(x-2)}{x(x-1)(x-2)^2}$在哪个区间内有界.

解:易知,当 $x\neq 0,1,2$ 时,函数 $f(x)$连续,而 $\lim\limits_{x\to 0^-}f(x)=-\frac{\sin 2}{4}$,$\lim\limits_{x\to 0^+}f(x)=-\frac{\sin 2}{4}$,$\lim\limits_{x\to 1}f(x)=\infty$,$\lim\limits_{x\to 2}f(x)=\infty$.所以,函数 $f(x)$在区间

$(-1,0)$内有界.

注意:通常情况下,如果函数 $f(x)$在闭区间$[a,b]$上连续,则 $f(x)$在$[a,b]$上有界,若函数 $f(x)$在开区间(a,b)内连续,且 $\lim\limits_{x\to a^+}f(x)$与 $\lim\limits_{x\to b^-}f(x)$存在,则函数 $f(x)$在(a,b)内有界.

例 3.5.3 试证明如下两个命题:

(1)方程 $x^3-9x-1=0$ 恰有 3 个实根.

(2)若函数 $f(x)$在闭区间$[a,b]$上连续,且 $f(a)<a,f(b)>b$,则在开区间(a,b)内至少存在一点 ξ,使得 $f(\xi)=\xi$.

证明:(1)令 $f(x)=x^3-9x-1$.因为 $f(-3)=-1<0,f(-2)=9>0,f(0)=-1<0,f(4)=27>0$,又因为 $f(x)$在$[-3,4]$上连续,所以 $f(x)$在$(-3,-2),(-2,0),(0,4)$各区间内至少有一零点,又因为方程 $x^3-9x-1=0$ 是一元三次方程,其至多有 3 个实根,所以该方程恰有 3 个实根.

(2)设 $F(x)=f(x)-x$,显然 $F(x)$在闭区间$[a,b]$上连续,又因为 $F(a)=f(a)-a<0$,而 $F(b)=f(b)-b>0$,根据零点定理,至少存在一个 $\xi\in(a,b)$,使得 $F(\xi)=0$,即 $f(\xi)=\xi$.

注意:利用零点定理证明函数 $f(x)$有零点(或方程 $f(x)=0$ 有实根)时,应当从已知条件出发,设法找出两点 a 与 b,使 $f(a)\cdot f(b)<0$.如果还需证明此根是唯一的,则可以再证 $f(x)$在区间$[a,b]$上单调(可用单调函数的定义或导数的符号证明单调性,这种方法在后面关于导数应用的讨论中给出).

例 3.5.4 设 $f(x)$在闭区间$[a,b]$上连续,且 $a<x_1<x_2<\cdots<x_n<b$,试证明在$[a,b]$内至少存在一个 ξ,使 $f(\xi)=\dfrac{f(x_1)+f(x_2)+\cdots+f(x_n)}{n}$.

解:因为函数 $f(x)$在闭区间$[a,b]$上连续,则一定存在 M 与 m,使得 $\forall x\in[a,b]$,都有 $m\leqslant f(x)\leqslant M$.又因为 $a<x_1<x_2<\cdots<x_n<b$,则必然有 $m\leqslant f(x_1)\leqslant M,m\leqslant f(x_2)\leqslant M,\cdots,m\leqslant f(x_n)\leqslant M$,则 $nm\leqslant f(x_1)+f(x_2)+\cdots+f(x_n)\leqslant nM$,即 $m\leqslant\dfrac{f(x_1)+f(x_2)+\cdots+f(x_n)}{n}\leqslant M$.由介值定理可知必存在一 ξ,使得 $f(\xi)=\dfrac{f(x_1)+f(x_2)+\cdots+f(x_n)}{n}$.

注意:证明存在一点 ξ 使得 $f(\xi)$等于某个数值 b,这需要从题设条件出发,设法证明 b 介于 $f(x)$的最大值 M 及最小值 m 之间,即 $m\leqslant b\leqslant M$,然后利用介值定理证明 ξ 的存在性.

例 3.5.5 设函数 $f(x)$在$[0,2a]$上连续,且 $f(0)=f(2a)$,试证明在

$[0,2a]$上至少存在一个ξ,使得$f(\xi)=f(\xi+a)$.

证明:令$F(x)=f(x+a)-f(x)$,显然$F(x)$在$[0,a]$上连续,注意到$f(0)=f(2a)$,故$F(0)=f(a)-f(0)$,$F(a)=f(2a)-f(a)=f(0)-f(a)$,当$f(a)-f(0)=0$时,可取$\xi$为$a$或$0$,而当$f(a)-f(0)\neq0$时,有$F(0)F(a)=-[f(a)-f(0)]^2<0$.由零点定理可知,存在一个$\xi\in[0,a]$,使得$F(\xi)=0$,即$f(\xi)=f(\xi+a)$.

注意:证明存在一点ξ,满足一个恒等式.程序是先作辅助函数$F(x)$,进而验证$F(x)$满足零点定理条件,然后由零点定理得出证明.辅助函数$F(x)$的构造方法如下:

(1)把结论中的ξ(或x_0)改写成x;

(2)移项,使等式右边为零,令左边的式子为$F(x)$,此即为所求的辅助函数.

第4章　导数与微分

导数是函数值对自变量的变化率,是研究函数性态的有力武器;微分是函数改变量的最佳线性逼近,是计算或近似计算函数值,以及微分符号运算的工具.导数与微分又与今后学习的一元函数的积分学有密切联系.

4.1　导数及导函数的性质

4.1.1　导数的基本概念

4.1.1.1　函数在一点处的导数与导函数

定义 4.1.1　设函数 $y=f(x)$ 在点 x_0 的某个邻域内有定义,当自变量 x 在 x_0 处取得增量 Δx(点 $x_0+\Delta x$ 仍在该邻域)时,相应地函数 y 取得增量 $\Delta y=f(x_0+\Delta x)-f(x_0)$,如果当 $\Delta x\to 0$ 时,极限

$$\lim_{\Delta x\to 0}\frac{\Delta y}{\Delta x}=\lim_{\Delta x\to 0}\frac{f(x_0+\Delta x)-f(x_0)}{\Delta x}$$

存在,则称此极限值为函数 $y=f(x)$ 在点 x_0 处的导数,并称函数 $y=f(x)$ 在点 x_0 处可导,记为 $f'(x_0)$,$y'\Big|_{x=x_0}$,$\dfrac{\mathrm{d}y}{\mathrm{d}x}\Big|_{x=x_0}$ 或 $\dfrac{\mathrm{d}f(x)}{\mathrm{d}x}\Big|_{x=x_0}$,即有

$$f'(x_0)=\lim_{\Delta x\to 0}\frac{f(x_0+\Delta x)-f(x_0)}{\Delta x}=\lim_{\Delta x\to 0}\frac{\Delta y}{\Delta x}.$$

如果极限式 $\lim\limits_{\Delta x\to 0}\dfrac{\Delta y}{\Delta x}$ 不存在,则称 $y=f(x)$ 在点 x_0 处不可导,称 x_0 为 $y=f(x)$ 的不可导点.特别地,如果 $\lim\limits_{\Delta x\to 0}\dfrac{\Delta y}{\Delta x}=\infty$,函数 $y=f(x)$ 在 x_0 处不可导,但是为了方便起见,常说导数无穷大.

有时为了方便讨论,导数的定义也可以写成不同的形式,常见的有

$$f'(x_0)=\lim_{h\to 0}\frac{\Delta y}{h}=\lim_{h\to 0}\frac{f(x_0+h)-f(x_0)}{h},h=\Delta x$$

和

$$f'(x_0)=\lim_{x\to x_0}\frac{\Delta y}{h}=\lim_{x\to x_0}\frac{f(x)-f(x_0)}{x-x_0},x=x_0+\Delta x.$$

在实际中，需要讨论各种具有不同意义的变量的变化“快慢”问题，在数学上就是所谓函数的变化率问题.导数的概念就是函数变化率的精确描述.它撇开了自变量和因变量所代表的几何或物理等方面的实际意义，纯粹从数量方面来刻画变化率的本质：因变量增量与自变量增量之比是因变量在以 x_0 和 $x_0+\Delta x$ 为端点的区间上的平均变化率，而导数则是因变量在点 x_0 处的变化率，它反映了因变量随自变量的变化而变化的快慢程度.

定义 4.1.2　如果函数 $y=f(x)$ 在开区间 (a,b) 内的每点处都可导，就称函数 $y=f(x)$ 在开区间 (a,b) 内可导，这时，对于任一 $x\in(a,b)$，都对应着 $y=f(x)$ 的一个确定的导数值.这样就构成了一个新的函数，这个函数叫作原函数 $y=f(x)$ 的导函数，记作 y'，$f'(x)$，$\frac{\mathrm{d}y}{\mathrm{d}x}$ 或 $\frac{\mathrm{d}f(x)}{\mathrm{d}x}$.

通过导函数的定义我们可以知道，要求函数 $y=f(x)$ 在点 x_0 处的导数，通常先求出导函数 $f'(x)$，再将 $x=x_0$ 代入.$f'(x_0)$ 是 $y=f(x)$ 的导函数在 x_0 处的函数值，即

$$f'(x_0)=f'(x)\Big|_{x=x_0}.$$

根据导数的定义，可以很容易地求出基本初等函数的导数，限于本书篇幅，这里不再将基本初等函数的求导公式列出，读者可以参阅相关的高等数学文献.

4.1.1.2　单侧导数

根据导数的定义，函数 $y=f(x)$ 在点 x_0 处的导数

$$f'(x_0)=\lim_{h\to 0}\frac{f(x_0+h)-f(x_0)}{h}$$

是一个极限，而极限存在的充要条件是左、右极限都存在且相等，因此就可推出函数左右导数的概念.

定义 4.1.3　设函数 $y=f(x)$ 在点 x_0 的某个邻域内有定义，如果左极限 $\lim\limits_{\Delta x\to 0^-}\frac{f(x_0+\Delta x)-f(x_0)}{\Delta x}$ 存在，则称此极限值为函数 $y=f(x)$ 在点 x_0 的左导数，记为

$$f'_-(x_0)=\lim_{\Delta x\to 0^-}\frac{f(x_0+\Delta x)-f(x_0)}{\Delta x};$$

如果右极限 $\lim\limits_{\Delta x \to 0^+} \dfrac{f(x_0+\Delta x)-f(x_0)}{\Delta x}$ 存在，则称此极限值为函数 $y=f(x)$ 在点 x_0 的右导数，记为

$$f'_+(x_0)=\lim_{\Delta x \to 0^+} \frac{f(x_0+\Delta x)-f(x_0)}{\Delta x}.$$

函数在某一点处的左导数和右导数统称为单侧倒数.

结合函数 $y=f(x)$ 在点 x_0 处存在极限的充要条件是函数 $y=f(x)$ 在点 x_0 处的左右极限存在且相等，我们可以得出如下定理.

定理 4.1.1 函数 $y=f(x)$ 在点 x_0 可导的充分必要条件是点 x_0 的左右导数存在并且相等，即

$$f'_-(x_0)=f'_+(x_0).$$

如果函数 $y=f(x)$ 在开区间 (a,b) 内可导，且 $f'_+(a)$ 及 $f'_-(b)$ 都存在，就说函数 $y=f(x)$ 在闭区间 $[a,b]$ 上可导.

例 4.1.1 函数 $f(x)=|x|$ 在点 $x=0$ 处可导吗？

解：如图 4-1-1 所示，利用左、右导数来讨论可导性.在 $x=0$ 处，函数增量与自变量增量的比值为

$$\frac{\Delta y}{\Delta x}=\frac{f(0+\Delta x)-f(0)}{\Delta x}=\frac{|\Delta x|}{\Delta x},$$

于是

$$f'_+(0)=\lim_{\Delta x \to 0^+}\frac{\Delta y}{\Delta x}=\lim_{\Delta x \to 0^+}\frac{|\Delta x|}{\Delta x}=\lim_{\Delta x \to 0^+}\frac{\Delta x}{\Delta x}=1,$$

$$f'_-(0)=\lim_{\Delta x \to 0^-}\frac{\Delta y}{\Delta x}=\lim_{\Delta x \to 0^-}\frac{|\Delta x|}{\Delta x}=\lim_{\Delta x \to 0^-}\frac{-\Delta x}{\Delta x}=-1.$$

因为 $f'_+(0)\neq f'_-(0)$，所以函数 $f(x)=|x|$ 在点 $x=0$ 处不可导.

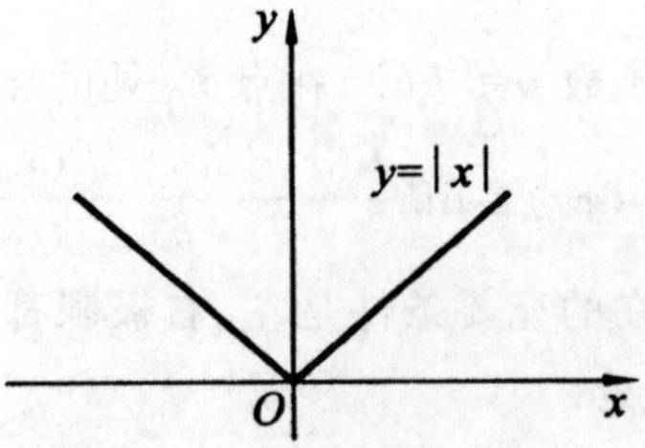

图 4-1-1

4.1.2 导函数的性质

导函数有下述两个重要性质.

4.1.2.1　导函数没有第一类间断点

定理 4.1.2(导数极限定理)　若 $f(x)$满足下述条件:①在$(a-\delta,a+\delta)$内连续;②在$(a-\delta,a)$及$(a,a+\delta)$内可导;③$\lim\limits_{x\to a}f'(x)=k$,则 $f(x)$在点 a 可导,且 $f'(a)=k$.

证明:在$[x,a]\subset(a-\delta,a]$上用拉格朗日中值定理,有

$$f(x)-f(a)=f'(\xi)(x-a),\xi\in(x,a),$$

$$f'_-(a)=\lim_{x\to a^-}\frac{f'(\xi)(x-a)}{x-a}=\lim_{\xi\to a^-}f'(\xi).$$

因为$\lim\limits_{x\to a}f'(x)=k$.所以 $\lim\limits_{\xi\to a^-}f'(\xi)=k$,同理 $f'_+(a)=k$,所以 $f'_-(a)=f'_+(a)=k$,故 $f(x)$在 $x=a$ 处可导,且 $f'(a)=k$.

注意:

(1)定理的条件是充分的但非必要的.

(2)不能由导函数在点 a 的单侧极限不存在,推断函数在点 a 的同侧导数不存在;不能由导函数在点 a 的极限不存在,推断函数在点 a 不可导.

导数无第一类间断点,是在导函数在区间内处处可导的前提下而言的,并不是说任何函数的导函数在区间内不存在第一类间断点.如 $f(x)=|x|$,易知 $x=0$ 是 $f'(x)$的第一类间断点.

4.1.2.2　导函数的介值性

定理 4.1.3(达布定理)　若 $f(x)$在$[a,b]$上可微,且 $f'(a)\neq f'(b)$,则对 $f'(a)$与 $f'(b)$之间任一实数 c,$\exists\,\xi\in(a,b)$,使得 $f'(\xi)=c$.

证明:(1)若 $f'(a)f'(b)<0$,设 $f'(a)<0,f'(b)>0$,则$\exists\,\xi\in(a,b)$,使得 $f'(\xi)=0$.事实上,$f'(a)=\lim\limits_{x\to a^+}\dfrac{f(x)-f(a)}{x-a}<0$,$f'(b)=\lim\limits_{x\to b^-}\dfrac{f(x)-f(b)}{x-b}>0$,根据极限保号性,$\exists\,x_1,x_2\in(a,b)$,使 $f(x_1)<f(a)$,$f(x_2)<f(b)$,故 $f(x)$在(a,b)内某点 ξ 达到它在$[a,b]$上的最小值,由费马定理知 $f'(\xi)=0$.

(2)一般情况下,设 $f'(a)\neq f'(b)$,令 $F(x)=f(x)-cx$,则 $F(x)$在$[a,b]$上可微,$F'(a)=f'(a)-c$,$F'(b)=f'(b)-c$,因 $F'(a)F'(b)<0$.所以$\exists\,\xi\in(a,b)$,使得 $F'(\xi)=f'(\xi)-c=0$,即 $f'(\xi)=c$.

导函数虽不一定连续,但却具有介值性.

将导函数介值定理(或导函数零点定理)与连续函数介值定理(或连续函数零点定理)作比较表明,导函数与函数有着重大的差别.

特别地,导函数零点定理向我们展示:若导函数在某区间内有唯一零点,则函数在该点两侧单调.换言之,若函数在某区间内有唯一驻点且为极

限点，则该点必为最值点.

4.1.2.3 函数的可导性与连续性

函数在某一点的可导性与连续性反映了函数在该点的局部性质.

根据导数 $f'(x_0)$的定义可知，若导数 $f'(x_0)$存在，那么当 $\Delta x\to 0$ 时定有

$$\Delta y=f(x_0+\Delta x)-f(x_0)\to 0,$$

即函数 $f(x)$在点 x_0 处连续，从而可得如下定理.

定理 4.1.4 设函数 $y=f(x)$在点 x_0 处可导，那么它在点 x_0 连续.

证明：设函数 $y=f(x)$在点 x_0 可导，那么有

$$\lim_{\Delta x\to 0}\frac{\Delta y}{\Delta x}=f'(x_0),$$

根据极限与无穷小量的关系，可得

$$\frac{\Delta y}{\Delta x}=f'(x_0)+\alpha,$$

其中，$\alpha\to 0$，$\Delta x\to 0$.

所以有

$$\Delta y=f'(x_0)\Delta x+\alpha\Delta x,$$

$$\lim_{\Delta x\to 0}\Delta y=\lim_{\Delta x\to 0}[f'(x_0)\Delta x+\alpha\Delta x]=0,$$

由连续性的定义可知，函数 $y=f(x)$在点 x_0 处连续.

例 4.1.2 设 $f(x)=\begin{cases}x^2, & x\leqslant 1\\ ax+b, & x>1\end{cases}$，在 $x=1$ 处可导，求 a 和 b 的值.

解：根据函数 $f(x)$在 $x=1$ 处可导可知，函数 $f(x)$在 $x=1$ 处连续，那么函数 $f(x)$满足如下条件：

$$\begin{cases}\lim\limits_{x\to 1^+}f(x)=\lim\limits_{x\to 1^-}f(x)=f(1)\\ f'_+(1)=f'_-(1)\end{cases},$$

即有

$$\begin{cases}\lim\limits_{x\to 1^-}x^2=\lim\limits_{x\to 1^+}(ax+b)\\ \lim\limits_{x\to 1^+}\dfrac{ax+b-1}{x-1}=\lim\limits_{x\to 1^-}\dfrac{x^2-1}{x-1}\end{cases},$$

从而可得

$$\begin{cases}a+b=1\\ a=2\end{cases},$$

解得 $a=2$，$b=-1$.

例 4.1.3　讨论当 α 为何值时，函数 $f(x)=\begin{cases} x^{\alpha}\sin\dfrac{1}{x}, x\neq 0 \\ 0, x=0 \end{cases}$ 在 $x=0$ 处连续、可导.

解：当 $\alpha>0$ 时，

$$\lim_{x\to 0}f(x)=\lim_{x\to 0}x^{\alpha}\sin\frac{1}{x}=0=f(0),$$

因此 $f(x)$ 在 $x=0$ 处连续.

当 $\alpha\leqslant 0$ 时，函数 $f(x)$ 的极限不存在，那么 $f(x)$ 在 $x=0$ 处不连续，从而不可导.

因为

$$\lim_{x\to 0}\frac{f(x)-f(0)}{x}=\lim_{x\to 0}\frac{x^{\alpha}\sin\dfrac{1}{x}}{x}=\lim_{x\to 0}x^{\alpha}\sin\frac{1}{x},$$

所以当 $\alpha-1>0$，即 $\alpha>1$ 时，上述极限存在且为零，那么函数 $f(x)$ 在 $x=0$ 处可导且其导数为 0.

4.2　导数的运算规则

对于很多类型的函数，仅仅依靠导数的定义是不能求出其导数的，即使可以求出，过程也十分复杂.在这里，我们来讨论一些常用的导数计算法则.

4.2.1　函数和、差、积、商的求导法则

函数和、差、积、商一阶导数的求导法则可以归结为如下定理.

定理 4.2.1　如果函数 $y=f(x)$ 及 $z=g(x)$ 都在点 x 处具有导数，那么它们的和、差、积、商(除分母为零的点外)都在点 x 处具有导数，且有如下公式：

(1) $[f(x)\pm g(x)]'=f'(x)\pm g'(x)$.

(2) $[f(x)g(x)]'=f'(x)g(x)+f(x)g'(x)$.

(3) $\left[\dfrac{f(x)}{g(x)}\right]'=\dfrac{f'(x)g(x)-f(x)g'(x)}{g^{2}(x)}$，其中，$g(x)\neq 0$.

定理 4.2.1 的证明十分容易，这里需要特别指出的是，该定理中的法则(1)、(2)可推广到任意有限个可导函数的情形.例如，设 $y=f(x)$，$z=g(x)$，

$h=w(x)$均可导，则有

$$[f(x)\pm g(x)\pm w(x)]'=f'(x)\pm g'(x)\pm w'(x),$$

$$\begin{aligned}[f(x)g(x)w(x)]'=[(f(x)g(x))w(x)]'&=[f(x)g(x)]'w(x)\\&\quad+[f(x)g(x)]w'(x)\\&=[f'(x)g(x)+f(x)g'(x)]w(x)+\\&\quad[f(x)g(x)]w'(x)\\&=f'(x)g(x)w(x)+f(x)g'(x)w(x)+\\&\quad f(x)g(x)w'(x).\end{aligned}$$

另外，在法则(2)中，当$g(x)=C$(C为常数)时，有$[Cf(x)]'=Cf'(x)$.

对于函数和、差、积、商高阶导数的求导法则也可以归结为如下定理.

定理 4.2.2 设函数$f(x),g(x),w(x)$是n阶可导函数，$f(x),g(x)$定义在同一区间上，则$c_1f(x)\pm c_2g(x)$，$f(x)g(x)$及$w(ax+b)$也是n阶可导函数(其中，c_1,c_2,a及b为常数)，并且有：

(1)$(f(x)\pm g(x))^{(n)}=f^{(n)}(x)\pm g^{(n)}(x)$.

(2)$(f(x)g(x))^{(n)}=\sum\limits_{k=0}^{n}C_n^kf^{(n-k)}(x)g^{(k)}(x)\left(其中，C_n^k=\dfrac{n!}{k!\,(n-k)!}\right)$.

(3)$[w(ax+b)]^{(n)}=a^nw^{(n)}(ax+b)$.

定理 4.2.2 中公式(2)称为 Leibniz(莱布尼兹)公式，该公式在高等数学中的应用非常之多.为了便于记忆，我们可以把$(f(x)g(x))^{(n)}$按照二项式展开写成

$$(f+g)^n=f^ng^0+nf^{n-1}g^1+\frac{n(n-1)}{2!}f^{n-2}g^2+\cdots+f^0g^n,$$

即$(f+g)^n=\sum\limits_{k=0}^{n}C_n^kf^{n-k}g^k$.然后把$k$次幂换成$k$阶导数(零阶导数理解为函数本身)，再把左端的$f+g$换成$fg$，这样就得到 Leibniz 公式.

4.2.2 复合函数的求导法则

许多函数是将初等函数进行复合运算之后形成的复合函数，复合函数的求导法则可以归结为如下定理.

定理 4.2.3 设函数$u=g(x)$在点x处可导，函数$y=f(u)$在点$u=g(x)$处可导，则由它们构成的复合函数$y=f[g(x)]$在点x处也必然可导，且$y'=\{f[g(x)]\}'=f'[g(x)]g'(x)$，也可以表示为$\dfrac{dy}{dx}=\dfrac{dy}{du}\cdot\dfrac{du}{dx}$.

复合函数的求导法则表明，函数y对自变量x的导数等于y对中间变

量 u 的导数与中间变量 u 对自变量 x 的导数的乘积.这个法则可以推广到多层复合函数的情况.例如，$y=f(u)$，$u=g(v)$，$v=h(x)$，则只要满足相应的条件，复合函数 $y=f[g(h(x))]$就可导，且有

$$\frac{\mathrm{d}y}{\mathrm{d}x}=\frac{\mathrm{d}y}{\mathrm{d}u}\cdot\frac{\mathrm{d}u}{\mathrm{d}v}\cdot\frac{\mathrm{d}v}{\mathrm{d}x}=f'(u)\cdot g'(v)\cdot h'(x).$$

由此可见，复合函数的导数可以写成一系列相关初等函数的导数连乘的形式.故而，复合函数的求导法则又称为链导法则或链式法则.

4.2.3　反函数的求导法则

如果函数 $y=f(x)$在区间 I_x 内严格单调且可导，那么其必然存在反函数 $x=f^{-1}(y)$，定义域为 $I_y=\{y\,|\,y=f(x),x\in I_x\}$.那么，反函数 $x=f^{-1}(y)$是否可导？需要满足什么条件才能可导？其导数与原函数的导数之间又有什么样的关系呢？下面的定理回答了这些疑问.

定理 4.2.4　如果函数 $f(y)$在区间 I_y 内单调、可导且 $f'(y)\neq 0$，那么它的反函数 $y=f^{-1}(x)$在区间 $I_x=\{x\,|\,x=f(y),y\in I_y\}$内也可导，且

$$y'=[f^{-1}(x)]'=\frac{1}{f'(x)}.$$

4.3　高阶导数

一般说来，函数 $y=f(x)$的导数 $y'=f'(x)$仍是 x 的函数.若导函数 $f'(x)$还可以对 x 求导数，则称 $f'(x)$的导数为函数 $y=f(x)$的二阶导数，记作

$$y'',f''(x),\frac{\mathrm{d}^2y}{\mathrm{d}x^2}\text{或}\frac{\mathrm{d}^2f}{\mathrm{d}x^2}.$$

这时，也称函数 $f(x)$二阶可导.按导数的定义，函数 $f(x)$的二阶导数应表示为

$$f''(x)=\lim_{\Delta x\to 0}\frac{f'(x+\Delta x)-f'(x)}{\Delta x}.$$

函数 $y=f(x)$在某点 x_0 的二阶导数记作

$$y''\Big|_{x=x_0},f''(x)\Big|_{x=x_0},\frac{\mathrm{d}^2y}{\mathrm{d}x^2}\Big|_{x=x_0}\text{或}\frac{\mathrm{d}^2f}{\mathrm{d}x^2}\Big|_{x=x_0}.$$

同样，函数 $y=f(x)$的二阶导数 $f''(x)$的导数称为函数 $f(x)$的三阶

导数,记作

$$y''',f'''(x),\frac{d^3y}{dx^3}\text{或}\frac{d^3f}{dx^3}.$$

一般地,$n-1$ 阶导数 $f^{(n-1)}(x)$的导数称为函数 $y=f(x)$的 n 阶导数,记作

$$y^{(n)},f^{(n)}(x),\frac{d^ny}{dx^n}\text{或}\frac{d^nf}{dx^n}.$$

二阶和二阶以上的导数统称为高阶导数.相对于高阶导数而言,函数 $f(x)$的导数 $f'(x)$就相应地称为一阶导数.

定理 4.3.1 设函数 $u(x)$,$v(x)$在区间 I 上 n 阶可导,$\alpha,\beta\in\mathbb{R}$,则在 I 上 $\alpha u(x)+\beta v(x)$,$u(x)v(x)$均 n 阶可导,且

(1)$[\alpha u(x)+\beta v(x)]^{(n)}=\alpha u^{(n)}(x)+\beta v^{(n)}(x)$;

(2)$[f(ax+b)]^{(n)}=a^{(n)}f^{(n)}(ax+b)$.

定义 4.3.1 设 $u(x)$,$v(x)$存在 n 阶导数,则

$$(uv)^{(n)}=\sum_{k=0}^{n}C_n^k u^{(n-k)}(v)^{(k)},$$

其中,$u^{(0)}=u$,$C_n^k=\frac{n!}{k!(n-k)!}$,规定 $0!=1$.这个公式即为 Leibniz 公式.

例 4.3.1 设函数 $y=\sqrt{2x-x^2}$,证明:$y^3y''+1=0$.

证明:函数 $y=\sqrt{2x-x^2}$ 二阶导数为

$$y'=\frac{2-2x}{2\sqrt{2x-x^2}}=\frac{1-x}{\sqrt{2x-x^2}}.$$

$$\begin{aligned}y''&=\frac{-\sqrt{2x-x^2}-(1-x)\frac{1-x}{\sqrt{2x-x^2}}}{2x-x^2}\\&=\frac{-(2x-x^2)-(1-x)^2}{(2x-x^2)\sqrt{2x-x^2}}\\&=-(2x-x^2)^{-\frac{3}{2}}\\&=-y^{-3}.\end{aligned}$$

将函数二阶导数分别代入 $y^3y''+1$,可得

$$y^3y''+1=(\sqrt{2x-x^2})^3[-(2x-x^2)^{-\frac{3}{2}}]+1=0,$$

结论得证.

例 4.3.2 求函数 $y=x^2e^{2x}$的的 n 阶导数.

解:设 $u=e^{2x}$,$v=x^2$,那么有

$$u^{(k)}=2^ke^{2x},k=1,2,3,\cdots 20,$$

$$v'=2x, v''=2, v^{(k)}=0, k=3,4,5,\cdots 20,$$

则

$$\begin{aligned} y^{(20)} &= (x^2 e^{2x})^{(20)} \\ &= 2^{20} e^{2x} \cdot x^2 + 20 \cdot 2^{19} e^{2x} \cdot 2x + \frac{20 \cdot 19}{2!} 2^8 e^{2x} \cdot 2 \\ &= 2^{20} e^{2x} (x^2 + 20x + 95). \end{aligned}$$

例 4.3.3　求对数函数 $y=\ln(1+x)$ 的 n 阶导数.

解:根据高阶导数的定义,逐阶求导可得

$$y'=\frac{1}{1+x}, y''=-\frac{1}{(1+x)^2}, y'''=\frac{1\times 2}{(1+x)^3}, y^{(4)}=\frac{1\times 2\times 3}{(1+x)^4},$$

依此类推,可得

$$y^{(n)}=(-1)^{n-1}\frac{(n-1)!}{(1+x)^n}.$$

例 4.3.4　设 $y=e^{ax}\sin bx$(a,b 为常数),求 $y^{(n)}$.

解:根据高阶导数的定义,逐阶求导可得

$$\begin{aligned} y' &= a e^{ax}\sin bx + b e^{ax}\cos bx \\ &= e^{ax}(a\sin bx + b\cos bx) \\ &= e^{ax}\cdot\sqrt{a^2+b^2}\sin(bx+\varphi), \varphi=\arctan\frac{b}{a}, \end{aligned}$$

$$\begin{aligned} y'' &= \sqrt{a^2+b^2}\cdot[a e^{ax}\sin(bx+\varphi)+b e^{ax}\cos(bx+\varphi)] \\ &= \sqrt{a^2+b^2}\cdot e^{ax}\cdot\sqrt{a^2+b^2}\sin(bx+2\varphi), \end{aligned}$$

$$\vdots$$

$$y^{(n)}=(a^2+b^2)^{\frac{\pi}{2}}\cdot e^{ax}\sin(bx+n\varphi).$$

例 4.3.5　已知 Legendre 多项式为

$$P_n(x)=\frac{1}{2^n n!}\frac{d^n}{dx^n}(x^2-1)^n,$$

求 $P_n(1), P_n(-1)$.

解:因为

$$(x^2-1)^n=(x-1)^n(x+1)^n,$$

所以

$$\begin{aligned} 2^n n!\ P_n(x) &= [(x-1)^n(x+1)^n]^{(n)} \\ &= [(x-1)^n]^{(n)}(x+1)^n + C_n^1[(x-1)^n]^{(n-1)}[(x+1)^n]' + \\ &\quad \cdots + (x-1)^n[(x+1)^n]^{(n)}. \end{aligned}$$

当 $x=1$ 时,$[(x-1)^n]^{(n)}=0(k=0,1,\cdots,n-1)$以及$[(x-1)^n]^{(n)}=n!$,所以

$$2^n n!\ P_n(1)=n!\ (1+1)^n=2^n n!,$$

即

$$P_n(1)=1,$$

同理可得

$$P_n(-1)=(-1)^n.$$

4.4 微分及其在近似计算中的应用

4.4.1 微分的概念

定义 4.4.1 设函数 $y=f(x)$ 在 x_0 的邻域内有定义,如果函数在点 x_0 处的增量 $\Delta y=f(x_0+\Delta x)-f(x_0)$ 可表示为

$$\Delta y=A\Delta x+o(\Delta x),$$

其中,A 为与 Δx 无关的常数,那么称函数 $y=f(x)$ 在 x_0 处可微,把 $A\Delta x$ 称为函数 $y=f(x)$ 在点 x_0 处的微分,记为

$$\mathrm{d}f(x)\Big|_{x=x_0} \text{ 或者 } \mathrm{d}y\Big|_{x=x_0},$$

则

$$\mathrm{d}f(x)\Big|_{x=x_0}=\mathrm{d}y\Big|_{x=x_0}=A\Delta x.$$

显然,当 $\left|\Delta x\right|$ 充分小时,有

$$\Delta y=\mathrm{d}y\Big|_{x=x_0}.$$

根据微积分的定义可知,函数 $y=f(x)$ 在 x_0 的微分首先是 Δx 的线性函数,其次它与 Δy 的差是 Δx 的高阶无穷小.

定理 4.4.1 函数 $y=f(x)$ 在点 x_0 处可微的充分必要条件是函数在点 x_0 处可导.此时 $A=f'(x_0)$,且

$$\mathrm{d}y\Big|_{x=x_0}=f'(x_0)\Delta x.$$

证明:充分性:对应于点 x_0 处的改变量 Δx,有改变量 Δy.如果函数 $y=f(x)$ 在点 x_0 处可导,那么有 $\lim\limits_{\Delta x\to 0}\dfrac{\Delta y}{\Delta x}=f'(x_0)$,根据极限与无穷小的关系可得

$$\frac{\Delta y}{\Delta x}=f'(x_0)+\alpha\left(\lim_{\Delta x\to 0}\alpha=0\right),$$

则有

$$\Delta y=f'(x_0)\Delta x+\alpha\Delta x,$$

上式中，$f'(x_0)\Delta x$ 是 Δx 的线性函数，且 $\lim\limits_{\Delta x\to 0}\dfrac{\alpha\Delta x}{\Delta x}=0$，所以 $\alpha\Delta x$ 是 Δx 的高阶无穷小，由微分定义可知，函数 $y=f(x)$ 在点 x_0 处可微.

必要性：若函数 $y=f(x)$ 在点 x_0 处可微，那么 Δy 可以表示成为

$$\Delta y=A\Delta x+o(\Delta x)\left(\lim_{\Delta x\to 0}\frac{o(\Delta x)}{\Delta x}=0\right),$$

则

$$\frac{\Delta y}{\Delta x}=A+\frac{o(\Delta x)}{\Delta x},$$

即

$$\lim_{\Delta x\to 0}\frac{\Delta y}{\Delta x}=\lim_{\Delta x\to 0}\left(A+\frac{o(\Delta x)}{\Delta x}\right)=A,$$

所以函数 $y=f(x)$ 在点 x_0 处可导，得证.

4.4.2　微分的运算法则

函数和、差、积、商一阶微分的计算法则和求导法则相类似，可以归结为如下定理.

定理 4.4.2　如果函数 $y=f(x)$ 及 $z=g(x)$ 都在点 x 处可微，那么它们的和、差、积、商(除分母为零的点外)都在点 x 处可微，且有如下公式：

(1) $\mathrm{d}[f(x)\pm g(x)]=\mathrm{d}f(x)\pm \mathrm{d}g(x)$.

(2) $\mathrm{d}[f(x)g(x)]=g(x)\mathrm{d}f(x)+f(x)\mathrm{d}g(x)$.

(3) $\mathrm{d}\left[\dfrac{f(x)}{g(x)}\right]=\dfrac{g(x)\mathrm{d}f(x)-f(x)\mathrm{d}g(x)}{g^2(x)}$，其中，$g(x)\neq 0$.

特别地，常数 c 与函数 $f(x)$ 的乘积 $cf(x)$ 的微分计算公式为 $\mathrm{d}[cf(x)]=c\mathrm{d}f(x)$.

除了上述运算法则以外，与复合函数的求导法则相对应，也有复合函数的微分法则. 设函数 $y=f(u)$ 与 $u=g(x)$ 都可导，则复合函数 $y=f[g(x)]$ 的微分为 $\mathrm{d}y=y'_x\mathrm{d}x=f'(u)g'(x)\mathrm{d}x$. 由于 $g'(x)\mathrm{d}x=\mathrm{d}u$，所以，复合函数 $y=f[g(x)]$ 的微分公式也可以写成 $\mathrm{d}y=y'_x\mathrm{d}x=f'(u)\mathrm{d}u$ 或 $\mathrm{d}y=y'_u\mathrm{d}u$. 由此可见，无论 u 是自变量还是中间变量，微分形式 $\mathrm{d}y=f'(u)\mathrm{d}u$ 保持不变. 这一性质称为一阶微分的形式不变性. 这性质表示，当变换自变量时，微分形式 $\mathrm{d}y=f'(u)\mathrm{d}u$ 并不改变. 这里需要特别注意的是，高阶微分不再具有形式不变性.

4.4.3 微分在近似计算中的应用

在管理、工程等方面的实际问题中，若直接根据给定的公式计算某个函数值通常情况下是非常复杂的，然而在满足一定条件或一定精度的要求下，可采用简便的近似计算去代替复杂的计算.

下面介绍利用一阶微分求函数近似值的方法.

当函数 $y=f(x)$ 在 x_0 处可微时，根据前面内容可知，函数的微分 $\mathrm{d}y=f'(x)\Delta x$ 是函数的改变量 $\Delta y=f(x_0+\Delta x)-f(x_0)$ 的主部，从而可知当 $|\Delta x|$ 充分小时，$\Delta y\approx \mathrm{d}y$，即有近似公式

$$f(x_0+\Delta x)-f(x_0)\approx f'(x_0)\Delta x$$

或

$$f(x_0+\Delta x)\approx f(x_0)+f'(x_0)\Delta x. \tag{4-4-1}$$

若在式(4-4-1)中取 $x_0=0$，令 $x=\Delta x$，当 $|x|$ 充分小时，有

$$f(x)\approx f(0)+f'(0)x. \tag{4-4-2}$$

利用式(4-4-2)可推出一系列近似公式，即当 $|x|$ 充分小时，有

$$\sin x\approx x, \tan x\approx x, \ln(1+x)\approx x,$$

$$\mathrm{e}^x\approx 1+x, (1+x)^n\approx 1+nx, (1+x)^{\frac{1}{n}}\approx 1+\frac{x}{n}.$$

在实际生产过程中，经常需要采集、测量各种数据.由于测量仪器的精度、测量手段和方法等因素的影响，测量数据往往会出现一定的误差，因此计算出的数据自然也存在一定的误差.

设某个量的精确值为 x_0，近似值为 x，则称 $|\Delta x|=|x-x_0|$ 为 x 的绝对误差；而绝对误差与 $|x|$ 的比值 $\frac{|\Delta x|}{|x|}$ 叫做 x 的相对误差.然而在实际工作中，$|x-x_0|$ 的精确值实际上是无法知道的，但根据测量仪器的精度等因素，能确定误差在某个范围之内，即 $|x-x_0|\leqslant\delta$，则称 δ 为用 x 近似 x_0 的最大绝对误差，而 $\frac{\delta}{|x|}$ 称为用 x 近似 x_0 的最大相对误差.

现在我们讨论如何由测量数据 x 的误差估计计算数据 $f(x)$ 的误差的问题.设函数 $y=f(x)$ 在 x 处可导，当 $|x-x_0|\leqslant\delta$ 时，用 $f(x)$ 近似 $f(x_0)$ 的最大绝对误差是

$$|\Delta y|=|f(x)-f(x_0)|\approx|f'(x)||x-x_0|\leqslant|f'(x)|\delta;$$

最大相对误差为

$$\left|\frac{\Delta y}{y}\right|\approx\frac{|f'(x)|}{|f(x)|}|x-x_0|\leqslant\frac{|f'(x)|}{|f(x)|}\delta.$$

例 4.4.1　计算$\sqrt{8.9}$的近似值.

解:先选取函数 $f(x)=\sqrt{x}$,即要计算

$$f(8.9)=\sqrt{8.9},x=8.9,$$

再选取 x_0,使 $f(x_0)$与 $f'(x_0)$容易计算,且满足 $|x-x_0|$很小.显然,取 $x_0=9$ 较为合适.

$$f(9)=\sqrt{9}=3,$$

$$f'(9)=\frac{1}{2\sqrt{x}}\bigg|_{x=9}=\frac{1}{6}.$$

最后,利用微分近似公式,得

$$\begin{aligned}\sqrt{8.9}&\approx f(9)+f'(9)(8.9-9)\\&=3+\frac{1}{6}\times(-0.1)\\&\approx 2.98.\end{aligned}$$

例 4.4.2　计算$\sqrt[3]{65}$的近似值.

解:因为

$$\begin{aligned}\sqrt[3]{65}&=\sqrt[3]{64+1}\\&=\sqrt[3]{64\left(1+\frac{1}{64}\right)}\\&=4\sqrt[3]{1+\frac{1}{64}},\end{aligned}$$

由近似公式,得

$$\begin{aligned}\sqrt[3]{65}&=4\sqrt[3]{1+\frac{1}{64}}\\&\approx 4\left(1+\frac{1}{3}\times\frac{1}{64}\right)\\&=4+\frac{1}{48}\\&\approx 4.021.\end{aligned}$$

例 4.4.3　一种半径为 20 cm 的金属圆片,加热后半径增大了 0.05 cm,试问圆的面积增大了多少?

解:因为圆的面积公式为

$$S=\pi r^2(r\ 为半径).$$

为求面积 S 的增量,由于

$$\Delta r=\mathrm{d}r=0.05$$

是比较小的，所以可以用微分 $\mathrm{d}S$ 来近似代替 ΔS.

即

$$\begin{aligned}\Delta S &\approx \mathrm{d}S \\ &= (\pi r^2)'\Big|_{r=20}\mathrm{d}r \\ &= 2\pi r\Big|_{r=20}\cdot\Delta r \\ &= 2\pi\times20\times0.05 \\ &= 2\pi(\mathrm{cm}^2).\end{aligned}$$

因此，当半径增大了 0.05 cm 时，圆的面积增大了 $2\pi\ \mathrm{cm}^2$.

例 4.4.4 正方形边长为 2.41 ± 0.005 m，求其面积，并估计绝对误差和相对误差.

解：令正方形的边长为 x，面积为 y，则有

$$y=x^2,$$

当 $x=2.41$ 时，把它代入 $y=x^2$ 可得

$$y=(2.41)^2=5.808\ 1.$$

因为边长为 x 的绝对误差

$$\delta_x=0.005,$$

且

$$y'\Big|_{x=2.41}=2x\Big|_{x=2.41}=4.82,$$

所以面积的绝对误差

$$\delta_y=4.82\times0.005=0.024\ 1,$$

面积的相对误差为

$$\frac{\delta_y}{|y|}=\frac{0.024\ 1}{5.808\ 1}\approx0.004.$$

4.5 微分中值定理及导数的应用

4.5.1 微分中值定理

4.5.1.1 罗尔定理

首先介绍发现于微积分产生之初的一个著名定理，它具有重要的应用.

引理 4.5.1(费马引理) 设函数 $y=f(x)$在点 x_0 的一个邻域 $U(x_0)$上

有定义,并在 x_0 点可导.如果

$$f(x)\geqslant f(x_0)(\text{或 } f(x)\leqslant f(x_0))(\forall x\in U(x_0)),$$

则 $f'(x_0)=0$.

费马引理意义是:在假设条件下,点 $P_0(x_0,f(x_0))$ 位于曲线 $C:y=f(x)(x\in U(x_0))$ 的"谷底"(或"峰顶")(图 4-5-1),这时 C 在点 P_0 的切线必是水平的.

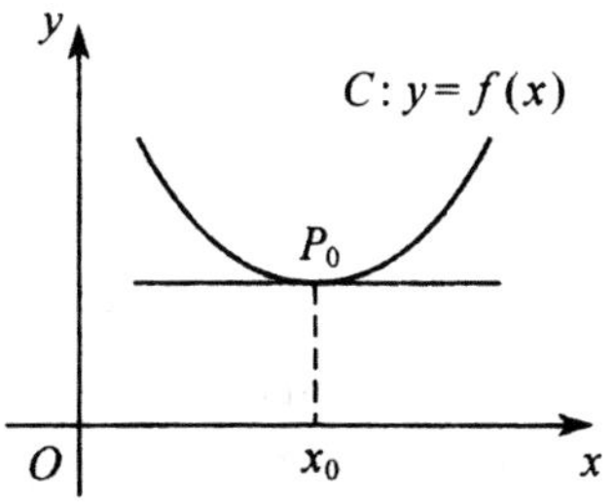

图 4-5-1

证明:设自变量 x 在点 x_0 有改变量 Δx,$x_0+\Delta x\in U(x_0)$,假设 $f(x_0+\Delta x)\geqslant f(x_0)$,从而函数 $f(x)$ 相应的增量

$$\Delta y=f(x_0+\Delta x)-f(x_0)\geqslant 0,$$

所以,当 $\Delta x>0$ 时 $\dfrac{\Delta y}{\Delta x}\geqslant 0$,当 $\Delta x<0$ 时 $\dfrac{\Delta y}{\Delta x}\leqslant 0$.由极限的保号性质,有

$$f'_+(x_0)=\lim_{\Delta x\to 0^+}\frac{\Delta y}{\Delta x}\geqslant 0,f'_-(x_0)=\lim_{\Delta x\to 0^-}\frac{\Delta y}{\Delta x}\leqslant 0.$$

因为 $f(x)$ 在点 x_0 可导,故在点 x_0 的导数

$$f'(x_0)=f'_+(x_0)=f'_-(x_0),$$

所以必有 $f'(x_0)=0$.

对于 $f(x)\leqslant f(x_0)(\forall x\in U(x_0))$ 的情形,这里不做证明.

通常称导数 $f'(x)$ 等于零的点为函数 $f(x)$ 的驻点(或稳定点、临界点).所以费马引理中的点 x_0 是 $f(x)$ 的驻点.

定理 4.5.1(罗尔定理)　设函数 $y=f(x)$ 在 $[a,b]$ 上连续,在 (a,b) 上可导,且 $f(a)=f(b)$,则 $\exists\xi\in(a,b)$,使得 $f'(\xi)=0$.

这个定理的几何意义是:如果光滑曲线 $\Gamma:y=f(x)(x\in[a,b])$ 的两个端点 A 和 B 等高,即其连线 AB 是水平的,则在 Γ 上必有一点 $C(\xi,f(\xi))$ $(\xi\in(a,b))$,Γ 在 C 点的切线是水平的(图 4-5-2).

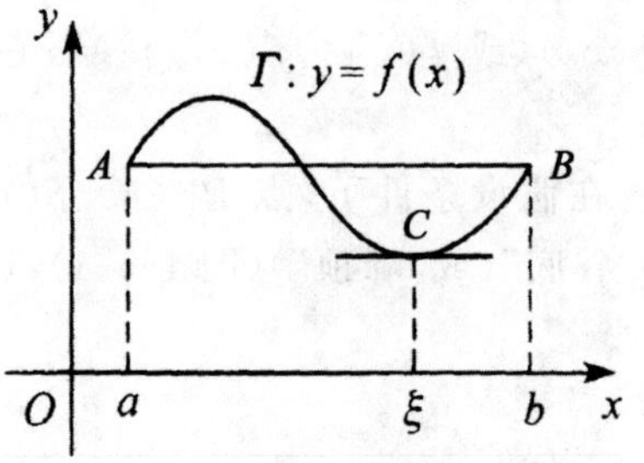

图 4-5-2

从几何上来说，曲线 Γ 如果是直线段 AB，此时 AB 上的任意一点的切线都是水平的；若 Γ 不是直线段，则 Γ 必有“谷底”或“峰顶”，设这样的点为 $C(\xi,f(\xi))$，则 $\xi\in(a,b)$，且由费马引理，必有 $f'(\xi)=0$.

定理的证明就是上述几何事实的解析表述，在此从略.

虽然罗尔定理只是在给定的条件下，函数 $f(x)$ 才有驻点，它并没有进一步说明 ξ 如何确定以及有多少个，但它仍然有着重要的理论价值.

例 4.5.1 试判定函数

$$f(x)=\ln\sin x\left(x\in\left[\frac{\pi}{6},\frac{5\pi}{6}\right]\right)$$

是否满足罗尔定理的条件，若满足，求出它的驻点.

解：在 $\left[\frac{\pi}{6},\frac{5\pi}{6}\right]$ 上 $\sin x>0$，所以函数 $f(x)=\ln\sin x$ 在 $\left[\frac{\pi}{6},\frac{5\pi}{6}\right]$ 上有意义，这是一个初等函数，从而是连续函数，它在 $\left(\frac{\pi}{6},\frac{5\pi}{6}\right)$ 上可导，其导数为

$$f'(x)=(\ln\sin x)'=\frac{1}{\sin x}\cos x=\cot x.$$

又

$$f\left(\frac{5\pi}{6}\right)=\ln\sin\frac{5\pi}{6}=\ln\sin\left(x-\frac{\pi}{6}\right)=\ln\sin\frac{\pi}{6}=f\left(\frac{\pi}{6}\right),$$

故 $f(x)$ 满足罗尔定理的条件，从方程

$$f'(x)=\cot x=0\left(\frac{\pi}{6}<\xi<\frac{5\pi}{6}\right)$$

可解得 $\xi=\frac{\pi}{2}$，它就是函数 $f(x)$ 的驻点.

例 4.5.2 设函数 $f(x)$ 在 $[0,1]$ 上连续，在 $(0,1)$ 上可导，且 $f(1)=0$. 证明：存在 $\xi\in(0,1)$ 使得 $f'(\xi)+\frac{1}{\xi}f(\xi)=0$.

证明:需证结果可改写为

$$\xi f'(\xi)+f(\xi)=(xf(x))'\Big|_{x=\xi}=0.$$

故可考虑函数

$$F(x)=xf(x).$$

它在 $[0,1]$ 上满足罗尔定理的条件,从而存在 $\xi\in(0,1)$,使得

$$F'(\xi)=\xi f'_+(\xi)+f(\xi)=0.$$

例 4.5.3 设 $f(x)$ 在 $[a,b]$ 上连续,在 (a,b) 上可导,且 $f(a)=f(b)=0$.证明:存在 $\xi\in(a,b)$ 使得 $f'(\xi)-f(\xi)=0$.

证明:若拟用罗尔定理证明上述结果,就需将它化成某一函数之导数等于零的形式.为此引进函数

$$F(x)=\mathrm{e}^{-x}f(x).$$

显然,$F(x)$ 在 $[a,b]$ 上满足罗尔定理的条件,故必存在 $\xi\in(a,b)$ 使得

$$\begin{aligned}F'(\xi)&=(\mathrm{e}^{-x}f(x))'\Big|_{x=\xi}=\mathrm{e}^{-\xi}f'(\xi)-\mathrm{e}^{-\xi}f(\xi)\\&=\mathrm{e}^{-\xi}(f'(\xi)-f(\xi))=0.\end{aligned}$$

由于 $\mathrm{e}^{-\xi}\neq0$,故得 $f'(\xi)-f(\xi)=0$.

4.5.1.2 拉格朗日中值定理

罗尔定理的条件 $f(a)=f(b)$ 是一个特殊情况,大多数情况下,函数都不能满足这一条件,所以在大多数场合罗尔定理不能直接应用.由此自然会想到要去掉这一条件,于是就有了拉格朗日中值定理.

定理 4.5.2 拉格朗日(Lagrange)中值定理 设函数 $f(x)$ 在 $[a,b]$ 上连续,在 (a,b) 可导,则 $\exists\,\xi\in(a,b)$,使得

$$\frac{f(b)-f(a)}{b-a}=f'(\xi),\tag{4-5-1}$$

或

$$f(b)-f(a)=f'(\xi)(b-a)\,(a<\xi<b).\tag{4-5-2}$$

这个定理的几何意义是:对于曲线 $\Gamma: y=f(x)\,(x\in[a,b])$,其端点为 $A(a,f(a))$ 和 $B(b,f(b))$,式(4-5-1)的左边表示弦 AB 的斜率,右边表示 Γ 在点 $C(\xi,f(\xi))$ 的切线的斜率(图 4-5-3),式(4-5-1)表明这切线与直线 AB 平行.由于 Γ 是光滑的连续曲线,这样的点 C 一定存在.

可以看到,罗尔定理是拉格朗日定理的特殊情况.

证明:可以利用罗尔定理来证明.由于线段 AB 与曲线 Γ 有共同的端点,表示 Γ 和 AB 的两个函数之差定能满足罗尔定理的条件.

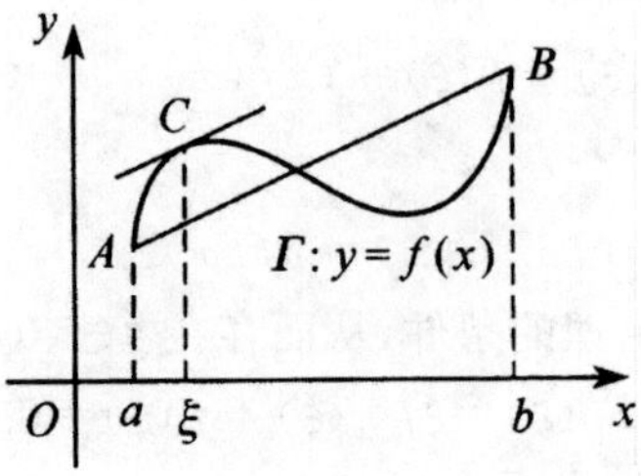

图 4-5-3

从直线 AB 的方程

$$y-f(a)=\frac{f(b)-f(a)}{b-a}(x-a),$$

或

$$y=f(a)+\frac{f(b)-f(a)}{b-a}(x-a),$$

作新的函数

$$\varphi(x)=f(x)-\left[f(a)+\frac{f(b)-f(a)}{b-a}(x-a)\right].$$

显然 $\varphi(x)$在$[a,b]$上连续,在(a,b)上可导,其导数为

$$\varphi'(x)=f'(x)-\frac{f(b)-f(a)}{b-a},$$

且 $\varphi(a)=0,\varphi(b)=0$.$\varphi(x)(x\in[a,b])$符合罗尔定理的条件,所以 $\exists\xi\in(a,b)$ 使得

$$\varphi'(x)=f'(x)-\frac{f(b)-f(a)}{b-a},$$

这就得到式(4-5-1).

把式(4-5-1)或式(4-5-2)中的 a,b 互换,公式不变,故当 $b<a$ 时,式(4-5-1)和式(4-5-2)仍然成立.

式(4-5-1)或式(4-5-2)称为拉格朗日中值公式.它也可写成

$$f(x_2)-f(x_1)=f'(\xi)(x_2-x_1)(\xi\text{ 介于 }x_1,x_2\text{ 之间})\quad(4\text{-}5\text{-}3)$$

拉格朗日定理对一般的函数都能满足,因此其应用也比较广泛,有时也称为微分中值定理.

与罗尔定理一样.拉格朗日定理只是断定了适合式(4-5-1)的中值 ξ 的存在性,并没有给出确定 ξ 的方法或说明这种 ξ 有多少个,但它仍然具有重要的理论意义.

例 4.5.4　试就函数 $f(x)=\ln x\,(x\in[1,\mathrm{e}])$ 验证拉格朗日定理.

解:$f(x)=\ln x$ 是基本初等函数,在$[1,\mathrm{e}]$上连续,在$(1,\mathrm{e})$上可导,其导数为 $f'(x)-\frac{1}{x}$,式(4-5-1)此时为

$$\frac{f(\mathrm{e})-f(1)}{\mathrm{e}-1}=f'(\xi).$$

而 $f(\mathrm{e})=\ln\mathrm{e}=1, f(1)=\ln 1=0, f'(\xi)=\frac{1}{\xi}$,故上式即为

$$\frac{1}{\mathrm{e}-1}=\frac{1}{\xi},\text{或 }\xi=\mathrm{e}-1.$$

易知 $1<\xi<\mathrm{e}$,所以拉格朗日定理的结论成立.

从拉格朗日定理可以得到两个重要推论.

推论 4.5.1　如果函数 $f(x)$在区间 I 上的导数恒等于零,则 $f(x)$在 I 上是一个常数.

证明:由假设,$f(x)$在 I 上满足拉格朗日定理的条件.任取 $x_l, x_2\in I$,$x_1<x_2$,由式(4-5-3),有

$$f(x_2)-f(x_1)=f'(\xi)(x_2-x_1)\,(x_1<\xi<x_2).$$

根据假设,$f'(x)=0\,(\forall x\in I)$,从而 $f'(\xi)=0$,由此

$$f(x_2)-f(x_1)=0,$$

即 $f(x_2)=f(x_1)$.这说明 $f(x)$在 I 中任意两点的函数值总相等,所以在 I 上 $f(x)$是一个常数.

从上述证明可以看到,只要知道满足式(4-5-3)的 ξ 存在就足够了,无需知道 ξ 的具体数值是什么.

常数的导数恒等于零.这个推论告诉我们反之亦真.所以

$$f'(x)\equiv 0\Leftrightarrow f(x)=C(\text{常数}).$$

例 4.5.5　证明:$\arctan x=\arcsin\frac{x}{\sqrt{1+x^2}}\,(x\in\mathbf{R})$.

证明:因为$(\arctan x)'=\frac{1}{1+x^2}$,

$$\left(\arcsin\frac{x}{\sqrt{1+x^2}}\right)'=\frac{1}{\sqrt{1-\frac{x^2}{1+x^2}}}\left(\frac{x}{\sqrt{1+x^2}}\right)'$$

$$=\frac{1}{\sqrt{\frac{1}{1+x^2}}}\frac{\sqrt{1+x^2}-x\frac{x}{\sqrt{1+x^2}}}{1+x^2}=\frac{1}{1+x^2}.$$

所以,对任意的 $x\in\mathbf{R}$,

$$\arctan x=\arcsin\frac{x}{\sqrt{1+x^2}}+C.$$

当 $x=0$ 时,$\arctan x=0$,$\arcsin\frac{x}{\sqrt{1+x^2}}=0$,从而 $C=0$.这就得到要证的等式.

推论 4.5.2 假设在区间 I 上两个函数 $f(x)$ 和 $g(x)$ 的导数处处相等,则 $f(x)$ 与 $g(x)$ 至多相差一个常数.

证明:作函数 $\varphi(x)=f(x)-g(x)$.由于 $f'(x)=g'(x)(\forall x\in I)$,所以

$$\varphi'(x)=f'(x)-g'(x)=0(\forall x\in I).$$

由推论 4.5.1,$\varphi(x)=C$(常数),即 $f(x)-g(x)=C$.

推论 4.5.2 在积分学中有重要应用.

例 4.5.6 证明不等式:

$$\frac{x}{1+x}<\ln(1+x)<x\ (x>0).$$

证明:对于任意的数 $t>0$,函数 $y=\ln(1+x)$ 在 $[0,t]$ 上满足拉格朗日定理的条件,由此 $\exists\xi\in(0,t)$ 使得

$$\ln(1+t)-\ln 1=\ln(1+t)=f'(\xi)(t-0)=\frac{1}{1+\xi}t.$$

由于 $0<\xi<t$,故 $\frac{1}{1+t}<\frac{1}{1+\xi}<1$.所以

$$\frac{t}{1+t}<\ln(1+t)<t,$$

因为 t 是任意正数,不等式得证.

4.5.1.3 柯西中值定理

定理 4.5.3(柯西中值定理) 设函数 $f(x)$ 和 $g(x)$ 都在 $[a,b]$ 上连续,在 (a,b) 上可导,且 $g'(x)\neq0(\forall x\in(a,b))$,则 $\exists\xi\in(a,b)$ 使得

$$\frac{f(b)-f(a)}{g(b)-g(a)}=\frac{f'(\xi)}{g'(\xi)}. \tag{4-5-4}$$

证明:由拉格朗日定理,在条件 $g'(x)\neq0$ 下,

$$g(b)-g(a)=g'(\eta)(b-a)\neq0(a<\eta<b).$$

作函数

$$f'(\xi)=\frac{f(b)-f(a)}{g(b)-g(a)}g'(\xi).$$

易验证 $F(x)$在$[a,b]$上满足罗尔定理条件，从而存在 $\xi\in(a,b)$使得 $F'(\xi)=0$，即

$$f'(\xi)=\frac{f(b)-f(a)}{g(b)-g(a)}g'(\xi).$$

由于 $g'(\xi)\neq 0$，这就得到(4-5-4).

例 4.5.7　设 $b>a>0$，函数 $f(x)$在$[a,b]$上连续，在(a,b)上可导，证明：存在 $\xi\in(a,b)$使得

$$f(\xi)-\xi f'(\xi)=\frac{bf(a)-af(b)}{b-a}.$$

证明：上式可改写为

$$\frac{\dfrac{f(b)}{b}-\dfrac{f(a)}{a}}{\dfrac{1}{b}-\dfrac{1}{a}}=f(\xi)-\xi f'(\xi),$$

故若设 $F(x)=\dfrac{f(x)}{x}$，$G(x)=\dfrac{1}{x}(a\leqslant x\leqslant b)$，则 $F(x)$和 $G(x)$在$[a,b]$上满足柯西中值定理的条件，所以必存在 $\xi\in(a,b)$使得

$$\frac{F(b)-F(a)}{G(b)-G(a)}=\frac{F'(\xi)}{G'(\xi)}.$$

而 $F'(x)=\dfrac{xf'(x)-f(x)}{x^2}$，$G'(x)=-\dfrac{1}{x^2}$，从而

$$\frac{F'(\xi)}{G'(\xi)}=f(\xi)-\xi f'(\xi),$$

又

$$\frac{F(b)-F(a)}{G(b)-G(a)}=\frac{bf(a)-af(b)}{b-a},$$

问题得证.

4.5.2　导数的应用

4.5.2.1　边际分析

定义 4.5.1　设函数 $y=f(x)$在 x 处可导，则称导数 $f'(x)$为 $f(x)$的边际函数.$f'(x)$在 x_0 处的值 $f'(x_0)$称为边际函数值.其含义是当 $x=x_0$

时，x 改变一个单位，y 改变了 $f'(x_0)$ 个单位.

在经济学中，常用的边际函数有边际成本函数、边际收益函数、边际利润函数和边际需求函数，分别介绍如下.

定义 4.5.2 总成本函数 $C(Q)$ 的导数

$$C'(Q)=\lim_{\Delta Q\to 0}\frac{\Delta C}{\Delta Q}=\lim_{\Delta Q\to 0}\frac{C(Q+\Delta Q)-C(Q)}{\Delta Q}$$

称为边际成本函数.

在将成本 C、收益 R、利润 L 仅考虑成产量 Q 的函数的情况下，成本函数 $C(Q)$ 的导数 $C'(Q)$ 称为边际成本，记为 MC，即

$$\mathrm{MC}=C'(Q);$$

收益函数 $R(Q)$ 的导数 $R'(Q)$ 称为边际收益，记为 MR，即

$$\mathrm{MR}=R'(Q);$$

利润函数 $L(Q)$ 的导数 $L'(Q)$ 称为边际利润，记为 ML，即

$$\mathrm{ML}=L'(Q).$$

由于 $L(Q)=R(Q)-C(Q)$，所以 $L'(Q)=R'(Q)-C'(Q)$，即

$$\mathrm{ML}=\mathrm{MR}-\mathrm{MC}.$$

一般地说，如果成本 C、收益 R、利润 L 都是变量 x 的函数，即

$$C=C(x),R=R(x),L=L(x),$$

则它们的导数 $C'(x)$，$R'(x)$，$L'(x)$ 依次称为对变量 x 的边际成本、边际收益和边际利润.

例 4.5.8 设某产品的需求函数为 $P=20-\frac{Q}{5}$，其中 P 为价格，Q 为销售量，求销售量为 15 个单位时的总收益、平均收益与边际收益，并求销售量从 15 个单位增加到 20 个单位时收益的平均变化率.

解：总收益为

$$R(Q)=Q\cdot P(Q)=20Q-\frac{Q^2}{5}.$$

销售 15 个单位时，总收益为

$$R(Q)\Big|_{Q=15}=\left(20Q-\frac{Q^2}{5}\right)\Big|_{Q=15}=255,$$

平均收益为

$$\overline{R}(Q)\Big|_{Q=15}=\frac{R(Q)}{Q}\Big|_{Q=15}=\frac{255}{15}=17,$$

边际收益为

$$R'(Q)\Big|_{Q=15}=\left(20-\frac{2Q}{5}\right)\Big|_{Q=15}=14.$$

当销售量从 15 个单位增加到 20 个单位时的平均变化率为

$$\frac{\Delta R}{\Delta Q}=\frac{R(20)-R(15)}{20-15}=\frac{320-255}{5}=13.$$

4.5.2.2　弹性分析

在边际分析中所研究的是函数的绝对改变量与绝对变化率，经济学中常需研究一个变量对另一个变量的相对变化情况，为此引入了弹性的概念.

定义 4.5.3　设函数 $y=f(x)$ 在点 $x_0(x_0\neq 0)$ 的某个邻域内有定义，且 $f'(x_0)\neq 0$，若极限

$$\lim_{\Delta x\to 0}\frac{\frac{\Delta y}{y_0}}{\frac{\Delta x}{x_0}}=\lim_{\Delta x\to 0}\frac{\frac{f(x+x_0)-f(x_0)}{f(x_0)}}{\frac{\Delta x}{x_0}}$$

存在，则称此极限值为 $y=f(x)$ 在 x_0 处的弹性（点弹性），记为 $\left.\frac{Ey}{Ex}\right|_{x=x_0}$ 或 $\left.\frac{Ef(x)}{Ex}\right|_{x=x_0}$.

在上述定义中用一般的 x 代替固定的点 x_0，则可得到关于 x 的函数

$$\frac{Ey}{Ex}=\lim_{\Delta x\to 0}\frac{\frac{\Delta y}{y}}{\frac{\Delta x}{x}}=\lim_{\Delta x\to 0}\frac{\Delta y}{\Delta x}\cdot\frac{x}{y}=y'\cdot\frac{x}{y},$$

称之为函数 $y=f(x)$ 的弹性函数，简称弹性.

函数 $y=f(x)$ 在点 x 的弹性 $\frac{Ey}{Ex}$ 反映随 x 的变化，$y=f(x)$ 变化幅度的大小，即 $y=f(x)$ 对 x 变化反应的强烈程度或灵敏度.数值上，$\frac{Ef(x)}{Ex}$ 表示 $y=f(x)$ 在点 x 处，当 x 产生 1% 的改变时，函数 $y=f(x)$ 近似地改变 $\frac{Ef(x)}{Ex}\%$，在应用问题中解释弹性的具体意义时，通常略去“近似”二字.

定义 4.5.4　设某产品的市场需求量为 Q，价格为 P，需求函数为 $Q=Q(P)$，则称

$$E_d=\frac{EQ}{EP}=Q'(P)\frac{P}{Q(P)}$$

为该产品的需求价格弹性，简称需求弹性.

当 ΔP 很小时，有

$$E_d=Q'(P)\frac{P}{Q(P)}\approx\frac{P}{Q(P)}\cdot\frac{\Delta Q}{\Delta P}.$$

故需求弹性 E_d 近似地表示在价格为 P 时，价格变动 1%，需求量将变化 E_d%，通常也略去“近似”二字.

一般地，需求函数是单调减少函数，需求量随价格的提高而减少（当 $\Delta P>0$ 时，$\Delta Q>0$），故需求弹性一般是负值，它反映产品需求量对价格变动反应的强烈程度（灵敏度）.

最后，我们用需求弹性分析总收益的变化.总收益 R 是商品价格 P 与销售量 Q 的乘积，即

$$R=P\cdot Q=P\cdot Q(P),$$

求导可得

$$R'=Q(P)+PQ'(P)=Q(P)\left(1+Q'(P)\frac{P}{Q(P)}\right)=Q(P)(1+E_d),$$

例 4.5.9 设某商品的市场需求函数是 $Q=15-\dfrac{P}{3}$，求：

(1)需求价格弹性函数.

(2)$P=9$ 时的需求价格弹性，并说明其经济意义.

(3)$E_d=-1$ 时的价格，并说明这时的收益情况.

解：(1)需求价格弹性函数是

$$\begin{aligned}E_d&=\frac{EQ}{Ep}=\frac{P}{Q}Q'(P)\\&=\frac{P}{15-\frac{P}{3}}\times\left(-\frac{1}{3}\right)\\&=\frac{P}{45-P}.\end{aligned}$$

(2)当 $P=9$ 时

$$E_d=-\frac{9}{45-9}=-\frac{1}{4}=-0.25.$$

当价格 P 从 9 上涨或下降 1%时，该商品的需求量在 $Q(9)=12$ 的基础上下降或增加 0.25%.因为 $E_d=-0.25>-1$，所以当价格上涨时收益增加.

(3)如果 $E_d=-1$，即$\dfrac{P}{45-P}=-1$，解得 $P=22.5$. 这时，$R'=0$，因为

$$\begin{aligned}R&=PQ=15P-\frac{p^2}{3}=\frac{1}{3}(45P-P)^2\\&=\frac{1}{3}\left[\left(\frac{45}{2}\right)^2-\left(P-\frac{45}{2}\right)^2\right],\end{aligned}$$

所以当 $P=\dfrac{45}{2}$时，$R=\dfrac{1}{3}\left(\dfrac{45}{2}\right)^2=\dfrac{675}{4}$为最大收益.

第 5 章　一元函数不定积分

不定积分是微分(求导)的逆过程,是微积分理论的基础.事实上,微分与积分正是在相互对立的矛盾中统一成为完美的微积分学理论.本章首先引入不定积分的概念,然后介绍不定积分的计算方法、有理函数的积分法,最后简要介绍可化为有理函数的积分法.

5.1　不定积分的概念

5.1.1　原函数

微分法是研究如何从已知函数求出其导函数,那么与之相反的问题是:求一个未知的函数,使其导函数恰好是某一个已知的函数.

例如,若已知函数 $F(x)=\sin x$,要求它的导函数,则是 $F'(x)=(\sin x)'=\cos x$,即 $\cos x$ 是 $\sin x$ 的导函数.这个问题是已知函数 $F(x)$,要求它的导函数 $F'(x)$.

现在的问题是:已知函数 $\sin x$,要求一个函数,使其导函数恰是 $\cos x$.这个问题是已知导函数 $F'(x)$,要还原函数 $F(x)$.显然,这是微分法的逆问题.

由于 $(\sin x)'=\cos x$,我们可以说,要求的这个函数是 $\sin x$,因为它的导函数恰好是已知的函数 $\cos x$.这时,称 $\sin x$ 是函数 $\cos x$ 的一个原函数.

定义 5.1.1　在某区间 I 上,若有

$$F'(x)=f(x) \text{或} \mathrm{d}f(x)=f(x)\mathrm{d}x,$$

则称函数 $F(x)$ 是函数 $f(x)$ 在该区间上的一个原函数.

例如,因为 $\left(\frac{1}{3}x^3\right)'=x^2$ 对区间 $(-\infty,+\infty)$ 上的任意 x 都成立,所以 $\frac{1}{3}x^3$ 是函数 x^2 在区间 $(-\infty,+\infty)$ 上的一个原函数.

又如,因为$(\arcsin x)'=\dfrac{1}{\sqrt{1-x^2}}$对区间$(-1,1)$上的任意$x$都成立,所以$\arcsin x$是函数$\dfrac{1}{\sqrt{1-x^2}}$在区间$(-1,1)$上的一个原函数.

设C是任意常数,因为$\left(\dfrac{1}{3}x^3+C\right)'=x^2$,所以$\dfrac{1}{3}x^3+C$也是$x^2$的原函数,其中$C$每取定一个实数,就得到$x^2$的一个原函数,从而$x^2$有无穷多个原函数.

原函数具有如下性质:

若函数$F(x)$是函数$f(x)$的一个原函数,即$F'(x)=f(x)$,则

(1)对任意常数C,函数$F(x)+C$也是函数$f(x)$的原函数;

(2)若$G(x)$也是$f(x)$的一个原函数,即$G'(x)=f(x)$,由拉格朗日中值定理的推论有

$$G(x)=F(x)+C,$$

即函数$f(x)$的任意两个原函数之间仅相差一个常数.

上述事实表明,若一个函数有原函数存在,则它必有无穷多个原函数;若函数$F(x)$是其中的一个,则这无穷多个原函数都可写成$F(x)+C$的形式.由此,若要把已知函数的所有原函数求出来,只需求出其中的任意一个,由它加上各个不同的常数便得到所有的原函数.

若函数$f(x)$在区间I上连续,则它在该区间上存在原函数.

由于初等函数在其有定义的区间上是连续的,所以每个初等函数在其有定义的区间上都有原函数.

5.1.2 不定积分

定义 5.1.2 设函数$f(x)$在区间I上有定义,则$f(x)$在区间I上所有原函数的一般表达式称为函数$f(x)$在I上的不定积分,记为

$$\int f(x)\mathrm{d}(x),$$

其中,$\int$是积分符号,$f(x)$是被积函数,x是积分变量.

从$f(x)$求$\int f(x)\mathrm{d}(x)$的运算称为求积分或积分运算.如果$F(x)$是$f(x)$在区间I上的一个原函数,那么

$$\int f(x)\mathrm{d}(x)=F(x)+C,$$

其中,C 为任意常数.它显然是求导运算的逆运算.例如,$\int \sin x\,\mathrm{d}x=-\cos x+C$.

例如,根据前面所述,有

$$\int \cos x\,\mathrm{d}x=\sin x+C,$$

$$\int \frac{1}{\sqrt{1-x^2}}\mathrm{d}x=\arcsin x+C,$$

$$\int x^2\,\mathrm{d}x=\frac{1}{3}x^3+C.$$

最后一式可推广为

$$\int x^{\alpha}\,\mathrm{d}x=\frac{1}{\alpha+1}x^{\alpha+1}+C(\alpha\neq -1).$$

原函数与不定积分的几何意义如下:

若 $F(x)$是 $f(x)$的一个原函数,则 $y=F(x)$的图像为 $f(x)$的一条积分曲线.将这条积分曲线沿着 y 轴方向平行移动,就可以得到 $f(x)$的无穷多条积分曲线,它们构成一个曲线族,称为 $f(x)$的积分曲线族.

不定积分$\int f(x)\mathrm{d}x$ 的几何意义就是一个积分曲线族.它的特点是:在横坐标相同的点处,各积分曲线的切线相互平行,如图 5-1-1 所示.

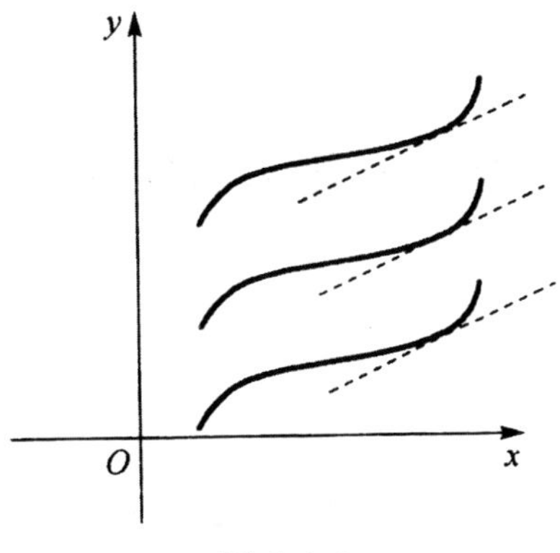

图 5-1-1

例 5.1.1　验证下列不定积分的正确性.

(1) $\int x\cos x\,\mathrm{d}x=x\sin x+\cos x+C$;

(2) $\int x\cos x\,\mathrm{d}x=x\sin x+C$.

解:(1)正确.因为

$$(x\sin x+\cos x+C)'=x\cos x+\sin x-\sin x+0=x\cos x.$$

(2)错误.因为对等式的右端求导,其导函数不是被积函数.

例 5.1.2 求 $\int\frac{1}{x}$.

解:因为当 $x>0$ 时,

$$(\ln x)'=\frac{1}{x},$$

所以

$$\int\frac{1}{x}\mathrm{d}x=\ln x+C(x>0);$$

当 $x<0$ 时,由于 $-x>0$,

$$[\ln(-x)]'=-\frac{1}{x}\times(-1)=\frac{1}{x},$$

所以

$$\int\frac{1}{x}\mathrm{d}x=\ln(-x)+C(x<0),$$

把两个结果合起来,可写作

$$\int\frac{1}{x}\mathrm{d}x=\ln|x|+C.$$

5.2 换元积分法与分部积分法

5.2.1 换元积分法

在利用直接积分法计算不定积分时,最后都得套用基本积分公式,而且能用直接积分法计算的不定积分是非常有限的.那么如何求诸如 $\int\cos 2x\,\mathrm{d}x$ 之类的不定积分呢?如果写成 $\int\cos 2x\,\mathrm{d}x=\sin 2x+C$,则结果是不正确的,因为进行求导验证,有

$$(\sin 2x+C)'=2\cos 2x\neq\cos 2x.$$

但是,如果令 $u=2x$,即 $x=\frac{u}{2}$,那么

$$\int \cos 2x\,\mathrm{d}x = \int \cos u\,\mathrm{d}\,\frac{u}{2} = \frac{1}{2}\int \cos u\,\mathrm{d}u$$

$$= \frac{1}{2}\sin u + C = \frac{1}{2}\sin 2x + C.$$

这个结果无疑是正确的.这种通过适当的变量代换(换元),把某些不定积分化为可利用基本积分公式积分的方法,称为换元积分法,简称换元法.换元法分第一类换元法和第二类换元法,下面先来讨论第一类换元法.

5.2.1.1　第一类换元积分法(凑微分法)

定理 5.2.1　设函数 $f(u)$的原函数为 $F(u)$,$u=\varphi(x)$可导,则有换元公式

$$\int f[\varphi(x)]\varphi'(x)\mathrm{d}x = \int f(u)\,\mathrm{d}u = F(u) + C = F[\varphi(x)] + C.$$

定理 5.2.1 所揭示的积分方法就称之为第一类换元积分法.我们关注的焦点就在于如何应用定理 5.2.1 来求不定积分.假定不定积分 $\int f(x)\mathrm{d}x$ 不易直接求出,如果函数 $f(x)$ 可以化为 $f(x)=g[\varphi(x)]\varphi'(x)$ 的形式,那么,令 $u=\varphi(x)$,就得到

$$\int f(x)\mathrm{d}x = \int g[\varphi(x)]\varphi'(x)\mathrm{d}x = \int g(u)\,\mathrm{d}u.$$

这样,求函数 $f(x)$的不定积分即转化为求函数 $g(u)$的不定积分.如果能较容易地求得 $g(u)$的原函数,那么也就得到了 $f(x)$的原函数.因此,问题归结为适当选取中间变量 u(即做适当的变量替换 $u=\varphi(x)$)把 $f(x)\mathrm{d}x$ 化为 $g[\varphi(x)]\varphi'(x)\mathrm{d}x=g(u)\mathrm{d}u$(根据微分形式不变性),使得 $\int g(u)\,\mathrm{d}u$ 易于求得.这里,由于中间变量 u 的适当选取凑出了 $\mathrm{d}u=\varphi'(x)\mathrm{d}x$ 和 $\mathrm{d}F=g(u)\mathrm{d}u$ 这两个微分式,因此,这种方法又名为“凑微分法”.

例 5.2.1　求 $\int x^2(3x-5)^{100}\mathrm{d}x$.

解:令 $t=3x-5$,即 $x=\frac{1}{3}(t+5)$,$\mathrm{d}x=\frac{1}{3}\mathrm{d}t$,代入原式有

$$\int x^2(3x-5)^{100}\mathrm{d}x = \int\left(\frac{t+5}{3}\right)^2 t^{100}\,\frac{1}{3}\mathrm{d}t$$

$$= \frac{1}{27}\int(t^{102}+10t^{101}+25t^{100})\mathrm{d}t$$

$$= \frac{1}{27}\left(\frac{t^{103}}{103}+\frac{10t^{102}}{102}+\frac{25t^{101}}{101}\right)+C$$

$$= \frac{(3x-5)^{101}}{27}\left[\frac{(3x-5)^2}{103}+\frac{5}{51}(3x-5)+\frac{25}{101}\right]+C.$$

例 5.2.2 求不定积分$\int \frac{2x-14}{x^2-4x+16}\mathrm{d}x$.

解:变形可得

$$\int \frac{2x-14}{x^2-4x+16}\mathrm{d}x=\int \frac{(x^2-4x+16)'-10}{x^2-4x+16}\mathrm{d}x,$$

令$u=x^2-4x+16$,则

$$\begin{aligned}
&\int \frac{(x^2-4x+16)'-10}{x^2-4x+16}\mathrm{d}x\\
&=\int \frac{1}{u}\mathrm{d}u-10\int \frac{1}{x^2-4x+16}\mathrm{d}x\\
&=\ln|u|-10\int \frac{1}{x^2-4x+16}\mathrm{d}x\\
&=\ln|u|-10\int \frac{1}{(x-2)^2+12}\mathrm{d}(x-2)\\
&=\ln|x^2-4x+16|-\frac{5}{\sqrt{3}}\arctan\frac{x-2}{2\sqrt{3}}+C.
\end{aligned}$$

例 5.2.3 求不定积分$\int \frac{x}{\sqrt{1+x^2}}\mathrm{e}^{-\sqrt{1+x^2}}\,\mathrm{d}x$.

解:

$$\begin{aligned}
\int \frac{x}{\sqrt{1+x^2}}\mathrm{e}^{-\sqrt{1+x^2}}\,\mathrm{d}x&=\int \mathrm{e}^{-\sqrt{1+x^2}}\,\frac{1}{2\sqrt{1+x^2}}\,\mathrm{d}(1+x^2)\\
&=\int \mathrm{e}^{-\sqrt{1+x^2}}\,\mathrm{d}\sqrt{1+x^2}\\
&=-\mathrm{e}^{-\sqrt{1+x^2}}+C.
\end{aligned}$$

例 5.2.4 求不定积分$\int \cos^2 x\sin x\,\mathrm{d}x$.

解:由于$\int \cos^2 x\sin x\,\mathrm{d}x=-\int \cos^2 x\,\mathrm{d}\cos x$,则设$u=\cos x$,所以有

$$\begin{aligned}
\int \cos^2 x\sin x\,\mathrm{d}x&=-\int \cos^2 x(\cos x)'\mathrm{d}x\\
&=-\int u^2\mathrm{d}u\\
&=-\frac{1}{3}u^3+C=-\frac{1}{3}\cos^3 x+C.
\end{aligned}$$

例 5.2.5 求不定积分$\int\left(\sin x\cos x+\frac{\cos\sqrt{x}}{\sqrt{x}}\right)\mathrm{d}x$.

解：

$$\int\left(\sin x\cos x+\frac{\cos\sqrt{x}}{\sqrt{x}}\right)\mathrm{d}x=\frac{1}{2}\int\sin 2x\,\mathrm{d}x+2\int\cos\sqrt{x}\,\mathrm{d}\sqrt{x}$$
$$=\frac{1}{4}\int\sin 2x\,\mathrm{d}2x+2\int\cos\sqrt{x}\,\mathrm{d}\sqrt{x}$$
$$=-\frac{1}{4}\cos 2x+2\sin\sqrt{x}+C.$$

例 5.2.6　求不定积分$\int\tan^5 x\sec^3 x\,\mathrm{d}x$.

解：

$$\int\tan^5 x\sec^3 x\,\mathrm{d}x=\int\tan^4 x\sec^2 x\sec x\tan x\,\mathrm{d}x$$
$$=\int(\sec^2 x-1)^2\sec^2 x\,\mathrm{d}(\sec x)$$
$$=\int(\sec^6 x-2\sec^4 x+\sec^2 x)\,\mathrm{d}(\sec x)$$
$$=\frac{1}{7}\sec^7 x-\frac{2}{5}\sec^5 x+\frac{1}{3}\sec^3 x+C.$$

例 5.2.7　求不定积分$\int\csc x\,\mathrm{d}x$.

解：

$$\int\csc x\,\mathrm{d}x=\int\frac{\mathrm{d}x}{\sin x}=\int\frac{\mathrm{d}x}{2\sin\frac{x}{2}\cos\frac{x}{2}}=\int\frac{\mathrm{d}\,\frac{x}{2}}{\tan\frac{x}{2}\cos^2\frac{x}{2}}$$
$$=\int\frac{\mathrm{d}\tan\frac{x}{2}}{\tan\frac{x}{2}}=\ln\left|\tan\frac{x}{2}\right|+C.$$

因为

$$\tan\frac{x}{2}=\frac{\sin\frac{x}{2}}{\cos\frac{x}{2}}=\frac{2\sin^2\frac{x}{2}}{\sin x}=\frac{1-\cos x}{\sin x}=\csc x-\cot x,$$

所以上述不定积分又表示为

$$\int\csc x\,\mathrm{d}x=\ln|\csc x-\cot x|+C.$$

由于

$$\cos x=\sin\left(x+\frac{\pi}{2}\right),$$

可得

$$\int\csc x\mathrm{d}x=\int\frac{1}{\cos x}\mathrm{d}x=\ln|\sec x+\tan x|+C.$$

例 5.2.8 求不定积分$\int\frac{1}{x^2-a^2}\mathrm{d}x$.

解:

$$\begin{aligned}\int\frac{1}{x^2-a^2}\mathrm{d}x&=\int\frac{1}{2a}\left(\frac{1}{x-a}-\frac{1}{x+a}\right)\mathrm{d}x\\&=\frac{1}{2a}\int\left(\frac{1}{x-a}-\frac{1}{x+a}\right)\mathrm{d}x\\&=\frac{1}{2a}\left(\int\frac{1}{x-a}\mathrm{d}x-\int\frac{1}{x+a}\mathrm{d}x\right)\\&=\frac{1}{2a}\left[\left(\int\frac{1}{x-a}\mathrm{d}(x-a)-\int\frac{1}{x+a}\mathrm{d}(x+a)\right)\right]\\&=\frac{1}{2a}(\ln|x-a|-\ln|x+a|)+C\\&=\frac{1}{2a}\ln\left|\frac{x-a}{x+a}\right|+C.\end{aligned}$$

例 5.2.9 求不定积分$\int\left(\mathrm{e}^{\arctan x}\frac{1}{1+x^2}+\frac{2}{\sqrt{1-x^2}}\arcsin x\right)\mathrm{d}x$.

解:

$$\begin{aligned}&\int\left(\mathrm{e}^{\arctan x}\frac{1}{1+x^2}+\frac{2}{\sqrt{1-x^2}}\arcsin x\right)\mathrm{d}x\\=&\int\mathrm{e}^{\arctan x}\mathrm{d}\arctan x+2\int\arcsin x\mathrm{d}\arcsin x\\=&\mathrm{e}^{\arctan x}+(\arcsin x)^2+C.\end{aligned}$$

5.2.1.2 第二类换元积分法

定理 5.2.2(第二类换元积分法) 设$f(x)$连续,$x=\varphi(t)$有连续导数,并且存在反函数$t=\varphi^{-1}(x)$,如果

$$\int f[x(t)]\varphi'(t)\mathrm{d}t=G(t)+C,$$

则

$$\int f(x)\mathrm{d}x=G[\varphi^{-1}(x)]+C.$$

如果积分 $\int f(x)\mathrm{d}x$ 不容易计算，可设 $x=\varphi(t)$，则积分变为 $\int f[x(t)]\varphi'(t)\mathrm{d}t$，求此积分，然后再将 $t=\varphi^{-1}(x)$ 代入，还原成 x 的形式，即得所求积分.

第二类换元法中常见的有根式代换法、倒代换法和三角代换法三种，接下来我们进行详细的讨论.

(1)根式代换法.如果被积函数含有 $\sqrt[n]{ax+b}$ 或 $\sqrt[n]{\dfrac{ax+b}{cx+d}}$ $\left(\dfrac{a}{c}\neq\dfrac{b}{d}\right)$ 时，我们可以通过根式代换法，将原积分化为有理函数的积分计算.

例 5.2.10　求不定积分 $\int \dfrac{1}{1+\sqrt[3]{x+2}}\mathrm{d}x$.

解：为了去根号，设 $t=\sqrt[3]{x+2}$，即 $x+2=t^3$，则 $\mathrm{d}x=3t^2\mathrm{d}t$，代入得

$$\begin{aligned}\int \frac{1}{1+\sqrt[3]{x+2}}\mathrm{d}x &= 3\int \frac{t^2}{1+t}\mathrm{d}t = 3\int \frac{t^2-1+1}{1+t}\mathrm{d}t \\ &= 3\int \left[(t-1)+\frac{1}{1+t}\right]\mathrm{d}t \\ &= \frac{3}{2}(t-1)^2+3\ln|t+1|+C.\end{aligned}$$

将 $t=\sqrt[3]{x+2}$ 回代得

$$\int \frac{1}{1+\sqrt[3]{x+2}}\mathrm{d}x = \frac{3}{2}(\sqrt[3]{x+2}-1)^2+3\ln\left|\sqrt[3]{x+2}+1\right|+C.$$

(2) 倒代换法.所谓倒代换法，即设 $x=\dfrac{1}{t}$ 或 $t=\dfrac{1}{x}$.一般地，若被积函数是分式，分子、分母关于 x 的最高次幂分别是 m,n，当 $(n-m)>1$ 时，可试用倒代换法.

例 5.2.11　求不定积分 $\int \dfrac{1}{x^2\sqrt{1+x^2}}\mathrm{d}x$.

解：令 $x=\dfrac{1}{t}$，则 $\mathrm{d}x=-\dfrac{1}{t^2}\mathrm{d}t$，则有

$$\begin{aligned}\int \frac{1}{x^2\sqrt{1+x^2}}\mathrm{d}x &= \int t^2\frac{1}{\sqrt{1+\left(\frac{1}{t}\right)^2}}\left(-\frac{1}{t^2}\right)\mathrm{d}t \\ &= -\int \frac{t}{\sqrt{t^2+1}}\mathrm{d}t = -\frac{1}{2}\int \frac{1}{\sqrt{t^2+1}}\mathrm{d}(t^2+1) \\ &= -\sqrt{t^2+1}+C\end{aligned}$$

$$=-\frac{\sqrt{1+x^2}}{x}+C.$$

(3)三角代换法.有些特殊的二次根式,为了消除根号,通常利用三角函数关系式来换元,为了计算方便,换元时我们视 t 为锐角,以后不再说明,一般的作法是:若被积函数中含有 $\sqrt{a^2-x^2}$ $(a>0)$,则设 $x=a\sin t$,此时 $\sqrt{a^2-x^2}=a\cos t$;若被积函数中含有 $\sqrt{a^2+x^2}$ $(a>0)$,则设 $x=a\tan t$,此时 $\sqrt{a^2+x^2}=a\sec t$;若被积函数中含有 $\sqrt{x^2-a^2}$ $(a>0)$,则设 $x=a\sec t$,此时 $\sqrt{x^2-a^2}=a\tan t$.

例 5.2.12 求不定积分 $\int\frac{1}{\sqrt{a^2+x^2}}\mathrm{d}x, a>0$.

解:为了消去根式,我们可以设 $x=a\tan t, t\in\left(-\frac{\pi}{2},\frac{\pi}{2}\right)$,如图 5-2-1 所示,那么,$\mathrm{d}x=a\sec^2 t\,\mathrm{d}t, \sqrt{x^2-a^2}=a\tan t$.于是

$$\begin{aligned}\int\frac{1}{\sqrt{a^2+x^2}}\mathrm{d}x&=\int\frac{a\sec^2 t\,\mathrm{d}t}{a\sec t}=\int\sec t\,\mathrm{d}t\\&=\ln|\sec t+\tan t|+C\\&=\ln\left|\frac{\sqrt{a^2+x^2}}{a}+\frac{x}{a}\right|+C\\&=\ln(x+\sqrt{a^2+x^2})-\ln a+C.\end{aligned}$$

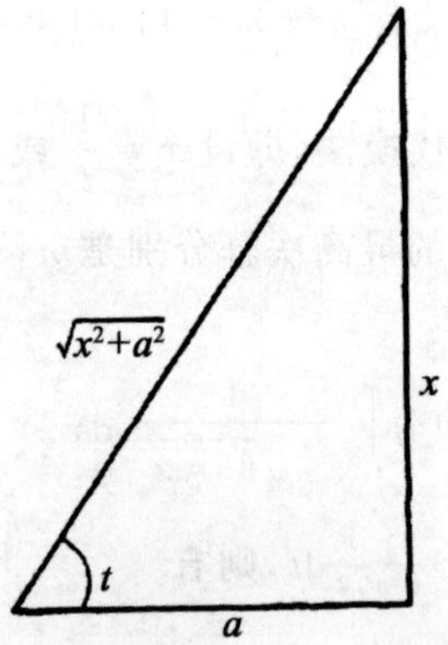

图 5-2-1

例 5.2.13 求不定积分 $\int\frac{\mathrm{d}x}{x^2\sqrt{1+x^2}}$.

解:用第二类换元积分法,当 $x>0$ 时,设 $x=\frac{1}{t}$,则 $\mathrm{d}x=-\frac{1}{t^2}\mathrm{d}t$,于是

$$\int \frac{dx}{x^2\sqrt{1+x^2}} = -\int \frac{t\,dt}{\sqrt{1+t^2}} = -\sqrt{1+t^2}+C = -\frac{\sqrt{1+x^2}}{x}+C.$$

易验证，它也是 $x<0$ 时的原函数.

本题也可以将两种换元法结合起来解决，设 $x=\tan t$，则

$$\int \frac{dx}{x^2\sqrt{1+x^2}} = -\int \frac{\sec^2 t\,dt}{\tan^2 t\sec t} = \int \frac{\cos t\,dt}{\sin^2 t}$$
$$= \int \frac{d\sin t}{\sin^2 t} = -\frac{1}{\sin t}+C$$
$$= -\frac{\sqrt{1+x^2}}{x}+C.$$

5.2.2　分部积分法

换元积分法解决了某种类型的不定积分，对有些积分，换元积分法也无能为力.例如：对于 $\int xe^x\,dx$，$\int x\cos x\,dx$，$\int x^2\sin x\,dx$ 等的类型，换元积分法是无法求解的.下面介绍一种新的求解不定积分的方法——分部积分法.

定理 5.2.3　设函数 $u=u(x)$，$v=v(x)$都有连续的导数，则有分部积分公式

$$\int u\,dv = uv - \int v\,du.$$

一般地，若求$\int u\,dv$ 有困难，而求$\int v\,du$ 又比较容易，可以应用分部积分法.

如何正确选取 u，v 是分部积分法的关键所在，确定 v 的过程就是凑微分的过程，可以借鉴第一换元积分法.

下面分四种情况来介绍分部积分法的四种基本方法.

5.2.2.1　降次法

当被积函数为幂函数与三角函数或指数函数的乘积时，就选择幂函数为 u 进行微分，选三角函数或指数函数进行积分，幂函数通过微分后次数降低一次，所以称为降次法.

例 5.2.14　求$\int x\sin 3x\,dx$.

解：令

$$u=x,\ dv=\sin 3x\,dx,\ v=-\frac{1}{3}\cos 3x,$$

根据分部积分公式可得

$$\int x\sin 3x\,\mathrm{d}x=\int x\,\mathrm{d}\left(-\frac{1}{3}\cos 3x\right)+\int\frac{1}{3}\cos 3x\,\mathrm{d}x$$
$$=-\frac{1}{3}x\cos 3x+\frac{1}{9}\sin 3x+C.$$

例 5.2.15 求不定积分 $\int x^2\mathrm{e}^x\,\mathrm{d}x$.

解:令 $u=x^2, v=\mathrm{e}^x$,则

$$\int x^2\mathrm{e}^x\,\mathrm{d}x=\int x^2\,\mathrm{d}(\mathrm{e}^x)=x^2\mathrm{e}^x-\int\mathrm{e}^x 2x\,\mathrm{d}x$$
$$=x^2\mathrm{e}^x-2\int x\,\mathrm{d}(\mathrm{e}^x)$$
$$=x^2\mathrm{e}^x-2\left(x\mathrm{e}^x-\int\mathrm{e}^x\,\mathrm{d}x\right)$$
$$=x^2\mathrm{e}^x-2x\mathrm{e}^x+2\mathrm{e}^x+C$$
$$=(x^2-2x+2)\mathrm{e}^x+C.$$

5.2.2.2 转化法

当被积函数为反三角函数或对数函数与其他函数的乘积时，就选反三角函数或对数函数为 u 进行微分，选其他函数为 v' 进行积分，反三角函数或对数函数微分后转化成别的函数，故称转化法.

例 5.2.16 求不定积分 $\int x\arctan x\,\mathrm{d}x$.

解:令 $u(x)=\arctan x, x\,\mathrm{d}x=\mathrm{d}v(x)$，从而有

$$\mathrm{d}u(x)=\frac{1}{1+x^2}\mathrm{d}x, v(v)=\frac{1}{2}x^2,$$

所以有

$$\int x\arctan x\,\mathrm{d}x=\frac{1}{2}x^2\arctan x-\int\frac{x^2}{2}\frac{1}{1+x^2}\mathrm{d}x$$
$$=\frac{1}{2}x^2\arctan x-\frac{1}{2}\int\left[1-\frac{1}{1+x^2}\right]\mathrm{d}x$$
$$=\frac{1}{2}x^2\arctan x-\frac{1}{2}[x-\arctan x]+C$$
$$=\frac{1}{2}(x^2+1)\arctan x-\frac{1}{2}x+C.$$

5.2.2.3 循环法

当被积函数为指数函数与正弦函数(或余弦函数)的乘积时，应用两次分部积分后，都会还原到原来的函数，只是系数有些变化，等式两端含有系

数不同的同一类积分，故称为循环法.通过移项就可以解出所求的不定积分，最后等式右端加上一个任意常数.

例 5.2.17　求 $\int e^x \cos x \, dx$.

解：

$$
\begin{aligned}
\int e^x \cos x \, dx &= \int \cos x \, d(e^x) \\
&= \cos x \, e^x - \int e^x \, d(\cos x) \\
&= \cos x \, e^x + \int e^x \sin x \, dx \\
&= \cos x \, e^x + \int \sin x \, d(e^x) \\
&= \cos x \, e^x + \sin x \, e^x - \int e^x \, d(\sin x) \\
&= e^x (\cos x + \sin x) - \int e^x \cos x \, dx,
\end{aligned}
$$

移项整理得

$$\int e^x \cos x \, dx = \frac{e^x}{2}(\cos x + \sin x) + C.$$

5.2.2.4　递推法

当被积函数是某一函数的高次幂函数时，可以适当选取 u 和 v，通过分部积分后，得到该函数高次幂函数与低次幂函数的关系，即所谓的递推公式，故称递推法.

例 5.2.18　设 $I_n = \int \frac{dx}{(x^2 + a^2)^n}$，其中，$n$ 为正整数，$a > 0$.

(1) 试证明 $I_{n+1} = \frac{x}{2na^2 (x^2 + a^2)^n} + \frac{2n-1}{2na^2} I_n$.

(2) 求 I_2.

解：(1) 易得

$$
\begin{aligned}
I_n &= \int \frac{1}{(x^2 + a^2)^n} dx = \frac{x}{(x^2 + a^2)^n} - \int x \cdot d\left[\frac{1}{(x^2 + a^2)^n}\right] \\
&= \frac{x}{(x^2 + a^2)^n} + 2n \int \frac{x^2}{(x^2 + a^2)^{n+1}} dx \\
&= \frac{x}{(x^2 + a^2)^n} + 2n \int \frac{dx}{(x^2 + a^2)^n} - 2na^2 \int \frac{dx}{(x^2 + a^2)^{n+1}} \\
&= \frac{x}{(x^2 + a^2)^n} + 2nI_n + 2na^2 I_{n+1},
\end{aligned}
$$

即有

$$I_{n+1}=\frac{x}{2na^2(x^2+a^2)^n}+\frac{2n-1}{2na^2}I_n.$$

(2) 因为

$$I_1=\int\frac{1}{x^2+a^2}\mathrm{d}x=\frac{1}{a}\arctan\frac{x}{a}+C_1,$$

所以

$$\begin{aligned}I_2&=\frac{x}{2a^2(x^2+a^2)}+\frac{1}{2a^2}\left(\frac{1}{a}\arctan\frac{x}{a}+C_1\right)\\&=\frac{x}{2a^2(x^2+a^2)}+\frac{1}{2a^3}\arctan\frac{x}{a}+\frac{C_1}{2a^2},\end{aligned}$$

令任意常数 $C=\frac{C_1}{2a^2}$,则

$$I_2=\frac{x}{2a^2(x^2+a^2)}+\frac{1}{2a^3}\arctan\frac{x}{a}+C.$$

5.3 有理函数的积分法

有理函数是指由两个多项式的商所表示的函数,其一般形式为

$$\frac{P_m(x)}{Q_n(x)}=\frac{a_0x^m+a_1x^{m-1}+\cdots+a_{m-1}x+a_m}{b_0x^n+b_1x^{n-1}+\cdots+b_{n-1}x+b_n}.$$

其中,$P_m(x)$ 是 x 的 m 次多项式,$Q_n(x)$ 是 x 的 n 次多项式,m,n 都是非负整数,$a_0,a_1,\cdots,a_m,b_0,b_1,\cdots,b_n$ 都是实数,并且 $a_0\neq0,b_0\neq0$.如果 $m<n$,则称 $\frac{P_m(x)}{Q_n(x)}$ 为真分式;如果 $m\geqslant n$,则称 $\frac{P_m(x)}{Q_n(x)}$ 为假分式.利用多项式的除法,我们总可以将一个假分式化为一个多项式和一个真分式的和的形式.

由于多项式易于积分,所以有理函数的积分剩下的就是求真分式的积分问题.真分式积分的基本方法是把它分成许多简单分式的代数和,即分成所谓部分分式,然后逐项求积分.由代数学的相关理论可知,真分式的积分变成了计算下面四种类型简单分式积分的问题:

(1) $\int\frac{A}{x-a}\mathrm{d}x$.其结果为

$$\int\frac{A}{x-a}\mathrm{d}x=A\ln|x-a|+C.$$

(2) $\int\frac{A}{(x-a)^n}\mathrm{d}x$.其结果为

$$\int \frac{A}{(x-a)^n}\mathrm{d}x = \frac{A}{1-n}(x-a)^{1-n} + C(n=2,3,4,\cdots).$$

(3) $\int \frac{Mx+N}{x^2+px+q}\mathrm{d}x\,(p^2-4q<0)$.其结果为

$$\int \frac{Mx+N}{x^2+px+q}\mathrm{d}x = \frac{M}{2}\int \frac{\mathrm{d}(x^2+px+q)}{x^2+px+q} + \left(N-\frac{Mp}{2}\right)\int \frac{\mathrm{d}\left(x+\frac{p}{2}\right)}{\left(x+\frac{p}{2}\right)^2+\left(\sqrt{q-\frac{p^2}{4}}\right)^2}$$

$$= \frac{M}{2}\ln(x^2+px+q) + \frac{N-\frac{Mp}{2}}{\sqrt{q-\frac{p^2}{4}}}\arctan\frac{x+\frac{p}{2}}{\sqrt{q-\frac{p^2}{4}}} + C.$$

(4) $\int \frac{Mx+N}{(x^2+px+q)^n}\mathrm{d}x\,(p^2-4q<0, N=2,3,4,\cdots)$.其结果为

$$\int \frac{Mx+N}{(x^2+px+q)^n}\mathrm{d}x = \int \frac{\frac{M}{2}(x^2+px+q)'+N-\frac{Mp}{2}}{(x^2+px+q)^n}\mathrm{d}x$$

$$= \frac{M}{2}\int \frac{(x^2+px+q)'}{(x^2+px+q)^n}\mathrm{d}x + \left(N-\frac{Mp}{2}\right)\int \frac{\mathrm{d}x}{\left[(x+\frac{p}{2})^2+\left(\frac{\sqrt{p^2-4q}}{2}\right)^2\right]^n}$$

$$= \frac{M}{2(1-n)}\frac{1}{(x^2+px+q)^{n-1}} + \left(N-\frac{Mp}{2}\right)\int \frac{1}{(t^2+a^2)^n}\mathrm{d}t.$$

其中，$t=x+\frac{p}{2}$，$a=\frac{1}{2}\sqrt{4q-p^2}$，所以只需要计算积分 $I_n=\int \frac{1}{(t^2+a^2)^n}\mathrm{d}t$.

利用分部积分法有

$$I_n = \int \frac{1}{(t^2+a^2)^n}\mathrm{d}t = \frac{1}{a^2}\int \frac{t^2+a^2-t^2}{(t^2+a^2)^n}\mathrm{d}t$$

$$= \frac{1}{a^2}\int \frac{1}{(t^2+a^2)^{n-1}}\mathrm{d}t - \frac{1}{a^2}\int \frac{t^2}{(t^2+a^2)^n}\mathrm{d}t$$

$$= \frac{1}{a^2}I_{n-1} - \frac{1}{2(1-n)a^2}\int t\,\mathrm{d}\left[\frac{t^2}{(t^2+a^2)^{n-1}}\right]$$

$$=\frac{1}{a^2}I_{n-1}-\frac{1}{2(1-n)a^2}\left[\frac{t}{(t^2+a^2)^{n-1}}-\int\frac{1}{(t^2+a^2)^{n-1}}\mathrm{d}t\right]$$

$$=\frac{1}{a^2}I_{n-1}+\frac{1}{2(1-n)a^2}\frac{t}{(t^2+a^2)^{n-1}}-\frac{1}{2(1-n)a^2}I_{n-1}$$

$$=\frac{1}{a^2}\left[\frac{1}{2(1-n)a^2}\frac{t}{(t^2+a^2)^{n-1}}-\frac{2n-3}{2n-2}I_{m-1}\right].$$

即有

$$I_n=\frac{1}{a^2}\left[\frac{1}{2(1-n)a^2}\frac{t}{(t^2+a^2)^{n-1}}-\frac{2n-3}{2n-2}I_{n-1}\right](n=2,3,4,\cdots).$$

上式是一个递推公式,利用这个递推公式,由

$$I_1=\int\frac{1}{t^2+a^2}\mathrm{d}t=\frac{1}{a}\arctan\frac{t}{a}+C$$

出发,可以依次求出 $I_2,I_3,\cdots$,从而求得 $\int\frac{Mx+N}{(x^2+px+q)^n}\mathrm{d}x(p^2-4q<0,$ $N=2,3,4,\cdots)$.

综上所述,有理函数的积分都是有理函数并且总可积出,具体步骤如下:

(1)变假分式为多项式与真分式之和,多项式部分直接积分;

(2)化真分式为部分分式;

(3)对每一部分分式,对照上面的四种情形,分别积出结果.

例 5.3.1 求不定积分 $\int\frac{3x+1}{x^2-x-6}\mathrm{d}x$.

解:由于

$$Q(x)=x^2-x-6=(x+2)(x-3),$$

于是

$$\frac{3x+1}{x^2-x-6}=\frac{A}{x+2}+\frac{B}{x-3}.$$

去分母,得

$$A(x-3)+B(x+2)=3x+1,$$

即

$$\begin{cases}A+B=3\\-3A+2B=1\end{cases}\Rightarrow A=1,B=2,$$

所以

$$\int\frac{3x+1}{x^2-x-6}\mathrm{d}x=\int\left(\frac{1}{x+2}+\frac{2}{x-3}\right)\mathrm{d}x$$
$$=\ln|x+2|+2\ln|x-3|+C.$$

例 5.3.2　求不定积分$\int \frac{x^4+2}{x^4+1}dx$.

解:将被积函数分解,即有

$$\frac{x^4+2}{x^4+1}=1+\frac{1}{x^4+1}=1+\frac{1}{(x^2+\sqrt{2}x+1)(x^2-\sqrt{2}x+1)}.$$

令

$$\frac{1}{(x^2+\sqrt{2}x+1)(x^2-\sqrt{2}x+1)}=\frac{Ax+B}{x^2+\sqrt{2}x+1}+\frac{Cx+D}{x^2-\sqrt{2}x+1},$$

其中,A,B,C,D 为待定系数.上式两端去分母后比较两端同次幂的系数得

$$\begin{cases}A+C=0\\-\sqrt{2}A+B+\sqrt{2}C+D=0\\A-\sqrt{2}B+C+\sqrt{2}D=0\\B+D=1\end{cases},$$

解得 $A=\frac{1}{2\sqrt{2}},B=\frac{1}{2},C=-\frac{1}{2\sqrt{2}},D=\frac{1}{2}$.所以

$$\begin{aligned}\int \frac{x^4+2}{x^4+1}dx&=\int dx+\frac{1}{2\sqrt{2}}\int \frac{x+\sqrt{2}}{x^2+\sqrt{2}x+1}dx-\frac{1}{2\sqrt{2}}\int \frac{x-\sqrt{2}}{x^2-\sqrt{2}x+1}dx\\&=x+\frac{1}{4\sqrt{2}}\ln(x^2+\sqrt{2}x+1)+\frac{1}{2\sqrt{2}}\arctan(\sqrt{2x+1})\\&\quad-\frac{1}{4\sqrt{2}}\ln(x^2-\sqrt{2}x+1)+\frac{1}{2\sqrt{2}}\arctan(\sqrt{2x-1})+C\\&=x+\frac{1}{4\sqrt{2}}\ln\frac{x^2+\sqrt{2}x+1}{x^2-\sqrt{2}x+1}+\frac{1}{2\sqrt{2}}\arctan(\sqrt{2x+1})+\\&\quad\frac{1}{2\sqrt{2}}\arctan(\sqrt{2x-1})+C.\end{aligned}$$

例 5.3.3　求不定积分$\int \frac{2x+2}{(x-1)(x^2+1)^2}dx$.

解:先将真分式$\frac{2x+2}{(x-1)(x^2+1)^2}$化为最简形式,设

$$\frac{2x+2}{(x-1)(x^2+1)^2}=\frac{A}{x-1}+\frac{Bx+C}{(x^2+1)^2}+\frac{Dx+E}{x^2+1},$$

将该等式右边通分并比较等式两端的分子可得

$$2x+2=A(x^2+1)^2+(Bx+C)(x-1)+(Dx+E)(x-1)(x^2+1),$$

令 $x=1$,得 $A=1$.比较同次幂的系数可得方程组

$$\begin{cases} D+1=0 \\ E-D=0 \\ B+D-E+2=0 \\ C-B-D+E=2 \end{cases},$$

解得 $A=1, B=-2, C=0, D=-1, E=-1$，于是

$$\frac{2x+2}{(x-1)(x^2+1)^2}=\frac{1}{x-1}-\frac{2x}{(x^2+1)^2}-\frac{x-1}{x^2+1}.$$

所以

$$\begin{aligned}\int \frac{2x+2}{(x-1)(x^2+1)^2}\mathrm{d}x &= \int\left[\frac{1}{x-1}-\frac{2x}{(x^2+1)^2}-\frac{x-1}{x^2+1}\right]\mathrm{d}x \\ &= \int \frac{1}{x-1}\mathrm{d}x-\int \frac{2x}{(x^2+1)^2}\mathrm{d}x-\int \frac{x-1}{x^2+1}\mathrm{d}x \\ &= \ln|x-1|+\frac{1}{x^2+1}-\frac{1}{2}\ln(x^2+1)-\arctan x+C \\ &= \ln\frac{|x-1|}{\sqrt{x^2+1}}+\frac{1}{x^2+1}-\arctan x+C.\end{aligned}$$

5.4 可化为有理函数的积分法

当被积函数含有根式 $\sqrt[n]{ax+b}$ 或 $\sqrt[n]{\frac{ax+b}{cx+d}}$ $(ad-bc\neq 0)$ 等简单无理式时，我们可以采用第二类换元积分法去掉根号，从而计算有理函数的积分.

用 $R(u,v)$ 表示由 u,v 和常数进行有限次四则运算得到的表达式，下面我们讨论形如 $\int R(x,\sqrt[n]{ax+b})\mathrm{d}x$ 或 $\int R\left(x,\sqrt[n]{\frac{ax+b}{cx+d}}\right)\mathrm{d}x$ 的简单无理函数的积分.

对于形如 $\int R(x,\sqrt[n]{ax+b})\mathrm{d}x$ 的积分，令 $u=\sqrt[n]{ax+b}$，则 $x=\frac{u^n+b}{a}$，$\mathrm{d}x=\frac{n}{a}u^{n-1}\mathrm{d}u$，那么

$$\int R(x,\sqrt[n]{ax+b})\mathrm{d}x=\int R\left(\frac{u^n+b}{a},u\right)\frac{u}{a}u^{n-1}\mathrm{d}u,$$

就化成了关于 u 的有理函数的积分.

对于形如 $\int R\left(x,\sqrt[n]{\frac{ax+b}{cx+d}}\right)\mathrm{d}x$ 的积分，令 $u=\sqrt[n]{\frac{ax+b}{cx+d}}$，则 $x=$

$\frac{du^n - b}{a - cu^n}$，$dx = \frac{n(ad - bc)}{(a - cu^n)^2}u^{n-1}du$，那么

$$\int R\left(x, \sqrt[n]{\frac{ax + b}{cx + d}}\right) dx = \int R\left(\frac{du^n - b}{a - cu^n}, u\right) \frac{n(ad - bc)}{(a - cu^n)^2}u^{n-1}du,$$

就化成了关于 u 的有理函数的积分.

例 5.4.1　求 $\int \frac{\sqrt{x - 1}}{x}dx$.

解：令 $\sqrt{x - 1} = u$，则 $x = u^2 + 1$，$dx = 2udu$，所以

$$\begin{aligned}\int \frac{\sqrt{x - 1}}{x}dx &= \int \frac{u}{u^2 + 1}2udu = 2\int \frac{u^2}{u^2 + 1}du \\ &= 2\int \left(1 - \frac{1}{u^2 + 1}\right)du \\ &= 2(u - \arctan u) + C \\ &= 2(\sqrt{x - 1} - \arctan\sqrt{x - 1}) + C.\end{aligned}$$

例 5.4.2　求 $\int \frac{dx}{x - \sqrt[3]{3x + 2}}$.

解：令 $u = \sqrt[3]{3x + 2}$，则 $x = \frac{u^3 - 2}{3}$，$dx = u^2du$，所以

$$\begin{aligned}\int \frac{dx}{x - \sqrt[3]{3x + 2}} &= \int \frac{1}{\frac{u^3 - 2}{3} - u}u^2du = \int \frac{1}{u^3 - 3u - 2}3u^2du \\ &= \int \left(\frac{-1}{(u + 1)^2} + \frac{5}{3(u + 1)} + \frac{4}{3(u - 2)}\right)du \\ &= \frac{1}{u + 1} + \frac{5}{3}\ln|u + 1| + \frac{4}{3}\ln|u - 2| + C \\ &= \frac{1}{\sqrt[3]{3x + 2} + 1} + \frac{5}{3}\ln\left|\sqrt[3]{3x + 2} + 1\right| + \\ &\quad \frac{4}{3}\ln\left|\sqrt[3]{3x + 2} - 2\right| + C.\end{aligned}$$

例 5.4.3　求 $\int \frac{dx}{(1 + x)\sqrt{2 + x - x^2}}$.

解：因为

$$\frac{1}{(1 + x)\sqrt{2 + x - x^2}} = \frac{1}{(1 + x)^2\sqrt{\frac{2 - x}{1 + x}}},$$

所以令 $u = \sqrt{\frac{2 - x}{1 + x}}$，则 $x = \frac{2 - u^2}{1 + u^2}$，$dx = \frac{-6udu}{(1 + u^2)^2}$，所以

$$\int \frac{dx}{(1+x)\sqrt{2+x-x^2}} = \int \left(\frac{1+u^2}{3}\right)^2 \frac{1}{u} \frac{-6u}{(1+u^2)^2} du$$

$$= -\frac{2}{3}\int du = -\frac{2}{3}u + C$$

$$= -\frac{2}{3}\sqrt{\frac{2-x}{1+x}} + C.$$

例 5.4.4 求 $I = \int \frac{dx}{\sqrt[3]{(x-1)^2(x+2)}}$.

解:因为

$$\sqrt[3]{(x-1)^2(x+2)} = \sqrt[3]{\frac{(x-1)^2}{(x+2)^2}(x+2)^3} = (x+2)\sqrt[3]{\left(\frac{x-1}{x+2}\right)^2},$$

所以可令 $\frac{x-1}{x+2} = y^3$,代入原式可得

$$I = \int \frac{3dy}{1-y^3}.$$

因为

$$\frac{1}{1-y^3} = \frac{1}{3}\left(\frac{1}{1-y} + \frac{y+2}{1+y+y^2}\right)$$

$$= \frac{1}{3}\left[\frac{1}{1-y} + \frac{1}{2}\frac{1+2y}{1+y+y^2} + \frac{3}{2}\frac{1}{\left(\frac{1}{2}+y\right)^2 + \frac{3}{4}}\right],$$

所以

$$I = \int \frac{3dy}{1-y^3}$$

$$= \int \frac{1}{1-y}dy + \frac{1}{2}\int \frac{1+2y}{1+y+y^2}dy + \frac{3}{2}\int \frac{1}{\left(\frac{1}{2}+y\right)^2 + \frac{3}{4}}dy$$

$$= \ln\left|1-y\right| + \frac{1}{2}\ln\left|1+y+y^2\right| + \sqrt{3}\arctan\frac{2\sqrt[3]{x-1}+\sqrt[3]{x+2}}{\sqrt{3}\sqrt[3]{x+2}} + C.$$

例 5.4.5 计算不定积分 $\int \frac{x-2}{x^2+2x+3}dx$.

解:由于被积函数的分母已经是二次质因式,且

$$d(x^2+2x+3) = (2x+2)dx,$$

被积函数的分母可以写为

$$x-2 = \frac{1}{2}(2x+2) - 3,$$

所以

$$\int \frac{x-2}{x^2+2x+3}dx=\int \frac{\frac{1}{2}(2x+2)-3}{x^2+2x+3}dx$$

$$=\frac{1}{2}\int \frac{2x+2}{x^2+2x+3}dx-3\int \frac{1}{x^2+2x+3}dx$$

$$=\frac{1}{2}\int \frac{d(x^2+2x+3)}{x^2+2x+3}-3\int \frac{1}{(x+1)^2+(\sqrt{2})^2}d(x+1)$$

$$=\frac{1}{2}\ln(x^2+2x+3)-\frac{2}{\sqrt{2}}\arctan\frac{x+1}{\sqrt{2}}+C.$$

例 5.4.6 求不定积分$\int \frac{2x+2}{(x-1)(x^2+1)^2}dx$.

解:先将真分式$\frac{2x+2}{(x-1)(x^2+1)^2}$化为最简形式,设

$$\frac{2x+2}{(x-1)(x^2+1)^2}=\frac{A}{x-1}+\frac{Bx+C}{(x^2+1)^2}+\frac{Dx+E}{x^2+1},$$

将该等式右边通分并比较等式两端的分子可得

$$2x+2=A(x^2+1)^2+(Bx+C)(x-1)+(Dx+E)(x-1)(x^2+1),$$

令 $x=1$,得 $A=1$. 比较同次幂的系数可得方程组

$$\begin{cases}D+1=0\\E-D=0\\B+D-E+2=0\\C-B-D+E=2\end{cases},$$

解得

$$A=1,B=-2,C=0,D=-1,E=-1,$$

于是

$$\frac{2x+2}{(x-1)(x^2+1)^2}=\frac{1}{x-1}-\frac{2x}{(x^2+1)^2}-\frac{x-1}{x^2+1}.$$

所以

$$\int \frac{2x+2}{(x-1)(x^2+1)^2}dx=\int \left[\frac{1}{x-1}-\frac{2x}{(x^2+1)^2}-\frac{x-1}{x^2+1}\right]dx$$

$$=\int \frac{1}{x-1}dx-\int \frac{2x}{(x^2+1)^2}dx-\int \frac{x-1}{x^2+1}dx$$

$$=\ln|x-1|+\frac{1}{x^2+1}-\frac{1}{2}\ln(x^2+1)-\arctan x+C$$

$$=\ln\frac{|x-1|}{\sqrt{x^2+1}}+\frac{1}{x^2+1}-\arctan x+C.$$

第 6 章　一元函数定积分

本章将讨论积分学的另一个基本问题——定积分问题.定积分起源于求图形的面积和体积等实际问题.古希腊的阿基米德用“穷竭法”，我国的刘徽用“割圆术”，他们都曾计算过一些几何图形的面积，这些均为定积分的雏形.直到 17 世纪中叶，牛顿和莱布尼茨先后提出了定积分的概念，并发现了积分和微分之间的内在联系，给出了计算定积分的一般方法，从而才使定积分成为解决有关实际问题的有力工具，并使各自独立的微分学与积分学联系在一起，构成完整的理论体系——微积分学.

6.1　定积分的概念

定义 6.1.1　设函数 $y=f(x)$ 在区间 $[a,b]$ 上有界，在区间 $[a,b]$ 中任意插入 $n-1$ 个分点

$$a=x_0<x_1<x_2<\cdots<x_{i-1}<x_i<\cdots<x_{n-1}<x_n=b,$$

把区间分为 n 个小区间

$$[x_0,x_1],[x_1,x_2],\cdots,[x_{i-1},x_i],\cdots,[x_{n-1},x_n],$$

记小区间 $[x_{i-1},x_i]$ 的长度为

$$\Delta x_i=x_i-x_{i-1}(i=1,2,\cdots,n).$$

在每个小区间 $[x_{i-1},x_i]$ 上任取一点 $\xi_i(x_{i-1}\leqslant\xi_i\leqslant x_i)$，作乘积的和式

$$S=\sum_{i=1}^{n}f(\xi_i)\Delta x_i.$$

如果不论对区间 $[a,b]$ 采取何种分法及 ξ_i 如何选取，当最大区间长度 $\lambda\to 0$ 时，和式 S 的极限 I 存在，则称此极限 I 为函数 $f(x)$ 在区间 $[a,b]$ 上的定积分，记作 $\int_a^b f(x)\mathrm{d}x$，即

$$\int_a^b f(x)\mathrm{d}x=I=\lim_{\lambda\to 0}\sum_{i=1}^{n}f(\xi_i)\Delta x_i.$$

其中，“$\int$”称为积分号，$f(x)$ 称为被积函数，$f(x)\mathrm{d}x$ 称为被积表达式，x 称

为积分变量，a 与 b 分别称为积分的上限与下限，$[a,b]$ 称为积分区间.

关于定积分，还要做以下几点说明：

(1) 定积分 $\int_a^b f(x)\mathrm{d}x$ 是积分和式的极限，只要存在的话，一定是一个常数值，它的大小与被积函数 $f(x)$ 有关，与积分区间 $[a,b]$ 的长度有关，而与积分变量的选取无关，即：如果不改变被积函数的对应关系 f，同时也不改变积分区间 $[a,b]$，仅改变积分变量的话，那么这个值是不会改变的，所以有

$$\int_a^b f(x)\mathrm{d}x = \int_a^b f(t)\,\mathrm{d}t = \int_a^b f(\theta)\,\mathrm{d}\theta = \int_a^b f(u)\,\mathrm{d}u = \cdots.$$

(2) 在定积分的定义中，a 与 b 的关系是 $a<b$，如果 $a>b$ 或 $a=b$，没有定义 $\int_a^b f(x)\mathrm{d}x$ 的意义，为了以后应用的方便，规定：

当 $a>b$ 时，$\int_a^b f(x)\mathrm{d}x = -\int_b^a f(x)\mathrm{d}x$，

当 $a=b$ 时，$\int_a^b f(x)\mathrm{d}x = 0$.

如果函数 $f(x)$ 在区间 $[a,b]$ 上的定积分存在，则称 $f(x)$ 在 $[a,b]$ 上可积.那么，在什么条件下，$f(x)$ 在 $[a,b]$ 上一定可积呢？我们有如下两条定积分存在定理：

定理 6.1.1　函数 $f(x)$ 在区间 $[a,b]$ 上连续，则 $f(x)$ 在区间 $[a,b]$ 上可积.

定理 6.1.2　函数 $f(x)$ 在区间 $[a,b]$ 上有界，并且只有有限个第一类间断点，则 $f(x)$ 在区间 $[a,b]$ 上可积.

例 6.1.1　利用定义计算定积分 $\int_0^1 x^3\mathrm{d}x$.

解：因为 $f(x)=x^3$ 在积分区间 $[0,1]$ 上连续，所以 $\int_0^1 x^3\mathrm{d}x$ 存在，又因为定积分与区间 $[0,1]$ 的分割(任意) 及点 ξ_i 的取法(任意) 都是无关的，为了便与计算，不妨把区间 $[0,1]$ 分成 n 等分，分点为 $x_i=\dfrac{i}{n}(i=1,2,\cdots,n-1)$，每个小区间 $[x_{i-1},x_i]$ 的长度为 $\Delta x_i=\dfrac{1}{n}(i=1,2,\cdots,n)$，取 $\xi_i=x_i(i=1,2,\cdots,n)$，于是有

$$\begin{aligned}\sum_{i=1}^{n} f(\xi_i)\,\Delta x_i &= \sum_{i=1}^{n}\xi_i^3\,\Delta x_i = \sum_{i=1}^{n} x_i^3\,\Delta x_i \\ &= \sum_{i=1}^{n}\left(\frac{i}{n}\right)^3\frac{1}{n} = \frac{1}{n^4}\sum_{i=1}^{n} i^3\end{aligned}$$

$$=\frac{1}{n^4}\cdot\frac{1}{4}n^2(n+1)^2=\frac{1}{4}\left(1+\frac{1}{n}\right)^2.$$

故

$$\int_0^1 x^3\,\mathrm{d}x=\lim_{\lambda\to 0}\sum_{i=1}^{n}f(\xi_i)\Delta x_i=\lim_{\lambda\to 0}\sum_{i=1}^{n}\xi_i^3\Delta x_i$$
$$=\lim_{n\to\infty}\frac{1}{4}\left(1+\frac{1}{n}\right)^2=\frac{1}{4}.$$

本例中,对于任意一个确定的自然数 n 来说,积分和 $\sum_{i=1}^{n}f(\xi_i)\Delta x_i=\frac{1}{4}\left(1+\frac{1}{n}\right)^2$ 是定积分$\int_0^1 x^3\,\mathrm{d}x$ 的近似值.通常,n 值取得越大,近似精度就越高.

6.2 可积条件和定积分的性质

6.2.1 可积条件

6.2.1.1 可积的必要条件

定理 6.2.1 若函数 f 在$[a,b]$上可积,则 f 在$[a,b]$上必定有界.

证明:用反证法,若 f 在$[a,b]$上无界,则对于$[a,b]$的任一分割 T,必存在属于 T 的某个小区间 Δk,f 在 Δk 上无界,在 $i\neq k$ 的各个小区间 Δk 上任意取定 ξ_i,并记

$$G=\left|\sum_{i=k}f(\xi_i)\Delta x_i\right|.$$

现对任意大的正数 M,由于 f 在 Δk 上无界,故存在 $\xi_k\in\Delta_k$,使得

$$|f(\xi_k)|>\frac{M+G}{\Delta x_k}.$$

于是有

$$\left|\sum_{i=k}^{n}f(\xi_i)\Delta_i\right|\geqslant\left|f(\xi_k)\right|-\left|\sum_{i\neq k}f(\xi_i)\Delta x_i\right|>\frac{M+G}{\Delta x_k}\cdot\Delta x_k-C=M.$$

由此可见,对于无论多小的$\|T\|$,按上述方法选取点集$\{\xi_i\}$时,总能使积分和的绝对值大于任何预先给出的正数,这与 f 在$[a,b]$上可积相矛盾.

这个定理指出，任何可积函数一定是有界的；但要注意，有界函数却不一定可积.

6.2.1.2　可积的充要条件

要判断一个函数是否可积，固然可以根据定义直接考察积分和是否能无限接近某一常数，但由于积分和的复杂性和那个常数不易预知，因此这是极其困难的，下面即将给出的可积准则只与被积函数本身有关，而不涉及定积分的值.

设 $T=\{\Delta_i \mid i=1,2,\cdots,n\}$ 为对 $[a,b]$ 的任一分割. 由 f 在 $[a,b]$ 上有界，它在每个 Δ_i 上存在上、下界：

$$M_i=\sup_{s\in\Delta_i}f(x),m_i=\inf_{s\in\Delta_i}f(x),i=1,2,\cdots,n.$$

作和

$$S(T)=\sum_{i=1}^{n}M_i\Delta x_i,s(T)=\sum_{i=1}^{n}m_i\Delta x_i.$$

分别称为 f 关于分割 T 的上和与下和（或称达布上和与达布下和，统称达布和）. 任给 $\xi_i\in\Delta_i,i=1,2,\cdots,n$，显然有

$$s(T)\leqslant\sum_{i=1}^{n}f(\xi_i)\Delta x_i\leqslant S(T).\tag{6-2-1}$$

与积分和相比较，达布和只与分割 T 有关系，而与点集 $\{\xi_i\}$ 无关. 由不等式(6-2-1)，就能通过讨论上和与下和当 $\|T\|\to0$ 时的极限来揭示 f 在 $[a,b]$ 上是否可积. 所以，可积性理论总是从讨论上和与下和的性质入手的.

定理 6.2.2(可积准则)　函数 f 在 $[a,b]$ 上可积的充要条件是：任给 $\varepsilon>0$，总存在相应的一个分割 T，使得

$$S(T)-s(T)<\varepsilon.\tag{6-2-2}$$

设 $\omega_i=M_i-m_i$，称为 f 在 Δ_i 上的振幅，有必要时也记为 ω_i^f. 由于

$$S(T)-s(T)=\sum_{i=1}^{n}\omega_i\Delta x_i\left(\text{或记作}\sum_{T}\omega_i\Delta x_i\right),$$

因此可积准则又可改述如下：

定理 6.2.3　函数 f 在 $[a,b]$ 上可积的充要条件是：任给 $\varepsilon>0$，总存在相应的某一分割 T，使得

$$\sum_{T}\omega_i\Delta x_i<\varepsilon.\tag{6-2-3}$$

不等式(6-2-2)或(6-2-3)的几何意义是：若 f 在 $[a,b]$ 上可积，则如图 6-2-1 所示中包围曲线 $y=f(x)$ 的一系列小矩形面积之和可以达到任意小，只要分割充分地细；反之亦然.

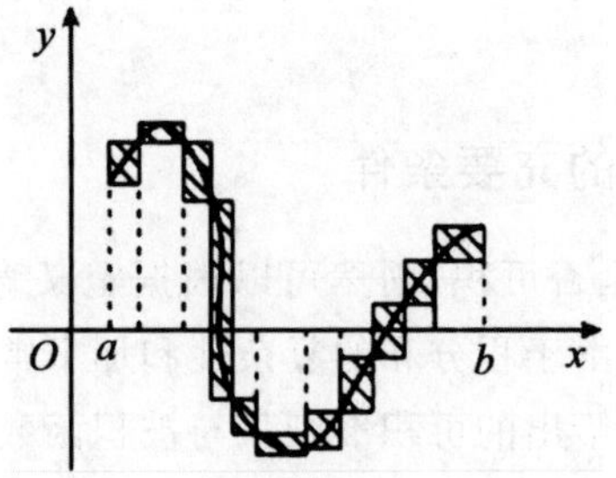

图 6-2-1

6.2.2 定积分的基本性质

为了理论与计算的需要，我们介绍定积分的基本性质，在下面的讨论中，均假定定积分在区间$[a,b]$上可积.

性质 6.2.1 被积函数的常数因子可以提到积分号的外面，即

$$\int_a^b kf(x)\mathrm{d}x=k\int_a^b f(x)\mathrm{d}x(k\text{ 为常数}).$$

证明：

$$\int_a^b kf(x)\mathrm{d}x=\lim_{\lambda\to 0}\sum_{i=1}^{n}kf(\xi_i)\Delta x_i=\lim_{\lambda\to 0}k\sum_{i=1}^{n}f(\xi_i)\Delta x_i$$

$$=k\lim_{\lambda\to 0}\sum_{i=1}^{n}f(\xi_i)\Delta x_i=k\int_a^b f(x)\mathrm{d}x.$$

性质 6.2.2 两个函数和(差)的定积分等于它们定积分的和(差)，即

$$\int_a^b[f(x)\pm g(x)]\mathrm{d}x=\int_a^b f(x)\mathrm{d}x\pm\int_a^b g(x)\mathrm{d}x.$$

证明：

$$\int_a^b[f(x)\pm g(x)]\mathrm{d}x=\lim_{\lambda\to 0}\sum_{i=1}^{n}[f(\xi_i)\pm g(\xi_i)]\Delta x_i$$

$$=\lim_{\lambda\to 0}\sum_{i=1}^{n}[f(\xi_i)\Delta x_i\pm g(\xi_i)\Delta x_i]$$

$$=\lim_{\lambda\to 0}\sum_{i=1}^{n}f(\xi_i)\Delta x_i\pm\lim_{\lambda\to 0}\sum_{i=1}^{n}g(\xi_i)\Delta x_i$$

$$=\int_a^b f(x)\mathrm{d}x\pm\int_a^b g(x)\mathrm{d}x.$$

性质 6.2.3(积分区间的可加性) 对于任意三个实数 a,b,c，恒有

$$\int_a^b f(x)\mathrm{d}x=\int_a^c f(x)\mathrm{d}x+\int_c^b f(x)\mathrm{d}x.$$

证明:因为函数 $f(x)$在$[a,b]$上可积,所以不论怎样分割$[a,b]$,积分和的极限总是不变的.因此,我们分区间时,选 c 为一分点,那么,$[a,b]$上的积分和等于$[a,c]$上的积分和加上$[c,b]$上的积分和,即

$$\sum_{[a,b]} f(\xi_i)\Delta x_i = \sum_{[a,c]} f(\xi'_i)\Delta x_i + \sum_{[c,b]} f(\xi''_i)\Delta x_i.$$

当 $\lambda\to 0$ 时,上式两端取极限,得

$$\int_a^b f(x)\mathrm{d}x = \int_a^c f(x)\mathrm{d}x + \int_c^b f(x)\mathrm{d}x.$$

不论 a,b,c 的相对位置如何,总有

$$\int_a^b f(x)\mathrm{d}x = \int_a^c f(x)\mathrm{d}x + \int_c^b f(x)\mathrm{d}x.$$

事实上,假设 $a<b<c$ 时,由于

$$\int_a^c f(x)\mathrm{d}x = \int_a^b f(x)\mathrm{d}x + \int_b^c f(x)\mathrm{d}x,$$

所以

$$\int_a^b f(x)\mathrm{d}x = \int_a^c f(x)\mathrm{d}x - \int_b^c f(x)\mathrm{d}x = \int_a^c f(x)\mathrm{d}x + \int_c^b f(x)\mathrm{d}x.$$

性质 6.2.4　若 $f(x)=k$(k 为常数),则

$$\int_a^b f(x)\mathrm{d}x = \int_a^b k\,\mathrm{d}x = k(b-a),$$

特别地,当 $k=1$ 时,有

$$\int_a^b 1\mathrm{d}x = \int_a^b \mathrm{d}x = b-a.$$

性质 6.2.5　若在区间$[a,b]$上,有 $f(x)\geqslant g(x)$,则在区间$[a,b]$上必有

$$\int_a^b f(x)\mathrm{d}x \geqslant \int_a^b g(x)\mathrm{d}x.$$

证明:

$$\int_a^b f(x)\mathrm{d}x - \int_a^b g(x)\mathrm{d}x = \int_a^b [f(x)-g(x)]\mathrm{d}x$$

$$= \lim_{\lambda\to 0}\sum_{i=1}^{n}[f(\xi_i)-g(\xi_i)]\Delta x_i.$$

由于 $f(x_i)\geqslant g(x_i)$,$\Delta x_i\geqslant 0(i=1,2,\cdots,n)$,所以

$$\int_a^b f(x)\mathrm{d}x - \int_a^b g(x)\mathrm{d}x \geqslant 0.$$

即

$$\int_a^b f(x)\mathrm{d}x \geqslant \int_a^b g(x)\mathrm{d}x.$$

性质 6.2.6 设 M 和 m 分别是 $f(x)$ 在区间 $[a,b]$ 上的最大值与最小值，则

$$m(b-a) \leqslant \int_a^b f(x)\mathrm{d}x \leqslant M(b-a)\ (a<b).$$

证明: 因 $m \leqslant f(x) \leqslant M$，有

$$\int_a^b m\mathrm{d}x \leqslant \int_a^b f(x)\mathrm{d}x \leqslant \int_a^b M\mathrm{d}x,$$

由性质 6.2.1 和性质 6.2.2 得

$$m(b-a) \leqslant \int_a^b f(x)\mathrm{d}x \leqslant M(b-a).$$

性质 6.2.6 常用于估计积分值的大致范围.

性质 6.2.7(积分中值定理) 如果函数 $f(x)$ 在闭区间 $[a,b]$ 上连续，则在 $[a,b]$ 上至少有一点 ξ，使下式成立

$$\int_a^b f(x)\mathrm{d}x = f(\xi)(b-a)\ (a \leqslant \xi \leqslant b),$$

这个公式称为积分中值公式.

证明: 因为 $f(x)$ 在闭区间 $[a,b]$ 上连续，所以 $f(x)$ 在 $[a,b]$ 上取得最大值 M 和最小值 m，由性质 6.2.6

$$m(b-a) \leqslant \int_a^b f(x)\mathrm{d}x \leqslant M(b-a)\ (a<b),$$

即

$$m \leqslant \frac{1}{b-a}\int_a^b f(x)\mathrm{d}x \leqslant M.$$

由闭区间上连续函数的介值定理可知，在 $[a,b]$ 内至少存在一点 ξ，使得

$$f(\xi) = \frac{1}{b-a}\int_a^b f(x)\mathrm{d}x\ (a \leqslant \xi \leqslant b),$$

即

$$\int_a^b f(x)\mathrm{d}x = f(\xi)(b-a).$$

易知 $\int_a^b f(x)\mathrm{d}x = f(\xi)(b-a)$（$\xi$ 介于 a,b 之间）对于 $a>b$ 或 $a<b$ 都成立.

积分中值定理有明显的几何意义：在 $[a,b]$ 上至少存在一点 ξ，使得以 $[a,b]$ 为底边、高为 $f(\xi)$ 的一个矩形的面积等于以 $[a,b]$ 为底边，以曲线 $y=f(x)$ 为曲边的曲边梯形的面积（图 6-2-2）.

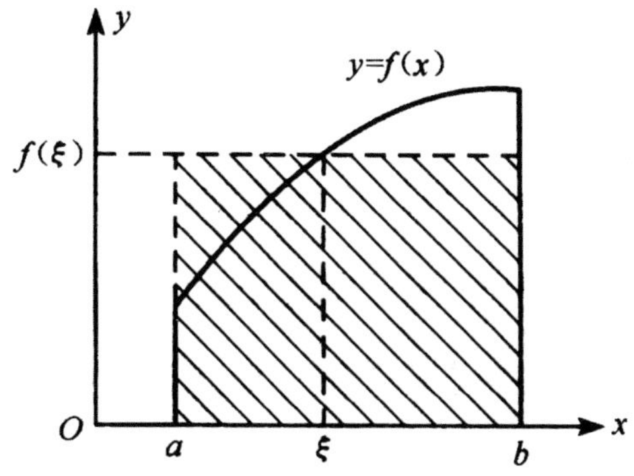

图 6-2-2

从几何的角度容易看出，数值 $\mu=\dfrac{1}{b-a}\int_a^b f(x)\mathrm{d}x$ 表示连续曲线 $y=f(x)$ 在 $[a,b]$ 上的平均高度，也就是函数 $f(x)$ 在 $[a,b]$ 上的平均值，这是有限个数的平均值概念的推广.

6.3　定积分的基本公式

6.3.1　积分上限函数

首先，我们来考察一类新型的函数——积分上限的函数.

设函数 $y=f(x)$ 在闭区间 $[a,b]$ 上连续，那么，对于任意的 $x\in[a,b]$，函数 $y=f(x)$ 在区间 $[a,x]$ 上仍然连续，从而定积分 $\int_a^x f(x)\mathrm{d}x$ 存在.为了避免积分变量 x 与积分上限 x 的混淆，根据积分值与积分变量的选取无关，我们用 t 代替积分变量 x，于是定积分 $\int_a^x f(x)\mathrm{d}x$ 可写成 $\int_a^x f(t)\,\mathrm{d}t$.通过定积分的定义可知，定积分表示的是一个数值，这个值只取决于被积函数和积分区间.故而，对于积分区间 $[a,b]$ 上的任意一个 x 值，按 $\int_a^x f(t)\,\mathrm{d}t$ 就有一个积分值与之对应，因此 $\int_a^x f(t)\,\mathrm{d}t$ 可以看作是积分上限 x 的函数，我们称其为变上限函数，记作 $\Phi(x)$，即有

$$\Phi(x)=\int_a^x f(t)\,\mathrm{d}t.$$

如图 6-3-1 所示,$\Phi(x)$的几何意义是右侧直线可移动的曲边梯形的面积.曲边梯形的面积 $\Phi(x)$随 x 位置的变动而改变,当 x 给定后,面积 $\Phi(x)$就随之而定.

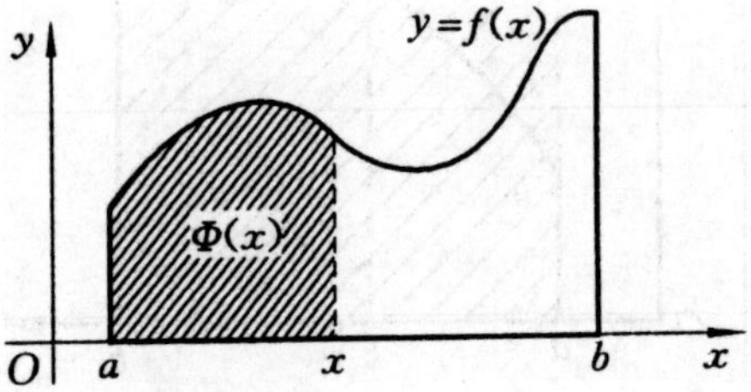

图 6-3-1

关于积分上限函数,有如下重要结论:

定理 6.3.1(微积分基本定理) 如果函数 $y=f(x)$在区间$[a,b]$上连续,则积分上限的函数

$$\Phi(x)=\int_a^x f(t)\,dt$$

在区间$[a,b]$上具有导数,且它的导数是

$$\Phi'(x)=\frac{d}{dx}\int_a^x f(t)\,dt=f(x)\,(a\leqslant x\leqslant b).$$

证明:利用导数的定义来证明此结论.

若 $x\in(a,b)$,且 $x+\Delta x\in(a,b)$,则对应的函数值的增量

$$\Delta\Phi=\Phi(x+\Delta x)-\Phi(x)=\int_a^{x+\Delta x}f(t)dt-\int_a^x f(t)dt=\int_x^{x+\Delta x}f(t)dt.$$

由积分中值定理可知,一定存在介于 x 与 $x+\Delta x$ 之间的值 ξ,使得

$$\int_x^{x+\Delta x}f(t)\,dt=f(\xi)\,\Delta x,$$

所以

$$\lim_{\Delta x\to 0}\frac{\Delta\Phi}{\Delta x}=\lim_{\Delta x\to 0}f(\xi)=\lim_{\xi\to x}f(\xi)=f(x),$$

即

$$\Phi'(x)=f(x).$$

当 $x=a$ 时,取 $\Delta x>0$,同理可证 $\Phi'_+(x)=f(x)$;当 $x=b$ 时,取 $\Delta x<0$,同理可证 $\Phi'_-(x)=f(x)$.综上所述,

$$\Phi'(x)=\frac{d}{dx}\int_a^x f(t)\,dt=f(x)\,(a\leqslant x\leqslant b).$$

通过定理 6.3.1 可以推知,连续函数 $f(x)$取变上限 x 的定积分后求

导，其结果还是 $f(x)$.联想到原函数的定义，就可以从定理 6.3.1 推知连续函数 $f(x)$的积分上限函数 $\Phi(x)$是该连续函数 $f(x)$的一个原函数.因此，我们引出如下的原函数的存在定理.

定理 6.3.2　如果函数 $f(x)$ 在区间 $[a,b]$ 上连续，则函数 $\Phi(x)=\int_a^x f(t)\,\mathrm{d}t$ 就是 $f(x)$ 在 $[a,b]$ 上的一个原函数.

这个定理具有极其重要的意义，一方面它肯定了任何一个连续函数都存在原函数，另一方面初步地揭示了积分学中定积分与原函数之间的联系.

利用复合函数的求导法则，可以进一步得到下列公式：

$$\frac{\mathrm{d}}{\mathrm{d}x}\left[\int_a^{\varphi(x)} f(t)\,\mathrm{d}t\right]=f[\varphi(x)]\cdot\varphi'(x),$$

$$\frac{\mathrm{d}}{\mathrm{d}x}\int_{a(x)}^{b(x)} f(t)\,\mathrm{d}t=f[b(x)]\cdot b'(x)-f[a(x)]\cdot a'(x).$$

读者可以自行证明.

例 6.3.1　设 $y=\int_0^x \cos^2 t\,\mathrm{d}t$，求 $y'\left(\frac{\pi}{4}\right)$.

解：因为

$$y'=\frac{\mathrm{d}}{\mathrm{d}x}\int_0^x \cos^2 t\,\mathrm{d}t=\cos^2 x,$$

所以有

$$y'\left(\frac{\pi}{4}\right)=\cos^2\left(\frac{\pi}{4}\right)=\frac{1}{2}.$$

例 6.3.2　求 $\int_0^{x^2} \sin\sqrt{t}\,\mathrm{d}t\ (x>0)$ 对变量 x 的导数.

解：这是复合函数求导问题，定积分是上限 x^2 的函数，x^2 又是 x 的函数.利用复合函数求导法则和定理 6.3.1 可得

$$\left(\int_0^{x^2} \sin\sqrt{t}\,\mathrm{d}t\right)'=\sin\sqrt{x^2}\cdot(x^2)'=2x\sin\sqrt{x^2},$$

又因为 $x>0$，所以

$$\left(\int_0^{x^2} \sin\sqrt{t}\,\mathrm{d}t\right)'=2x\sin x.$$

例 6.3.3　设函数 $y=y(x)$ 由方程 $\int_0^{y^2} \mathrm{e}^{t^2}\,\mathrm{d}t+\int_x^0 \sin t\,\mathrm{d}t=0$ 所确定，求 $\frac{\mathrm{d}y}{\mathrm{d}x}$.

解:方程两边同时对 x 求导,即有

$$\frac{\mathrm{d}}{\mathrm{d}x}\int_0^{y^2}\mathrm{e}^{t^2}\mathrm{d}t+\frac{\mathrm{d}}{\mathrm{d}x}\int_x^0\sin t\,\mathrm{d}t=0,$$

于是

$$\frac{\mathrm{d}}{\mathrm{d}y}\int_0^{y^2}\mathrm{e}^{t^2}\mathrm{d}t\cdot\frac{\mathrm{d}y}{\mathrm{d}x}+\frac{\mathrm{d}}{\mathrm{d}x}\int_x^0\sin t\,\mathrm{d}t=0,$$

即有

$$\mathrm{e}^{y^4}\cdot(2y)\cdot\frac{\mathrm{d}y}{\mathrm{d}x}+(-\sin x)=0,$$

所以

$$\frac{\mathrm{d}y}{\mathrm{d}x}=\frac{\sin x}{2y\mathrm{e}^{y^4}}.$$

例 6.3.4 计算极限$\lim\limits_{x\to0}\dfrac{1}{x\sin x}\displaystyle\int_0^{x^2}\mathrm{e}^{2t}\mathrm{d}t$.

解:这是一个$\dfrac{0}{0}$型未定式,应用洛必达法则并做等价无穷小替换得

$$\begin{aligned}\lim_{x\to0}\frac{1}{x\sin x}\int_0^{x^2}\mathrm{e}^{2t}\mathrm{d}t&=\lim_{x\to0}\frac{\int_0^{x^2}\mathrm{e}^{2t}\mathrm{d}t}{x^2}\\&=\lim_{x\to0}\frac{2x\mathrm{e}^{2x^2}}{2x}=\lim_{x\to0}\mathrm{e}^{2x^2}\\&=1.\end{aligned}$$

6.3.2 牛顿-莱布尼茨公式

尽管从定义上看,不定积分与定积分之间似乎没有联系,但是定理 6.3.1 揭示了定积分与原函数之间的关系,这不禁让我们对定积分与不定积分之间的关系产生联想.下面的定理就揭示了二者之间的联系.

定理 6.3.3 若函数 $F(x)$为连续函数 $f(x)$在区间$[a,b]$上的一个原函数,则有

$$\int_a^b f(x)\mathrm{d}x=F(b)-F(a).\tag{6-3-1}$$

证明:已知函数 $F(x)$ 为连续函数 $f(x)$ 的一个原函数,根据定理 6.3.1 可知,积分上限函数 $\Phi(x)=\int_a^x f(t)\mathrm{d}t$ 也是连续函数 $f(x)$ 的一个原函数,因此

$$F(x)-\Phi(x)=C, x\in[a,b]. \tag{6-3-2}$$

在式(6-3-2)中令 $x=a$，可得

$$F(a)-\Phi(a)=C.$$

而

$$\Phi(a)=\int_a^a f(t)\,\mathrm{d}t=0,$$

所以 $F(a)=C$，因此有

$$\int_a^x f(t)\,\mathrm{d}t=F(x)-F(a).$$

在式(6-3-2)中再令 $x=b$，则可得

$$\int_a^b f(x)\mathrm{d}x=F(b)-F(a).$$

式(6-3-1)称作牛顿-莱布尼茨公式，也称作微积分基本公式，是微积分中的一个重要基本公式，它表明连续函数 $f(x)$ 在区间 $[a,b]$ 上的定积分等于它的任意一个原函数在区间 $[a,b]$ 上的增量，为不定积分与定积分之间架起了桥梁，是计算定积分十分有效的方法.式(6-3-1)也常记作

$$\int_a^b f(x)\mathrm{d}x=F(x)\Big|_a^b=F(b)-F(a).$$

例 6.3.5　求定积分 $\int_{\frac{1}{4}}^{\frac{3}{4}}\frac{1}{\sqrt{x(1-x)}}\mathrm{d}x$.

解：易得

$$\begin{aligned}\int_{\frac{1}{4}}^{\frac{3}{4}}\frac{1}{\sqrt{x(1-x)}}\mathrm{d}x&=\int_{\frac{1}{4}}^{\frac{3}{4}}\frac{1}{\sqrt{1-x}}\frac{1}{\sqrt{x}}\mathrm{d}x=2\int_{\frac{1}{4}}^{\frac{3}{4}}\frac{1}{\sqrt{1-(\sqrt{x})^2}}\mathrm{d}(\sqrt{x})\\&=2\arcsin\sqrt{x}\Big|_{\frac{1}{4}}^{\frac{3}{4}}=2\left(\arcsin\frac{\sqrt{3}}{2}-\arcsin\frac{1}{2}\right)\\&=\frac{\pi}{3}.\end{aligned}$$

例 6.3.6　求定积分 $\int_0^{\frac{\pi}{2}}\sin 2x\,\mathrm{d}x$.

解：由于 $-\frac{1}{2}\cos 2x$ 是 $\sin 2x$ 的一个原函数，所以

$$\int_0^{\frac{\pi}{2}}\sin 2x\,\mathrm{d}x=\left(-\frac{1}{2}\cos 2x\right)\Big|_0^{\frac{\pi}{2}}=\frac{1}{2}(\cos 0-\cos\pi)=1.$$

例 6.3.7　求定积分 $\int_1^{\mathrm{e}}\frac{\ln x}{x}\mathrm{d}x$.

解:易得

$$\int_1^e \frac{\ln x}{x} dx = \int_1^e (\ln x) d(\ln x) = \frac{1}{2}(\ln x)^2 \Big|_1^e = \frac{1}{2}.$$

例 6.3.8 求定积分$\int_{-1}^3 |2-x| dx$.

解:因为

$$|2-x| = \begin{cases} 2-x, x \leqslant 2 \\ x-2, x > 2 \end{cases},$$

所以根据定积分可加性,可得

$$\int_{-1}^3 |2-x| dx = \int_{-1}^2 (2-x) dx + \int_2^3 (x-2) dx$$

$$= \left(2x - \frac{1}{2}x^2\right) \Big|_{-1}^2 + \left(\frac{1}{2}x^2 - 2x\right) \Big|_2^3$$

$$= \left(4 + \frac{1}{2}\right) + \left(\frac{9}{2} - 4\right) = 5.$$

例 6.3.9 如图 6-3-2 所示,计算$[0,1]$上以 $y = \frac{e^x + e^{-x}}{2}$为曲边的曲边梯形的面积.

解:由定积分的几何意义知,所求面积为

$$A = \int_0^1 \frac{e^x + e^{-x}}{2} dx = \frac{1}{2}\int_0^1 e^x dx + \frac{1}{2}\int_0^1 e^{-x} dx$$

$$= \frac{1}{2}(e^x) \Big|_0^1 + \frac{1}{2}(-e^{-x}) \Big|_0^1$$

$$= \frac{1}{2}(e^1 - e^{-1}).$$

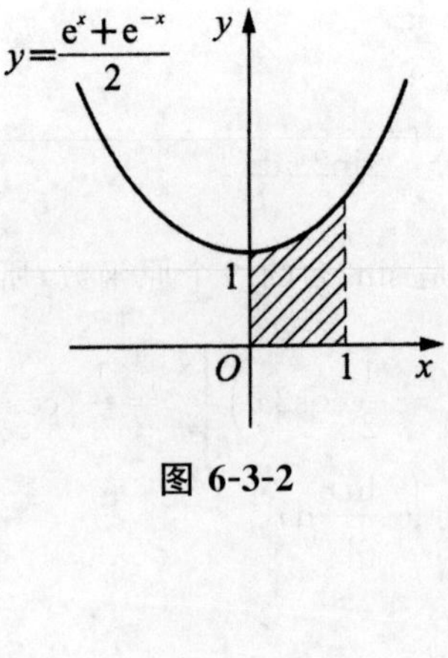

图 6-3-2

6.4　定积分的应用

6.4.1　平面图形的面积

6.4.1.1　直角坐标情形

(1)由连续曲线 $y=f_1(x)$,$y=f_2(x)$,及直线 $x=a$,$x=b$ 所围成的图形,如图 6-4-1,图 6-4-2 所示,这块图形的面积为

$$S=\int_a^b |f_1(x)-f_2(x)|\mathrm{d}x.$$

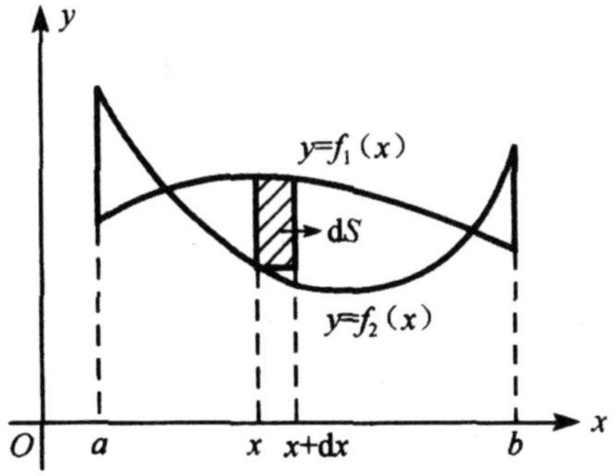

图 6-4-1

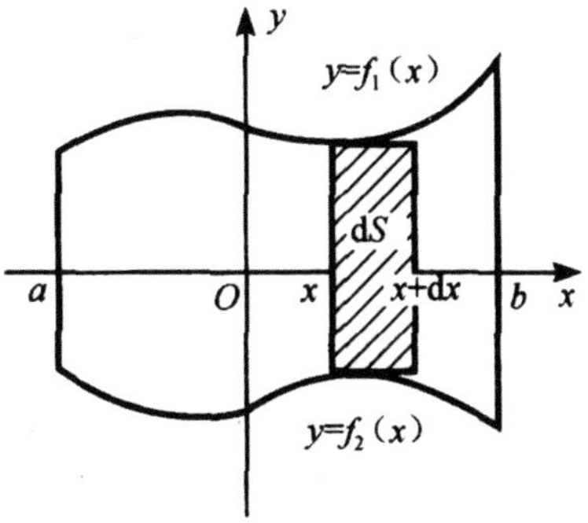

图 6-4-2

事实上,在$[a,b]$上任取一个小区间$[x,x+\mathrm{d}x]$,则面积 S 的增量 ΔS 可近似为小矩形面积

$$\Delta S\approx|f_1(x)-f_2(x)|\mathrm{d}x.$$

即面积微元

$$\mathrm{d}S\approx|f_1(x)-f_2(x)|\mathrm{d}x.$$

于是所求的平面图形的面积为

$$S=\int_a^b |f_1(x)-f_2(x)|\mathrm{d}x.$$

(2)由曲线 $x=g_1(y)$,$x=g_2(y)$,及直线 $y=c$,$y=d$ 所围成的图形,如图 6-4-3 和图 6-4-4 所示,这块图形的面积是

$$S=\int_c^d |g_1(x)-g_2(x)|\mathrm{d}y.$$

推证同上.

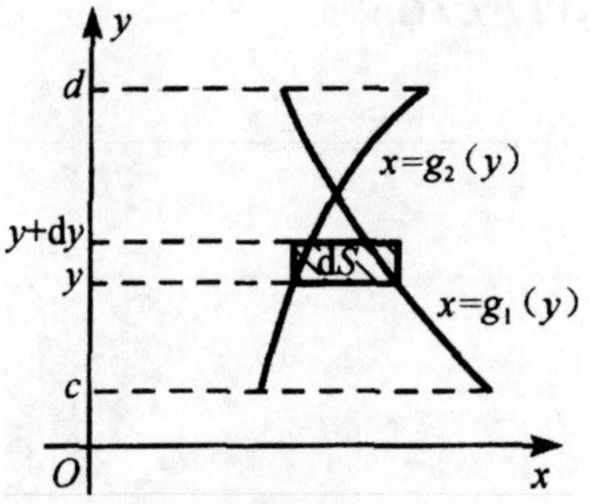

图 6-4-3

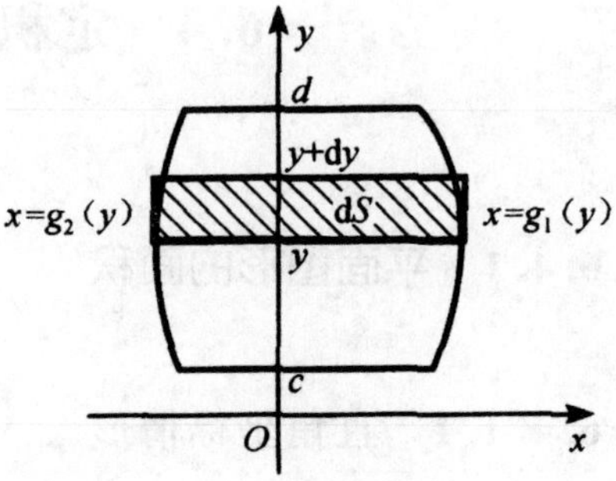

图 6-4-4

例 6.4.1 求椭圆$\frac{x^2}{a^2}+\frac{y^2}{b^2}=1$所围成的图形的面积(图 6-4-5).

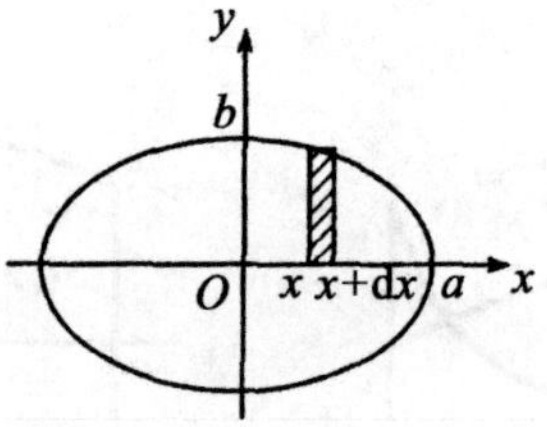

图 6-4-5

解:

方法一:由于椭圆关于 x,y 轴对称,所以

$$A=4A_1,A_1=\int_0^a y\mathrm{d}x,$$

其中 A_1 表示椭圆在第一象限所围图形的面积,$y\mathrm{d}x$ 为面积元素,故

$$\begin{aligned}A&=4\int_0^a y\mathrm{d}x=4\int_0^a \frac{b}{a}\sqrt{a^2-x^2}\,\mathrm{d}x\\&=\frac{4b}{a}\cdot\frac{1}{4}a^2\pi\\&=\pi ab.\end{aligned}$$

方法二:利用椭圆的参数方程

$$\begin{cases}x=a\cos t\\ y=b\sin t\end{cases},0\leqslant t\leqslant 2\pi.$$

得

$$
\begin{aligned}
A_1 &= \int_{\frac{\pi}{2}}^{0} b\sin t\,\mathrm{d}(a\cos t) = \int_{\frac{\pi}{2}}^{0} b\sin t\,(-a\sin t)\,\mathrm{d}t \\
&= ab\int_0^{\frac{\pi}{2}} \sin^2 t\,\mathrm{d}t = ab\int_0^{\frac{\pi}{2}} \frac{1-\cos 2t}{2}\mathrm{d}t \\
&= \frac{1}{2}ab\left[t - \frac{1}{2}\sin 2t\right]_0^{\frac{\pi}{2}} \\
&= \frac{\pi}{4}ab.
\end{aligned}
$$

所以 $A = 4A_1 = \pi ab$.

当 $a=b$ 时，就是圆面积公式 $A=\pi a^2$.

6.4.1.2　极坐标情形

我们发现，有些平面图形用极坐标计算它们的面积比较方便.

设由曲线 $r=\varphi(\theta)$ 及射线 $\theta=\alpha$，$\theta=\beta$ 围成一图形（简称曲边扇形）.这里 $\varphi(\theta)$ 在 $[\alpha,\beta]$ 上连续且 $\varphi(\theta)\geqslant 0$（图 6-4-6）.

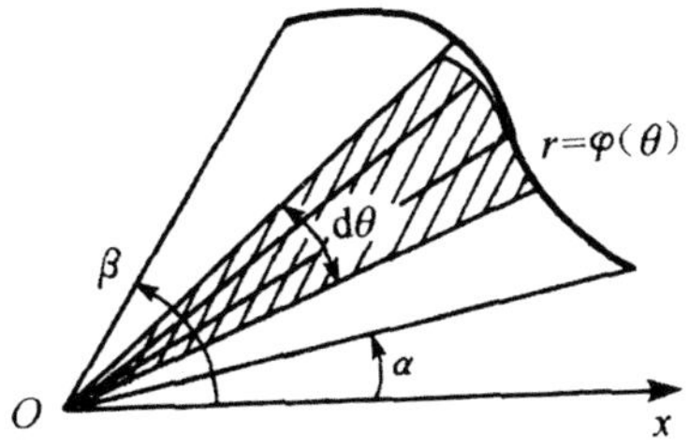

图 6-4-6

取极角 θ 为积分变量，它的变化区间为 $[\alpha,\beta]$，相应于任一小区间 $[\theta,\theta+\mathrm{d}\theta]$ 的窄曲边扇形的面积可以用半径为 $r=\varphi(\theta)$，中心角为 $\mathrm{d}\theta$ 的扇形面积来近似代替.从而得到这窄曲边扇形面积的近似值，即曲边扇形的面积元素

$$\mathrm{d}A = \frac{1}{2}[\varphi(\theta)]^2\mathrm{d}\theta.$$

以 $\frac{1}{2}[\varphi(\theta)]^2\mathrm{d}\theta$ 为被积表达式，在闭区间 $[\alpha,\beta]$ 上作定积分，便得所求曲边扇形的面积为

$$A = \int_\alpha^\beta \frac{1}{2}[\varphi(\theta)]^2\mathrm{d}\theta.$$

例 6.4.2 求心形线 $r=a(1+\cos\theta)$ 所围图形的面积.

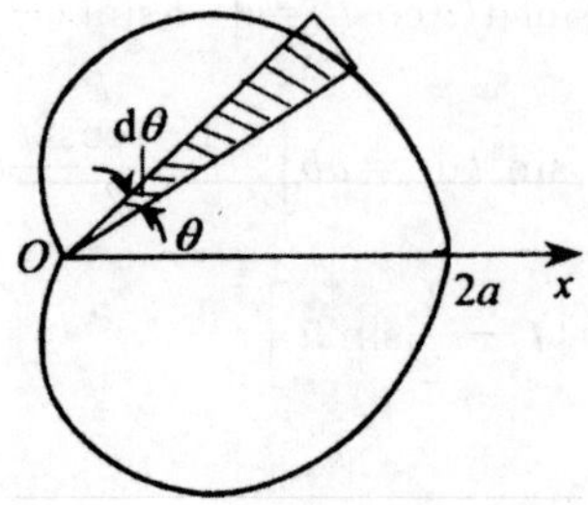

图 6-4-7

解:如图 6-4-7 所示,由于图形对称于极轴,故可先求极轴以上部分的面积 A_1,此时 θ 的变化区间为$[0,\pi]$,由以上公式得:

$$\begin{aligned}A&=2A_1=2\int_0^\pi \frac{1}{2}r^2(\theta)\,\mathrm{d}\theta\\&=2\int_0^\pi \frac{1}{2}[a(1+\cos\theta)]^2\mathrm{d}\theta\\&=a^2\int_0^\pi(1+2\cos\theta+\cos^2\theta)\,\mathrm{d}\theta\\&=a^2\int_0^\pi\left(\frac{3}{2}+2\cos\theta+\frac{1}{2}\cos2\theta\right)\mathrm{d}\theta\\&=a^2\left(\frac{3}{2}\theta+2\sin\theta+\frac{1}{4}\sin2\theta\right)\Bigg|_0^\pi\\&=\frac{3}{2}\pi a^2.\end{aligned}$$

由此可见,求面积的一般步骤为:画出图形→确定积分变量与积分区间→定出面积元素→计算定积分.

6.4.2 立体的体积

6.4.2.1 旋转体的体积

旋转体是由一个平面图形绕该平面内的一条定直线旋转一周而成的立体,这条直线叫作旋转轴.

下面我们考虑由曲线 $y=f(x)$ 与直线 $x=a$,$x=b$ 以及 x 轴所围成的曲边梯形绕 x 轴旋转而形成的旋转体体积的计算问题,如图 6-4-8 所示.

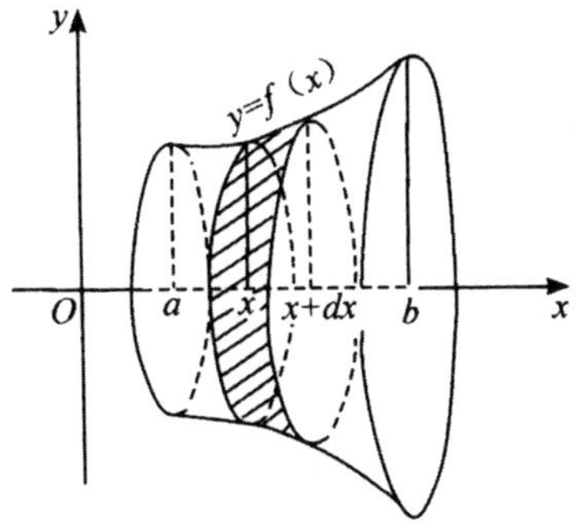

图 6-4-8

取 x 作为积分变量,它的变化区间是$[a,b]$.在$[a,b]$上任取一小区间$[x,x+\mathrm{d}x]$,我们用底半径为 $f(x)$、高为 $\mathrm{d}x$ 的圆柱体去代替$[x,x+\mathrm{d}x]$上以 $y=f(x)$为曲边的曲边梯形绕 x 轴旋转而形成的旋转体 ΔV,于是有

$$\Delta V\approx\pi[f(x)]^2\mathrm{d}x,$$

即体积元素为 $\mathrm{d}V\approx\pi[f(x)]^2\mathrm{d}x$,从而所求体积为

$$V=\int_a^b\pi f^2(x)\mathrm{d}x=\pi\int_a^b f^2(x)\mathrm{d}x.$$

类似地,由曲线 $x=\varphi(y)$与直线 $y=c$,$y=d$ 及 y 轴所围成的曲边梯形绕 y 轴旋转而形成的旋转体(图 6-4-9)的体积由下述公式给出:

$$V=\pi\int_c^d\varphi^2(y)\mathrm{d}y.$$

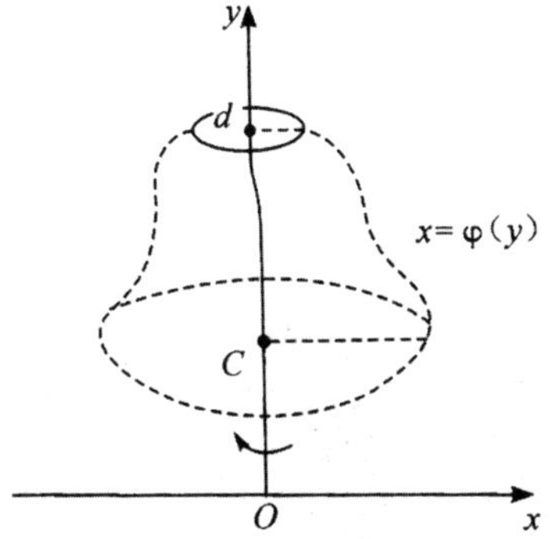

图 6-4-9

例 6.4.3　计算由椭圆$\dfrac{x^2}{a^2}+\dfrac{y^2}{b^2}=1$ 分别绕 x 轴及 y 轴所形成的旋转体的体积.

解:用 V_x 和 V_y 分别表示绕 x 轴、y 轴旋转所形成的立体之体积.用 $y=f(x)$表示上半椭圆曲线,有

$$f^2(x)=b^2\left(1-\frac{x^2}{a^2}\right)=\frac{b^2}{a^2}(a^2-x^2).$$

所以

$$\begin{aligned}V_x&=\pi\int_{-a}^{a}\frac{b^2}{a^2}(a^2-x^2)\,\mathrm{d}x\\&=\pi\frac{b^2}{a^2}\left[a^2x-\frac{1}{3}x^3\right]_{-a}^{a}\\&=\frac{4}{3}\pi ab^2.\end{aligned}$$

同理可得

$$V_y=\frac{4}{3}\pi a^2b.$$

由上面的结果可以推知半径为 a 的球体的体积 V,这时 $b=a$,所以

$$V=\frac{4}{3}\pi a^3.$$

6.4.2.2 平行截面为已知的立体的体积

设一立体位于 x 轴的二平面 $x=a$,$x=b$ 之间(图 6-4-10),过 x 点且垂直于 x 轴的截面面积为 $A(x)$,它是 x 的连续函数.取 x 为积分变量,积分区间为 $[a,b]$,任取 $[x,x+\mathrm{d}x]$,则在其上的薄片体积近似值为以 $A(x)$ 为底面,以 $\mathrm{d}x$ 为高的薄柱体的体积,即得此薄柱体的体积元素为

$$\mathrm{d}V=A(x)\mathrm{d}x.$$

因此,所求体积为

$$V=\int_a^b A(x)\mathrm{d}x.$$

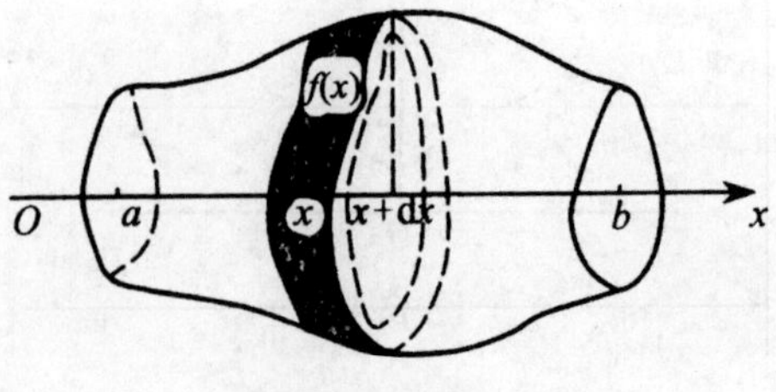

图 6-4-10

特别地，由曲线 $y=f(x)$，$x=a$，$x=b$ 及 $y=0$ 所围成的图形，绕 x 轴旋转一周所得的旋转体的体积(图 6-4-11)为

$$V(x)=\pi\int_a^b [f(x)]^2 \mathrm{d}x.$$

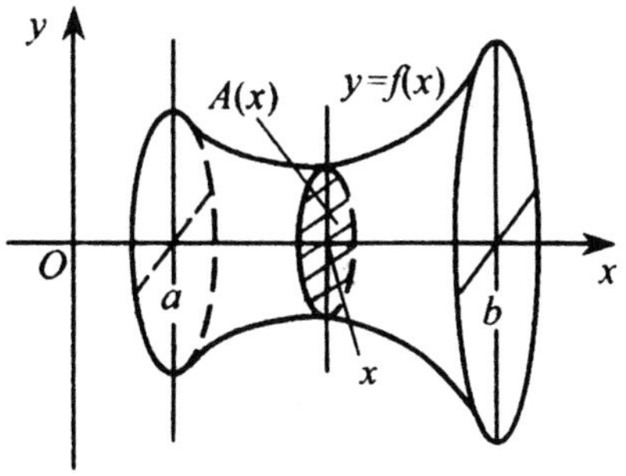

图 6-4-11

例 6.4.4　设有底圆半径为 R 的圆柱，被与圆柱面交成 α 角，且过底圆直径的平面所截，求截下的楔形的体积.

解：取坐标系如图 6-4-12 所示，则底圆方程为 $x^2+y^2=R^2$.在 x 处垂直于 x 轴作立体的截面，得一直角三角形，两直角边分别为 y 和 $y\tan\alpha$，即 $\sqrt{R^2-x^2}$，$\sqrt{R^2-x^2}\tan\alpha$.

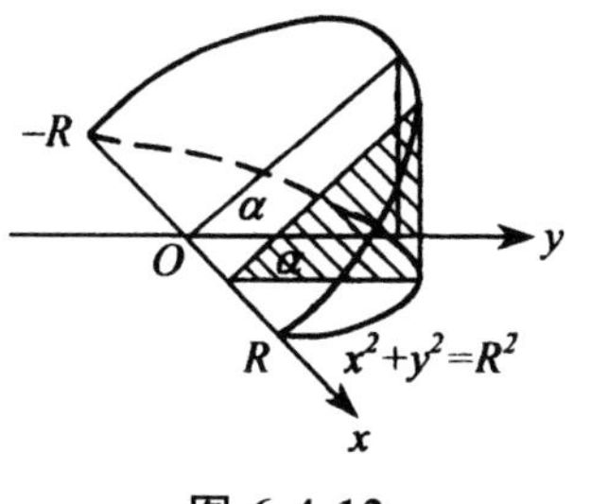

图 6-4-12

其面积为：

$$A(x)=\frac{1}{2}(R^2-x^2)\tan\alpha,$$

从而得楔形体积为：

$$V(x)=\int_{-R}^{R}\frac{1}{2}(R^2-x^2)\tan\alpha \mathrm{d}x=\tan\alpha\int_0^R (R^2-x^2)\mathrm{d}x$$

$$=\tan\alpha\left(R^2x-\frac{x^3}{3}\right)\Bigg|_0^R=\frac{2}{3}R^3\tan\alpha.$$

6.4.3 定积分在经济管理方面的应用

6.4.3.1 已知边际函数求总量函数的问题

这是定积分在经济问题中最典型的应用.例如,由边际产量求总产量,由边际收益求总收益,由边际利润求总利润,等等.

例 6.4.5 设某产品的总质量变化率为

$$f(t)=1\,500-45t^2-\frac{124}{1+t}(\text{t/月}),$$

(1)求总产量函数 $Q(t)$;

(2)求从 $t_0=2$ 到 $t=6$ 这段时间内的总产量.

解:(1)总产量函数为

$$\begin{aligned}Q(t)&=\int_0^t f(\tau)\,\mathrm{d}\tau=\int_0^t\left(1\,500-45\tau^2-\frac{124}{1+\tau}\right)\mathrm{d}\tau\\&=\left[1\,500\tau-15\tau^3-124\ln(1+\tau)\right]_0^t\\&=1\,500t-15t^3-124\ln(1+t)\ (\text{t}).\end{aligned}$$

(2)从 $t_0=2$ 到 $t=6$ 这段时间内的总产量为

$$\begin{aligned}Q(6)-Q(2)&=1\,500t-15t^3-124\ln(1+t)\Big|_2^6\\&=5\,518.71-2\,743.77\\&=2\,774.94(\text{t}).\end{aligned}$$

例 6.4.6 设某种商品的需求量 Q 是价格 P 的函数,其需求量关于价格的变化率(即边际需求)为

$$Q'(P)=-\frac{6P+25}{5(1+P^2)}-15\sqrt{P}.$$

如果该商品的最大需求量为 5 000,那么

(1)试求需求量 Q 关于价格 P 的函数关系;

(2)当价格从 $P=50$ 降到 $P=20$ 时,需求量增加了多少?

解:(1)由于该商品的最大需求量为 5 000,即 $Q(0)=5\,000$,于是所求的需求函数为

$$Q(P)-Q(0)=\int_0^P Q'(x)\,\mathrm{d}x,$$

即

$$Q(P)=Q(0)+\int_0^P\left[-\frac{6x+25}{5(1+x^2)}-15\sqrt{x}\right]dx$$

$$=5\ 000-\frac{3}{5}\int_0^P\frac{d(1+x^2)}{1+x^2}-5\int_0^P\frac{dx}{1+x^2}-15\int_0^P\sqrt{x}\,dx$$

$$=5\ 000-\frac{3}{5}\ln(1+P)-5\arctan P-10\sqrt{P^3}.$$

(2)当价格从 $P=50$ 降到 $P=20$ 时，需求量增加的数量为

$$Q(20)-Q(50)=\left[5\ 000-\frac{3}{5}\ln(1+P)-5\arctan P-10\sqrt{P^3}\right]_{50}^{20}$$

$$\approx 2\ 642.$$

例 6.4.7　已知生产某产品 x 台的边际成本为

$$C'(x)=\frac{150}{\sqrt{1+x^2}}+1(\text{万元/台}),$$

边际收入为

$$R'(x)=30-\frac{2}{5}x(\text{万元/台}).$$

(1)若不变成本为 $C(0)=10$ 万元，求总成本函数、总收入函数和总利润函数；

(2)当产量从 40 台增加到 80 台时，求其总成本与总收入的增量.

解:(1)总成本为不变成本与可变成本之和，于是，总成本函数为

$$C(x)=C(0)+\int_0^x C'(x)dx$$

$$=10+\int_0^x\left(\frac{150}{\sqrt{1+x^2}}+1\right)dx$$

$$=10+\left[150\ln\left(x+\sqrt{1+x^2}\right)+x\right]_0^x$$

$$=10+150\ln\left(x+\sqrt{1+x^2}\right)+x.$$

由于当产量为零时，总收益为零，即 $R(0)=0$，于是，总收益函数为

$$R(x)=R(0)+\int_0^x R'(x)dx$$

$$=0+\int_0^x\left(30-\frac{2}{5}x\right)dx$$

$$=\left(30x-\frac{1}{5}x^2\right)\Big|_0^x$$

$$=30-\frac{1}{5}x^2.$$

注意到总利润为总收入与总成本之差，故总利润函数为

$$\begin{aligned}L(x)&=R(x)-C(x)\\&=\left(30-\frac{1}{5}x^2\right)-\left[10+150\ln(x+\sqrt{1+x^2})+x\right]\\&=29-\frac{1}{5}x^2-150\ln(x+\sqrt{1+x^2})-10.\end{aligned}$$

(2)当产量从 40 台增加到 80 台时，总成本的增量为

$$\begin{aligned}C(80)-C(40)&=\left[10+150\ln(x+\sqrt{1+x^2})+x\right]_{40}^{80}\\&\approx 851.282-707.327\\&=143.96(\text{万元}).\end{aligned}$$

当产量从 40 台增加到 80 台时，总收入的增量为

$$R(80)-R(40)=\left(30x-\frac{1}{5}x^2\right)\Bigg|_{40}^{80}=1\ 120-880=240(\text{万元}).$$

6.4.3.2　投资问题

对于一个正常运营的企业而言，其资金的收入与支出往往是分散地在一定时期中发生的，特别是对大型企业，其收入和支出更是频繁进行.在实际分析过程中为了计算的方便，我们将它近似看做是连续发生的，并称之为资金流.

我们设在时间区间 $[0,T]$ 内 t 时刻的单位时间收入为 $f(t)$，称此为收入率，若按年利率为 r 计算，则在时间区间 $[t,t+\mathrm{d}t]$ 内的收入为 $f(t)\mathrm{d}t$，相应收入的现值为 $f(t)\mathrm{e}^{-rt}\mathrm{d}t$.按照定积分的微元法分析思路，则在时间区间 $[0,T]$ 内得到的总收入现值为

$$y=\int_0^T f(t)\mathrm{e}^{-rt}\mathrm{d}t.$$

例 6.4.8　有一个大型投资项目，投资成本为 $A=10\ 000$(万元)，投资年利率为 5%，每年的均匀收入率 $f(t)=2\ 000$(万元)，求该投资为无限期时的纯收入的现值.

解:无限期的投资的总收入的现值为

$$\begin{aligned}y&=\int_0^{+\infty}f(t)\mathrm{e}^{-rt}\mathrm{d}t=\int_0^{+\infty}2\ 000\mathrm{e}^{-0.05t}\mathrm{d}t\\&=\lim_{b\to+\infty}\int_0^b 2\ 000\mathrm{e}^{-0.05t}\mathrm{d}t=\lim_{b\to+\infty}\frac{2\ 000}{0.05}(1-\mathrm{e}^{-0.05b})\\&=40\ 000,\end{aligned}$$

从而投资为无限期时的纯收入的现值为

$$R=y-A=40\ 000-10\ 000=30\ 000,$$

即投资为无限期时的纯收入的现值为 30 000 万元.

例 6.4.9　假设某工厂准备采购一台机器，其使用寿命为 10 年，购置此机器需资金 8.5 万元；而如果租用此机器每月需付租金 1 000 元.若资金的年利率为 6%，按连续复利计算，请你为该工厂做决策：购进机器与租用机器哪种方式更合算？

解：将 10 年租金总值的现值与购进费用相比较，即可做出选择.

由于每月租金为 1 000 元，所以每年租金为 12 000 元，故 $f(t)=12\ 000$，于是租金流总量的现值为

$$
\begin{aligned}
y &= \int_0^{10} f(t)\,\mathrm{e}^{-rt}\,\mathrm{d}t = \int_0^{10} 12\ 000\mathrm{e}^{-0.06t}\,\mathrm{d}t \\
&= -\frac{12\ 000}{0.06}\mathrm{e}^{-0.06t}\Big|_0^{10} = 200\ 000(1-\mathrm{e}^{-0.6}) \\
&= 90\ 238,
\end{aligned}
$$

因此与购进费用 8.5 万元相比，购进机器比较合算.

第7章 数项级数

无穷级数是数与函数的重要表达形式之一，是研究微积分理论及其应用的强有力的工具.研究无穷级数及其和，可以说是研究数列及其极限的另一种形式，尤其在研究极限的存在性及计算极限方面显示出很大的优越性.它在表达函数、研究函数的性质、计算函数值以及求解微分方程等方面都有重要的应用，在解决经济、管理等方面的问题中有着十分广泛的应用.

7.1 数项级数的基本概念

无穷级数是表示函数及进行数值运算的一个重要工具，在理论上及实际问题中都有广泛的应用.人们认识事物在数量方面的特征，往往有一个由近似到精确的过程.在这种认识过程中会遇到由有限个数量相加到无穷个数量相加的问题.

例如，计算半径为 R 的圆的面积 A 的具体做法如下：

作圆的内接正六边形，算出这六边形的面积 a_1，它是圆面积 A 的一个粗糙的近似值.为了比较精确地计算出 A 的值，我们以这个正六边形的每一边为底作一个顶点在圆周上的等腰三角形，算出这六个等腰三角形的面积之和 a_2.那么，内接正十二边形的面积 a_1+a_2 就是 A 的一个较好的近似值.同样地，在这正十二边形的每一边上分别作一个顶点在圆周上的等腰三角形，算出这十二个等腰三角形的面积之和 a_3.那么，内接正二十四边形的面积 $a_1+a_2+a_3$ 是 A 时一个更好的近似值.如此继续下去，内接正多边形的面积就逐步逼近圆面积，即有

$$A\approx a_1,$$

$$A\approx a_1+a_2,$$

$$A\approx a_1+a_2+a_3,$$

$$\cdots\cdots$$

$$A\approx a_1+a_2+\cdots+a_n.$$

如果内接正多边形的边数无限增多,即 n 无限增大,则和 $a_1+a_2+\cdots+a_n$ 的极限就是所要求的圆面积 A.这时和式中的项数无限增多,于是出现了无穷多个数量一次相加的数学式子.这种无穷多个数量一次相加的数学式子就称作数项级数.接下来,我们就引入数项级数的概念.

定义 7.1.1　将数列 $\{u_n\}$ 的各项依次用"+"连接起来的式子

$$u_1+u_2+\cdots+u_n+\cdots$$

叫作常数项无穷级数,简称数项级数或级数,记为 $\sum\limits_{n=1}^{\infty}u_n$,即

$$\sum_{n=1}^{\infty}u_n=u_1+u_2+\cdots+u_n+\cdots.$$

其中,$u_1,u_2,\cdots,u_n,\cdots$ 称为级数的项,u_n 称为级数的一般项或通项.

我们知道,任意有限项之和的意义是十分明确的,但是,无穷多个数相加是加不完的,所以绝对不可以把数项级数理解成简单意义下的和式,这是一个新的概念.下面,我们给出数项级数的和的定义.

定义 7.1.2　数项级数

$$\sum_{n=1}^{\infty}u_n=u_1+u_2+\cdots+u_n+\cdots$$

的前 n 项和

$$S_n=u_1+u_2+\cdots+u_n=\sum_{k=1}^{\infty}u_k$$

称为数项级数 $\sum\limits_{n=1}^{\infty}u_n$ 的部分和.当 n 依次为 $1,2,3,\cdots$ 时,所对应的部分和结构成了一个新的数列

$$S_1,S_2,\cdots,S_n,\cdots.$$

数列 $\{S_n\}$ 就成为数项级数 $\sum\limits_{n=1}^{\infty}u_n$ 的部分和数列.

在定义了部分和数列之后,我们就可以根据数列极限的相关理论来引进数项级数收敛与发散的概念了.

定义 7.1.3　如果级数 $\sum\limits_{n=1}^{\infty}u_n$ 的部分和数列 $\{S_n\}$ 有极限 s,即

$$\lim_{n\to\infty}S_n=s,$$

则称无穷级数 $\sum\limits_{n=1}^{\infty}u_n$ 收敛,s 称为级数的和,并记为

$$s=u_1+u_2+\cdots+u_n+\cdots$$

或

$$s=\sum_{n=1}^{\infty}u_n;$$

如果数列$\{S_n\}$没有极限,则称无穷级数$\sum\limits_{n=1}^{\infty}u_n$发散.

可见级数收敛与否,与它的部分和数列是否有极限是等价的.即级数$\sum\limits_{n=1}^{\infty}u_n$和数列$\{S_n\}$同时收敛或同时发散,且收敛时有

$$\sum_{n=1}^{\infty}u_n=\lim_{n\to\infty}S_n,$$

或

$$\sum_{n=1}^{\infty}u_n=\lim_{n\to\infty}\sum_{i=1}^{n}u_i.$$

这样,级数的敛散性和数列的敛散性就可以相互转化了.

定义 7.1.4 当级数收敛时,其部分和S_n是级数的和s的近似值,它们之间的差值

$$r_n=s-s_n=\sum_{k=n+1}^{\infty}u_k=u_{n+1}+u_{n+2}+\cdots$$

叫作级数的余和.用近似值s_n代替s所产生的绝对误差为这个余和的绝对值,即

$$|r_n|=|s-s_n|.$$

有关数列极限的一些理论都可以搬到对应的级数上来,反之亦然.下面根据数列极限的柯西准则,给出判别数项级数是否收敛的柯西准则.

定理 7.1.1(柯西准则) 级数$\sum\limits_{n=1}^{\infty}u_n$收敛的充分必要条件是:$\forall\varepsilon>0$,$\exists N,\forall m,n>N,m>n$,有

$$|u_{n+1}+u_{n+2}+\cdots+u_m|<\varepsilon.$$

证明:必要性,设级数$\sum\limits_{n=1}^{\infty}u_n$收敛,则其部分和数列$\{S_n\}$有极限.根据数列极限存在的柯西准则,$\forall\varepsilon>0,\exists N,\forall m,n>N$,有

$$|S_m-S_n|<\varepsilon.$$

不妨设$m>n$,则有

$$|(u_1+u_2+\cdots+u_m)-(u_1+u_2+\cdots+u_n)|<\varepsilon$$

由此得到

$$|u_{n+1}+u_{n+2}+\cdots+u_m|<\varepsilon.$$

充分性,设条件$\forall\varepsilon>0,\exists N,\forall m,n>N,m>n$,有

$$|u_{n+1}+u_{n+2}+\cdots+u_m|<\varepsilon,$$

则

$$|(u_1+u_2+\cdots+u_m)-(u_1+u_2+\cdots+u_n)|<\varepsilon,$$

根据数列极限存在的柯西准则知，极限$\lim\limits_{n\to\infty}S_n$ 存在，故级数$\sum\limits_{n=1}^{\infty}u_n$ 收敛.

定理 7.1.2(级数收敛的必要条件)　如果级数$\sum\limits_{n=1}^{\infty}u_n$ 收敛，则$\lim\limits_{n\to\infty}u_n=0$.

证明: 设$\sum\limits_{n=1}^{\infty}u_n$ 的部分和为 S_n，且$\lim\limits_{n\to\infty}S_n=s$.由于

$$u_n=S_n-S_{n-1},$$

因此

$$\lim_{n\to\infty}u_n=\lim_{n\to\infty}(S_n-S_{n-1})=\lim_{n\to\infty}S_n-\lim_{n\to\infty}S_{n-1}=s-s=0.$$

例 7.1.1　讨论等比数列

$$a+aq+aq^2+\cdots+aq^{n-1}+\cdots(a\neq 0)$$

的收敛性.

解: 首先讨论 $|q|\neq 1$ 时的情况，根据等比数列求和公式，可得

$$s_n=a+aq+aq^2+\cdots+aq^{n-1}=\frac{a-aq^n}{1-q}.$$

于是，当 $|q|<1$ 时，

$$\lim_{n\to\infty}s_n=\lim_{n\to\infty}\frac{a-aq^n}{1-q}=\frac{a}{1-q},$$

所以，当 $|q|<1$ 时，等比数列收敛，其和为

$$s=\frac{a}{1-q}.$$

当 $q=1$ 时，

$$s_n=na,\lim_{n\to\infty}s_n=\infty,$$

所以，当 $q=1$ 时，等比数列发散.

当 $q=-1$ 时，

$$s_n=a-a+a-\cdots+(-1)^{n-1}a=\begin{cases}0 & n=\text{偶数}\\ a & n=\text{奇数}\end{cases},$$

于是$\lim\limits_{n\to\infty}s_n$ 不存在，因此等比数列发散.

例 7.1.2(芝诺悖论)　乌龟与阿基里斯赛跑问题：芝诺（古希腊哲学家）认为如果先让乌龟爬行一段路程后，再让阿基里斯（古希腊神话中的赛跑英雄）去追它，那么阿基里斯将永远追不上乌龟.

芝诺的理论根据是：阿基里斯在追上乌龟前，必须先到达乌龟的出发点，这时乌龟已向前爬行了一段路程.于是，阿基里斯必须赶上这段路程，可

是乌龟此时又向前爬行了一段路程.如此下去,虽然阿基里斯离乌龟越来越接近,但却永远追不上乌龟.

显然,该结论是错误的,但从逻辑上讲这种推论却没有任何矛盾.这就是著名的芝诺悖论.在此,我们用数学的方法进行分析和反驳.

设乌龟的出发点为 A_1,阿基里斯的起跑点为 A_0,两者的间距为 s_1,如图 7-1-1 所示,乌龟的速度为 v,阿基里斯的速度是乌龟的 100 倍,即为 $100v$.

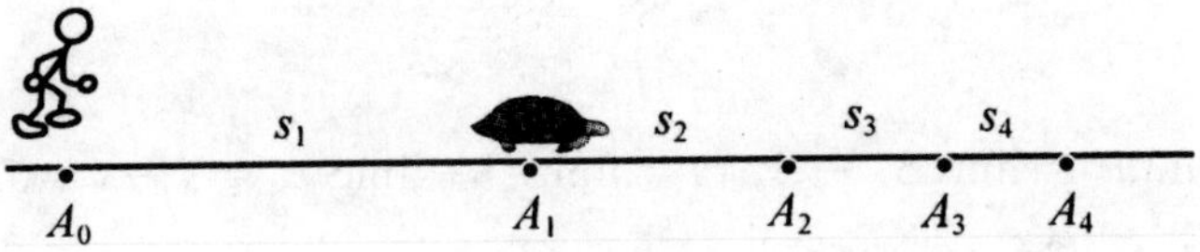

图 7-1-1

由于乌龟爬行到 A_2 的时间与阿基里斯到达 A_1 的时间相等,因此

$$\frac{s_2}{v}=\frac{s_1}{100v},$$

即 $s_2=\frac{s_1}{100}$.以此类推,可得 $s_{n-1}=\frac{s_{n-2}}{100}$,$s_n=\frac{s_{n-1}}{100}$,因此

$$s_n=\left(\frac{1}{100}\right)^{n-1}s_1.$$

阿基里斯在追赶乌龟时所跑的路程为

$$\begin{aligned}s&=s_1+s_2+s_3+\cdots+s_n+\cdots\\&=s_1+\frac{1}{100}s_1+\left(\frac{1}{100}\right)^2s_1+\left(\frac{1}{100}\right)^3s_1+\cdots+\left(\frac{1}{100}\right)^{n-1}s_1+\cdots\\&=s_1\cdot\left[1+\frac{1}{100}+\left(\frac{1}{100}\right)^2+\left(\frac{1}{100}\right)^3+\cdots+\left(\frac{1}{100}\right)^{n-1}+\cdots\right]\\&=s_1\cdot\lim_{n\to\infty}\frac{1\cdot\left[1-\left(\frac{1}{100}\right)^n\right]}{1-\frac{1}{100}}=\frac{100}{99}s_1.\end{aligned}$$

虽然从表面看,阿基里斯在追赶乌龟的过程中总跑不完,但由计算可知,当阿基里斯追到离起点 $\frac{100}{99}s_1$ 处时,已经追赶上了乌龟.

直接利用级数收敛的定义去求级数的和,一般来说是比较困难的.而级数的主要问题是判别收敛性.下面我们将研究级数的一些性质,然后给出级数的一些判别收敛与发散的准则.

例 7.1.3　证明级数 $\sum_{n=1}^{\infty}\frac{1}{n^2}$ 收敛.

证明: 对于任意的自然数 $m>n$,有

$$\begin{aligned}&\left|\frac{1}{(n+1)^2}+\frac{1}{(n+2)^2}+\cdots+\frac{1}{m^2}\right|\\ \leqslant&\frac{1}{n(n+1)}+\frac{1}{(n+1)(n+2)}+\cdots+\frac{1}{(m-1)m}\\ \leqslant&\left(\frac{1}{n}-\frac{1}{n+1}\right)\left(\frac{1}{n+1}-\frac{1}{n+2}\right)+\cdots+\left(\frac{1}{m-1}-\frac{1}{m}\right)\\ =&\frac{1}{n}-\frac{1}{m}\leqslant\frac{1}{n}.\end{aligned}$$

因此,$\forall\varepsilon>0$,取 $N=\left[\frac{1}{\mathrm{e}}\right]$,则当 $m,n>N$ 时,就有

$$\left|\frac{1}{(n+1)^2}+\frac{1}{(n+2)^2}+\cdots+\frac{1}{m^2}\right|<\varepsilon.$$

由柯西准则可知,级数 $\sum_{n=1}^{\infty}\frac{1}{n^2}$ 收敛.

7.2　数项级数的敛散性

数项级数具有如下几条基本性质.

性质 7.2.1　如果级数 $\sum_{n=1}^{\infty}u_n$ 收敛,其和为 s,则级数 $\sum_{n=1}^{\infty}ku_n$ 也收敛,且其和为 ks.

证明: 设级数 $\sum_{n=1}^{\infty}u_n$ 与级数 $\sum_{n=1}^{\infty}ku_n$ 的部分和分别为 s_n 与 σ_n,则

$$\sigma_n=ku_1+ku_2+\cdots+ku_n=ks_n,$$

因此

$$\lim_{n\to\infty}\sigma_n=\lim_{n\to\infty}ks_n=k\lim_{n\to\infty}s_n=ks.$$

这表明级数 $\sum_{n=1}^{\infty}ku_n$ 收敛,且其和为 ks.

由关系式 $\sigma_n=ks_n$ 可知,如果 $\{S_n\}$ 没有极限且 $k\neq0$,那么 $\{\sigma_n\}$ 也不可能有极限.因此我们得到如下结论:级数的各项同乘(除)非零常数,不影响(改变)它的敛散性.

性质 7.2.2 如果级数 $\sum_{n=1}^{\infty} u_n$ 和 $\sum_{n=1}^{\infty} v_n$ 分别收敛于 s 和 σ，则级数 $\sum_{n=1}^{\infty}(u_n \pm v_n)$ 也收敛，且其和为 $s \pm \sigma$.

证明：设级数 $\sum_{n=1}^{\infty} u_n$ 与 $\sum_{n=1}^{\infty} v_n$ 的部分和分别为 s_n 和 σ_n，则级数 $\sum_{n=1}^{\infty}(u_n \pm v_n)$ 的部分和

$$\tau_n = \sum_{i=1}^{n}(u_i \pm v_i) = \sum_{n=1}^{\infty} u_i \pm \sum_{n=1}^{\infty} v_i = s_n \pm \sigma_n,$$

因此

$$\lim_{n\to\infty} s_n = s, \lim_{n\to\infty} \sigma_n = \sigma,$$

于是

$$\lim_{n\to\infty} \tau_n = \lim_{n\to\infty}(s_n \pm \sigma_n) = s \pm \sigma,$$

所以 $\sum_{n=1}^{\infty}(u_n \pm v_n)$ 收敛，且

$$\sum_{n=1}^{\infty}(u_n \pm v_n) = s \pm \sigma = \sum_{n=1}^{\infty} u_n \pm \sum_{n=1}^{\infty} v_n.$$

性质 7.2.3 在级数中去掉、增加或改变有限项，级数的敛散性不变.

证明：我们只需证明“在级数的前面部分去掉或增加有限项，级数的敛散性不变”，因为其他情形（即在级数中任意去掉、增加或改变有限项的情形）都可以看成在级数的前面部分先去掉有限项，然后再加上有限项的结果.

设级数

$$u_1 + u_2 + \cdots + u_k + u_{k+1} + \cdots + u_{k+n} \cdots,$$

的部分和为 s_n，去掉前 k 项后得到新级数

$$u_{k+1} + u_{k+2} + \cdots + u_{k+n} \cdots,$$

设其部分和为 σ_n，则有

$$\sigma_n = u_{k+1} + u_{k+2} + \cdots + u_{k+n} \cdots = s_{k+n} - s_k.$$

其中，s_{k+n} 为原级数的前 $k+n$ 项之和.由于 s_k 为常数，所以当 $n\to\infty$ 时，σ_n 与 s_{k+n} 同时有极限或同时无极限，因此两级数同时收敛或同时发散.

类似地，可证明在级数的前面增加有限项，级数的敛散性不变.

性质 7.2.4 如果级数 $\sum_{n=1}^{\infty} u_n$ 收敛到 s，则对该级数的项任意加（有限个或无限个）括号后所得级数

$$(u_1 + \cdots + u_{i_1}) + (u_{i_1+1} + \cdots + u_{i_2}) + \cdots + (u_{i_{k-1}+1} + \cdots + u_{i_k}) + \cdots \tag{7-2-1}$$

仍收敛，且其和仍为 s.

证明：设 $s_n=\sum\limits_{k=1}^{n}u_k$，已知 $\lim\limits_{n\to\infty}s_n=s$.设级数(7-2-1)的部分和为 σ_n，则有

$$\sigma_1=u_1+\cdots+u_{i_1}=s_{i_1},$$

$$\sigma_2=(u_1+\cdots+u_{i_1})+(u_{i_1+1}+\cdots+u_{i_2})=s_{i_2},$$

$$\vdots$$

$$\sigma_n=(u_1+\cdots+u_{i_1})+(u_{i_1+1}+\cdots+u_{i_2})+\cdots+(u_{i_{k-1}+1}+\cdots+u_{i_k})=s_{i_n}.$$

由此可见，数列 $\{\sigma_n\}$ 实际上就是数列 $\{s_n\}$ 的一个子列，因此

$$\lim_{n\to\infty}\sigma_n=s.$$

需要注意的是，对于有限和来说，不仅能随意加括号，而且还可以随意去括号.但在无穷级数中需要注意：

(1) 收敛级数可以任意加括号(无限多个)，但是不能任意去括号.也就是说，收敛级数任意加无限多个括号后组成的新级数仍是收敛的，且其和不变；但是，若去掉原收敛级数的无线多个括号后，所组成的新级数可能发散.

(2) 发散级数可以任意去括号(无限多个)，但是不可以任意加括号.也就是说，发散级数去掉无限个括号后，组成的新级数仍是发散的；但是若对发散级数加无限个括号，组成的新级数可能收敛.

例如，级数

$$(1-1)+(1-1)+\cdots$$

收敛于零，但去括号后所得级数

$$1-1+1-1+\cdots$$

是发散的.反之，发散级数

$$1-1+1-1+\cdots$$

任意加无限个括号后，组成的新级数

$$(1-1)+(1-1)+\cdots$$

是收敛的.

性质 7.2.5(级数收敛的必要条件)　如果级数 $\sum\limits_{n=1}^{\infty}u_n$ 收敛，则 $\lim\limits_{n\to\infty}u_n=0$.

证明：设 $\sum\limits_{n=1}^{\infty}u_n$ 的部分和为 s_n，且 $\lim\limits_{n\to\infty}s_n=s$.由于

$$u_n=s_n-s_{n-1},$$

因此

$$\lim_{n\to\infty}u_n=\lim_{n\to\infty}(s_n-s_{n-1})=\lim_{n\to\infty}s_n-\lim_{n\to\infty}s_{n-1}=s-s=0.$$

例 7.2.1 判断调和级数$\sum_{n=1}^{\infty}\frac{1}{n}$的敛散性.

解:假设级数$\sum_{n=1}^{\infty}\frac{1}{n}$是收敛的且收敛于$s$,则级数$\sum_{n=1}^{\infty}\frac{1}{n}$的前$n$项部分和$s$满足

$$\lim_{n\to\infty}s_n=s,\lim_{n\to\infty}s_{2n}=s,$$

于是

$$\lim_{n\to\infty}(s_{2n}-s_n)=0.$$

又由于

$$s_{2n}-s_n=\frac{1}{n+1}+\frac{1}{n+2}+\cdots+\frac{1}{n+n}>$$
$$\frac{1}{n+n}+\frac{1}{n+n}+\cdots+\frac{1}{n+n}=\frac{n}{n+n}=\frac{1}{2},$$

与假设矛盾,因此级数$\sum_{n=1}^{\infty}\frac{1}{n}$是发散的.

例 7.2.2 判断级数$\sum_{n=1}^{\infty}\frac{1}{\left(1+\frac{1}{n}\right)^n}$的敛散性.

解:由于

$$\lim_{n\to\infty}u_n=\lim_{n\to\infty}\frac{1}{\left(1+\frac{1}{n}\right)^n}=\frac{1}{\mathrm{e}}\neq 0,$$

因此级数发散.

需要注意的是,一般项趋于零只是级数收敛的必要条件,而不是充分条件.例如,调和级数

$$1+\frac{1}{2}+\frac{1}{3}+\cdots+\frac{1}{n}+\cdots,$$

虽然当$n\to\infty$时,一般项$u_n=\frac{1}{n}\to 0$,但它却是发散的.

例 7.2.3 试证

$$\lim_{n\to\infty}\frac{a_n}{(1+a_1)(1+a_2)\cdots(1+a_n)}=0. \tag{7-2-2}$$

其中,$a_i>0(i=1,2,\cdots)$.

证明:由于级数

$$\sum_{n=1}^{\infty}\frac{a_n}{(1+a_1)(1+a_2)\cdots(1+a_n)}$$

的部分和 s_n 是单调递增的，并且

$$s_n=\frac{a_1(1+a_2)\cdots(1+a_n)+a_2(1+a_3)\cdots(1+a_n)+\cdots+a_{n-1}(1+a_n)+(1+a_n)-1}{(1+a_1)(1+a_2)\cdots(1+a_n)}$$

$$=\frac{a_1(1+a_2)\cdots(1+a_n)+a_2(1+a_3)\cdots(1+a_n)+\cdots+a_{n-1}(1+a_n)+(1+a_n)-1}{(1+a_1)(1+a_2)\cdots(1+a_n)}$$

$$=\frac{a_1(1+a_2)(1+a_2)\cdots(1+a_n)-1}{(1+a_1)(1+a_2)\cdots(1+a_n)}$$

$$=1-\frac{1}{(1+a_1)(1+a_2)\cdots(1+a_n)}<1,$$

因此，$\{s_n\}$ 是单调递增有上界的数列，故 $\{s_n\}$ 有极限，即级数(7-2-2) 收敛，于是由性质 7.2.5 知，级数(7-2-2) 的一般项以零为极限.

7.3　正项级数

对于一个给定的级数 $\sum\limits_{n=1}^{\infty}u_n$，要想求出它的部分和 s_n 的表达式，一般来说是不容易的，有时甚至就求不出来.因此，根据收敛的定义来判断一个级数是否收敛，除了少数情况外，往往是很困难的.需要采用简单易行的判定收敛或发散的方法.本节我们将讨论各项都是正数或零的级数，这种级数称为正项级数.这种级数特别重要，以后将看到许多级数的收敛性问题都可归结为正项级数的收敛性问题.

7.3.1　正项级数及其基本性质

定义 7.3.1　如果级数 $\sum\limits_{n=1}^{\infty}u_n$ 的每一项 $u_n\geqslant 0(n=1,2,\cdots)$，则称 $\sum\limits_{n=1}^{\infty}u_n$ 为正项级数；若 $u_n\leqslant 0(n=1,2,\cdots)$，则称 $\sum\limits_{n=1}^{\infty}u_n$ 为负项级数.正项级数与负项级数统称为同号级数.

由于负项级数的每一项乘以 -1 后就变成正项级数，而且它们有相同的收敛性，因而可只研究同号级数中的正项级数的敛散性.

定理 7.3.1(有界性准则)　正项级数 $\sum\limits_{n=1}^{\infty}u_n$ 收敛的充分必要条件是它的部分和数列 $\{s_n\}$ 有界.

证明:(1) 级数$\sum_{n=1}^{\infty}u_n$的前n项部分和数列$\{s_n\}$满足

$$s_n=s_{n-1}+u_n,n=1,2,3,\cdots,$$

显然$\{s_n\}$是单调增加的,且$\{s_n\}$有界;则由数列的单调有界准则可知,数列$\{s_n\}$是收敛的,于是级数$\sum_{n=1}^{\infty}u_n$收敛.

(2) 若正项级数$\sum_{n=1}^{\infty}u_n$是一个收敛的级数,设其收敛于s,又其前n项部分和数列$\{s_n\}$是单调增加的,则可得$0\leqslant s_n\leqslant s\leqslant M$,其中$M$是一正常数,即数列$\{s_n\}$有界.

例 7.3.1 证明正项级数$\sum_{n=0}^{\infty}\frac{1}{n!}=1+\frac{1}{1!}+\frac{1}{2!}+\cdots+\frac{1}{n!}+\cdots$是收敛的.

证明:由于

$$\frac{1}{n!}=\frac{1}{1\cdot 2\cdot 3\cdot\cdots\cdot n}\leqslant\frac{1}{1\cdot 2\cdot 2\cdot\cdots\cdot 2}=\frac{1}{2^{n-1}}(n=2,3,4,\cdots)$$

于是对于任意的n,有

$$S_n=1+\frac{1}{1!}+\frac{1}{2!}+\cdots+\frac{1}{(n-1)!}+\cdots<1+1+\frac{1}{2}+\frac{1}{2^2}+\cdots+\frac{1}{2^{n-1}}$$

$$=1+\frac{1-\frac{1}{2^{n-1}}}{1-\frac{1}{2}}=3-\frac{1}{2^{n-2}}<3.$$

即正项级数的部分和数列有界,因此级数$\sum_{n=0}^{\infty}\frac{1}{n!}$收敛.

例 7.3.2 讨论正项级数

$$\sum_{n=1}^{\infty}\frac{1}{n^p}=1+\frac{1}{2^p}+\frac{1}{3^p}+\cdots+\frac{1}{n^p}+\cdots$$

的敛散性,其中p是任意项级数.此级数称为广义调和级数或p级数.

解:(1) 当$p=1$时,即为调和级数,显然发散.

(2) 当$p<1$时,记p级数与调和级数的部分和分别为P_n与S_n,由于

$$\frac{1}{n^p}\geqslant\frac{1}{n},$$

因此

$$P_n=1+\frac{1}{2^p}+\frac{1}{3^p}+\cdots+\frac{1}{n^p}\geqslant 1+\frac{1}{2}+\frac{1}{3}+\cdots+\frac{1}{n}=S_n.$$

已知$\lim\limits_{n\to\infty}S_n=+\infty$,因此$\lim\limits_{n\to\infty}P_n=+\infty$,所以此时$p$级数发散.

(3) 当 $p>1$ 时,有不等式

$$\frac{1}{n^p}<\frac{1}{p-1}\left[\frac{1}{(n-1)^{p-1}}-\frac{1}{n^{p-1}}\right].$$

于是

$$\begin{aligned}P_n&=1+\frac{1}{2^p}+\frac{1}{3^p}+\cdots+\frac{1}{n^p}\\&<1+\frac{1}{p-1}\left(\frac{1}{1^{p-1}}-\frac{1}{2^{p-1}}\right)+\frac{1}{p-1}\left(\frac{1}{2^{p-1}}-\frac{1}{3^{p-1}}\right)\\&\quad+\cdots+\frac{1}{p-1}\left[\frac{1}{(n-1)^{p-1}}-\frac{1}{n^{p-1}}\right]\\&=1+\frac{1}{p-1}\left(1-\frac{1}{n^{p-1}}\right)<1+\frac{1}{p-1}=\frac{p}{p-1}.\end{aligned}$$

即 p 级数部分和数列 $\{P_n\}$ 有界,于是 p 级数收敛.

综上所述,p 级数当 $p\leqslant 1$ 时发散;当 $p>1$ 时收敛.

7.3.2　正项级数的审敛法

定理 7.3.2(比较判别法)　设 $\sum_{n=1}^{\infty}u_n$ 和 $\sum_{n=1}^{\infty}v_n$ 是两个正项级数,且 $u_n\leqslant v_n(n=1,2,\cdots)$.

(1) 若 $\sum_{n=1}^{\infty}u_n$ 收敛,则 $\sum_{n=1}^{\infty}v_n$ 也收敛;

(2) 若 $\sum_{n=1}^{\infty}u_n$ 发散,则 $\sum_{n=1}^{\infty}v_n$ 也发散.

证明: 设 $s_n=\sum_{n=1}^{\infty}u_n,\sigma_n=\sum_{n=1}^{\infty}v_n$,则由假设知,对每一个 n,有

$$0\leqslant s_n\leqslant\sigma_n.$$

当 $\sum_{n=1}^{\infty}v_n$ 收敛时,$\{\sigma_n\}$ 是有界数列,从而 $\{s_n\}$ 是有界的.根据有界性准则,级数 $\sum_{n=1}^{\infty}u_n$ 收敛,结论(1) 得证.

下面用反证法证结论(2).假设 $\sum_{n=1}^{\infty}u_n$ 发散,而 $\sum_{n=1}^{\infty}v_n$ 收敛,则由结论(1) 知 $\sum_{n=1}^{\infty}u_n$ 也收敛,这就产生了矛盾.所以结论(2) 成立.

例 7.3.3 判别下列级数的敛散性.

(1) $\sum_{n=1}^{\infty}\frac{1}{\sqrt{n(n-1)}}$;

(2) $\sum_{n=1}^{\infty}\frac{2n+1}{(n+1)^2(n+2)^2}$;

(3) $\sum_{n=1}^{\infty}2^n\sin\frac{\pi}{3^n}$.

解:(1) 由于

$$u_n=\frac{1}{\sqrt{n(n-1)}}>\frac{1}{n+1},$$

而级数 $\sum_{n=1}^{\infty}\frac{1}{n+1}$ 发散,因此由比较判别法知级数 $\sum_{n=1}^{\infty}\frac{1}{\sqrt{n(n-1)}}$ 发散.

(2) 由于

$$\frac{2n+1}{(n+1)^2(n+4)^2}<\frac{2n+2}{(n+1)^2(n+4)^2}<\frac{2}{(n+1)^3}<\frac{2}{n^3},$$

而级数 $\sum_{n=1}^{\infty}\frac{1}{n^3}$ 收敛,于是由比较判别法知,级数 $\sum_{n=1}^{\infty}\frac{2n+1}{(n+1)^2(n+2)^2}$ 收敛.

(3) 由于

$$0<u_n=2^n\sin\frac{\pi}{3^n}<2^n\ \frac{\pi}{3^n}=\pi\left(\frac{2}{3}\right)^n,$$

而等比级数 $\sum_{n=1}^{\infty}\pi\left(\frac{2}{3}\right)^n$ 收敛,因此由比较判别法知级数 $\sum_{n=1}^{\infty}2^n\sin\frac{\pi}{3^n}$ 收敛.

事实上,比较判别法的一些缩放具有一定的盲目性,这是因为通过所建立的不等式未必能够判断所讨论的级数是否收敛.其一,不等式形式未必与定理 7.3.2 完全一致,如不等式

$$\frac{1}{n\ln n}<\frac{1}{n},n\geqslant 3.$$

虽然知道级数 $\sum_{n=1}^{\infty}\frac{1}{n}$ 发散,但并无法判别级数 $\sum_{n=1}^{\infty}\frac{1}{n\ln n}$ 的敛散性;其二,经过放缩后所生成的新级数,有时又不知道它的敛散性,例如

$$\sin\frac{1}{n\ln n}\leqslant\frac{1}{n\ln n}n\geqslant 2.$$

为此,我们给出一个新的判别法,即比较判别法的极限形式.

定理 7.3.3(比较判别法的极限形式) 设级数 $\sum_{n=1}^{\infty}u_n$ 与级数 $\sum_{n=1}^{\infty}v_n$ 均为正项级数,且 $v_n>0(n=1,2,\cdots)$,如果极限 $\lim_{n\to\infty}\frac{u_n}{v_n}=l(0\leqslant l\leqslant+\infty)$,则

(1) 当 $0<l<+\infty$ 时，级数 $\sum_{n=1}^{\infty}u_n$ 与级数 $\sum_{n=1}^{\infty}v_n$ 具有相同的敛散性；

(2) 当 $l=0$ 时，若级数 $\sum_{n=1}^{\infty}v_n$ 收敛，则级数 $\sum_{n=1}^{\infty}u_n$ 收敛；

(3) 当 $l=+\infty$ 时，若级数 $\sum_{n=1}^{\infty}v_n$ 发散，则级数 $\sum_{n=1}^{\infty}u_n$ 发散.

证明：(1) 当 $0<l<+\infty$ 时，任取 $\varepsilon=\frac{l}{2}>0$，存在正整数 N，当 $n>N$ 时，总有

$$\left|\frac{u_n}{v_n}-l\right|<\varepsilon,$$

即

$$\frac{l}{2}v_n<u_n<\frac{3l}{2}v_n.$$

于是，由比较判别法知，级数 $\sum_{n=1}^{\infty}u_n$ 与级数 $\sum_{n=1}^{\infty}v_n$ 同时收敛或同时发散；

(2) 当 $l=0$ 时，则存在 N，当 $n>N$ 时，有

$$\frac{a_n}{b_n}<1,$$

即 $a_n<b_n$.则由比较判别法知，若级数 $\sum_{n=1}^{\infty}v_n$ 收敛，则级数 $\sum_{n=1}^{\infty}u_n$ 收敛；

(3) 当 $l=+\infty$ 时，任取 $M>0$，存在正整数 N，当 $n>N$ 时，有

$$\frac{u_n}{v_n}>M$$

即

$$u_n>Mv_n(n>N)$$

于是，由标记判别法知，若级数数 $\sum_{n=1}^{\infty}v_n$ 发散，则级数 $\sum_{n=1}^{\infty}u_n$ 发散.

例 7.3.4　判定下列级数的收敛性.

(1) $\sum_{n=1}^{\infty}\frac{1}{\sqrt{n^3+1}}$；　　(2) $\sum_{n=1}^{\infty}\tan^2\frac{\pi}{n}$.

解：(1) 由于

$$\lim_{n\to\infty}\frac{\frac{1}{\sqrt{n^3+1}}}{\frac{1}{n^{\frac{3}{2}}}}=\lim_{n\to\infty}\frac{n^{\frac{3}{2}}}{\sqrt{n^3+1}}=1,$$

其中 $p=\frac{3}{2}>1, l=1$.由于级数 $\sum_{n=1}^{\infty}\frac{1}{n^{\frac{3}{2}}}$ 收敛,则由定理 7.7.4 可知,级数 $\sum_{n=1}^{\infty}\frac{1}{\sqrt{n^2+1}}$ 收敛.

(2) 由于

$$\lim_{n\to\infty}\frac{\tan^2\frac{\pi}{n}}{\frac{\pi}{n}}=1,$$

又因为级数 $\sum_{n=1}^{\infty}\left(\frac{\pi}{n}\right)^2$ 是收敛的,于是由比较判别法的极限形式知,$\sum_{n=1}^{\infty}\tan^2\frac{\pi}{n}$ 是收敛的.

定理 7.3.4(达朗贝尔判别法) 设 $\sum_{n=1}^{\infty}u_n$ 为正项级数,如果

$$\lim_{n\to\infty}\frac{u_{n+1}}{u_n}=\rho,$$

则

(1) 当 $\rho<1$ 时,级数收敛;

(2) 当 $\rho>1$ 时,级数发散;

(3) 当 $\rho=1$ 时,级数可能收敛也可能发散.

证明:当 ρ 为有限数时,对任意的 $\varepsilon>0$,存在 $N>0$,使得当 $n>N$ 时,有

$$\left|\frac{u_{n+1}}{u_n}-\rho\right|<\varepsilon,$$

即

$$\rho-\varepsilon<\frac{u_{n+1}}{u_n}<\rho+\varepsilon(n>N).$$

(1) 当 $\rho<1$ 时,取 $0<\varepsilon<1-\rho$,使 $r=\rho+\varepsilon<1$,则有

$$u_{N+2}<ru_{N+1},u_{N+3}<ru_{N+2}<r^2u_{N+1},\cdots,u_{N+m}$$
$$<ru_{N+m-1}<r^2u_{N+m-2}<\cdots<r^{m-1}u_{N+1},\cdots$$

由于级数 $\sum_{m=1}^{\infty}r^{m-1}u_{N+1}$ 收敛,则由比较判别法知 $\sum_{m=1}^{\infty}u_{N+m}=\sum_{n=N+1}^{\infty}u_n$ 收敛,因此级数 $\sum_{n=1}^{\infty}u_n$ 收敛.

(2) 当 $\rho>1$ 时,取 $0<\varepsilon<\rho-1$,使 $r=\rho-\varepsilon>1$,则当 $n>N$ 时,有 $\frac{u_{n+1}}{u_n}>r$,即 $u_{n+1}>ru_n>u_n$,即当 $n>N$ 时,级数 $\sum_{n=1}^{\infty}u_n$ 的一般项逐渐增

大，于是$\lim\limits_{n\to\infty}u_n\neq 0$.于是由级数收敛的必要条件可知，级数$\sum\limits_{n=1}^{\infty}u_n$发散.

类似地，可以证明当$\lim\limits_{n\to\infty}\dfrac{u_{n+1}}{u_n}=\infty$时，级数$\sum\limits_{n=1}^{\infty}u_n$发散.

(3) 当$\rho=1$时，达朗贝尔判别法失效.

例 7.3.5　判别下列级数的敛散性.

(1) $\sum\limits_{n=1}^{\infty}\dfrac{n+1}{3^n}$；　　(2) $\sum\limits_{n=1}^{\infty}\dfrac{x^n}{n}(x>0)$.

解(1) 由于

$$\lim_{n\to\infty}\frac{u_{n+1}}{u_n}=\lim_{n\to\infty}\frac{\dfrac{(n+1)+1}{3^{n+1}}}{\dfrac{n+1}{3^n}}=\lim_{n\to\infty}\frac{n+2}{3(n+1)}=\frac{1}{3}<1,$$

因此级数$\sum\limits_{n=1}^{\infty}\dfrac{n+1}{3^n}$收敛.

(2) 由于

$$\frac{a_{n+1}}{a_n}=\frac{\dfrac{x_{n+1}}{n+1}}{\dfrac{x^n}{n}}=x\cdot\frac{n}{n+1},$$

因此，对于任意给定的$x>0$，有

$$\lim_{n\to\infty}\frac{a_{n+1}}{a_n}=x.$$

由比值判别法知，当$0<x<1$时，级数收敛；当$x>1$时，级数发散；当$x=1$时，比值判别法失效，但这时级数是调和级数$\sum\limits_{n=1}^{\infty}\dfrac{1}{n}$，它是发散的.

定理 7.3.5(柯西判别法)　设$\sum\limits_{n=1}^{\infty}u_n$为正项级数，如果

$$\lim_{n\to\infty}\sqrt[n]{u_n}=\rho,$$

则

(1) 当$\rho<1$时，级数收敛；

(2) 当$\rho>1$时，级数发散；

(3) 当$\rho=1$时，柯西根植判别法失效.

证明：(1) 当$\rho<1$时，任取定一个数q，使$\rho<q<1$，由于$\lim\limits_{n\to\infty}\sqrt[n]{u_n}=\rho$，则存在$N$，当$n>N$时，有

$$\sqrt[n]{u_n}<q,$$

即

$$u_n < q^n, n > N.$$

由于几何级数 $\sum_{n=1}^{\infty} q^n (0 < q < 1)$ 是收敛的，则由比较判别法可知，级数 $\sum_{n=1}^{\infty} u^n$ 收敛.

(2) 当 $\rho > 1$ 时，必存在 N，使得当 $n > N$ 时，有

$$\sqrt[n]{u_n} > 1,$$

所以 a_n 不可能趋于零，这不符合级数收敛的必要条件，因此 $\sqrt[n]{u_n}$ 发散.

(3) 当 $\rho = 1$ 时，柯西根植判别法失效.

例 7.3.6 判别下列级数的收敛性.

(1) $\sum_{n=2}^{\infty} \frac{1}{(\ln n)^n}$； (2) $\sum_{n=1}^{\infty} \frac{2+(-1)^n}{2^n}$.

解：(1) 由于

$$\lim_{n\to\infty} \sqrt[n]{u_n} = \lim_{n\to\infty} \frac{1}{\ln n} = 0 < 1,$$

于是由柯西根值判别法知，级数 $\sum_{n=2}^{\infty} \frac{1}{(\ln n)^n}$ 收敛.

(2) 由于

$$\lim_{n\to\infty} \sqrt[n]{u_n} = \lim_{n\to\infty} \sqrt[n]{\frac{2+(-1)^n}{2^n}} = \frac{1}{2} \lim_{n\to\infty} \sqrt[n]{2+(-1)^n} = \frac{1}{2},$$

由柯西判别法可知，级数 $\sum_{n=1}^{\infty} \frac{2+(-1)^n}{2^n}$ 收敛.

定理 7.3.6(积分判别法) 设函数 $f(x)$ 在 $[N, +\infty)$ 上非负且单调减少，其中 N 是某个自然数，令 $u_n = f(n)$，则级数 $\sum_{n=1}^{\infty} u^n$ 与反常积分 $\int_N^{+\infty} f(x)\mathrm{d}x$ 同收敛.

证明：由于 $f(x)$ 在 $[N, +\infty)$ 上单调减少，因此

$$\int_k^{k+1} f(x)\mathrm{d}x \leqslant u_k \leqslant \int_{k-1}^{k} f(x)\mathrm{d}x, k \geqslant N+1.$$

在上式中依次取 $k = N+1, N+2, \cdots, n$ 后相加，得

$$\int_{N+1}^{n+1} f(x)\mathrm{d}x \leqslant \sum_{k=N+1}^{n} u_k \leqslant \int_N^n f(x)\mathrm{d}x,$$

又由于

$$u_k \geqslant 0, f(x) \geqslant 0,$$

因此级数 $\sum_{k=1}^{\infty} u_k$ 与积分 $\int_N^{+\infty} f(x)\mathrm{d}x$ 或者收敛或者取值 $+\infty$，则当 $n \to \infty$ 时，有

$$\int_{N+1}^{+\infty} f(x)\mathrm{d}x \leqslant \sum_{k=N+1}^{+\infty} u_k \leqslant \int_N^{+\infty} f(x)\mathrm{d}x,$$

由此可知，级数 $\sum_{n=1}^{\infty} u^n$ 与反常积分 $\int_N^{+\infty} f(x)\mathrm{d}x$ 同收敛.

例 7.3.7　讨论级数 $\sum_{n=2}^{\infty} \frac{1}{n\ln^q n}(q>0)$ 的敛散性.

解：令 $f(x)=\frac{1}{n\ln^q n}$，则 $f(x)$ 在 $[2,+\infty)$ 上非负且单调减少.由于

$$\int_2^{+\infty} \frac{\mathrm{d}x}{x\ln^q x}=\int_2^{+\infty} \frac{d(\ln x)}{\ln^q x}=\int_2^{+\infty} \frac{\mathrm{d}t}{t^q}, t=\ln x,$$

不难发现，上述积分当 $q>1$ 时收敛，当 $q\leqslant 1$ 时发散.由积分判别法知，级数 $\sum_{n=2}^{\infty} \frac{1}{n\ln^q n}$ 也在 $q>1$ 时收敛，在 $q\leqslant 1$ 时发散.

7.4　变号级数

7.4.1　交错级数与莱布尼茨判别法

上一节我们讨论了数项级数中的一种特殊级数——正项级数，这一节，我们来接着讨论一般的级数——任意项级数.

定义 7.4.1　若级数 $\sum_{n=1}^{\infty} u_n$ 的一般项可取任意实数，则称 $\sum_{n=1}^{\infty} u_n$ 为任意项级数.

显然，正项级数是任意项级数的特殊形式，另外，任意项级数还有一种特殊形式——交错级数.

定义 7.4.2　级数中的各项是正、负交错的，即具有形式

$$\sum_{n=1}^{\infty} (-1)^n u_n = u_1 - u_2 + u_3 - u_4 + \cdots$$

的级数称为交错级数，其中 $u_n > 0(n=1,2,\cdots)$.

关于交错级数敛散性的判断，有莱布尼茨判别法.

定理 7.4.1(莱布尼茨判别法) 如果交错级数$\sum_{n=1}^{\infty}(-1)^{n-1}u_n$满足:

(1)$u_n \geqslant u_{n+1}, n=1,2,\cdots$;

(2) $\lim_{n\to\infty} u_n=0$.

则该交错级数收敛,且其和 $s\leqslant u_1$,用 S_n 代替 s 所产生的误差

$$|r_n|=\left|\sum_{k=n+1}^{\infty}(-1)^k u_k\right|\leqslant u_{n+1}.$$

证明:先来证明部分和数列$\{S_{2n}\}$的极限存在.由于

$$S_{2n}=(u_1-u_2)+(u_3-u_4)+\cdots+(u_{2n-1}-u_{2n}),$$

$$S_{2n}=u_1-(u_2-u_3)-(u_4-u_5)-\cdots-(u_{2n-2}-u_{2n-1})-u_{2n},$$

故而,S_{2n} 单调增加,根据 $u_n\geqslant u_{n+1}, n=1,2,\cdots$ 有

$$s_{2n}\leqslant u_1,$$

即数列$\{S_{2n}\}$是有界的,所以$\{S_{2n}\}$的极限存在.

设$\lim_{n\to\infty} S_{2n}=s$,根据条件$\lim_{n\to\infty} u_n=0$ 有

$$\lim_{n\to\infty} S_{2n+1}=\lim_{n\to\infty}(S_{2n}+u_{2n+1})=s,$$

所以$\lim_{n\to\infty} S_n=s$,即级数收敛且 $s\leqslant u_1$.

不难看出,余项 r_n 可写成

$$r_n=\pm(u_{n+1}-u_{n+2}+\cdots),$$

所以$|r_n|=u_{n+1}-u_{n+2}+\cdots$,此式右端是一个交错级数且满足交错级数收敛的两个条件,其和小于该级数的首项 u_{n+1},即

$$|r_n|=\left|\sum_{k=n+1}^{\infty}(-1)^k u_k\right|\leqslant u_{n+1}.$$

例 7.4.1 判断级数$\sum_{n=2}^{\infty}\frac{(-1)^n}{\sqrt{n}+(-1)^n}$的敛散性.

解:由于

$$\sum_{n=2}^{\infty}\frac{(-1)^n}{\sqrt{n}+(-1)^n}=\sum_{n=2}^{\infty}(-1)^n\frac{\sqrt{n}-(-1)^n}{n-1}$$
$$=\sum_{n=1}^{\infty}\left[(-1)^n\frac{\sqrt{n+1}}{n}-\frac{1}{n}\right],$$

又

$$\lim_{n\to\infty}\frac{\sqrt{n+1}}{n}=0,\frac{\sqrt{n+1}}{n}>\frac{\sqrt{n+2}}{n+1},$$

则由莱布尼茨定理可知$\sum_{n=1}^{\infty}(-1)^n\frac{\sqrt{n+1}}{n}$收敛,而$\sum_{n=1}^{\infty}\frac{1}{n}$发散,因此级数

$$\sum_{n=1}^{\infty}\left[(-1)^{n}\frac{\sqrt{n+1}}{n}-\frac{1}{n}\right]$$

发散,即原级数发散.

例 7.4.2　判断级数$\sum\limits_{n=1}^{\infty}(-1)^{n-1}\dfrac{1}{n^{p}}$,$(p>0)$的敛散性.

解:令 $u_n=\dfrac{1}{n^p}$,则 $u_{n+1}=\dfrac{1}{(n+1)^p}$,显然,不论 $p>0$ 如何,总有

$$u_n>u_{n+1},\lim_{n\to\infty}u_n=0,$$

故而,根据莱布尼茨判别法可知,级数$\sum\limits_{n=1}^{\infty}(-1)^{n-1}\dfrac{1}{n^{p}}$,$(p>0)$收敛.

7.4.2　绝对收敛与条件收敛

对于任意项级数

$$\sum_{n=1}^{\infty}u_n=u_1+u_2+\cdots+u_n+\cdots,$$

它的各项为任意实数,我们常常会将这类级数的各项取绝对值,然后将其转化为正项级数来研究,这就引出了绝对收敛与条件收敛的概念.首先,我们来给出任意项级数的绝对收敛与条件收敛的定义.

定义 7.4.3　如果级数$\sum\limits_{n=1}^{\infty}|u_n|$收敛,则称级数$\sum\limits_{n=1}^{\infty}u_n$ 绝对收敛;若$\sum\limits_{n=1}^{\infty}u_n$ 收敛,而$\sum\limits_{n=1}^{\infty}|u_n|$发散,则称级数$\sum\limits_{n=1}^{\infty}u_n$ 条件收敛.

绝对收敛的级数是一定收敛的,请看下面定理.

定理 7.4.2　若级数$\sum\limits_{n=1}^{\infty}|u_n|$收敛,则级数$\sum\limits_{n=1}^{\infty}u_n$ 收敛.

证明:因为

$$0\leqslant\frac{u_n+|u_n|}{2}\leqslant|u_n|,$$

由已知假设$\sum\limits_{n=1}^{\infty}|u_n|$收敛,由比较判别法可知

$$\sum_{n=1}^{\infty}\frac{u_n+|u_n|}{2}$$

收敛.记 $v_n=\dfrac{u_n+|u_n|}{2}$,$\sum\limits_{n=1}^{\infty}v_n$ 收敛.而

$$u_n=2v_n-|u_n|,$$

由级数的性质可知$\sum\limits_{n=1}^{\infty}u_n$收敛.

在这里需要指出的是，定理 7.4.2 的逆定理是不成立的，即若$\sum\limits_{n=1}^{\infty}u_n$收敛，则级数$\sum\limits_{n=1}^{\infty}|u_n|$不一定收敛.

例 7.4.3 判断级数

$$\sum_{n=1}^{\infty}(-1)^{n-1}\frac{a^2}{n}=a-\frac{a^2}{2}+\frac{a^3}{3}-\cdots+(-1)^{n-1}\frac{x^n}{n}+\cdots$$

的收敛性.

解：因为

$$\lim_{n\to\infty}\left|\frac{u_{n+1}}{u_n}\right|=\lim_{n\to\infty}\left|\frac{a^{n+1}}{n+1}\cdot\frac{n}{a^n}\right|=|a|,$$

我们有如下结论：

(1) 当$|a|<1$时，级数$\sum\limits_{n=1}^{\infty}(-1)^{n-1}\frac{a^2}{n}$绝对收敛.

(2) 当$|a|>1$时，级数$\sum\limits_{n=1}^{\infty}(-1)^{n-1}\frac{a^2}{n}$发散($\lim\limits_{n\to\infty}u_n\neq 0$).

(3) 当$a=1$时，级数$\sum\limits_{n=1}^{\infty}(-1)^{n-1}\frac{1}{n}$条件收敛.

(4) 当$a=-1$时，级数$\sum\limits_{n=1}^{\infty}(-1)^{n-1}\frac{1}{n}$发散.

7.4.3 狄利克雷判别法与阿贝尔判别法

对于非绝对收敛的变号级数(它可能条件收敛，也可能发散)，当具备一定条件时，可以采用本节介绍的狄利克雷判别法或阿贝尔判别法判别其收敛性，为此，先介绍两个有用的引理.

引理 7.4.1(阿贝尔变换公式) 设$a_k,b_k(k=1,2,\cdots,n)$为两组实数，令

$$S_1=b_1,S_2=b_1+b_2+\cdots,S_m=b_1+b_2+\cdots+b_m,$$

则有

$$\sum_{k=1}^{n}a_kb_k=\sum_{k=1}^{n-1}(a_k-a_{k+1})S_k+a_nS_n. \tag{7-4-1}$$

证明：将$b_1=S_1,b_2=S_2-S_1,\cdots,b_m=S_m-S_{m-1}$代入式(7-4-1)左边可得

$$\sum_{k=1}^{n}a_kb_k=a_1b_1+\sum_{k=2}^{n}a_kb_k=a_1S_1+\sum_{k=2}^{n}a_k(S_k-S_{k-1})$$
$$=a_1S_1+\sum_{k=2}^{n}a_kS_k-\sum_{k=2}^{n}a_kS_{k-1}$$
$$=\sum_{k=1}^{n-1}a_kS_k+a_nS_n-\sum_{k=1}^{n-1}a_{k+1}S_k$$
$$=\sum_{k=1}^{n-1}(a_k-a_{k+1})S_k+a_nS_n.$$

引理 7.4.2(阿贝尔引理)　设 $a_k(k=1,2,\cdots,n)$ 为单调数组,又设常数 $M>0$,使得对每一个 $S_k=\sum_{i=1}^{k}b_i(k=1,2,\cdots,n)$,恒有 $|S_k|<M$,则有

$$\left|\sum_{k=1}^{n}a_kb_k\right|\leqslant M(|a_1|+2|a_n|). \tag{7-4-2}$$

证明:由阿贝尔变换公式及引理条件得

$$\left|\sum_{k=1}^{n}a_kb_k\right|=\left|\sum_{k=1}^{n}(a_k-a_{k+1})S_k+a_nS_n\right|$$
$$\leqslant\sum_{k=1}^{n-1}|a_k-a_{k+1}||S_k|+|a_n||S_n|$$
$$\leqslant M\sum_{k=1}^{n-1}|a_k-a_{k+1}||S_k|+M|a_n|.$$

由于每个 a_k-a_{k+1} 的符号相同,故有

$$\sum_{k=1}^{n}|a_k-a_{k+1}|=\left|\sum_{k=1}^{n-1}(a_k-a_{k+1})\right|=(a_1-a_n)\leqslant|a_1|+|a_n|.$$

结合前一不等式便得

$$\left|\sum_{k=1}^{n}a_kb_k\right|\leqslant M(|a_1|+|a_n|)+M(|a_n|)=M(|a_1|+2|a_n|).$$

定理 7.4.3(狄利克雷判别法)　如果级数 $\sum a_nb_n$ 满足下列条件,则 $\sum a_nb_n$ 收敛.

(1) 数列 $\{a_n\}$ 为单调数列,且 $\lim\limits_{n\to\infty}a_n=0$;

(2) 级数 $\sum b_n$,的部分和数列 $\{B_n\}$ 有界.

证明:设 $|B_n|\leqslant M$,则 $\left|\sum_{k=1}^{m}b_{n+k}\right|\leqslant|B_{n+m}-B_{n+1}|\leqslant 2M$,结合 $\{a_n\}$ 的单调性,应用阿贝尔引理得

$$\left|\sum_{k=n+1}^{n+p}a_kb_k\right|\leqslant\left|\sum_{k=1}^{p}a_{n+k}b_{n+k}\right|\leqslant 2M(|a_{n+1}|+2|a_{n+p}|).$$

$\forall \varepsilon > 0$,由$\lim\limits_{n\to\infty} a_n = 0$知,$\exists N > 0$,使得当$n > N$时,有$|a_n| < \frac{\varepsilon}{6M}$.于是结合上式,当$n > N$时,对一切正整数$p$,都有

$$\left|\sum_{k=n+1}^{n+p} a_k b_k\right| < 2M\left(\frac{\varepsilon}{6M} + 2\,\frac{\varepsilon}{6M}\right) = \varepsilon.$$

因此由柯西准则知$\sum a_n b_n$收敛.

定理 7.4.4(阿贝尔判别法)　若级数$\sum a_n b_n$满足下列条件,则$\sum a_n b_n$收敛.

(1) 数列$\{a_n\}$为单调数列,且有界;

(2) 级数$\sum b_n$收敛.

证明:由条件(1),$\lim\limits_{n\to\infty} a_n = a$存在,从而数列$\{a_n - a\}$满足定理 7.4.3 的条件(1).

又因级数$\sum b_n$收敛,故级数$\sum b_n$的部分和数列有界,即满足定理 7.4.3 的条件(2).

故由狄利克雷判别法知,级数$\sum (a_n - a) b_n$收敛,再根据收敛级数的线性性质便知,级数

$$\sum a_n b_n = \sum \left[(a_n - a) b_n + a b_n\right] = \sum (a_n - a) b_n + a \sum b_n$$

也收敛.

7.4.4　绝对收敛级数的性质

为了便与讨论,在讨论绝对收敛级数的性质之前,我们先给出重排级数的定义.

定义 7.4.4　给定级数$\sum\limits_{n=1}^{\infty} u_n$,用任意方式改变它项的次序后得到的新级数叫作原级数的重排级数.

绝对收敛级数有许多重要的性质,而且有些性质是条件收敛所没有的,在这里,我们给出绝对收敛级数的两条重要性质.

定理 7.4.5　绝对收敛级数在任意重排后,仍然绝对收敛且和不变.

证明:先考虑正项级数$\sum\limits_{n=1}^{\infty} u_n$的情形.设其级数和为$s = \sum\limits_{n=1}^{\infty} u_n$,部分和为$S_n = \sum\limits_{k=1}^{n} u_k$.并设级数$\sum\limits_{n=1}^{\infty} u'_n$是重排后所构成的级数,其部分和记为$S'_n =$

$\sum_{k=1}^{n} a'_k$.任意固定 n,取 m 足够大,使 $a'_1, a'_2, \cdots, a'_m$ 各项都出现在

$$S_m = u_1 + u_2 + \cdots + u_m$$

中,于是

$$S'_n \leqslant S_m \leqslant s.$$

这表明部分和序列 $\{S'_n\}$ 有上界,由于 $\sum_{n=1}^{\infty} u_n$ 是正项级数,因此 $\{S'_n\}$ 是单调增加的.于是根据单调有界收敛定理可知

$$\lim_{n\to\infty} S'_n = s' \leqslant s.$$

另一方面,如果把原来的级数 $\sum_{n=1}^{\infty} u_n$ 看成是级数 $\sum_{n=1}^{\infty} u'_n$ 重排后所构成的级数,则有

$$s \leqslant s',$$

故而

$$s = s'.$$

现在设 $\sum_{n=1}^{\infty} u_n$ 是一般项的绝对收敛级数.令

$$b_n = \frac{1}{2}(u_n + |u_n|), n = 1, 2, \cdots,$$

显然 $b_n \geqslant 0$ 且 $b_n \leqslant |u_n|$.又由于 $\sum_{n=1}^{\infty} |u_n|$ 收敛,则由正项级数的比较判别法知,级数 $\sum_{n=1}^{\infty} b_n$ 收敛,从而级数 $\sum_{n=1}^{\infty} 2b_n$ 也收敛.又因为 $u_n = 2b_n - |u_n|$,所以

$$\sum_{n=1}^{\infty} u_n = \sum_{n=1}^{\infty} (2b_n - |u_n|) = \sum_{n=1}^{\infty} 2b_n - \sum_{n=1}^{\infty} |u_n|.$$

若级数 $\sum_{n=1}^{\infty} u_n$ 重排项位置后的级数为 $\sum_{n=1}^{\infty} u'_n$,则相应地 $\sum_{n=1}^{\infty} b_n$ 重排变为 $\sum_{n=1}^{\infty} b'_n$,而 $\sum_{n=1}^{\infty} u_n$ 改变为 $\sum_{n=1}^{\infty} |u'_n|$.由前面对正项级数证得的结论知

$$\sum_{n=1}^{\infty} b_n = \sum_{n=1}^{\infty} b'_n, \sum_{n=1}^{\infty} |u'_n| = \sum_{n=1}^{\infty} |u_n|,$$

因此

$$\sum_{n=1}^{\infty} |u'_n| = \sum_{n=1}^{\infty} 2b'_n - \sum_{n=1}^{\infty} |u'_n| = \sum_{n=1}^{\infty} 2b_n - \sum_{n=1}^{\infty} |u_n| = \sum_{n=1}^{\infty} |u_n|.$$

在给出绝对收敛级数的另一个性质以前,先来讨论级数的乘法运算.

设有两个收敛级数 $\sum_{n=1}^{\infty} a_n$ 和 $\sum_{n=1}^{\infty} b_n$，把这两个级数的项的所有可能的乘积写成如下无穷方阵

$$
\begin{array}{|cccccc}
\hline
a_1b_1 & a_1b_2 & a_1b_3 & \cdots & a_1b_i & \cdots \\
a_2b_1 & a_2b_2 & a_2b_3 & \cdots & a_2b_i & \cdots \\
\vdots & \vdots & \vdots & \vdots & \vdots & \vdots \\
a_kb_1 & a_kb_2 & a_kb_3 & \cdots & a_kb_i & \cdots \\
\vdots & \vdots & \vdots & \vdots & \vdots & \vdots
\end{array}
$$

这无穷多个乘积可按照各种顺序求和而得到级数，最常见的对角线法

$$
\begin{array}{cccccc}
a_1b_1 & a_1b_2 & a_1b_3 & \cdots & a_1b_i & \cdots \\
a_2b_1 & a_2b_2 & a_2b_3 & \cdots & a_2b_i & \cdots \\
a_3b_1 & a_3b_2 & a_3b_3 & \cdots & a_3b_i & \cdots \\
\vdots & \vdots & \vdots & \vdots & \vdots & \vdots \\
a_kb_1 & a_kb_2 & a_kb_3 & \cdots & a_kb_i & \cdots \\
\vdots & \vdots & \vdots & \vdots & \vdots & \vdots
\end{array}
$$

和正方形法

$$
\begin{array}{cccccc}
a_1b_1 & a_1b_2 & a_1b_3 & \cdots & a_1b_i & \cdots \\
a_2b_1 & a_2b_2 & a_2b_3 & \cdots & a_2b_i & \cdots \\
\vdots & \vdots & \vdots & \vdots & \vdots & \vdots \\
a_kb_1 & a_kb_2 & a_kb_3 & \cdots & a_kb_i & \cdots \\
\vdots & \vdots & \vdots & \vdots & \vdots & \vdots
\end{array}
$$

将上面排列好的数列用加号连起来，就组成一个无穷级数，称按对角线排列所组成的级数

$$a_1b_1+(a_1b_2+a_2b_1)+\cdots+(a_1b_n+a_2b_{n-1}+\cdots+a_nb_1)+\cdots$$

为两级数 $\sum_{n=1}^{\infty} a_n$ 和 $\sum_{n=1}^{\infty} b_n$ 的 Cauchy 乘积.

定理 7.4.6 设级数 $\sum_{n=1}^{\infty} a_n$ 和 $\sum_{n=1}^{\infty} b_n$ 都绝对收敛，其和分别为 A 与 B，则它们的 Cauchy 乘积

$$a_1b_1+(a_1b_2+a_2b_1)+\cdots+(a_1b_n+a_2b_{n-1}+\cdots+a_nb_1)+\cdots=AB,\tag{7-4-1}$$

并且绝对收敛.

证明:将式(7-4-1)的等号左边去掉括号,即

$$a_1b_1+a_1b_2+\cdots+a_1b_n+a_2b_1+a_2b_2+\cdots+a_2b_n+\cdots,\tag{7-4-2}$$

由级数的性质及比较判别法知,若级数(7-4-2)绝对收敛且其和为 s,则级数(7-4-1)也绝对收敛且其和为 s.因此,只要证明级数(7-4-2)绝对收敛且其和为

$$s=A\cdot B$$

即可.

(1) 先证级数(7-4-2)绝对收敛.

令 S_m 表示级数(7-4-2)的前 m 项分别取绝对值后所作成的和,又设

$$\sum_{n=1}^{\infty}|a_n|=A^*,\sum_{n=1}^{\infty}|b_n|=B^*,$$

于是

$$\begin{aligned}S_m&\leqslant(|a_1|+|a_2|+\cdots+|a_m|)\cdot(|b_1|+|b_2|+\cdots+|b_m|)\\&\leqslant A^*\cdot B^*.\end{aligned}$$

因此单调增加的数列 S_m 有上界,从而收敛,所以级数(7-4-2)绝对收敛.

(2) 再证级数(7-4-2)的和为 $s=A\cdot B$.

将级数(7-4-2)的项重排并加上括号,使它成为按正方形法排列组成的级数:

$$a_1b_1+(a_1b_2+a_2b_2+a_2b_1)+\cdots+(a_1b_n+a_2b_n+\cdots+a_nb_n+a_nb_{n-1}+\cdots+a_nb_1)+\cdots\tag{7-4-3}$$

根据相关理论可知,绝对收敛级数(7-4-2)与级数(7-4-3)的和相同.而级数(7-4-3)的前 n 项和恰好为

$$(a_1+a_2+\cdots+a_n)\cdot(b_1+b_2+\cdots+b_n)=A_n\cdot B_n,$$

因此

$$s=\lim_{n\to\infty}(A_n\cdot B_n)=A\cdot B.$$

例 7.4.4　级数 $\sum\limits_{n=1}^{\infty}(-1)^n\dfrac{1}{\sqrt{n}}$ 是条件收敛级数,$\left[\sum\limits_{n=1}^{\infty}(-1)^n\dfrac{1}{\sqrt{n}}\right]^2$ 的 Cauchy 乘积的第 n 项 c_n 为

$$c_n=(-1)^{n+1}\left[\frac{1}{\sqrt{1\cdot n}}+\frac{1}{\sqrt{2(n-1)}}+\cdots+\frac{1}{\sqrt{(k+1)(n-k)}}+\cdots+\frac{1}{\sqrt{n\cdot 1}}\right].$$

试判断 c_n 的敛散性.

解:由于

$$(k+1)(n-k) \leqslant \left(\frac{k+1+n-k}{2}\right)^2 = \left(\frac{n+1}{2}\right)^2,$$

故而

$$|c_n| \geqslant \sum_{k=0}^{n-1} \frac{2}{n+1} = \frac{2n}{n+1},$$

即,当 $n \to \infty$ 时,$|c_n|$不趋于 0,所以$\left[\sum_{n=1}^{\infty} (-1)^n \frac{1}{\sqrt{n}}\right]^2$ 的 Cauchy 乘积 $\sum_{n=1}^{\infty} c_n$ 发散.

7.5 无穷乘积

7.5.1 无穷乘积的基本概念

设 $p(x)$ 是 n 次多项式,有 n 个非零根 $\xi_1, \xi_2, \cdots, \xi_n$.不妨设 $p(0)=1$,则根据因式分解定理,有

$$p(x) = \left(1 - \frac{x}{\xi_1}\right)\left(1 - \frac{x}{\xi_2}\right)\cdots\left(1 - \frac{x}{\xi_2}\right).$$

通过上述过程的启发,我们会产生疑问,即能否将这条定理推广到无穷多个根的情形呢?例如,$\frac{\sin x}{x}$ 有无穷多个根 $x = \pm n\pi, n = 1, 2, \cdots$,且

$$\lim_{x \to 0} \frac{\sin x}{x} = 1,$$

那么,等式

$$\frac{\sin x}{x} = \left(1 - \frac{x^2}{\pi^2}\right)\left(1 - \frac{x^2}{2^2\pi^2}\right)\cdots\left(1 - \frac{x^2}{n^2\pi^2}\right)$$

是否成立呢?

这类问题涉及无穷多个因子乘积的问题,要讨论明白这一问题,就需要引入一个新的概念——无穷乘积.

定义 7.5.1 设$\{p_n\}$是一数列,称形式乘积

$$p_1 p_2 \cdots p_n \cdots \equiv \prod_{n=1}^{\infty} p_n$$

为无穷乘积.若前 n 项乘积 $\pi_n = p_1 p_2 \cdots p_n$ 在 $n \to \infty$ 时存在极限,则定义

$$\prod_{n=1}^{\infty} p_n = \lim_{n\to\infty}\pi_n = \lim_{n\to\infty}(p_1 p_2 \cdots p_n).$$

如果该极限是非零数，则称无穷乘积 $\prod\limits_{n=1}^{\infty} p_n$ 收敛；如果该极限为零或不存在，则称 $\prod\limits_{n=1}^{\infty} p_n$ 发散.

例 7.5.1　解答下列问题：

(1) 判断无穷乘积 $\prod\limits_{n=1}^{\infty}\left(1+\frac{1}{n}\right) = \lim\limits_{n\to\infty}\left(1+\frac{1}{1}\right)\left(1+\frac{1}{2}\right)\left(1+\frac{1}{3}\right)\cdots\left(1+\frac{1}{n}\right)$ 的敛散性.

(2) 求无穷乘积 $\prod\limits_{n=1}^{\infty}\cos\frac{\varphi}{2^n}$ 的值.

解:(1) 由于

$$\begin{aligned}&\lim_{n\to\infty}\left(1+\frac{1}{1}\right)\left(1+\frac{1}{2}\right)\left(1+\frac{1}{3}\right)\cdots\left(1+\frac{1}{n}\right)\\ =&\lim_{n\to\infty}\left(\frac{2}{1}\times\frac{3}{2}\times\frac{4}{3}\times\cdots\times\frac{n+1}{n}\right)\\ =&\lim_{n\to\infty}(n+1)\\ =&+\infty,\end{aligned}$$

所以

$$\prod_{n=1}^{\infty}\left(1+\frac{1}{n}\right)=\lim_{n\to\infty}\left(1+\frac{1}{1}\right)\left(1+\frac{1}{2}\right)\left(1+\frac{1}{3}\right)\cdots\left(1+\frac{1}{n}\right)=+\infty,$$

故而，题设的无穷级数发散.

(2) 由于

$$\begin{aligned}\sin\varphi &= 2\cos\frac{\varphi}{2}\sin\frac{\varphi}{2}\\ &= 2^2\cos\frac{\varphi}{2}\cos\frac{\varphi}{2^2}\sin\frac{\varphi}{2^2}\\ &= 2^n\cos\frac{\varphi}{2}\cos\frac{\varphi}{2^2}\cdots\cos\frac{\varphi}{2^n}\sin\frac{\varphi}{2^n},\end{aligned}$$

所以当 $\varphi \neq 0$ 时，有

$$\prod_{n=1}^{\infty}\cos\frac{\varphi}{2^n}=\lim_{n\to\infty}\prod_{k=1}^{n}\cos\frac{\varphi}{2^k}=\lim_{n\to\infty}\frac{\sin\varphi}{2^n\sin\frac{\varphi}{2^n}}=\frac{\sin\varphi}{\varphi};$$

当 $\varphi=0$ 时，则有

$$\prod_{n=1}^{\infty}\cos\frac{\varphi}{2^n}=\prod_{n=1}^{\infty}1=1.$$

7.5.2 无穷乘积的敛散性

如果$\prod_{n=1}^{\infty} p_n$收敛，则$\lim_{n\to\infty} p_n=1$.那么此时

$$\lim_{n\to\infty} p_n=\lim_{n\to\infty}\frac{\pi_n}{\pi_{n-1}}=\frac{\lim\limits_{n\to\infty}\pi_n}{\lim\limits_{n\to\infty}\pi_{n-1}}=1.$$

因此，常将p_n记作$1+\alpha_n$，则有

$$\prod_{n=1}^{\infty} p_n=\prod_{n=1}^{\infty}(1+\alpha_n). \tag{7-5-1}$$

由上述讨论可知，当无穷乘积(7-5-1)收敛时，有

$$\lim_{n\to\infty}\alpha_n=0.$$

不计前面有限个因子，可设一切

$$p_n=1+\alpha_n>0.$$

无穷乘积的敛散性问题可以归结为相关级数的敛散性问题，关于无穷乘积敛散性的判断，我们有以下三条常用定理.

定理 7.5.1 无穷乘积$\prod_{n=1}^{\infty} p_n=\prod_{n=1}^{\infty}(1+\alpha_n)$收敛等价于$\sum_{n-1}^{\infty}\ln(1+\alpha_n)$收敛.即有

$$\prod_{n=1}^{\infty} p_n=\prod_{n=1}^{\infty}(1+\alpha_n)=e^{\sum\limits_{n=1}^{\infty}\ln(1+\alpha_n)}.$$

证明:易知

$$\prod_{k=1}^{n}(1+\alpha_n)=e^{\sum\limits_{k=1}^{n}\ln(1+\alpha_n)},$$

我们只需令$n\to\infty$，定理即可获证.

定理 7.5.2 若一切$\alpha_n\geqslant 0$(或$\alpha_n\leqslant 0$)且$\alpha_n\to 0(n\to\infty)$，则无穷乘积$\prod_{n=1}^{\infty} p_n=\prod_{n=1}^{\infty}(1+a_n)$收敛等价于级数$\sum_{n=1}^{\infty} a_n$收敛.

证明略.

定理 7.5.3 若级数$\sum_{n=1}^{\infty}\alpha_n$收敛，则无穷乘积$\prod_{n=1}^{\infty} p_n=\prod_{n=1}^{\infty}(1+\alpha_n)$收敛等价于级数$\sum_{n=1}^{\infty}\alpha_n^2$收敛.

证明:由于级数$\sum_{n=1}^{\infty} a_n$收敛，故而

$$\sum_{n=1}^{\infty}\ln(1+\alpha_n) \text{ 收敛} \Leftrightarrow \sum_{n=1}^{\infty}\ln[(1+\alpha_n)-\alpha_n] \text{ 收敛},$$

但是

$$\ln(1+\alpha_n)-\alpha_n \sim -\frac{\alpha_n^2}{2},(n\to\infty),$$

又因为$\sum\limits_{n=1}^{\infty}\left(-\dfrac{\alpha_n^2}{2}\right)$是定号级数,故而根据比值判别法可知定理 7.5.3 成立.

最后,我们来简单概述无穷乘积的性质,在讨论无穷乘积的性质之前,我们先给出无穷乘积绝对收敛的定义.

定义 7.5.2 如果级数$\sum\limits_{n=1}^{\infty}\ln(1+\alpha_n)$绝对收敛,则称无穷乘积$\prod\limits_{n=1}^{\infty}(1+\alpha_n)$绝对收敛.

定理 7.5.4 $\prod\limits_{n=1}^{\infty}(1+\alpha_n)$绝对收敛等价于级数$\sum\limits_{n=1}^{\infty}\alpha_n$绝对收敛.

证明:因为

$$\prod_{n=1}^{\infty}(1+\alpha_n) \text{ 绝对收敛} \Leftrightarrow \text{级数} \sum_{n=1}^{\infty}\ln(1-\alpha_n) \text{ 绝对收敛},$$

但从

$$\ln(1-\alpha_n)\sim\alpha_n,(n\to\infty)$$

可知这等价于$\sum\limits_{n=1}^{\infty}\alpha_n$绝对收敛.

定理 7.5.5 设$\sum\limits_{n=1}^{\infty}\alpha_n$发散,则当任意$\alpha_n\geqslant 0$时,有

$$\prod_{n=1}^{\infty}(1+\alpha_n)=+\infty;$$

当任意$\alpha_n\leqslant 0$且$\alpha_n\to 0$时,有

$$\prod_{n=1}^{\infty}(1+\alpha_n)=0.$$

该定理可由定理 7.5.4 直接推出.

例 7.5.2 设$\sum\limits_{n=1}^{\infty}p_n(p_n>0)$为正项级数,并且存在正整数$N$,试证明:

(1) 若对一切$n>N$,存在正常数$q<1$,使得$\dfrac{p_{n+1}-1}{p_n-1}\leqslant q$,则无穷乘积$\prod\limits_{n=1}^{\infty}p_n$收敛.

(2) 若对一切 $n > N$，都有 $\frac{p_{n+1}-1}{p_n-1} \geqslant 1$，则无穷乘积 $\prod_{n=1}^{\infty} p_n$ 发散.

证明：(1) 由于 $\frac{p_{n+1}-1}{p_n-1} \leqslant q$ 且 $p_n > 1$，根据级数理论中的比值判别法可知，级数 $\sum_{n=1}^{\infty}(p_n-1)$ 收敛，进而容易推得无穷乘积 $\prod_{n=1}^{\infty} p_n$ 收敛.

(2) 由于 $\frac{p_{n+1}-1}{p_n-1} \geqslant 1$ 且 $p_n > 1$，根据级数理论中的比值判别法可知，级数 $\sum_{n=1}^{\infty}(p_n-1)$ 发散，进而容易推得无穷乘积 $\prod_{n=1}^{\infty} p_n$ 发散.

例 7.5.3 证明 Stirling 公式

$$n! \sim \left(\frac{n}{\mathrm{e}}\right)^n \sqrt{2\pi n}\,(n \to \infty).$$

证明：设 $\pi_n = n!\ \frac{\mathrm{e}^n}{n^{n+\frac{1}{2}}}, n=1,2,\cdots$，则

$$\frac{\pi_n}{\pi_{n-1}} = \mathrm{e}\left(1-\frac{1}{n}\right)^{n-\frac{1}{2}} = \mathrm{e}^{1+\left(n-\frac{1}{2}\right)\ln\left(1-\frac{1}{n}\right)}$$

$$= \mathrm{e}^{-\frac{1}{12n^2}+O\left(\frac{1}{n^2}\right)} = 1-\frac{1}{12n^2}+O\left(\frac{1}{n^2}\right).$$

因为 $\sum_{n=1}^{\infty} O\left(\frac{1}{n^2}\right)$ 绝对收敛，所以无穷乘积

$$\lim_{n\to\infty}\pi_n = \prod_{n=1}^{\infty}\frac{\pi_n}{\pi_{n-1}} = \prod_{n=1}^{\infty}\left[1+O\left(\frac{1}{n^2}\right)\right]$$

收敛.$\{\pi_n\}$ 存在非零有限极限，记为 C.可得

$$C = \lim_{n\to\infty}\frac{\pi_n^2}{\pi_{2n}} = \lim_{n\to\infty}\frac{(2n)!}{(2n-1)!}\cdot\frac{2}{\sqrt{2n}} = \sqrt{2\pi}.$$

即可证明 $\pi_n \sim \sqrt{2\pi}\,(n \to \infty)$.

第 8 章　函数列与函数项级数

上一章讨论了数项级数的基本理论，它的每一项可以看成一个特殊的函数——常函数.本章将讨论每一项都是一般函数的级数，即函数项级数，它是无穷级数理论中的主要内容，也是数学分析中研究函数性质的一个重要工具.

8.1　收敛概念

8.1.1　函数项级数的收敛概念

前面我们讨论了数项级数的基本理论，事实上，数项级数的每一项可以看成一个特殊的函数——常函数.接下来，我们讨论每一项都是一般函数的级数，即函数项级数，函数项级数是无穷级数理论中的主要内容，也是数学分析中研究函数性质的一个重要工具.

定义 8.1.1　设 $\{u_n(x)\}$ 是定义在数集 I 上的函数列，表达式

$$\sum_{n=1}^{\infty} u_n(x) = u_1(x) + u_2(x) + \cdots + u_n(x) + \cdots$$

称为定义在 I 上的函数项级数，而

$$S_n(x) = u_1(x) + u_2(x) + \cdots + u_n(x)$$

称为函数项级数 $\sum\limits_{n=1}^{\infty} u_n(x)$ 的部分和，而函数列 $\{S_n(x)\}$ 称为函数项级数 $\sum\limits_{n=1}^{\infty} u_n(x)$ 的部分和函数列.

定义 8.1.2　对于函数项级数 $\sum\limits_{n=1}^{\infty} u_n(x)$，当 x 从数集 I 上取定值 x_0 时，如果常数项级数 $\sum\limits_{n=1}^{\infty} u_n(x_0)$ 收敛，则 x_0 称为函数项级数 $\sum\limits_{n=1}^{\infty} u_n(x)$ 的收敛

点;如果常数项级数 $\sum_{n=1}^{\infty}u_n(x_0)$ 发散,则 x_0 称为函数项级数 $\sum_{n=1}^{\infty}u_n(x)$ 的发散点.函数项级数 $\sum_{n=1}^{\infty}u_n(x)$ 的收敛点的全体称为函数项级数的收敛域,一般用 D 表示;函数项级数 $\sum_{n=1}^{\infty}u_n(x)$ 的发散点的全体称为函数项级数的发散域.

例如,级数 $\sum_{n=0}^{\infty}x^n=1+x+x^2+\cdots+x^n+\cdots$ 是定义在 $(-\infty,+\infty)$ 上的函数项级数.因为它是等比级数,所以当 $|x|<1$ 时,级数收敛,当 $|x|\geqslant 1$ 时,级数发散,所以级数 $\sum_{n=0}^{\infty}x^n$ 的收敛域为 $(-1,1)$;发散域为 $(-\infty,1]\cup[1,+\infty)$.由等比级数的相关理论可知,在收敛域 $(-1,1)$ 上,级数 $\sum_{n=0}^{\infty}x^n$ 的和为 $\frac{1}{1-x}$.

定义 8.1.3 函数项级数 $\sum_{n=1}^{\infty}u_n(x)$ 对收敛域 D 内的每一点 x,$\lim\limits_{n\to\infty}S_n(x)$ 存在,记 $\lim\limits_{n\to\infty}S_n(x)=s(x)$,它是 x 的函数,称为函数项级数 $\sum_{n=1}^{\infty}u_n(x)$ 的和函数,称

$$r_n(x)=s(x)-S_n(x)=u_{n+1}(x)+u_{n+2}(x)+\cdots$$

为函数项级数 $\sum_{n=1}^{\infty}u_n(x)$ 的余项.对于收敛域上的每一点 x,有

$$\lim_{n\to\infty}r_n(x)=0.$$

8.1.2 函数列的收敛概念

设函数项级数 $\sum_{n=1}^{\infty}u_n(x)$ 在收敛区间 I 上的和函数是 $s(x)$,即

$$s(x)=\sum_{n=1}^{\infty}u_n(x),x\in I.$$

那么,是否可以通过函数项级数的每一项所具有的连续性、可微性和可积性,讨论它的和函数的连续性、可微性和可积性呢?

众所周知,有限个连续函数的和仍是连续函数,有限个可导函数的和仍可导,且导函数等于每个导函数的和,对于积分也有类似的性质.但是对于

无限和却完全不同，也就是说，函数项级数 $\sum_{n=1}^{\infty} u_n(x)$ 的每一项 $u_n(x)$ 在区间 I 上都连续，但它的和函数 $s(x)$ 在区间 I 上可能不连续；同样，函数项级数 $\sum_{n=1}^{\infty} u_n(x)$ 的每一项 $u_n(x)$ 在区间 $[a,b]$ 上可积，其和函数 $s(x)$ 在区间 $[a,b]$ 上可能不可积，即使可积，而每项积分之和也未必等于和函数的积分，对可微性也有类似的问题.

例 8.1.1　设函数序列

$$f_n(x) = nx(1-x^2)^n, n=1,2,\cdots.$$

其极限函数为

$$f(x) = \lim_{n\to\infty} f_n(x) = 0, x \in [0,1].$$

分别计算 $f_n(x)$ 与 $f(x)$ 在区间 $[0,1]$ 上的定积分：

$$\int_0^1 f(x)\mathrm{d}x = 0,$$

$$\begin{aligned}\int_0^1 f_n(x)\mathrm{d}x &= -\frac{n}{2}\int_0^1 (1-x^2)^n \mathrm{d}(1-x^2) \\ &= -\frac{n}{2(n+1)}(1-x^2)^{n+1}\Big|_0^1 \\ &= \frac{n}{2(n+1)}.\end{aligned}$$

易见

$$0 = \int_0^1 \lim_{n\to\infty} f_n(x)\mathrm{d}x \neq \lim_{n\to\infty}\int_0^1 f_n(x)\mathrm{d}x = \frac{1}{2}.$$

现在的问题是：在什么条件下，函数项级数的每一项所具有的某种分析性质，其和函数也同样具有，且函数项级数的每项极限、积分和导数之和分别等于和函数的极限、积分和导数？为此，这里引入一个新的概念——一致收敛.为了能够合理地给出函数项级数一致收敛定义，下面先给出函数列收敛和一致收敛的概念.

定义 8.1.4　设 $\{f_n(x)\}$ 是定义在 $I \subset \mathbf{R}$ 上的函数列，并设对每一个 $x \in I$，$\{f_n(x)\}$ 都收敛，此时由

$$\lim_{n\to\infty} f_n(x) = f(x), x \in I$$

确定了一个函数 $f(x)$，称 $f(x)$ 是函数序列 $\{f_n(x)\}$ 的极限函数.并称 $\{f_n(x)\}$ 在 I 上逐点收敛于 $f(x)$.

定义 8.1.5　设函数列 $\{f_n(x)\}$ 和 $f(x)$ 在区间 I 上有定义，如果对任给的 $\varepsilon > 0$，存在 $N \in \mathbf{N}^+$，使得 $n > N$ 时，对一切 $x \in I$，恒有

$$|f_n(x) - f(x)| < \varepsilon,$$

则称函数序列$\{f_n(x)\}$在I上一致收敛于$f(x)$，记作

$$f_n(x) \to f(x), x \in I.$$

显然，一致收敛必定逐点收敛；而逐点收敛则不一定一致收敛.两者的差别在于：定义8.1.5中与ε相对应存在的N适用于I中的一切x，即N与I中的x无关（只依赖于ε）；而定义8.1.4中的$\lim\limits_{n\to\infty} f_n(x)=f(x)$若用"$\varepsilon$-$N$"方式来陈述时，其中的$N$既与$\varepsilon$有关，一般又与考察点$x$有关，不一定存在对所有$x \in I$都适用的$N$.

定义8.1.6 设$f(x)$是函数列$\{f_n(x)\}$在区间I上的极限函数，如果存在$\varepsilon_0 > 0$，$\forall N > \mathbf{N}^+$，$\exists n_0 > N$和$x_0 \in I$，有

$$|f_{n_0}(x_0) - f(x_0)| \geqslant \varepsilon_0.$$

则函数列$\{f_n(x)\}$在区间I上非一致收敛.

非一致收敛也可以这样定义：

定义8.1.7 设$f(x)$是函数列$\{f_n(x)\}$在区间I上的极限函数，若存在点列$\{x_n\}$，使得

$$\lim_{n\to\infty} |f_n(x_n) - f(x_n)| \neq 0,$$

则函数列$\{f_n(x)\}$在区间I上非一致收敛.

根据函数列一致收敛的定义，可得到下面结论.

定理8.1.1(函数列一致收敛的充要条件) 函数列$\{f_n(x)\}$在区间I上一致收敛于$f(x)$的充要条件是

$$\lim_{n\to\infty} \sup_{x\in P} |f_n(x) - f(x)| = 0.$$

证明：必要性，若函数列$\{f_n(x)\}$在区间I上一致收敛于$f(x)$，根据定义，$\forall \varepsilon > 0$，$\exists N \in \mathbf{N}^+$，$\forall n > N$，$\forall x \in I$，有

$$|f_n(x) - f(x)| \leqslant \varepsilon.$$

根据确界定义，有

$$\sup_{x\in P} |f_n(x) - f(x)| \leqslant \varepsilon.$$

于是

$$\lim_{n\to\infty} \sup_{x\in P} |f_n(x) - f(x)| = 0.$$

充分性，由假设，$\forall \varepsilon > 0$，$\exists N \in \mathbf{N}^+$，$\forall n > N$，有

$$\sup_{x\in P} |f_n(x) - f(x)| < \varepsilon.$$

所以，$\forall x \in I$有

$$|f_n(x) - f(x)| \leqslant \sup_{x\in P} |f_n(x) - f(x)| < \varepsilon,$$

故函数列$\{f_n(x)\}$在区间I上一致收敛于$f(x)$.

证明函数列非一致收敛，实际上只要证明函数列不一致收敛于极限函数即可，因为一致收敛一定是一致收敛于极限函数，况且也只能一致收敛于

极限函数.于是在讨论一致收敛性时,首先求出极限函数,然后再考虑函数列是否一致收敛于极限函数.

一致收敛的本质为:对任意 $\varepsilon>0$,存在 $N\in\mathbf{N}^+$,对一切序号大于 N 的曲线 $y=f_n(x)$,都落在以曲线 $y=f(x)+\varepsilon$ 和 $y=f(x)-\varepsilon$ 为边,以 $f(x)$ 为中心的带形区域内,其中,$f(x)$ 是函数列的极限函数,如图 8-1-1 所示.

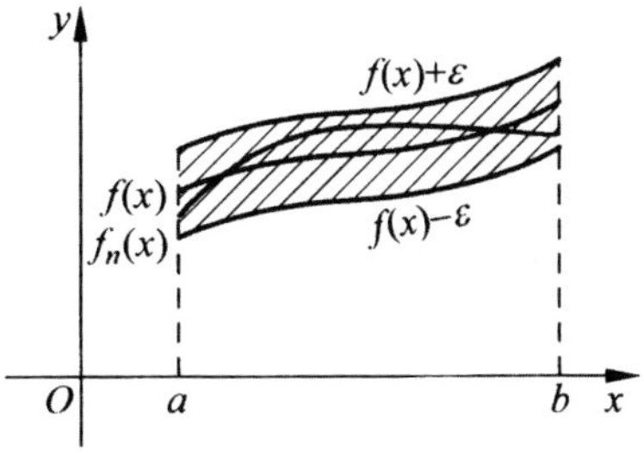

图 8-1-1

非一致收敛的本质为:总可以找到一个以 $f(x)$ 为中间曲线的带形区域,不论从哪项开始,后面总有某个函数(无穷多个)部分图像落在带形区域外面,如图 8-1-2 所示.

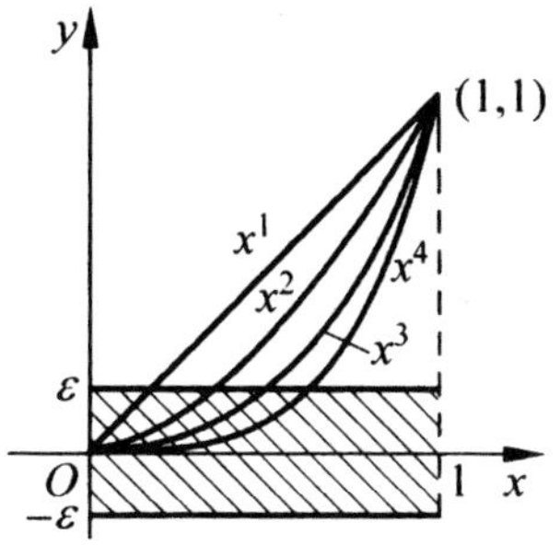

图 8-1-2

大致地说,一致收敛的函数列是"一束"函数,除了有限个函数外,可以将这些函数列"捆扎"在一起,以极限函数为"芯".而非一致收敛的函数列是没办法"捆扎"在一起,也就是说,当捆扎较小"一束"时,必然有无数个函数"遗留"在外面.

定理 8.1.2(函数列一致收敛的柯西准则)　函数列 $\{f_n(x)\}$ 在区间 I 上一致收敛的充要条件是:$\forall\varepsilon>0$,$\exists N\in\mathbf{N}^+$,$\forall n>N$ 和 $p\in\mathbf{N}^+$,$\forall x\in I$,有

$$|f_{n+p}(x)-f_n(x)|<\varepsilon.$$

证明:必要性,设函数列$\{f_n(x)\}$在区间I上一致收敛于$f(x)$,则$\forall \varepsilon>0$,$\exists N\in \mathbf{N}^+$,$\forall n>N, p\in \mathbf{N}^+$,$\forall x\in I$,有

$$|f_n(x)-f(x)|<\frac{\varepsilon}{2},$$

和

$$|f_{n+p}(x)-f(x)|<\frac{\varepsilon}{2}.$$

于是

$$\begin{aligned}|f_{n+p}(x)-f_n(x)| &\leqslant |f_{n+p}(x)-f(x)|+|f_n(x)-f(x)|\\ &<\frac{\varepsilon}{2}+\frac{\varepsilon}{2}=\varepsilon.\end{aligned}$$

充分性,若

$$|f_{n+p}(x)-f_n(x)|<\varepsilon$$

成立,根据数列收敛的柯西准则,$\forall x\in I$,数列$\{f_n(x)\}$的极限都存在,令其极限函数为$f(x)$,即

$$\lim_{n\to\infty}f_n(x)=f(x), \forall x\in I.$$

在

$$|f_{n+p}(x)-f_n(x)|<\varepsilon$$

中,固定$n(n>N)$,令$p\to\infty$,于是$\forall n>N$和$\forall x\in I$,有

$$|f_n(x)-f(x)|\leqslant\varepsilon.$$

故函数列$\{f_n(x)\}$在区间I上一致收敛于$f(x)$.

例 8.1.2 用不同方法证明

$$\{f_n(x)\}=\{nx(1-x^2)^n\}$$

在$[0,1]$上不一致收敛;并讨论它在$[0,1]$的何种子集上为一致收敛.

证明:这里的$\{f_n(x)\}$即为例 8.1.1 所讨论的函数列.对此,有

$$f(x)=\lim_{n\to\infty}f_n(x)=0, x\in[0,1];$$

$$f'_n(x)=n(1-x^2)^{n-1}[1-(2n+1)x^2]=0\Rightarrow x=1,\frac{1}{\sqrt{2n+1}};$$

$$\max_{x\in[0,1]}f_n(x)=f_n\left(\frac{1}{\sqrt{2n+1}}\right)=\frac{n}{\sqrt{2n+1}}\left(\frac{2n}{2n+1}\right)^n, n=1,2,\cdots.$$

证法一,用定义证明,因为

$$\lim_{n\to\infty}\left(\frac{2n}{2n+1}\right)^n=\lim_{n\to\infty}\left(\frac{1}{1+\frac{1}{2n}}\right)^n=\frac{1}{\sqrt{e}},$$

$$\lim_{n\to\infty}\frac{n}{\sqrt{2n+1}}=+\infty,$$

所以 $\exists N_0>0$，当 $n>N_0$ 时，有

$$f_n\left(\frac{1}{\sqrt{2n+1}}\right)>1.$$

对于 $\varepsilon_0=0$，$\forall N(N\geqslant N_0)$，$\exists n_0=N+1$，$x_0=\dfrac{1}{\sqrt{2n_0+1}}$，使

$$|f_{n_0}(x_0)-f(x_0)|=f_{n_0}(x_0)>1.$$

所以 $\{f_n(x)\}$ 在 $[0,1]$ 上不一致收敛于 $f(x)=0$.

证法二，用柯西准则证明，因为对任何 n，都有

$$\begin{aligned}r_n&=f_{2n}\left(\frac{1}{\sqrt{2n+1}}\right)-f_n\left(\frac{1}{\sqrt{2n+1}}\right)\\&=\frac{n}{\sqrt{2n+1}}\left(\frac{n}{2n+1}\right)^n\left[2\left(\frac{n}{2n+1}\right)^n-1\right],\end{aligned}$$

且

$$\lim_{n\to\infty}r_n=+\infty.$$

于是对于 $\varepsilon_0=1$，$\exists N_0>0$，当 $n\geqslant N_0$ 时，可使 $r_n>\varepsilon_0$.这样，只要取

$$n_0=N_0,p_0=n_0,x_0=\frac{1}{\sqrt{2n_0+1}}\in[0,1],$$

就能使

$$|f_{n_0+p_0}(x_0)-f_{n_0}(x_0)|=|f_{2n_0}(x_0)-f_{n_0}(x_0)|=r_{n_0}>\varepsilon_0.$$

根据柯西准则的否定说法，证得 $\{f_n(x)\}$ 在 $[0,1]$ 上不一致收敛.

最后，考虑到 $f_n(x)$ 的最大值点 $x_n=\dfrac{1}{\sqrt{2n+1}}\to 0$，$f_n(x_n)\to+\infty$，$(n\to\infty)$，因此导致 $\{f_n(x)\}$ 不一致收敛的 x 取值范围必为 $x=0$ 的右邻域.如果能使 x 的取值与 0 有一间隔，例如 $x\in\left[\dfrac{1}{10},1\right]$，在其上可使 $f_n(x)\to 0$.这是因为当 $n>50$ 时，$\dfrac{1}{\sqrt{2n+1}}<\dfrac{1}{10}$，$f_n(x)$ 在 $\left[\dfrac{1}{10},1\right]$ 上单调递减，从而使得

$$\sup_{x\in\left[\frac{1}{10},1\right]}|f_n(x)-0|=f_n\left(\frac{1}{10}\right)=\frac{n}{10}\left(\frac{99}{100}\right)^n\to 0,(n\to\infty).$$

同理可证，对任何满足 $0<\delta<1$ 的 δ 必有

$$nx(1-x^2)^n\to 0,x\in[\delta,1].$$

事实上，例 8.1.2 中的函数序列的图像如图 8-1-3 所示，上面分析与论证的基本思想，可以从直观图像中得到启发.

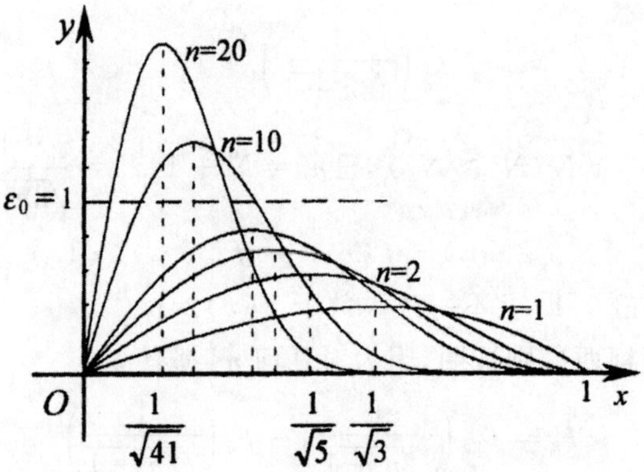

图 8-1-3

8.2　函数项级数及其一致收敛性

我们知道,有限个连续函数的和仍然是连续函数,有限个函数的和的导数及积分也分别等于它们的导数及积分的和.但是对于无穷多个函数的和是否也具有这些性质呢？换句话说,无穷多个连续函数的和 $s(x)$ 是否仍然是连续函数？无穷多个函数的导数及积分的和是否仍然分别等于它们的和函数的导数及积分呢？下面来看一个例子.

例 8.2.1　函数项级数

$$x+(x^2-x)+(x^3-x^2)+\cdots+(x^n-x^{n-1})+\cdots$$

的每一项都在[0,1]上连续,其前 n 项之和为 $s_n(x)=x^n$,因此和函数为

$$s(x)=\lim_{n\to\infty}s_n(x)=\begin{cases}0, & 0\leqslant x\leqslant 1\\ 1, & x=1\end{cases}.$$

这和函数 $s(x)$ 在 $x=1$ 处间断.由此可见,函数项级数的每一项在 $[a,b]$ 上连续,并且级数在 $[a,b]$ 上收敛,其和函数不一定在 $[a,b]$ 上连续.也可以举出这样的例子,函数项级数的每一项的导数及积分所组成的级数的和并不等于它们的和函数的导数及积分.这就提出了这样一个问题:对什么级数,能够从级数每一项的连续性得出它的和函数的连续性,从级数的每一项的导数及积分所组成的级数之和得出原来级数的和函数的导数及积分呢？要回答这个问题,就需要引入下面的函数项级数的一致收敛性概念.

定义 8.2.1 若级数 $\sum_{n=1}^{\infty} u_n(x)$ 的部分和序列

$$s_n(x) = \sum_{k=1}^{n} u_k(x)(n=1,2,\cdots)$$

在 I 上一致收敛到 $s(x)$，则称级数 $\sum_{n=1}^{\infty} u_n(x)$ 在 I 上一致收敛到 $s(x)$.

由函数项级数一致收敛的定义，很容易得到下面的定理.

定理 8.2.1 函数项级数 $\sum_{n=1}^{\infty} u_n(x$ 在区间$)I$ 上一致收敛的充要条件是：$\forall \varepsilon > 0, \exists N = N(\varepsilon)$，当 $n > N$ 时，$\forall x \in I$ 都有

$$\left| \sum_{k=1}^{n} u_k(x) - s_n(x) \right| < \varepsilon$$

其中 $s_n(x)$ 是函数项级数 $\sum_{n=1}^{\infty} u_n(x)$ 的前 n 项和.

以上函数项级数一致收敛的定义在几何上可解释为：只要 n 充分大 $(n > N)$，在区间 I 上所有曲线 $y = s_n(x)$ 将位于曲线 $y = s(x) + \varepsilon$ 与 $y = s(x) - \varepsilon$ 之间.

例 8.2.2 试证几何级数 $\sum_{n=1}^{\infty} x^{n-1}$ 在$[-a,a](0 < a < 1)$上一致收敛，但在$(-1,1)$上不一致收敛.

证明：由

$$\sup_{x\in[a,b]} |s(x) - s_n(x)| = \sup_{x\in[a,b]} \left| \frac{x^n}{1-x} \right| = \frac{a^2}{1-a} \to 0, n \to \infty.$$

因此级数 $\sum_{n=1}^{\infty} x^{n-1}$ 在$[-a,a]$上一致收敛.

若 $x \in (-1,1)$，则由

$$\sup_{x\in(-1,1)} |s(x) - s_n(x)| = \sup_{x\in(-1,1)} \left| \frac{x^n}{1-x} \right| = \left| \frac{\left(\frac{n}{n+1}\right)^n}{1 - \frac{n}{n+1}} \right|$$

$$= \left(\frac{n}{n+1}\right)^{n-1} \to \infty, n \to \infty$$

可知级数 $\sum_{n=1}^{\infty} x^{n-1}$ 在$(-1,1)$上不一致收敛.

定理 8.2.2(魏尔斯特拉斯判别法) 如果函数项级数 $\sum_{n=1}^{\infty} u_n(x)$ 在区间 I 上满足条件：

(1) $|u_n(x)| \leqslant a_n (n=1,2,3,\cdots)$；

(2) 正项级数 $\sum_{n=1}^{\infty} a_n$ 收敛.

则函数项级数 $\sum_{n=1}^{\infty} u_n(x)$ 在区间 I 上一致收敛.

证明:由条件(2),对于任意给定的 $\varepsilon > 0$,根据 Cauchy 收敛原理,存在自然数 N,使得当 $n > N$ 时,对任意的自然数 p,都有

$$a_{n+1} + a_{n+2} + \cdots + a_{n+p} < \frac{\varepsilon}{2},$$

再由条件(1) 可是,对任何 $x \in I$,都有

$$|u_{n+1}(x) + u_{n+2}(x) + \cdots + u_{n+p}(x)| \leqslant |u_{n+1}(x)| + |u_{n+2}(x)| + \cdots + |u_{n+p}(x)| \leqslant a_{n+1} + a_{n+2} + \cdots + a_{n+p} < \frac{\varepsilon}{2},$$

令 $p \to \infty$,则由上式可得

$$|r_n(x)| \leqslant \frac{\varepsilon}{2} < \varepsilon.$$

因此函数项级数 $\sum_{n=1}^{\infty} u_n(x)$ 在区间 I 上一致收敛.

例 8.2.3 证明 $\sum_{n=1}^{\infty} \frac{\sin nx^2}{n^2+1}$ 在 $(-\infty, +\infty)$ 上一致收敛.

证明:对每一个 $x \in (-\infty, +\infty)$,有

$$\left|\frac{\sin nx^2}{n^2+1}\right| \leqslant \frac{1}{n^2+1}, n=1,2,\cdots,$$

而 $\sum_{n=1}^{\infty} \frac{1}{n^2+1}$ 收敛,因此 $\sum_{n=1}^{\infty} \frac{\sin nx^2}{n^2+1}$ 在 $(-\infty, +\infty)$ 上一致收敛.

到目前为止,所学过的函数项级数一致收敛性的判别法有:

(1) 定义法:函数项级数的部分和数列 $\{s_n(x)\}$ 一致收敛于和函数 $s(x)$;

(2) 魏尔斯特拉斯判别法:优级数判别法;

(3) 柯西准则:函数项级数一致收敛的充要条件(定理 8.2.1).

上述 3 个方法对比较简单的函数项级数还是适用的,但是对比较复杂的级数而言,判断其一致收敛性并非是件容易的事情,解决这类问题的通常方法是将函数项级数 $\sum_{n=1}^{\infty} w_n(x)$ 的一般项 $w_n(x)$ 表示为两项的积,即

$$w_n(x) = u_n(x) v_n(x).$$

根据函数列 $\{u_n(x)\}$ 和 $\{v_n(x)\}$ 或其级数所具有的性质,确定级数 $\sum_{n=1}^{\infty} w_n(x)$ 的一致收敛性,即下面的阿贝尔判别法与狄利克雷判别法.

定理 8.2.3(阿贝尔判别法)　设函数项级数 $\sum_{n=1}^{\infty} u_n(x)v_n(x)$ 满足下面两个条件：

(1) 函数项级数 $\sum_{n=1}^{\infty} u_n(x)$ 在区间 I 上一致收敛；

(2) 对于每一个 $x \in I$，函数列 $\{v_n(x)\}$ 是单调的，且在区间 I 上一致有界.

则函数项级数 $\sum_{n=1}^{\infty} u_n(x)v_n(x)$ 在区间 I 上一致收敛.

定理 8.2.4(狄利克雷判别法)　设函数项级数 $\sum_{n=1}^{\infty} u_n(x)v_n(x)$ 满足下面两个条件：

(1) 函数项级数 $\sum_{n=1}^{\infty} u_n(x)$ 部分和函数列在区间 I 上一致有界；

(2) 对于每一个 $x \in I$，数列 $\{v_n(x)\}$ 是单调的，且在区间 I 上一致收敛于 0.

则函数项级数 $\sum_{n=1}^{\infty} u_n(x)v_n(x)$ 在区间 I 上一致收敛.

例 8.2.4　证明函数项级数 $\sum_{n=1}^{\infty} (-1)^n \dfrac{(x+n)^n}{n^{n+1}}$ 在 $[0,1]$ 上一致收敛.

证明: 由于

$$(-1)^n \frac{(x+n)^n}{n^{n+1}} = (-1)^n \frac{1}{n} \cdot \frac{(x+n)^n}{n^n},$$

其中级数

$$v_n(x) = \frac{(x+n)^n}{n^n} = \left(1+\frac{x}{n}\right)^n$$

在 $[0,1]$ 上关于 n 是单调的，且 $x \in [0,1]$，有

$$|v_n(x)| = \frac{(x+n)^n}{n^{n+1}} \leqslant \left(1+\frac{x}{n}\right)^n \leqslant \mathrm{e}.$$

又由于数项级数 $\sum_{n=1}^{\infty} (-1)^n \dfrac{1}{n}$ 收敛，当然一致收敛.于是根据阿贝尔判别法，函数项级数 $\sum_{n=1}^{\infty} (-1)^n \dfrac{(x+n)^n}{n^{n+1}}$ 在 $[0,1]$ 上一致收敛.

例 8.2.5　若函数 $\{a_n\}$ 单调趋于零，则级数

$$\sum_{n=1}^{\infty} a_n \sin nx \text{ 和 } \sum_{n=1}^{\infty} a_n \cos nx$$

对 $\forall x \in (0,2\pi)$ 都收敛.

证明:由于

$$2\sin\frac{x}{2}\left(\frac{1}{2}+\sum_{k=1}^{n}\cos kx\right)=\sin\left(n+\frac{1}{2}\right)x,$$

因此

$$\frac{1}{2}+\sum_{k=1}^{n}\cos kx=\frac{\sin\left(n+\frac{1}{2}\right)x}{2\sin\frac{x}{2}}.$$

从而级数$\sum_{n=1}^{\infty}a_n\cos nx$的部分和数列当$\forall x\in(0,2\pi)$时有界,由狄利克雷判别法知,级数$\sum_{n=1}^{\infty}a_n\cos nx$收敛.同理可证级数$\sum_{n=1}^{\infty}a_n\sin nx$也收敛.

8.3　一致收敛函数列与函数项级数的性质

定理 8.3.1(和函数的连续性)　若函数项级数$\sum_{n=1}^{\infty}u_n(x)$在区间$[a,b]$上一致收敛于和函数$s(x)$,且每一项$u_n(x)$在$[a,b]$上连续,则和函数$s(x)$在$[a,b]$上也连续.

证明:对任意的$x,x_0\in[a,b]$,由于级数$\sum_{n=1}^{\infty}u_n(x)$在区间$[a,b]$上一致收敛,于是$\forall\varepsilon>0$,$\exists N=N(\varepsilon)$,使得

$$|s(x)-s_N(x)|<\frac{\varepsilon}{3}.$$

又由于$u_n(x)$在$[a,b]$上连续,因此$s_N(x)$也在$[a,b]$上连续.于是对于上述ε,$\exists\delta>0$,当$x\in I$,$|x-x_0|<\delta$时,有

$$|s_N(x)-s_N(x_0)|<\frac{\varepsilon}{3}.$$

因此,当$|x-x_0|<\delta$时,有

$$|s(x)-s(x_0)|\leqslant|s(x)-s_N(x)|+|s_N(x)-s_N(x_0)|$$
$$+|s_N(x_0)-s(x_0)|<\frac{\varepsilon}{3}+\frac{\varepsilon}{3}+\frac{\varepsilon}{3}=\varepsilon.$$

这就证明了$s(x)$在$[a,b]$上连续.

定理 8.3.2(极限函数的连续性)　若函数列$\{f_n(x)\}$在区间$[a,b]$一致收敛于极限函数$f(x)$,且$\forall n\in\mathbf{N}_+$,$f_n(x)$在区间$[a,b]$连续,则极限函

数 $f(x)$ 在区间 $[a,b]$ 连续.

定理 8.3.2 可写成 $\lim\limits_{x\to x_0}[\lim\limits_{x\to\infty}f_n(x)]=\lim\limits_{n\to\infty}[\lim\limits_{x\to x_0}f_n(x)]$.

定理 8.3.3(逐项可积性)　如果函数项级数 $\sum\limits_{n=1}^{\infty}u_n(x)$ 在区间 $[a,b]$ 上一致收敛,且级数的每一项 $u_n(x)$ 都在区间 $[a,b]$ 上连续,则和函数 $s(x)$ 可积,且可逐项积分,即

$$\int_{x0}^{x}s(x)\mathrm{d}x=\int_{x0}^{x}u_1(x)\mathrm{d}x+\int_{x0}^{x}u_2(x)\mathrm{d}x+\cdots+\int_{x0}^{x}u_n(x)\mathrm{d}x+\cdots,$$

其中,x_0,x 是区间 $[a,b]$ 内任意两点.逐项积分后的级数也在区间 $[a,b]$ 上一致收敛.

证明:由定理 8.3.1 可知,$s(x)$ 在区间 $[a,b]$ 上连续,从而在 $[a,b]$ 上可积.由于函数项级数 $\sum\limits_{n=1}^{\infty}u_n(x)$ 在区间 $[a,b]$ 上一致收敛与和函数 $s(x)$,则 $\forall\varepsilon>0$,$\exists N\in\mathbf{Z}^+$,$\forall n>N$ 和 $\forall x\in[a,b]$,有

$$|s(x)-S_n(x)|<\frac{\varepsilon}{b-a}.$$

于是

$$\left|\int_a^b s(x)\mathrm{d}x-\int_a^b S_n(x)\mathrm{d}x\right|=\left|\int_a^b[s(x)-S_n(x)]\mathrm{d}x\right|$$
$$\leqslant\int_a^b|s(x)-S_n(x)|\mathrm{d}x<\frac{\varepsilon}{b-a}\int_a^b\mathrm{d}x=\varepsilon.$$

因此

$$\int_a^b s(x)\mathrm{d}x=\lim_{n\to\infty}\int_a^b S_n(x)\mathrm{d}x=\sum_{n=1}^{\infty}\int_a^b u_n(x)\mathrm{d}x$$
$$=\int_{x0}^{x}u_1(x)\mathrm{d}x+\int_{x0}^{x}u_2(x)\mathrm{d}x+\cdots+\int_{x0}^{x}u_n(x)\mathrm{d}x+\cdots.$$

定理 8.3.4(可积性)　若函数列 $\{f_n(x)\}$ 在区间 $[a,b]$ 一致收敛于极限函数 $f(x)$,且 $\forall n\in\mathbf{N}_+$,$f_n(x)$ 在区间 $[a,b]$ 连续,则极限函数 $f(x)$ 在 $[a,b]$ 可积,且

$$\int_a^b f(x)\mathrm{d}x=\lim_{n\to\infty}\int_a^b f_n(x)\mathrm{d}x\text{ 或}\int_a^b[\lim_{n\to\infty}f_n(x)]\mathrm{d}x=\lim_{n\to\infty}\int_a^b f_n(x)\mathrm{d}x,$$

简称积分号下取极限.

定理 8.3.5(逐项可微性)　若函数项级数 $\sum\limits_{n=1}^{\infty}u_n(x)$ 满足:

(1) 函数项级数 $\sum\limits_{n=1}^{\infty}u_n(x)$ 在 $[a,b]$ 上收敛于和函数 $s(x)$;

(2) 每一项 $u_n(x)$ 在区间 $[a,b]$ 上有连续的导函数;

(3) 函数项级数 $\sum_{n=1}^{\infty} u'_n(x)$ 在区间 $[a,b]$ 上一致收敛.

则和函数 $s(x)$ 在区间 $[a,b]$ 上有连续的导函数,且 $s'(x)=\sum_{n=1}^{\infty} u'_n(x)$.

证明:由条件(3),设 $T(x)=\sum_{n=1}^{\infty} u'_n(x)$,再由条件(2)知,$T(x)$ 在 $[a,b]$ 上连续. $\forall x\in[a,b]$,于是由定理 8.3.2 得

$$\begin{aligned}\int_a^x T(t)\mathrm{d}t &= \sum_{n=1}^{\infty}\int_a^x u'_n(x)\mathrm{d}t = \sum_{n=1}^{\infty} u_n(t)\Big|_a^x = \sum_{n=1}^{\infty}[u_n(x)-u_n(a)] \\ &= \sum_{n=1}^{\infty} u_n(x)-\sum_{n=1}^{\infty} u_n(a)=s(x)-s(a).\end{aligned}$$

将上式的两端对 x 求导,有 $T(x)=s'(x)$,即和函数在区间 $[a,b]$ 上有连续的导函数,且

$$s'(x)=\sum_{n=1}^{\infty} u'_n(x).$$

(可积性)若函数列 $\{f_n(x)\}$ 在区间 $[a,b]$ 一致收敛于极限函数 $f(x)$,且 $\forall n\in\mathbf{N}_+$, $f_n(x)$ 在区间 $[a,b]$ 连续,则极限函数 $f(x)$ 在 $[a,b]$ 可积,且

$$\int_a^b f(x)\mathrm{d}x=\lim_{n\to\infty}\int_a^b f_n(x)\mathrm{d}x \text{ 或} \int_a^b [\lim_{n\to\infty} f_n(x)]\mathrm{d}x=\lim_{n\to\infty}\int_a^b f_n(x)\mathrm{d}x.$$

定理 8.3.6(极限函数的可微性) 若函数列 $\{f_n(x)\}$ 在区间 $[a,b]$ 满足下列条件:

(1) 收敛于极限函数 $f(x)$,即 $\forall x\in[a,b]$,有 $\lim_{n\to\infty} f_n(x)=f(x)$;

(2) $\forall n\in\mathbf{N}_+$, $f_n(x)$ 有连续导函数;

(3) 导函数的函数数列 $\{f'_n(x)\}$ 一致收敛.

则极限函数 $f(x)$ 在区间 $[a,b]$ 有连续导函数,且 $f'(x)=\lim_{n\to\infty} f'_n(x)$ 或

$$\frac{\mathrm{d}}{\mathrm{d}x}[\lim_{n\to\infty} f_n(x)]=\lim_{n\to\infty}\left[\frac{\mathrm{d}}{\mathrm{d}x} f_n(x)\right].$$

简称微分号下取极限.

例 8.3.1 讨论级数 $\sum_{n=1}^{\infty}\frac{x^2}{(1+x^2)^n}$ 的一致收敛性.

解:对于级数

$$\sum_{n=1}^{\infty} f_n(x)=\sum_{n=1}^{\infty}\frac{x^2}{(1+x^2)^n},$$

由于

$$S_n(x)=\frac{x^2}{1+x^2}\cdot\frac{1-\left(\frac{1}{1+x^2}\right)^n}{1-\frac{1}{1+x^2}}=1-\left(\frac{1}{1+x^2}\right)^n,$$

$$s(x)=\lim_{n\to\infty}S_n(x)=\begin{cases}0, x=0\\ 1, x\neq 0\end{cases},$$

而 $f_n(x)$ 在 $(-\infty,+\infty)$ 上连续，$s(x)$ 存在间断点 $x=0$，根据和函数连续性定理可以推知该级数在 $(-\infty,+\infty)$ 上必定不一致收敛，而且在任何包含点 $x=0$ 的区间上都不一致收敛.

例 8.3.2　对下列函数列分别讨论在 $[0,1]$ 上是否一致收敛？是否逐项可积？

(1) $f_n(x)=nx\mathrm{e}^{-nx}$.

(2) $g_n(x)=2n^2x\mathrm{e}^{-n^2x^2}$.

解：$f_n(x)$ 和 $g_n(x)$ 的图象分别如图 8-3-1 与图 8-3-2 所示.从图像上看，这两个函数列在 $[0,1]$ 上都不可能一致收敛于它们的极限函数 $f(x)=g(x)=0$.现分别讨论如下：

(1) 若设 $\lim\limits_{n\to\infty}f_n(x)=f(x)x\in I$，令

$$h_n(x)=f_n(x)-f(x), x\in I,$$

若存在收敛数列 $\{x_n\}\in I$，使得 $\lim\limits_{n\to\infty}h_n(x_n)\neq 0$，则容易推得：在 I 上，$h_n(x)$ 不一致收敛于 0，即 $f_n(x)$ 不一致收敛于 $f(x)$.故而，由题意有

$$f(x)=\lim_{n\to\infty}nx\mathrm{e}^{-nx}=0, x\in[0,1],$$

存在收敛的 $\left\{\dfrac{1}{n}\right\}\subset[0,1]$，使得

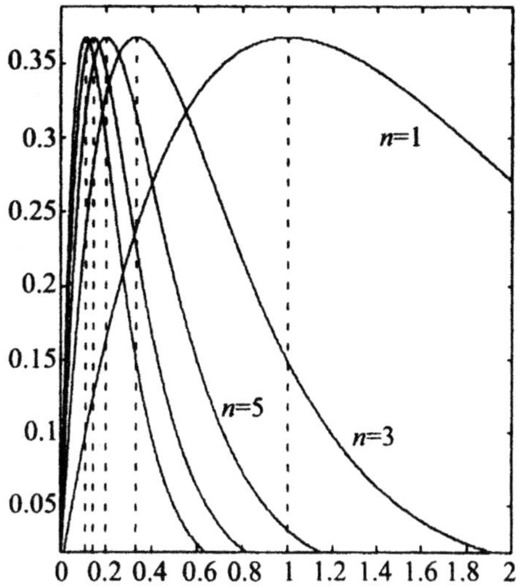

图 8-3-1

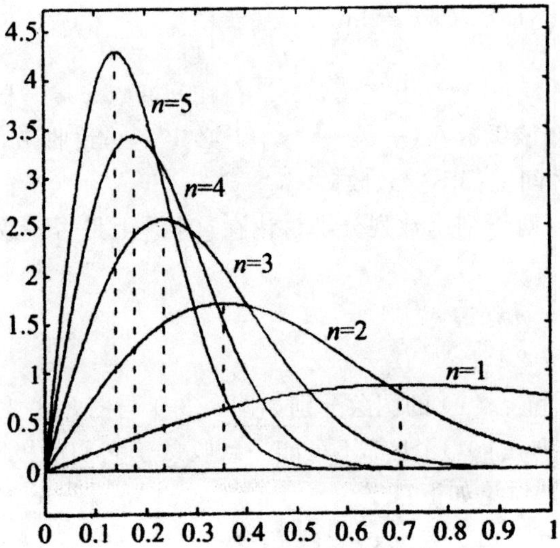

图 8-3-2

$$\left|f_n\left(\frac{1}{n}\right)-f\left(\frac{1}{n}\right)\right|=\mathrm{e}^{-1}$$

不一致收敛于 0，故而，在 $[0,1]$ 上，$f_n(x)=nx\mathrm{e}^{-nx}$ 不一致收敛于 0. 但是由

$$\int_0^1 f_n(x)\mathrm{d}x=\int_0^1 nx\mathrm{e}^{-nx}\mathrm{d}x=\frac{1}{n}\int_0^n t\mathrm{e}^{-t}\mathrm{d}t$$

$$=-\frac{1}{n}\mathrm{e}^{-t}(1+t)\Big|_0^n=\frac{1}{n}-\left(1+\frac{1}{n}\right)\mathrm{e}^{-n},$$

仍然得到

$$\lim_{n\to\infty}\int_0^1 f_n(x)\mathrm{d}x=0=\int_0^1 f(x)\mathrm{d}x.$$

(2) 同样地有 $g(x)=\lim\limits_{n\to\infty}2n^2x\mathrm{e}^{-n^2x^2}=0, x\in[0,1]$；且因

$$\left|g_n\left(\frac{1}{n}\right)-g\left(\frac{1}{n}\right)\right|=2n\mathrm{e}^{-1}$$

不一致收敛于 0，致使 $g_n(x)=2n^2x\mathrm{e}^{-n^2x^2}$ 在区间 $[0,1]$ 上不一致收敛于 0. 但是由

$$\int_0^1 g_n(x)\mathrm{d}x=\mathrm{e}^{-n^2x^2}\Big|_1^0=1-\mathrm{e}^{-n^2}\to 1,(n\to\infty),$$

却使得

$$\lim_{n\to\infty}\int_0^1 g_n(x)\mathrm{d}x=1\neq 0=\int_0^1 g(x)\mathrm{d}x.$$

例 8.3.3　判断函数列 $\{S_n(x)\}$ 是否逐项可导，其中，$S_n(x)=\frac{1}{2n}\ln(1+n^2x^2)$.

解：易知 $s(x)=\lim\limits_{n\to\infty}S_n(x)=0, x\in(-\infty,+\infty)$，故 $s'(x)=0, x\in(-\infty,+\infty)$.而

$$S'_n(x)=\frac{nx}{1+n^2x^2},\sigma(x)=\lim_{n\to\infty}S'_n(x)=0;$$

$$S'_n\left(\frac{1}{n}\right)=\frac{1}{2}.$$

由此可见，$S'_n(x)$ 不一致收敛于 $\sigma(x)$，但是由于

$$S'_n(x)=0=\sigma(x),$$

故 $\{S_n(x)\}$ 依然逐项可导.

第 9 章　幂级数

幂级数是研究函数和近似计算的有力工具.本章将研究幂级数的性质以及幂级数的运算方法.

9.1　幂级数及其性质

9.1.1　幂级数及其收敛性

定义 9.1.1　形如

$$\sum_{n=0}^{\infty} a_n (x-x_0)^n = a_0 + a_1(x-x_0) + a_2(x-x_0)^2 + \cdots + a_n(x-x_0)^n + \cdots \tag{9-1-1}$$

的函数项级数称为$(x-x_0)$幂级数,其中,$a_0, a_1, a_2, \cdots$ 称为幂级数的系数.

当 $x_0=0$ 时,级数(9-1-1) 具有更简单的形式

$$\sum_{n=0}^{\infty} a_n x^n = a_0 + a_1 x + a_2 x^2 + \cdots + a_n x^n + \cdots, \tag{9-1-2}$$

称为 x 的幂级数.

如果作变量变换 $t=x-x_0$,则幂级数(9-1-1) 就变为幂级数(9-1-2).因此,我们只讨论形如(9-1-2) 的幂级数.

定义 9.1.2　对于给定的值 $x_0 \in \mathbf{R}$,幂级数(9-1-2) 变成常数项级数

$$\sum_{n=0}^{\infty} a_0 x_0^n = a_0 + a_1 x_0 + a_2 x_0^2 + \cdots + a_n x_0^n + \cdots. \tag{9-1-3}$$

如果级数(9-1-3) 收敛,就称为幂级数(9-1-2) 的收敛点.如果级数(9-1-3) 发散,则称 x_0 为幂级数(9-1-2) 的发散点.若幂级数的收敛点集是区间,称之为收敛域,其发散点的全体称为发散域.

对于收敛域内的不同点 x,幂级数(9-1-2) 的和也可能不同,所以幂级数(9-1-2) 的和是关于 x 的一个数,记为 $S(x)$,称为幂级数(9-1-2) 的和

函数.

任意一个幂级数(9-1-2)在点 x_0 处总是收敛的,除此之外,有下列收敛定理:

定理9.1.1(阿贝尔定理) 若幂级数 $\sum_{n=0}^{\infty} a_n x^n$ 在 $x=x_0(x_0 \neq 0)$ 处收敛,则当 $|x|<|x_0|$ 时,该级数在点 x 处绝对收敛;反之,若级数 $\sum_{n=0}^{\infty} a_n x^n$ 在 $x=x_0$ 时发散,则当 $|x|>|x_0|$ 时,该级数在点 x 处发散.

证明:设点 $x_0 \neq 0$ 是幂级数(9-1-2)收敛点,即 $\sum_{n=0}^{\infty} a_n x_0^n$ 收敛,根据级数收敛的必要条件,有 $\lim\limits_{n\to\infty} a_n x_0^n=0$,于是,存在常数 M,使得

$$|a_n x_0^n| \leqslant M(n=0,1,2,\cdots).$$

由于

$$|a_n x_0^n|=\left|a_n x_0^n \cdot \frac{x^n}{x_0^n}\right|=|a_n x_0^n| \cdot \left|\frac{x^n}{x_0^n}\right| \leqslant M\left|\frac{x}{x_0}\right|^n,$$

且当 $\left|\frac{x}{x_0}\right|<1$ 时,等比级数 $\sum_{n=0}^{\infty} M\left|\frac{x}{x_0}\right|^n$ 收敛,所以级数 $\sum_{n=0}^{\infty}|a_n x^n|$ 收敛,即级数 $\sum_{n=0}^{\infty} a_n x^n$ 绝对收敛.

采用反证法证明定理的第二部分.设 $x=x_0$ 时发散,而另有一点 x_1 存在,它满足 $|x_1|>|x_0|$,并使得级数 $\sum_{n=0}^{\infty} a_n x_1^n$ 收敛,根据定理的第一部分可得,当 $x=x_0$ 时级数也应收敛,这与假设矛盾.从而得证.

阿贝尔定理表明,如果幂级数(9-1-2)在 $x=x_0$ 处收敛,则级数在 $(-|x_0|,|x_0|)$ 上任何一点 x 绝对收敛;如果幂级数(9-1-2)在 $x=x_0$ 处发散,则对于 $[-|x_0|,|x_0|]$ 外的任何 x,幂级数都发散.

9.1.2 幂级数的收敛半径与收敛区间

容易看出,$x=0$ 是幂级数的一个收敛点,除此之外,它还在何点收敛呢?下面用比值判别法来讨论幂级数 $\sum_{n=0}^{\infty}|a_n x^n|$ 的收敛性.

如果 $\lim\limits_{n\to\infty}\left|\frac{a_{n+1}x^{n+1}}{a_n x^n}\right|=\lim\limits_{n\to\infty}\left|\frac{a_{n+1}}{a_n}\right||x|=\rho|x|$ 存在,由正项级数的比值审敛法可知,当 $\rho|x|<1$ 时,$\sum_{n=0}^{\infty} a_n x^n$ 绝对收敛,即可得出,当 $\rho \neq 0$ 时,

$\sum_{n=0}^{\infty}a_nx^n$ 在区间$\left(-\frac{1}{\rho},\frac{1}{\rho}\right)$内收敛，为简便起见，令 $R=\frac{1}{\rho}$，则

$$\lim_{n\to\infty}\left|\frac{a_n}{a_{n+1}}\right|=R.$$

设有幂级数$\sum_{n=0}^{\infty}a_nx^n$，它的相邻两项的系数满足$\lim_{n\to\infty}\left|\frac{a_n}{a_{n+1}}\right|=R$，若

(1)$0<R<+\infty$，则当$|x|<R$时，幂级数收敛，当$|x|>R$时，幂级数发散；

(2)$R=0$，则幂级数仅在$x=0$点处收敛；

(3)$R=+\infty$，则幂级数的收敛区间为$(-\infty,+\infty)$.

当$R=0$时，幂级数的收敛域只含一点$x=0$，当$R\neq 0$时，区间$(-R,R)$为幂级数的收敛区间，但对于$x=\pm R$，定理未指出是否收敛，这时需将$x=\pm R$代入幂级数变为常数项级数，然后分别讨论其收敛情况，R称为幂级数的收敛半径.

例 9.1.1　求幂级数$x-\frac{x^2}{2}+\frac{x^2}{3}+\cdots+(-1)^{n-1}\frac{x^n}{n}+\cdots$的收敛半径与收敛区间.

解：这是一个关于x的幂级数，则

$$R=\lim_{n\to\infty}\left|\frac{a_n}{a_{n+1}}\right|=\lim_{n\to\infty}\frac{\frac{1}{n+1}}{\frac{1}{n}}=1,$$

在端点$x=1$时，级数成为收敛的交错级数：

$$1-\frac{1}{2}+\frac{1}{3}-\cdots+(-1)^{n-1}\frac{1}{n}+\cdots,$$

在端点$x=-1$时，级数成为发散的级数：

$$-1-\frac{1}{2}-\frac{1}{3}-\cdots-\frac{1}{n}-\cdots,$$

所以，幂级数的收敛半径$R=1$，收敛区间是$(-1,1]$.

例 9.1.2　求幂级数$\sum_{n=1}^{\infty}\frac{(x-1)^n}{3^n\cdot n}$的收敛区间.

解：令$t=x-1$，原级数变形为$\sum_{n=1}^{\infty}\frac{t^n}{3^n\cdot n}$，因为

$$R=\lim_{n\to\infty}\left|\frac{a_n}{a_{n+1}}\right|=\lim_{n\to\infty}\frac{3^{n+1}\cdot(n+1)}{3^n\cdot n}=3$$

所以关于变量t的收敛半径为$R=3$，收敛区间为$|t|<3$，即$-2<x<4$.

当 $x=-2$ 时，级数成为 $\sum\limits_{n=1}^{\infty}\dfrac{(-1)^n}{n}$，这时级数收敛；当 $x=4$ 时，级数成为 $\sum\limits_{n=1}^{\infty}\dfrac{1}{n}$，这时级数发散.因此原幂级数的收敛区间为 $[-2,4)$.

例 9.1.3　求幂级数 $\sum\limits_{n=1}^{\infty}(nx)^{n-1}$ 的收敛区间.

解：级数的收敛半径为

$$R=\lim_{n\to\infty}\left|\frac{a_n}{a_{n+1}}\right|=\lim_{n\to\infty}\left|\frac{n^{n-1}}{(n+1)^n}\right|=\lim_{n\to\infty}\left(\frac{n}{n+1}\right)^n\frac{1}{n}$$

$$=\lim_{n\to\infty}\frac{1}{\left(1+\dfrac{1}{n}\right)^n}\cdot\frac{1}{n}=\frac{1}{e}\times 0=0,$$

故幂级数仅在 $x=0$ 处收敛.

例 9.1.4　求幂级数 $\sum\limits_{n=1}^{\infty}\dfrac{2^n x^{2n-1}}{n+1}$ 的收敛区间.

解：因为

$$\lim_{n\to\infty}\left|\frac{\dfrac{2^{n+1}x^{2(n+1)-1}}{n+2}}{\dfrac{2^n x^{2n-1}}{n+1}}\right|=2|x|^2,$$

所以，当 $2|x|^2<1$ 即 $|x|<\dfrac{1}{\sqrt{2}}$，幂级数 $\sum\limits_{n=1}^{\infty}\dfrac{2^n x^{2n-1}}{n+1}$ 收敛，其收敛半径 $R=\dfrac{1}{\sqrt{2}}$；

再考虑级数 $\sum\limits_{n=1}^{\infty}\dfrac{2^n\left(\dfrac{1}{\sqrt{2}}\right)^{2n-1}}{n+1}=\sum\limits_{n=1}^{\infty}\dfrac{\sqrt{2}}{n+1}$ 发散，则级数

$$\sum_{n=1}^{\infty}\frac{2^n\left(-\dfrac{1}{\sqrt{2}}\right)^{2n-1}}{n+1}=\sum_{n=1}^{\infty}\frac{-\sqrt{2}}{n+1},$$

也发散，所以级数的收敛区间为 $\left(-\dfrac{1}{\sqrt{2}},\dfrac{1}{\sqrt{2}}\right)$.

9.1.3　幂级数的运算性质

幂级数在其收敛区间 $(-R,R)$ 是绝对收敛的，可以相加、相减、相乘、

相除、逐项积分、逐项求导，常有如下幂级数的运算法则.本书介绍幂级数的代数运算性质和分析运算性质，不作证明.

定理 9.1.2(幂级数的运算性质) 设两个幂级数 $\sum_{n=0}^{\infty} a_n x^n$，$\sum_{n=0}^{\infty} b_n x^n$ 的收敛半径分别为 R_1 和 R_2，这两个幂级数可进行下列代数运算.

(1) 加、减法：

$$\sum_{n=0}^{\infty} a_n x^n \pm \sum_{n=0}^{\infty} b_n x^n = \sum_{n=0}^{\infty} (a_n \pm b_n) x^n = \sum_{n=0}^{\infty} c_n x^n ,$$

新级数的收敛半径为 $R = \min\{R_1, R_2\}$，$x \in (-R, R)$.

(2) 乘法：

$$\left(\sum_{n=0}^{\infty} a_n x^n\right) \cdot \left(\sum_{n=0}^{\infty} b_n x^n\right) = \sum_{n=0}^{\infty} \left(\sum_{n=0}^{\infty} a_k b_{n-k}\right) x^n = \sum_{n=0}^{\infty} c_n x^n ,$$

其中，$c_n = a_0 b_n + a_1 b_{n-1} + \cdots + a_n b_0$，新级数的收敛半径为 $R = \min\{R_1, R_2\}$.

(3) 除法：

$$\frac{\sum_{n=0}^{\infty} a_n x^n}{\sum_{n=0}^{\infty} b_n x^n} = \sum_{n=0}^{\infty} c_n x^n , (b_0 \neq 0) ,$$

其中，$a_n = \sum_{k=0}^{n} c_k b_{n-k}$，由此可求得 $c_k (k = 0, 1, 2, \cdots)$，相除后所得的级数收敛半径比原来两级数的收敛半径要小得多.

除了以上运算法则，幂级数 $\sum_{n=0}^{\infty} a_n x^n$ 的和函数 $s(x)$ 还可进行微分和积分运算.

定理 9.1.3 设幂级数 $\sum_{n=0}^{\infty} a_n x^n$ 的收敛半径为 R，且在区间$(-R, R)$内和函数为 $s(x)$，则

(1) 和函数 $s(x)$ 在区间$(-R, R)$上连续；

(2) 在对任意 $x \in (-R, R)$，$s(x)$ 可以从 0 到 x 逐项积分，即

$$\int_0^x s(x) \mathrm{d}x = \int_0^x \left[\sum_{n=0}^{\infty} a_n x^n\right] \mathrm{d}x = \sum_{n=0}^{\infty} \int_0^x a_n x^n \mathrm{d}x = \sum_{n=0}^{\infty} \frac{a_n}{n+1} x^{n+1} ;$$

(3) 和函数 $s(x)$ 在区间$(-R, R)$上可导，而且可逐项求导，即

$$s'(x) = \left(\sum_{n=0}^{\infty} a_n x^n\right)' = \sum_{n=0}^{\infty} (a_n x^n)' = \sum_{n=1}^{\infty} n a_n x^{n-1} .$$

反复应用定理9.1.3的(3)可得，幂级数 $\sum_{n=0}^{\infty} a_n x^n$ 的和函数 $s(x)$ 在其收

敛区间 $(-R,R)$ 内具有任意阶导数.

需要注意的是，虽然幂级数逐项积分或求导后，收敛半径仍为 R，但在收敛区间的端点处其收敛性可能发生改变.

例 9.1.5　求幂级数 $\sum_{n=1}^{\infty} nx^{n-1}$ 的收敛区间及和函数，并求数项级数 $\sum_{n=1}^{\infty} \frac{n}{2^n}$ 的和.

解：因为 $R=\lim_{n\to\infty}\left|\frac{a_n}{a_{n+1}}\right|=\lim_{n\to\infty}\left|\frac{n}{n+1}\right|=1$，

把 $x=\pm 1$ 代入幂级数后都不收敛，所以原级数的收敛区间为 $(-1,1)$.

设和函数为 $S(x)$，因为 $\int_0^x nt^{n-1}\,\mathrm{d}t=x^n$，所以

$$\int_0^x S(t)\,\mathrm{d}t=\int_0^x\left(\sum_{n=1}^{\infty} nt^{n-1}\right)\mathrm{d}t=\sum_{n=1}^{\infty}\int_0^x nt^{n-1}\,\mathrm{d}t=\sum_{n=1}^{\infty} x^n=\frac{x}{1-x},$$

两边求导得

$$S(x)=\left(\frac{x}{1-x}\right)'=\frac{1}{(1-x)^2},x\in(-1,1),$$

即

$$\frac{1}{(1-x)^2}=\sum_{n=1}^{\infty} nx^{n-1},x\in(-1,1).$$

将 $x=\pm\frac{1}{2}$ 代入得 $\sum_{n=1}^{\infty}\frac{n}{2^n}=\frac{1}{2}\sum_{n=1}^{\infty} n\left(\frac{1}{2}\right)^{n-1}=\frac{1}{2}\frac{1}{\left(1-\frac{1}{2}\right)^2}=2.$

例 9.1.6　求幂级数 $\sum_{n=1}^{\infty}(-1)^{n-1}\frac{x^n}{n}$ 的和函数 $S(x)$，并求级数 $\sum_{n=1}^{\infty}\frac{(-1)^{n-1}}{n}$ 的和.

解：因为

$$\lim_{n\to\infty}\left|\frac{a_{n+1}}{a_n}\right|=\lim_{n\to\infty}\left|\frac{(-1)^n}{n+1}\right|\div\left|\frac{(-1)^{n-1}}{n}\right|=\lim_{n\to\infty}\frac{n}{n+1}=1,$$

故收敛半径 $R=1$.当 $x=1$ 时，级数 $\sum_{n=1}^{\infty}\frac{(-1)^{n-1}}{n}$ 收敛，当 $x=-1$ 时，级数 $-\sum_{n=1}^{\infty}\frac{1}{n}$ 变成发散.于是，该幂级数的收敛区间为 $(-1,1]$.对 $\forall x\in(-1,1]$，利用逐项求导性质得：

$$S'(x)=\sum_{n=1}^{\infty}(-1)^{n-1}\left(\frac{x^n}{n}\right)'$$
$$=\sum_{n=1}^{\infty}(-1)^{n-1}x^{n-1}$$
$$=\sum_{n=1}^{\infty}(-x)^{n-1}=\frac{1}{1+x}.$$

故有

$$S(x)-S(0)=\int_0^x S'(t)\,\mathrm{d}t=\int_0^x\frac{1}{1+t}\mathrm{d}t=\ln(1+x).$$

由原幂级数知 $S(0)=0$,所以 $S(x)=\ln(1+x)$,即

$$\sum_{n=1}^{\infty}(-1)^{n-1}\frac{x^n}{n}=\ln(1+x)\ (-1<x\leqslant 1).$$

由于当 $x=1$ 时级数收敛,这样,所求数项级数的和为

$$\sum_{n=1}^{\infty}\frac{(-1)^{n-1}}{n}=\ln 2.$$

9.2 函数的幂级数展开

上一节介绍了如何求给定的幂级数的收敛域以及和函数.本节讨论幂级数的应用,包括如何把函数展开为幂级数,并简单介绍幂级数在数值计算中的应用,任何一个幂级数在其收敛域内都可以表示成一个和函数的形式.但在实际中为了研究和计算的方便,常常将一个函数表示成幂级数的形式,这是与求和函数相反的问题,有下面结论.

9.2.1 泰勒级数可展定理

对于一个给定的函数 $f(x)$,如果能找到一个幂级数使得它在某区间内收敛,且其和为 $f(x)$,我们就说,函数 $f(x)$ 在该区间内能展开成幂级数.

前面我们已经讨论过函数 $f(x)$ 的 n 阶泰勒中值公式:若函数 $f(x)$ 在含有 x_0 的某个开区间 (a,b) 内具有直到 $n+1$ 阶的导数,那么对任一 $x\in(a,b)$,有

$$f(x)=P_n(x)+R_n(x),$$

其中,$P_n(x)=\sum_{k=0}^{n}\frac{f^{(k)}(x_0)}{k!}(x-x_0)^k$ 称为 k 次泰勒多项式,$R_n(x)=$

$\frac{f^{(n+1)}(\xi)}{(n+1)!}(x-x_0)^{n+1}$（$\xi$ 介于 x 与 x_0 之间）称为拉格朗日形余项.

如果函数 $f(x)$ 在点 x_0 的某一邻域内有任意阶导数，让 $P_n(x)=\sum_{k=0}^{n}\frac{f^{(k)}(x_0)}{k!}(x-x_0)^k$ 中的 n 无限地增大，那么这个多项式就成了一个 $(x-x_0)$ 的幂级数.

根据泰勒公式，如果函数 $f(x)$ 在 x_0 的某个邻域内具有各阶导数，我们就可以得到一个幂级数

$$\sum_{n=0}^{\infty}\frac{f^{(n)}(x_0)}{n!}(x-x_0)^n, \tag{9-2-1}$$

称为 $f(x)$ 在 x_0 处的泰勒级数.当 $x_0=0$ 时，得到的幂级数

$$\sum_{n=0}^{\infty}\frac{f^{(n)}(0)}{n!}x^n, \tag{9-2-2}$$

称为 $f(x)$ 在 $x_0=0$ 处的麦克劳林级数.

$f(x)$ 的泰勒级数在 (a,b) 内是否收敛？如果收敛，是否收敛到 $f(x)$？我们利用下面的定理对此作出回答.

定理9.2.1　设函数 $f(x)$ 在点 x_0 的某一邻域 $U(x_0)$ 内具有任意阶的导数，则 $f(x)$ 在 $U(x_0)$ 内能展开成泰勒级数(9-2-2)的充分必要条件是泰勒公式中的余项 $Rn(x)$ 当 $n\to\infty$ 时在 $U(x_0)$ 内极限为零，即 $\lim_{n\to\infty}R_n(x)=0, x\in U(x_0)$.

9.2.2　函数展开成幂级数方法

在许多应用和理论问题中，经常需要将函数展开为幂级数.将一个函数 $f(x)$ 展开成幂级数，通常有两种方法：直接展开法与间接展开法.

9.2.2.1　直接展开法

按照泰勒级数、麦克劳林级数及上述定理的要求，将某些函数 $f(x)$ 展开成幂级数，并确定其收敛区间的方法称为直接展开法.直接展开法的一般步骤为

(1) 求得 $f^{(n)}(x_0)$，$n=0,1,2,\cdots$；

(2) 写出幂级数 $\sum_{n=0}^{\infty}\frac{f^{(n)}(x_0)}{n!}(x-x_0)^n$，并求出该级数的收敛区间

$$-R<x<R;$$

(3) 验证在 $-R<x<R$ 内，$\lim_{n\to\infty}R_n(x)=0$；

(4) 写出所求函数 $f(x)$ 的泰勒级数及其收敛区间

$$f(x)=\sum_{n=0}^{\infty}\frac{f^{(n)}(x_0)}{n!}(x-x_0)^n,(-R<x<R).$$

例 9.2.1 将函数 $f(x)=\sin x$ 展开成 x 的幂级数.

解:该函数的各阶导数为

$$f^{(n)}(x)=\sin\left(x+\frac{n\pi}{2}\right),$$

其中,$n=0,1,2,\cdots$,$f^{(n)}(0)$ 依次循环地取 $0,1,0,-1,\cdots(n=0,1,2,3,\cdots)$,则 $f(x)$ 的麦克劳林级数为

$$x-\frac{x^3}{3!}+\frac{x^5}{5!}-\cdots+(-1)^{n-1}\frac{x^{2n-1}}{(2n-1)!}+\cdots,$$

其收敛半径 $R=+\infty$.

对于任何有限数 x,ξ(ξ 介于 0 与 x 之间),余项的绝对值当 $n\to\infty$ 时的极限为零,即

$$|R(x)_n|=\left|\frac{\sin\left[\xi+\frac{(n+1)\pi}{2}\right]}{(n+1)!}x^{n+1}\right|\leqslant\frac{|x|^{n+1}}{(n+1)!}\to 0(n\to\infty).$$

由此可得

$$\sin x=x-\frac{x^3}{3!}+\frac{x^5}{5!}+\cdots+(-1)^{n-1}\frac{x^{2n-1}}{(2n-1)!}+\cdots,$$

其中 $x\in(-\infty,+\infty)$.

例 9.2.2 将函数 $f(x)=e^x$ 展开成 x 的幂级数.

解:$f^{(n)}(x)=e^x(n=1,2,3,\cdots)$,因此 $f^{(n)}(0)=1(n=0,1,2,3,\cdots)$,这里 $f^{(0)}(0)=f(0)$.于是得级数

$$1+x+\frac{1}{2!}x^2+\cdots+\frac{1}{n!}x^n+\cdots=\sum_0^{\infty}\frac{1}{n!}x^n,$$

它的收敛半径 $R=+\infty$.

对于任何有限数 x 与 ξ(ξ 介于 0 与 x 之间),余项的绝对值为

$$|R_n(x)|=\left|\frac{e^{\xi}}{(n+1)!}x^{n+1}\right|<e^{|x|}\cdot\frac{|x|^{n+1}}{(n+1)!}\to 0(n\to\infty).$$

于是得展开式

$$e^x=1+x+\frac{1}{2!}x^2+\cdots+\frac{1}{n!}x^n+\cdots(-\infty<x<+\infty).$$

9.2.2.2 间接展开法

函数的幂级数展开式只有少数比较简单的函数能用直接展开法得到.

通常则是从已经知道的函数的幂级数展开式出发，通过变量代换，四则运算，或逐次求导，逐次求积分等方法将所给函数展开为泰勒级数.

直接展开法的优点是有固定的步骤，其缺点是计算量可能比较大，此外还需要分析余项是否趋于零，因此比较烦琐.另一种方法是根据需要展开的函数与一些已知麦克劳林级数的函数之间的关系，间接地得到需展开函数的麦克劳林级数，这种方法称为间接展开法.

常用的展开式有：

$$\frac{1}{1-x}=1+x+x^2+\cdots+x^n+\cdots, x\in(-1,1),$$

$$e^x=1+\frac{x}{1!}+\frac{x^2}{2!}+\cdots+\frac{x^n}{n!}+\cdots, x\in(-\infty,\infty),$$

$$\sin x= x-\frac{x^3}{3!}+\frac{x^5}{5!}-\frac{x^7}{7!}+\cdots+\frac{(-1)^n}{(2n+1)!}x^{2n+1}+\cdots, x\in(-1,1).$$

例 9.2.3　将函数 $f(x)=\dfrac{1}{3-x}$ 在 $x=0$ 处展开为泰勒级数.

解：因为

$$\frac{1}{3-x}=\frac{1}{3}\cdot\frac{1}{1-\frac{x}{3}},$$

而

$$\frac{1}{1-x}=1+x+x^2+\cdots+x^n+\cdots, x\in(-1,1),$$

所以

$$\frac{1}{1-\frac{x}{3}}=1+\frac{x}{3}+\frac{x^2}{9}+\cdots+\frac{x^n}{3^n}+\cdots,$$

故

$$\frac{1}{3-x}=\frac{1}{3}\sum_{n=0}^{\infty}\frac{x^n}{3^n}=\sum_{n=0}^{\infty}\frac{x^n}{3^{n+1}}, x\in(-3,3).$$

例 9.2.4　将函数 $f(x)=x^2e^{x^2}$ 展开为麦克劳林级数.

解：由于 $e^x=\sum\limits_{n=0}^{\infty}\dfrac{x^n}{n!}, x\in(-\infty,\infty)$，

所以

$$e^{x^2}=\sum_{n=0}^{\infty}\frac{(x^2)^n}{n!}=\sum_{n=0}^{\infty}\frac{x^{2n}}{n!},$$

故

$$e^2 e^{x^2}=x^2\sum_{n=0}^{\infty}\frac{x^{2n}}{n!}=\sum_{n=0}^{\infty}\frac{x^{2(n+1)}}{n!},x\in(-\infty,\infty).$$

例 9.2.5 将 $f(x)=\ln(1+x)$ 展开为麦克劳林级数.

解:因为

$$[\ln(1+x)]'=\frac{1}{1+x},$$

所以

$$\ln(1+x)=\int_0^x\frac{1}{1+t}dt.$$

而

$$\frac{1}{1+t}=\sum_{n=0}^{\infty}(-1)^n t^n,t\in(-1,1),$$

故

$$\begin{aligned}\ln(1+x)&=\int_0^x\sum_{n=0}^{\infty}(-1)^n t^n dt\\&=\sum_{n=0}^{\infty}\int_0^x(-1)^n t^n dt\\&=\sum_{n=0}^{\infty}(-1)^n\frac{x^{n+1}}{n+1},x\in(-1,1).\end{aligned}$$

例 9.2.6 将 $f(x)=\cos x$ 展开为麦克劳林级数.

解:由于 $(\sin x)'=\cos x,$

而

$$\sin x=x-\frac{x^3}{3!}+\frac{x^5}{5!}-\frac{x^7}{7!}+\cdots+\frac{(-1)^n}{(2n+1)!}x^{2n+1}+\cdots,$$

所以

$$\begin{aligned}\cos x&=\left(x-\frac{x^3}{3!}+\frac{x^5}{5!}-\frac{x^7}{7!}+\cdots+\frac{(-1)^n}{(2n)!}x^{2n}+\cdots\right)'\\&=1-\frac{x^2}{2!}+\frac{x^4}{4!}-\frac{x^6}{6!}+\cdots+\frac{(-1)^n}{(2n)!}x^{2n}+\cdots,x\in(-\infty,+\infty).\end{aligned}$$

例 9.2.7 将函数 $f(x)=\dfrac{1}{x}$ 展开成在 $x=1$ 处的泰勒级数.

解: $$f(x)=\frac{1}{x}=\frac{1}{1+(x-1)},$$

而

$$\frac{1}{1+x}=1-x+x^2-x^3+\cdots+(-1)^n x^n+\cdots,x\in(-1,1),$$

故

$$\frac{1}{1+(x-1)}=1-(x-1)+(x-1)^2-(x-1)^3+\cdots+(-1)^n(x-1)^n+\cdots,$$

所以

$$\frac{1}{x}=\sum_{n=0}^{\infty}(-1)^n(x-1)^n, x\in(0,2).$$

例 9.2.8　将函数 $f(x)=\sin x$ 在 $x=\frac{\pi}{4}$ 处展开成泰勒级数.

解: 因为

$$\begin{aligned}\sin x&=\sin\left[\frac{\pi}{4}+\left(x-\frac{\pi}{4}\right)\right]\\&=\sin\frac{\pi}{4}\cos\frac{\pi}{4}\left(x-\frac{\pi}{4}\right)+\cos\frac{\pi}{4}\sin\left(x-\frac{\pi}{4}\right)\\&=\frac{\sqrt{2}}{2}\cos\left(x-\frac{\pi}{4}\right)+\frac{\sqrt{2}}{2}\sin\left(x-\frac{\pi}{4}\right)\\&=\frac{\sqrt{2}}{2}\left[\cos\left(x-\frac{\pi}{4}\right)+\sin\left(x-\frac{\pi}{4}\right)\right],\end{aligned}$$

而

$$\cos\left(x-\frac{\pi}{4}\right)=1-\frac{1}{2!}\left(x-\frac{\pi}{4}\right)^2+\frac{1}{4!}\left(x-\frac{\pi}{4}\right)^4+\cdots+\frac{(-1)^n}{(2n)!}\left(x-\frac{\pi}{4}\right)^{2n}+\cdots,$$

$$\sin\left(x-\frac{\pi}{4}\right)=\left(x-\frac{\pi}{4}\right)-\frac{1}{3!}\left(x-\frac{\pi}{4}\right)^3+\frac{1}{5!}\left(x-\frac{\pi}{4}\right)^5+\cdots+\frac{(-1)^n}{(2n+1)!}\left(x-\frac{\pi}{4}\right)^{2n+1}+\cdots,$$

所以

$$\begin{aligned}\sin x&=\frac{\sqrt{2}}{2}\left(\sum_{n=0}^{\infty}\frac{(-1)^n}{(2n)!}\left(x-\frac{\pi}{4}\right)^{2n}+\sum_{n=0}^{\infty}\frac{(-1)^n}{(2n+1)!}\left(x-\frac{\pi}{4}\right)^{2n+1}\right)\\&=\frac{\sqrt{2}}{2}\sum_{n=0}^{\infty}(-1)^n\left(x-\frac{\pi}{4}\right)^n\left(\frac{1}{2n!}+\frac{1}{(2n+1)!}\right), x\in(-\infty,+\infty).\end{aligned}$$

例 9.2.9　将函数 $f(x)=\frac{1}{x^2+4x+3}$ 展开成 $x-1$ 的幂级数.

解: 由于

$$\begin{aligned}f(x)&=\frac{1}{x^2+4x+3}=\frac{1}{(x+1)(x+3)}=\frac{1}{2}\left[\frac{1}{1+x}-\frac{1}{3+x}\right]\\&=\frac{1}{4}\frac{1}{1+\frac{x-1}{2}}-\frac{1}{8}\frac{1}{1+\frac{x-1}{4}},\end{aligned}$$

而

$$\frac{1}{1+\frac{x-1}{2}}=\sum_{n=0}^{\infty}\frac{(-1)^n}{2^n}(x-1)^n(-1<x<3),$$

$$\frac{1}{1+\frac{x-1}{4}}=\sum_{n=0}^{\infty}\frac{(-1)^n}{4^n}(x-1)^n(-3<x<5).$$

那么

$$f(x)=\frac{1}{x^2+4x+3}=\sum_{n=0}^{\infty}(-1)^n\left(\frac{1}{2^{n+2}}-\frac{1}{2^{2n+3}}\right)(x-1)^n(-1<x<3).$$

9.3 幂级数的应用举例

9.3.1 函数值的近似计算

如果函数 $f(x)$ 可以用幂级数来表示,那么取幂级数的前若干项,就可作为函数的近似表达式,且由于泰勒公式中 $R_n(x)\to 0,(n\to\infty)$,故所取的项越多,结果也就越精确.

例 9.3.1 计算$\sqrt[5]{240}$ 的近似值,精确到小数点后四位数.

解:因为 $\sqrt[5]{240}=\sqrt[5]{243-3}=3\left(1-\frac{1}{3^4}\right)^{\frac{1}{5}}$,

所以,在二项展开中取 $\alpha=\frac{1}{5},x=-\frac{1}{3^4}$,即得

$$\sqrt[5]{240}=3\left(1-\frac{1}{5}\times\frac{1}{3^4}-\frac{1\times 4}{5^2\times 2!}\times\frac{1}{3^8}-\frac{1\times 4\times 9}{5^3\times 3!}\times\frac{1}{3^{12}}-\cdots\right).$$

这个级数收敛很快,取前两项的和作为$\sqrt[5]{240}$ 的近似值,其误差(也叫截断误差)为

$$\begin{aligned}|r_2|&=3\left(\frac{1\times 4}{5^2\times 2!}\times\frac{1}{3^8}+\frac{1\times 4\times 9}{5^3\times 3!}\times\frac{1}{3^{12}}+\cdots\right)\\&<3\times\frac{1\times 4}{5^2\times 2!}\,\frac{1}{3^8}\left[1+\frac{1}{81}+\left(\frac{1}{81}\right)^2+\cdots\right]\\&=\frac{6}{25}\times\frac{1}{3^8}\times\frac{1}{1-\frac{1}{81}}=\frac{1}{25\times 27\times 40}<\frac{1}{20\ 000}.\end{aligned}$$

于是,取近似式

$$\sqrt[5]{240} \approx 3\left(1 - \frac{1}{5} \times \frac{1}{3^4}\right).$$

为了使“四舍五入”引起的误差(也称舍入误差)与截断误差之和不超过 10^4,计算时应取 5 位小数,然后四舍五入,因此,最后得

$$\sqrt[5]{240} \approx 2.992\ 6$$

例 9.3.2　计算 e 的值,精确到小数点后第四位(即误差 $r_n < 0.000\ 1$).

解:由于

$$e^x = 1 + x + \frac{x^2}{2!} + \cdots + \frac{x^n}{n!} + \cdots \quad x \in (-\infty, +\infty),$$

则当 $x = 1$ 时

$$e = 1 + 1 + \frac{1}{2!} + \cdots + \frac{1}{n!} + \cdots,$$

若取前 $n+1$ 项近似计算 e,其截断误差为

$$\begin{aligned} |r_n| &= \left|\frac{1}{(n+1)!} + \frac{1}{(n+2)!} + \cdots\right| \\ &< \frac{1}{(n+1)!}\left[1 + \frac{1}{n+1} + \frac{1}{(n+1)^2} + \cdots\right] \\ &= \frac{1}{(n+1)!} \frac{1}{1 - \frac{1}{n+1}} \\ &= \frac{1}{n!\ n}, \end{aligned}$$

由于要求误差 $r_n < 0.000\ 1$,则只需要 $n = 7$,于是

$$e \approx 2 + \frac{1}{2!} + \cdots + \frac{1}{7!} = \frac{1\ 370}{504} \approx 2.718\ 3.$$

例 9.3.3　利用 $\sin x \approx x - \frac{x^3}{3!}$ 求 $\sin 9^\circ$ 的近似值,并估计误差.

解:首先,将角化为弧度,则

$$\sin 9^\circ = \frac{\pi}{180} \cdot 9 = \frac{\pi}{20},$$

从而

$$\sin\frac{\pi}{20} \approx \frac{\pi}{20} - \frac{1}{3!}\left(\frac{\pi}{20}\right)^3.$$

其次,估计此近似值的误差.在 $\sin x$ 的麦克劳林展开式

$$\sin x = x - \frac{x^3}{3!} + \frac{x^5}{5!} + \cdots + \frac{(-1)^n}{(2n+1)!}x^{2n+1} + \cdots (-\infty < x < +\infty),$$

令 $x=\frac{\pi}{20}$,可得

$$\sin\frac{\pi}{20}=\frac{\pi}{20}-\frac{1}{3!}\left(\frac{\pi}{20}\right)^3+\frac{1}{5!}\left(\frac{\pi}{20}\right)^5+\cdots,$$

等式右端为一个收敛的交错级数,并且满足莱布尼茨定理,如果取其前两项之和作为 $\sin\frac{\pi}{20}$ 的近似值,那么它的误差为

$$|r_2|\leqslant\frac{1}{5!}\left(\frac{\pi}{20}\right)^5<\frac{1}{120}(0.2)^5<10^{-5}.$$

则取 $\frac{\pi}{20}\approx 0.157\ 080$,有

$$\sin 9^\circ=\sin\frac{\pi}{20}\approx\frac{\pi}{20}-\frac{1}{3!}\left(\frac{\pi}{20}\right)^3\approx 0.156\ 43,$$

其误差不超过 10^{-5}.

9.3.2 求积分的近似值

一些初等函数,如 e^{x^2},$\frac{\sin x}{x}$,$\cos x^2$,$\sqrt{1+x^3}$ 等,它们的原函数不是初等函数,但在它们的连续区间内存在原函数,而且变上限定积分就是它的一个原函数,如$\int_0^x e^{x^2}\,dt$ 是 e^{x^2} 的一个原函数.据此可得到被积函数的原函数的又一种表示方式,将这样的被积函数先展为幂级数,然后在收敛区间内逐项积分,所得到的幂级数就是被积函数的原函数的一种表示,如

$$\begin{aligned}\int_0^x e^{x^2}\,dx&=\int_0^x\left(1+x^2+\frac{x^4}{2!}+\frac{x^6}{3!}+\cdots+\frac{x^{2n}}{n!}+\cdots\right)dx\\&=x+\frac{x^3}{3}+\frac{x^5}{2!\times 5}+\frac{x^7}{3!\times 7}+\cdots+\frac{x^{2n+1}}{n!\times(2n+1)}\\&\quad+\cdots,x\in(-\infty,+\infty),\end{aligned}$$

这个幂级数就是函数 e^{x^2} 的一个原函数的级数形式.

例 9.3.4 计算积分

$$\int_0^1 e^{-x^2}\,dx$$

的近似值,精确到 0.000 1.

解:由于函数 e^{-x^2} 的原函数不能用初等函数表示,故不能用积分基本公式直接计算,则采用幂级数求其积分值.

$$e^x=1+x+\frac{x^2}{2!}+\cdots+\frac{x^n}{n!}+\cdots(-\infty<x<+\infty),$$

可得

$$e^{-x^2}=1-x^2+\frac{x^4}{2!}-\frac{x^6}{3!}+\cdots+\frac{(-1)^n x^{2n}}{n!}+\cdots(-\infty<x<+\infty).$$

对上式在[0,1]逐项积分得

$$\int_0^1 e^{-x^2}\mathrm{d}x=1-\frac{1}{3}+\frac{1}{5\cdot 2!}-\frac{1}{7\cdot 3!}+\frac{1}{9\cdot 4!}-\cdots,$$

因为第六项

$$\frac{1}{15\cdot 7!}<1.5\times 10^{-5},$$

所以前面七项之和具有四位有效数字,可得

$$\int_0^1 e^{-x^2}\mathrm{d}x\approx 1-\frac{1}{3}+\frac{1}{5\cdot 2!}-\frac{1}{7\cdot 3!}+\frac{1}{9\cdot 4!}-\frac{1}{11\cdot 5!}+\frac{1}{13\cdot 6!}$$
$$\approx 0.746\ 8.$$

例 9.3.5　计算积分$\int_0^1\frac{\sin x}{x}\mathrm{d}x$的近似值,精确到 0.000 1.

解:由于$\lim\limits_{x\to 0}\frac{\sin x}{x}=1$,因此所给积分不是广义积分,如果定义函数$\frac{\sin x}{x}$在$x=0$处的值为 1,则它在积分区间[0,1]上连续.

展开被积分函数,有

$$\frac{\sin x}{x}=1-\frac{x^2}{3!}+\frac{1}{5!}x^4-\frac{1}{7!}x^6+\cdots(-\infty<x<+\infty).$$

在区间[0,1]上逐项积分,得

$$\int_0^1\frac{\sin x}{x}\mathrm{d}x=1-\frac{1}{3\times 3!}+\frac{1}{5\times 5!}-\frac{1}{7\times 7!}+\cdots.$$

因为第四项

$$\frac{1}{7\times 7!}<\frac{1}{30\ 000}.$$

所以取前三项的和作为积分的近似值:

$$\int_0^1\frac{\sin x}{x}\mathrm{d}x=1-\frac{1}{3\times 3!}+\frac{1}{5\times 5!},$$

或

$$\int_0^1\frac{\sin x}{x}\mathrm{d}x\approx 0.946\ 1.$$

9.3.3　方程的幂级数解法

当微分方程的解不能用初等函数或者积分形式表达时,需要寻求其他解法.幂级数就是常用的解法之一.这里仅介绍一阶微分方程初值问题的幂级数解法.

为求一阶微分方程的初值问题

$$\begin{cases} y' = f(x, y) \\ y\Big|_{x=x_0} = y_0 \end{cases} \tag{9-3-1}$$

的解,其中 $f(x,y)$ 为(x,x_0),(y,y_0) 的多项式,即

$$f(x,y) = a_{00} + a_{10}(x - x_0) + a_{01}(y - y_0) + \cdots + a_{lm}(x - x_0)^l (y - y_0)^m.$$

可假设所求解 $y(x)$ 可展开成 $x - x_0$ 的幂级数

$$y(x) = y_0 + a_1(x - x_0) + a_2(x - x_0)^2 + \cdots + a_n(x - x_0)^n + \cdots \tag{9-3-2}$$

其中,$a_1, a_2, \cdots, a_n, \cdots$ 为待定的系数.将式(9-3-2)代入式(9-3-1)中,便可得到一个恒等式,比较恒等式两端 $x - x_0$ 的同次幂的系数,则可定出常数 $a_1, a_2, \cdots, a_n, \cdots$,以这些常数为系数的级数(9-3-2)在其收敛域内的和函数就是初值问题(9-3-1)的特解.

例 9.3.6 求方程 $y' = x + y^2$ 满足初始条件 $y\Big|_{x=0} = 0$ 的特解.

解:此时 $x_0 = 0, y_0 = 0$,因此设

$$y = a_1 x + a_2 x^2 + a_3 x^3 + a_4 x^4 + a_5 x^5 \cdots,$$

将 y 及 y' 的幂级数展开式代入原方程,得到恒等式

$$\begin{aligned} & a_1 x + 2a_2 x + 3a_3 x^2 + 4a_4 x^3 + 5a_5 x^4 + \cdots \\ = & x + (a_1 x + a_2 x^2 + a_3 x^3 + \cdots)^2 \\ = & x + a_1^2 x^2 + 2a_1 a_2 x^3 + (a_2^2 + 2a_1 a_3) x^4 + \cdots. \end{aligned}$$

由此,比较恒等式两端 x 的同次幂的系数,可得

$$a_1 = 0, 2a_2 = 1, 3a_3 = a_1^2, 4a_4 = 2a_1 a_2, 5a_5 = a_2^2 + 2a_1 a_3,$$

即

$$a_1 = 0, a_2 = \frac{1}{2}, a_3 = 0, a_4 = 0, a_5 = \frac{1}{20},$$

于是所求解 y 的幂级数展开式的开始项为

$$y = \frac{1}{2}x^2 + \frac{1}{20}x^5 + \cdots.$$

例 9.3.7 求解微分方程初值问题$\begin{cases} y'' - xy = 0 \\ y(0) = 0, y'(0) = 1 \end{cases}$.

解:设方程的幂级数解

$$y=a_0+a_1x+a_2x^2+\cdots+a_nx^n+\cdots=\sum_{n=0}^{\infty}a_nx^n.$$

由 $y(0)=0$,得 $a_0=0$,y' 和 y'' 的幂级数表示为

$$y'=a_1+a_2x+\cdots+na_nx^{n-1}+\cdots=\sum_{n=1}^{\infty}na_nx^{n-1},$$

$$y''=2a_2+3\cdot 2a_3x+\cdots+n(n-1)a_nx^{n-2}+\cdots=\sum_{n=2}^{\infty}n(n-1)a_nx^{n-2}.$$

代入 $y'(0)=1$,得 $a_1=1$,将 y'、y'' 代入方程,得

$$2a_2+3\cdot 2a_3x+\cdots+n(n-1)a_nx^{n-2}+\cdots-$$
$$x(a_1x+a_2x^2+\cdots+a_nx^n+\cdots)\equiv 0,$$

即

$$2a_2+3\cdot 2a_3x+\cdots+[n(n-1)a_n-a_{n-3}]x^{n-2}+\cdots\equiv 0.$$

左端各项系数必全为零,即

$$2a_2=0,a_3=0,\cdots,n(n-1)a_n-a_{n-3}=0,\cdots.$$

由此可以推得递推公式

$$a_n=\frac{a_{n-3}}{n(n-1)}(n=3,4,\cdots).$$

由于 $a_0=0,a_1=1,a_2=0$,得

$$a_3=a_6=a_9=\cdots=0$$

$$a_5=a_8=a_{11}=\cdots=0$$

$$a_4=\frac{1}{4\cdot 3}$$

$$a_7=\frac{1}{7\cdot 6}a_4=\frac{1}{7\cdot 6\cdot 4\cdot 3}$$

$$a_{10}=\frac{1}{10\cdot 9}a_7=\frac{1}{10\cdot 9\cdot 7\cdot 6\cdot 4\cdot 3}$$

……

一般地,

$$a_{3m-1}=a_{3m}=0(m=1,2,\cdots),$$

$$a_{3m+1}=\frac{1}{(3m+1)3m\cdots 7\cdot 6\cdot 4\cdot 3}(m=1,2,\cdots).$$

于是所求解为

$$y=x+\frac{x^4}{4\cdot 3}+\frac{x^7}{7\cdot 6\cdot 4\cdot 3}+\cdots+\frac{1}{(3m+1)3m\cdots 7\cdot 6\cdot 4\cdot 3}x^{3m+1}+\cdots.$$

例 9.3.8 求零阶贝塞尔方程 $x^2y''+xy'+x^2y=0$ 的解.

解:设方程的幂级数解为

$$y=a_0+a_1x+a_2x^2+\cdots+a_nx^n+\cdots.$$

将 y、y' 及 y'' 代入微分方程,得

$$x^2[2a_2+3\cdot 2a_3x+\cdots+n(n-1)a_nx^{n-2}+\cdots]$$
$$+x[a_1+2a_2x+\cdots+na_nx^{n-1}+\cdots]$$
$$+x^2[a_0+a_1x+a_2x^2+\cdots+a_nx^n+\cdots]=0.$$

将上式按同次项整理合并,得

$$a_1x+(a_0+2^2a_2)x^2+(a_1+3^2a_3)x^3+\cdots+(a_{n-2}+n^2a_n)x^n+\cdots=0.$$

要求 y 的微分方程的解,等式左端各项系数必全为零,即

$$a_1=0,a_0+2^2a_2=0,a_1+3^2a_3=0,\cdots,a_{n-2}+n^2a_n=0,\cdots.$$

解方程组,可得

$$a_1=0,a_3=0,\cdots,a_{2k-1}=0,\cdots,$$

$$a_2=-\frac{a_0}{2^2},a_4=-\frac{a_2}{4^2}=(-1)^2\frac{a_0}{2^2\cdot 4^2},\cdots,$$

$$a_{2k}=-\frac{a_{2k-2}}{(2k)^2}=\frac{(-1)^ka_0}{2^2\cdot 4^2\cdots(2k)^2}=\frac{(-1)^ka_0}{2^{2k}(k!)^2}(k=1,2,\cdots).$$

如果取 $a_0=1$,得到方程一个特解为

$$y=\sum_{k=0}^{\infty}\frac{(-1)^k}{(k!)^2}\left(\frac{x}{2}\right)^{2k}.$$

可以证明这个幂级数在 $(-\infty,+\infty)$ 内收敛,它表示的函数叫作零阶贝塞尔函数,记作 $J_0(x)$,即

$$J_0(x)=\sum_{k=0}^{\infty}\frac{(-1)^k}{(k!)^2}\left(\frac{x}{2}\right)^{2k}.$$

用类似的方法可以证明 m 阶贝塞尔方程

$$x^2y''+xy'+(x^2-m^2)y=0,$$

当 m 为正整数时,具有如下形式的一个特解:

$$y=J_m(x)=\sum_{k=0}^{\infty}\frac{(-1)^k}{k!(m+k)!}\left(\frac{x}{2}\right)^{m+2k}.$$

注意,不是所有的微分方程都可以用幂级数来求解.需要满足一定条件才可以有幂级数形式的解.

第 10 章　傅里叶级数

在级数的理论研究和实际应用中,还有一类重要的函数项级数,这就是由三角函数列所产生的傅里叶级数.

10.1　傅里叶级数

10.1.1　三角级数与三角函数系的正交性

形如

$$\frac{a_0}{2}+\sum_{n=1}^{\infty}(a_n\cos nx+b_n\sin nx) \tag{10-1-1}$$

的级数称为三角级数,其中 $a_0,a_n,b_n(n=1,2,\cdots)$ 都是常数.当然三角级数也是一类函数项级数.

如同幂级数一样,我们首先要讨论的问题就是三角级数的收敛性问题.由于三角级数的每项都是以 2π(不一定是最小正周期) 为周期的周期函数,如果三角级数在长度为 2π 的区间 $[-\pi,\pi]$ 上收敛,则三角级数必定在整个实轴上收敛.所以,我们只需要在一个长度为 2π 的区间上进行讨论,往往选取区间 $[-\pi,\pi]$.

人们将三角级数中所包含的函数集合

$$1,\cos x,\sin x,\cos 2x,\sin 2x,\cdots,\cos nx,\sin nx,\cdots$$

称为三角函数系,三角函数系中任意两个不同的函数之积在区间 $[-\pi,\pi]$ 上的积分为 0,即

$$\int_{-\pi}^{\pi}\sin nx\,\mathrm{d}x=0(n=1,2,\cdots),$$

$$\int_{-\pi}^{\pi}\cos nx\,\mathrm{d}x=0(n=1,2,\cdots),$$

$$\int_{-\pi}^{\pi}\sin mx\cos nx\,\mathrm{d}x=0(m,n=1,2,\cdots),$$

$$\int_{-\pi}^{\pi} \cos mx \cos nx \, dx = 0 (m \neq n, m, n = 1, 2, \cdots),$$

$$\int_{-\pi}^{\pi} \sin mx \sin nx \, dx = 0 (m \neq n, m, n = 1, 2, \cdots).$$

这种性质称为三角函数系的正交性.

同时,在三角函数系中,每个函数的平方在$[-\pi,\pi]$上的积分都大于0,即

$$\int_{-\pi}^{\pi} \cos^2 nx \, dx = \pi (n = 1, 2, \cdots),$$

$$\int_{-\pi}^{\pi} \sin^2 nx \, dx = \pi (n = 1, 2, \cdots),$$

$$\int_{-\pi}^{\pi} 1^2 \, dx = 2\pi.$$

10.1.2 函数展开成傅里叶级数

设函数 $f(x)$ 以 2π 为周期,且可以展开为三角级数,即

$$f(x) = \frac{a_0}{2} + \sum_{n=1}^{\infty} (a_n \cos nx + b_n \sin nx). \tag{10-1-2}$$

我们需要清楚式(10-1-2)右端的常数$a_0, a_n, b_n (n = 1, 2, \cdots)$与$f(x)$有何关系.

设函数 $f(x)$ 在$[-\pi,\pi]$上可积,函数 $f(x)$ 的两端在区间$[-\pi,\pi]$上积分,可得

$$\int_{-\pi}^{\pi} f(x) dx = \int_{-\pi}^{\pi} \frac{a_0}{2} dx + \sum_{n=1}^{\infty} \left(a_n \int_{-\pi}^{\pi} \cos nx \, dx + b_n \int_{-\pi}^{\pi} \sin nx \, dx \right).$$

利用三角函数的正交性,上式右端除了第一项外,其余各项为零,所以有

$$\int_{-\pi}^{\pi} f(x) dx = a_0 \pi,$$

即

$$a_0 = \frac{1}{\pi} \int_{-\pi}^{\pi} f(x) dx. \tag{10-1-3}$$

把式(10.1.2)的两端同时乘以 $\cos kx (k = 1, 2, \cdots)$,并在区间$[-\pi,\pi]$上积分,得

$$\int_{-\pi}^{\pi} f(x) \cos kx \, dx = \frac{a_0}{2} \int_{-\pi}^{\pi} \cos kx \, dx + \sum_{n=1}^{\infty} (a_n \int_{-\pi}^{\pi} \cos nx \cos kx \, dx + b_n \int_{-\pi}^{\pi} \sin nx \cos kx \, dx).$$

故

$$a_k=\frac{1}{\pi}\int_{-\pi}^{\pi}f(x)\cos kx\,dx\ (k=0,1,2,\cdots).$$

类似地，把式(10.1.2)的两端同乘以 $\sin kx(k=1,2,\cdots)$，并在区间 $[-\pi,\pi]$ 上逐项积分，得

$$b_k=\frac{1}{\pi}\int_{-\pi}^{\pi}f(x)\sin kx\,dx,\ (k=0,1,2,\cdots).$$

人们将下列积分

$$\begin{cases}a_k=\dfrac{1}{\pi}\displaystyle\int_{-\pi}^{\pi}f(x)\cos kx\,dx\ (k=0,1,2,\cdots)\\ b_k=\dfrac{1}{\pi}\displaystyle\int_{-\pi}^{\pi}f(x)\sin kx\,dx\ (k=1,2,\cdots)\end{cases}$$

称为 $f(x)$ 的傅里叶系数，由 $f(x)$ 的傅里叶系数所确定的三角级数

$$\frac{a_0}{2}+\sum_{n=1}^{\infty}(a_n\cos nx+b_n\sin nx)$$

称为 $f(x)$ 的傅里叶级数.

根据上述分析可见，一个定义在 $(-\infty,+\infty)$ 上周期为 2π 的函数 $f(x)$，如果它在一个周期上可积，则一定可以作出 $f(x)$ 的傅里叶级数.那么，在怎样的条件下，函数 $f(x)$ 的傅里叶级数收敛于函数 $f(x)$？下面给出了狄利克雷关于此问题的一个充分条件.

定理 10.1.1(狄利克雷收敛定理)　设函数 $f(x)$ 是周期为 2π 的周期函数，在 $[-\pi,\pi]$ 上满足条件：

(1) 连续或只有有限个第一类间断点.

(2) 只有有限个单调区间.

则 $f(x)$ 的傅里叶级数收敛，并且：

(1) 当 x 为 $f(x)$ 的连续点时，级数收敛于 $f(x)$.

(2) 当 x 为 $f(x)$ 的间断点时，级数收敛于 $\dfrac{f(x-0)+f(x+0)}{2}$.

其中，$f(x-0)$ 与 $f(x+0)$ 分别表示 $f(x)$ 在点 x 处的左、右极限，在函数的间断点处，傅里叶级数收敛于 $\dfrac{1}{2}[f(-\pi+0)+f(\pi-0)]$.

例 10.1.1　将函数 $f(x)=\begin{cases}\pi+x,-\pi\leqslant x\leqslant 0\\ \pi-x,0<x\leqslant\pi\end{cases}$ 展开成傅里叶级数.

解：所给函数在区间 $[-\pi,\pi]$ 上满足收敛定理条件，并且周期延拓后的函数在 $(-\infty,+\infty)$ 上连续，因此延拓后周期函数的傅里叶级数在 $[-\pi,\pi]$ 上收敛于 $f(x)$.注意到 $f(x)$ 为偶函数，则有

$$a_0=\frac{1}{\pi}\int_{-\pi}^{\pi}f(x)dx=\frac{2}{\pi}\int_0^{\pi}f(\pi-x)dx=\pi,$$

$$a_n=\frac{1}{\pi}\int_{-\pi}^{\pi}f(x)\cos nx\,\mathrm{d}x=\frac{2}{\pi}\int_{0}^{\pi}f(\pi-x)\cos nx\,\mathrm{d}x$$
$$=\begin{cases}\frac{4}{n^2\pi}(n=1,3,5,\cdots)\\0(n=2,4,6,\cdots)\end{cases},$$
$$b_n=\frac{1}{\pi}\int_{-\pi}^{\pi}f(x)\sin nx\,\mathrm{d}x=0(n=1,2,3,\cdots).$$

所以 $f(x)$ 的傅里叶级数展开式为

$$f(x)=\frac{\pi}{2}+\frac{4}{\pi}\left(\cos x+\frac{1}{3^2}\cos 3x+\frac{1}{5^2}\cos 5x+\cdots\right)(-\pi\leqslant x\leqslant\pi).$$

利用这个展开式,我们可以求得几个特殊级数的和.当 $x=0$ 时,$f(x)=\pi$,于是代入得

$$\frac{\pi^2}{8}=1+\frac{1}{3^2}+\frac{1}{5^2}+\cdots,$$

再经运算可得

$$\frac{\pi^2}{24}=\frac{1}{2^2}+\frac{1}{4^2}+\frac{1}{6^2}+\cdots,$$
$$\frac{\pi^2}{6}=1+\frac{1}{2^2}+\frac{1}{3^2}+\frac{1}{4^2}+\cdots,$$

以及

$$\frac{\pi^2}{12}=1-\frac{1}{2^2}+\frac{1}{3^2}-\frac{1}{4^2}+\cdots.$$

有兴趣的读者可以自行证明这些等式.

例 10.1.2 设函数 $f(x)$ 是以 2π 为周期的周期函数,其在 $[-\pi,\pi]$ 上的表达式为

$$f(x)=\begin{cases}x,-\pi\leqslant x\leqslant 0\\0,0<x<\pi\end{cases},$$

将函数 $f(x)$ 展开成傅里叶级数.

解:其傅里叶系数如下:

$$a_0=\frac{1}{\pi}\int_{-\pi}^{\pi}f(x)\mathrm{d}x=\frac{1}{\pi}\int_{-\pi}^{0}x\,\mathrm{d}x=-\frac{\pi}{2},$$
$$a_n=\frac{1}{\pi}\int_{-\pi}^{\pi}f(x)\cos nx\,\mathrm{d}x=\frac{1}{\pi}\int_{-\pi}^{0}x\cos nx\,\mathrm{d}x$$
$$=\frac{1}{\pi}\left(\frac{x\sin nx}{n}+\frac{\cos nx}{n^2}\right)\Bigg|_{-\pi}^{0}=\frac{1}{n^2\pi}[1-\cos n\pi]$$
$$=\begin{cases}\frac{2}{n^2\pi}(n=1,3,5,\cdots)\\0,(n=2,4,6,\cdots)\end{cases},$$

$$b_n=\frac{1}{\pi}\int_{-\pi}^{\pi}f(x)\sin nx\,dx=\frac{1}{\pi}\int_{-\pi}^{0}x\sin nx\,dx$$
$$=\frac{1}{\pi}\left(-\frac{x\cos nx}{n}+\frac{\sin nx}{n^2}\right)\Big|_{-\pi}^{0}$$
$$=\frac{1}{\pi}\left(-\frac{\pi\cos n\pi}{n^2}\right)=\frac{(-1)^{n+1}}{n}.$$

将上述傅里叶系数代入傅里叶级数,则可得

$$-\frac{\pi}{4}+\left(\frac{2}{\pi}\cos x+\sin x\right)-\frac{1}{2}\sin 2x+\left(\frac{2}{3^2\pi}\cos 3x+\frac{1}{3}\sin 3x\right)-\frac{1}{4}\sin 4x$$
$$+\left(\frac{2}{5^2\pi}\cos 5x+\frac{1}{5}\sin 5x\right)-\cdots,$$

其中,$-\infty<x<+\infty$,$x\neq\pm\pi,\pm 3\pi,\cdots$.

函数 $f(x)$ 满足收敛定理中的条件,其在 $x=(2k+1)\pi(k=0,\pm 1,\pm 2,\cdots)$ 处不连续,所以函数 $f(x)$ 的傅里叶级数在 $x=(2k+1)\pi$ 处收敛于

$$\frac{f(\pi-0)+f(\pi+0)}{2}=\frac{0-\pi}{2}=\frac{-\pi}{2},$$

在连续点 x 处收敛于 $f(x)$,因此

$$f(x)=-\frac{\pi}{4}+\frac{2}{\pi}\left(\cos x+\frac{1}{3^2}\cos 3x+\frac{1}{5^2}\cos 5x+\cdots\right)$$
$$+\left(\sin x-\frac{1}{2}\sin 2x+\frac{1}{3}\sin 3x-\cdots\right),$$

其中 $-\infty<x<+\infty$,$x\neq(2k+1)\pi(k=0,\pm 1,\pm 2,\cdots)$.其和函数的图形如图 10-1-1 所示.

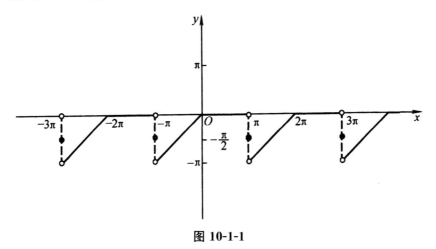

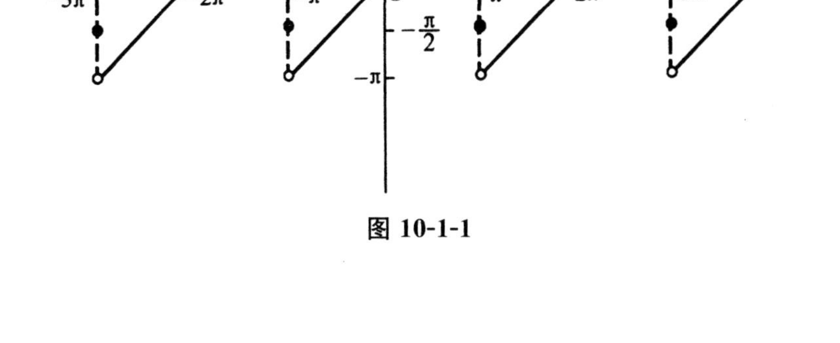

图 10-1-1

10.1.3 正弦级数与余弦级数

对于具有奇偶性的函数，计算函数的傅里叶系数时有更加简便的方法，得到的傅里叶级数展开式也具有特殊形式.

设 $f(x)$ 是周期为 2π 的周期函数，则

(1) 若 $f(x)$ 是奇函数，则

$$a_n=0(n=0,1,2,\cdots),$$

$$b_n=\frac{2}{\pi}\int_0^{\pi}f(x)\sin nx\,dx(n=1,2,\cdots).$$

即奇函数的傅里叶级数是只含正弦项的正弦级数

$$f(x)=\sum_{n=1}^{\infty}b_n\sin nx.$$

(2) 若 $f(x)$ 是偶函数，则

$$a_n=\frac{2}{\pi}\int_0^{\pi}f(x)\cos nx\,dx(n=0,1,2,\cdots),$$

$$b_n=0(n=1,2,\cdots).$$

即偶函数的傅里叶级数是只含常数项和余弦项的余弦级数

$$f(x)=\frac{a_0}{2}+\sum_{n=1}^{\infty}a_n\cos nx.$$

例 10.1.3 设函数 $f(x)$ 是周期为 2π 的周期函数，它在区间$[-\pi,\pi)$上的表达式为 $f(x)=x$.将 $f(x)$ 展开成傅里叶级数，并作出其和函数的图形.

解:首先，所给函数满足收敛定理的条件，它在点 $x=(2k+1)\pi(k=0,\pm1,\pm2,\cdots)$ 处不连续，因此 $f(x)$ 的傅里叶级数在点 $x=(2k+1)\pi$ 处收敛于

$$\frac{f(\pi-0)+f(\pi+0)}{2}=\frac{\pi+(-\pi)}{2}=0,$$

在连续点 $x\neq(2k+1)\pi$ 处收敛于 $f(x)$.

其次，若不计 $x=(2k+1)\pi(k=0,\pm1,\pm2,\cdots)$，则 $f(x)$ 是周期为 2π 的奇函数.显然，函数 $f(x)$ 可以展开成正弦级数

$$f(x)=\sum_{n=1}^{\infty}b_n\sin nx,$$

其中，

$$b_n=\frac{2}{\pi}\int_0^{\pi}f(x)\sin nx\,\mathrm{d}x=\frac{2}{\pi}\int_0^{\pi}x\sin nx\,\mathrm{d}x$$
$$=\frac{2}{\pi}\left(\frac{x\cos nx}{n}+\frac{\sin nx}{n^2}\right)\Big|_0^{\pi}$$
$$=-\frac{2}{n}\cos n\pi=\frac{2}{n}(-1)^{n+1}\ (n=1,2,\cdots).$$

综上所述，$f(x)$ 的傅里叶级数展开式为

$$f(x)=2\left(\sin x-\frac{1}{2}\sin 2x+\frac{1}{3}\sin 3x-\cdots+\frac{(-1)^{n+1}}{n}\sin nx+\cdots\right),$$

其中，$-\infty<x<+\infty,x\neq\pm\pi,\pm 3\pi,\cdots$.级数的和函数的图形如图 10-1-2 所示.

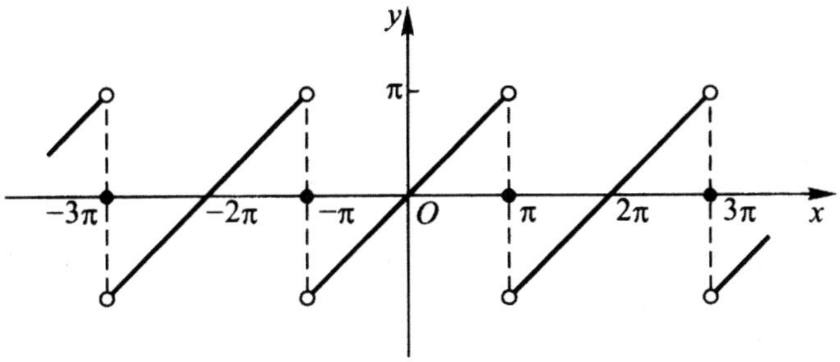

图 10-1-2

在实际应用(如研究热的传导、扩散问题)中，有时还需要把定义在区间 $[0,\pi]$ 的函数 $f(x)$ 展开成正弦级数或余弦级数.根据前面讨论的结果，这类展开问题可以按如下的方法解决.

设函数 $f(x)$ 定义在区间 $[0,\pi]$ 上并且满足收敛定理的条件，我们在开区间 $(-\pi,0)$ 内补充函数 $f(x)$ 的定义，得到定义在 $(-\pi,\pi]$ 上的函数 $F(x)$，使它在 $(-\pi,\pi)$ 上成为奇函数(偶函数).按这种方式拓广函数定义域的过程称为奇延拓(偶延拓).然后将奇延拓(偶延拓)后的函数展开成傅里叶级数，这个级数必定是正弦级数(余弦级数).再限制 x 在 $(0,\pi]$ 上，便得到 $f(x)$ 的正弦级数(余弦级数)展开式.

例 10.1.4　将函数 $f(x)=x+1(0\leqslant x\leqslant\pi)$ 展开成正弦级数.

解：对函数 $f(x)$ 进行奇延拓，如图 10-1-3 所示.

按公式有

$$a_n=0\ (n=0,1,2,\cdots),$$

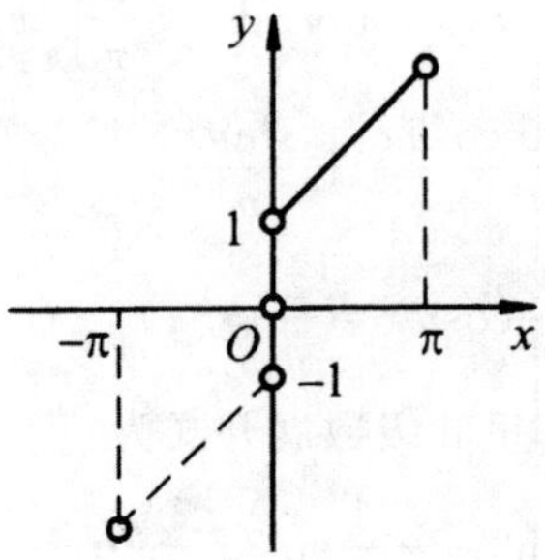

图 10-1-3

$$b_n=\frac{2}{\pi}\int_0^{\pi}f(x)\sin nx\,dx=\frac{2}{\pi}\int_0^{\pi}(x+1)\sin nx\,dx$$
$$=\frac{2}{\pi}\left(-\frac{(x+1)\cos nx}{n}+\frac{\sin nx}{n^2}\right)\Bigg|_0^{\pi}$$
$$=\frac{2}{n\pi}[1-(\pi+1)(-1)^n]\ (n=1,2,\cdots).$$

又因为延拓函数的间断点为 $x=k\pi(k=0,\pm1,\pm2,\cdots)$，所展开的正弦级数在 $x=0$ 及 $x=\pi$ 处收敛于0，这与 $f(x)$ 在这些点的值不一致.故而，$f(x)$ 的正弦级数展开式为

$$f(x)=x+1=\sum_{n=1}^{\infty}\frac{2}{n\pi}[1-(\pi+1)(-1)^n]\sin nx\ (0<x<\pi).$$

10.2 以 2l 为周期的函数的傅里叶级数

设 $f(x)$ 是以 $2l$ 为周期的函数，作替换 $x=\frac{lt}{\pi}$，则 $F(t)=f\left(\frac{lt}{\pi}\right)$ 是以 2π 为周期的函数，且 $f(x)$ 在 $(-l,l)$ 上可积 $\Leftrightarrow F(t)$ 在 $(-\pi,\pi)$ 上可积.

这时函数 F 的傅里叶级数展开式为

$$F(t)\sim\frac{a_0}{2}+\sum_{n=1}^{\infty}(a_n\cos nt+b_n\sin nt) \tag{10-2-1}$$

其中

$$\begin{cases}a_n=\dfrac{1}{\pi}\displaystyle\int_{-\pi}^{\pi}F(t)\cos nt\,dt,\\ b_n=\dfrac{1}{\pi}\displaystyle\int_{-\pi}^{\pi}F(t)\sin nt\,dt,\end{cases} \tag{10-2-2}$$

令 $t=\frac{\pi x}{l}$,得

$$F(t)=f\left(\frac{lt}{\pi}\right)=f(x),\sin nt=\sin\frac{n\pi x}{l},\cos nt=\cos\frac{n\pi x}{l},$$

从而

$$f(x)\sim\frac{a_0}{2}+\sum_{n=1}^{\infty}\left(a_n\cos\frac{n\pi x}{l}+b_n\sin\frac{n\pi x}{l}\right), \tag{10-2-3}$$

其中

$$\begin{cases}a_n=\frac{1}{l}\int_{-l}^{l}f(x)\cos\frac{n\pi x}{l}\mathrm{d}x,\\ b_n=\frac{1}{l}\int_{-l}^{l}f(x)\sin\frac{n\pi x}{l}\mathrm{d}x.\end{cases} \tag{10-2-4}$$

上式就是以 $2l$ 为周期的函数 $f(x)$ 的傅里叶系数.在按段光滑的条件下,亦有

$$\frac{f(x+0)+f(x-0)}{2}=\frac{a_0}{2}+\sum_{n=1}^{\infty}\left(a_n\cos\frac{n\pi x}{l}+b_n\sin\frac{n\pi x}{l}\right). \tag{10-2-5}$$

例 10.2.1　把函数

$$f(x)=\begin{cases}0,-5\leqslant x<0\\ 3,0\leqslant x<5\end{cases}$$

展开成傅里叶级数.

解:由于 f 在$(-5,5)$上按段光滑,因此可以展开成傅里叶级数.根据式(10-2-4)有

$$a_n=\frac{1}{5}\int_{-5}^{0}0\cdot\cos\frac{n\pi x}{5}\mathrm{d}x+\frac{1}{5}\int_{0}^{5}3\cdot\cos\frac{n\pi x}{5}\mathrm{d}x$$

$$=\frac{3}{5}\cdot\frac{5}{n\pi}\sin\frac{n\pi x}{5}\Big|_0^5=0,n=1,2,\cdots,$$

$$a_0=\frac{1}{5}\int_0^5 f(x)\mathrm{d}x=\frac{1}{5}\int_0^5 3\mathrm{d}x=3,$$

$$b_n=\frac{1}{5}\int_0^5 3\cdot\sin\frac{n\pi x}{5}\mathrm{d}x$$

$$=\frac{3}{5}\left[-\frac{5}{n\pi}\cos\frac{n\pi x}{5}\right]\Big|_0^5=\frac{3(1-\cos n\pi)}{n\pi}$$

$$=\begin{cases}\frac{6}{(2k-1)\pi},n=2k-1,k=1,2,\cdots,\\ 0,n=2k,k=1,2,\cdots.\end{cases}$$

代入式(10-2-5)得

$$f(x)=\frac{3}{2}+\sum_{k=1}^{\infty}\frac{6}{(2k-1)\pi}\sin\frac{(2k-1)\pi x}{5}$$
$$=\frac{3}{2}+\frac{6}{\pi}\left(\sin\frac{\pi x}{5}+\frac{1}{3}\sin\frac{3\pi x}{5}+\frac{1}{5}\sin\frac{5\pi x}{5}+\cdots\right).$$

这里 $x\in(-5,0)\cup(0,5)$.当 $x=0$ 和 ± 5 时级数收敛于$\frac{3}{2}$.

10.3 收敛定理的证明

本节证明非常重要的傅里叶级数收敛定理,为此先证明两个预备定理.

预备定理 10.3.1(贝塞尔(Bessel)不等式) 设 $f(x)$ 在$[-\pi,\pi]$上可积,则

$$\frac{a_0^2}{2}+\sum_{n=1}^{\infty}(a_n^2+b_n^2)\leqslant\frac{1}{\pi}\int_{-\pi}^{\pi}f^2(x)\mathrm{d}x. \qquad (10\text{-}3\text{-}1)$$

其中 a_n,b_n 为 f 的傅里叶系数.式(10-3-1)称为贝塞尔不等式.

证明:令

$$S_m(x)=\frac{a_0}{2}+\sum_{n=1}^{m}(a_n\cos nx+b_n\sin nx),$$

考察积分

$$\int_{-\pi}^{\pi}[f(x)-S_m(x)]^2\mathrm{d}x$$
$$=\int_{-\pi}^{\pi}f^2(x)\mathrm{d}x-2\int_{-\pi}^{\pi}f(x)S_m(x)\mathrm{d}x+\int_{-\pi}^{\pi}S_m^2(x)\mathrm{d}x. \qquad (10\text{-}3\text{-}2)$$

由于

$$\int_{-\pi}^{\pi}f(x)S_m(x)\mathrm{d}x$$
$$=\frac{a_0}{2}\int_{-\pi}^{\pi}f(x)\mathrm{d}x+\sum_{n=1}^{m}\left(a_n\int_{-\pi}^{\pi}f(x)\cos nx\,\mathrm{d}x+b_n\int_{-\pi}^{\pi}f(x)\sin nx\,\mathrm{d}x\right),$$

根据傅里叶系数公式可得

$$\int_{-\pi}^{\pi}f(x)S_m(x)\mathrm{d}x=\frac{\pi}{2}a_0^2+\pi\sum_{n=1}^{m}(a_n^2+b_n^2). \qquad (10\text{-}3\text{-}3)$$

对于 $S_m^2(x)$ 的积分,应用三角函数的正交性,有

$$\int_{-\pi}^{\pi}S_m^2(x)\mathrm{d}x=\int_{-\pi}^{\pi}\left[\frac{a_0}{2}+\sum_{n=1}^{m}(a_n\cos nx+b_n\sin nx)\right]^2\mathrm{d}x$$

$$=\left(\frac{a_0}{2}\right)^2\int_{-\pi}^{\pi}\mathrm{d}x+\sum_{n=1}^{m}\left(a_n^2\int_{-\pi}^{\pi}\cos^2 nx\,\mathrm{d}x+b_n^2\int_{-\pi}^{\pi}\sin^2 nx\,\mathrm{d}x\right)$$

$$=\frac{\pi}{2}a_0^2+\pi\sum_{n=1}^{m}(a_n^2+b_n^2). \tag{10-3-4}$$

将式(10-3-3),式(10-3-4) 代入式(10-3-2),可得

$$0\leqslant\int_{-\pi}^{\pi}[f(x)-S_m(x)]^2\mathrm{d}x=\int_{-\pi}^{\pi}f^2(x)\mathrm{d}x-\frac{\pi}{2}a_0^2-\pi\sum_{n=1}^{m}(a_n^2+b_n^2).$$

因而

$$\frac{a_0^2}{2}+\sum_{n=1}^{m}(a_n^2+b_n^2)\leqslant\frac{1}{\pi}\int_{-\pi}^{\pi}[f(x)]^2\mathrm{d}x,$$

它对任何正整数 m 成立,而$\frac{1}{\pi}\int_{-\pi}^{\pi}[f(x)]^2\mathrm{d}x$ 为有限值,所以正项级数

$$\frac{a_0^2}{2}+\sum_{n=1}^{\infty}(a_n^2+b_n^2)$$

的部分和数列有界,因而它收敛且有不等式(10-3-1) 成立.

推论 10.3.1　若 f 为可积函数,则

$$\begin{cases}\lim\limits_{n\to\infty}\int_{-\pi}^{\pi}f(x)\cos nx\,\mathrm{d}x=0,\\ \lim\limits_{n\to\infty}\int_{-\pi}^{\pi}f(x)\sin nx\,\mathrm{d}x=0,\end{cases} \tag{10-3-5}$$

因为式(10-3-1) 的左边级数收敛,所以当 $n\to\infty$ 时,通项 $a_n^2+b_n^2\to 0$,亦即有 $a_n\to 0$ 与 $b_n\to 0$,这就是式(10-3-5).

这个推论称为黎曼 - 勒贝格定理.

推论 10.3.2　若 f 为可积函数,则

$$\begin{cases}\lim\limits_{n\to\infty}\int_{0}^{\pi}f(x)\sin\left(n+\frac{1}{2}\right)x\,\mathrm{d}x=0,\\ \lim\limits_{n\to\infty}\int_{-\pi}^{0}f(x)\sin\left(n+\frac{1}{2}\right)x\,\mathrm{d}x=0,\end{cases} \tag{10-3-6}$$

证明:由于

$$\sin\left(n+\frac{1}{2}\right)x=\cos\frac{x}{2}\sin nx+\sin\frac{x}{2}\cos nx,$$

所以

$$\int_{0}^{\pi}f(x)\sin\left(n+\frac{1}{2}\right)x\,\mathrm{d}x$$

$$=\int_{0}^{\pi}\left[f(x)\cos\frac{x}{2}\right]\sin nx\,\mathrm{d}x+\int_{0}^{\pi}\left[f(x)\sin\frac{x}{2}\right]\cos nx\,\mathrm{d}x$$

$$=\int_{-\pi}^{\pi}F_1(x)\sin nx\,\mathrm{d}x+\int_{-\pi}^{\pi}F_2(x)\cos nx\,\mathrm{d}x, \tag{10-3-7}$$

其中

$$F_1(x)=\begin{cases}f(x)\cos\dfrac{x}{2},0\leqslant x\leqslant\pi,\\0,-\pi\leqslant x<0,\end{cases}$$

$$F_2(x)=\begin{cases}f(x)\sin\dfrac{x}{2},0\leqslant x\leqslant\pi,\\0,-\pi\leqslant x<0,\end{cases}$$

显见 F_1 和 F_2 与 f 一样在$[-\pi,\pi]$上可积.由推论 10.3.1,式(10-3-7)右端两积分的极限在 $n\to\infty$ 时都等于零,所以左边的极限为零.

同样可以证明

$$\lim_{n\to\infty}\int_{-\pi}^{0}f(x)\sin\left(n+\frac{1}{2}\right)x\,\mathrm{d}x=0.$$

预备定理 10.3.2 若 $f(x)$ 是以 2π 为周期的函数,且在$[-\pi,\pi]$上可积,则它的傅里叶级数部分和 $S_n(x)$ 可写成

$$S_n(x)=\frac{1}{\pi}\int_{-\pi}^{\pi}f(x+t)\frac{\sin\left(n+\frac{1}{2}\right)t}{2\sin\frac{t}{2}}\mathrm{d}t,\tag{10-3-8}$$

当 $t=0$ 时,被积函数中的不定式由极限

$$\lim_{t\to0}\frac{\sin\left(n+\frac{1}{2}\right)t}{2\sin\frac{t}{2}}=n+\frac{1}{2}$$

来确定.

证明:在傅里叶级数部分和

$$S_n(x)=\frac{a_0}{2}+\sum_{k=1}^{n}(a_k\cos kx+b_k\sin kx)$$

中,用傅里叶系数公式代入,可得

$$\begin{aligned}S_n(x)&=\frac{1}{2\pi}\int_{-\pi}^{\pi}f(u)\,\mathrm{d}u+\frac{1}{\pi}\sum_{k=1}^{n}\left[\left(\int_{-\pi}^{\pi}f(u)\cos ku\,\mathrm{d}u\right)\cos kx+\right.\\&\quad\left.\left(\int_{-\pi}^{\pi}f(u)\sin ku\,\mathrm{d}u\right)\sin kx\right]\\&=\frac{1}{\pi}\int_{-\pi}^{\pi}f(u)\left[\frac{1}{2}+\sum_{k=1}^{n}(\cos ku\cos kx+\sin ku\sin kx)\right]\mathrm{d}u\\&=\frac{1}{\pi}\int_{-\pi}^{\pi}f(u)\left[\frac{1}{2}+\sum_{k=1}^{n}\cos k(u-x)\right]\mathrm{d}u.\end{aligned}$$

令 $u=x+t$,得

$$S_n(x)=\frac{1}{\pi}\int_{-\pi-x}^{\pi-x}f(x+t)\left[\frac{1}{2}+\sum_{k=1}^{n}\cos kt\right]\mathrm{d}t.$$

由上面这个积分看到，被积函数是周期为 2π 的函数，因此在 $[-\pi-x,\pi-x]$ 上的积分等于 $[-\pi,\pi]$ 上的积分，则

$$\frac{1}{2}+\sum_{k=1}^{n}\cos kt=\frac{\sin\left(n+\frac{1}{2}\right)t}{2\sin\frac{t}{2}} \tag{10-3-9}$$

就得到

$$S_n(x)=\frac{1}{\pi}\int_{-\pi}^{\pi}f(x+t)\frac{\sin\left(n+\frac{1}{2}\right)t}{2\sin\frac{t}{2}}\mathrm{d}t,$$

式(10-3-8)也称为 f 的傅里叶级数部分和的积分表达式.

现在证明收敛定理.重新叙述如下：

若以 2π 为周期的函数 $f(x)$ 在 $[-\pi,\pi]$ 上按段光滑，则在每一点 $x\in[-\pi,\pi]$，f 的傅里叶级数收敛于 f 在点 x 的左、右极限的算术平均值，即

$$\frac{f(x+0)+f(x-0)}{2}=\frac{a_0}{2}+\sum_{n=1}^{n}(a_n\cos nx+b_n\sin nx),$$

其中 a_n,b_n 为 $f(x)$ 的傅里叶系数.

证明：只要证明在每一点 x 处下述极限成立：

$$\lim_{n\to\infty}\left[\frac{f(x+0)+f(x-0)}{2}-S_n(x)\right]=0,$$

即

$$\lim_{n\to\infty}\left[\frac{f(x+0)+f(x-0)}{2}-\frac{1}{\pi}\int_{-\pi}^{\pi}f(x+t)\frac{\sin\left(n+\frac{1}{2}\right)t}{2\sin\frac{t}{2}}\mathrm{d}t\right]=0,$$

或证明同时有

$$\lim_{n\to\infty}\left[\frac{f(x+0)}{2}-\frac{1}{\pi}\int_{0}^{\pi}f(x+t)\frac{\sin\left(n+\frac{1}{2}\right)t}{2\sin\frac{t}{2}}\mathrm{d}t\right]=0, \tag{10-3-10}$$

与

$$\lim_{n\to\infty}\left[\frac{f(x-0)}{2}-\frac{1}{\pi}\int_{-\pi}^{0}f(x+t)\frac{\sin\left(n+\frac{1}{2}\right)t}{2\sin\frac{t}{2}}\mathrm{d}t\right]=0 \tag{10-3-11}$$

先证明式(10-3-10).对式(10-3-9)积分有

$$\frac{1}{\pi}\int_{-\pi}^{\pi}\frac{\sin\left(n+\frac{1}{2}\right)x}{2\sin\frac{x}{2}}\mathrm{d}x=\frac{1}{\pi}\int_{-\pi}^{\pi}\left(\frac{1}{2}+\sum_{k=1}^{n}\cos kx\right)\mathrm{d}x=1,$$

由于上式左边为偶函数,因此两边乘以 $f(x+0)$ 后得到

$$\frac{f(x+0)}{2}=\frac{1}{\pi}\int_{0}^{\pi}f(x+0)\frac{\sin\left(n+\frac{1}{2}\right)t}{2\sin\frac{t}{2}}\mathrm{d}t,$$

从而式(10-3-10)可改写为

$$\lim_{n\to\infty}\frac{1}{\pi}\int_{0}^{\pi}[f(x+0)-f(x+t)]\frac{\sin\left(n+\frac{1}{2}\right)t}{2\sin\frac{t}{2}}\mathrm{d}t=0 \tag{10-3-12}$$

令

$$\varphi(t)=-\frac{f(x+t)+f(x+0)}{2\sin\frac{t}{2}}$$

$$=-\left[\frac{f(x+t)+f(x+0)}{t}\right]\frac{\frac{t}{2}}{\sin\frac{t}{2}},t\in(0,\pi].$$

故

$$\lim_{t\to0+}\varphi(t)=-f'(x+0)\cdot1=-f'(x+0).$$

再令 $\varphi(0)=-f'(x+0)$,则函数 φ 在点 $t=0$ 右连续.因为 φ 在 $[0,\pi]$ 上至多只有有限个第一类间断点.

所以 φ 在 $[0,\pi]$ 上可积,根据预备定理 10.3.1 的推论 10.3.2,

$$\lim_{n\to\infty}\frac{1}{\pi}\int_{0}^{\pi}[f(x+0)+f(x+t)]\frac{\sin\left(n+\frac{1}{2}\right)t}{2\sin\frac{t}{2}}\mathrm{d}t$$

$$=\lim_{n\to\infty}\frac{1}{\pi}\int_{0}^{\pi}\varphi(t)\sin\left(n+\frac{1}{2}\right)t\,\mathrm{d}t=0.$$

这就证得式(10-3-12)成立,从而式(10-3-10)成立.

用同样方法可证式(10-3-11)也成立.

10.4　傅里叶级数的应用举例

例 10.4.1　试判断下列三角级数是否可能为某个可积函数的傅里叶级数,并说明理由.

解:(1) 因为当 $f(x)$ 是可积函数时,有 $\lim\limits_{n\to\infty}\int_{-\pi}^{\pi} f(x)\sin nx\,\mathrm{d}x=0$,即 $\lim\limits_{n\to\infty}b_n=0$,其中 b_n 为 $f(x)$ 的傅里叶系数,但这里 $b_n=1$,所以该三角级数不可能是某个可积函数的傅里叶级数.

(2) 设 $f(x)$ 是 $[-\pi,\pi]$ 上的可积函数,则 $f^2(x)$ 在 $[-\pi,\pi]$ 上也可积,设 $a_0,a_n,b_n(n\in\mathbf{N}^*)$ 是 $f(x)$ 的傅里叶系数,由贝塞尔不等式知

$$\sum_{n=1}^{\infty}(a_n^2+b_n^2)\leqslant\frac{1}{\pi}\int_{-\pi}^{\pi}f^2(x)\mathrm{d}x<+\infty,$$

从而级数 $\sum\limits_{n=1}^{\infty}(a_n^2+b_n^2)$ 收敛,但这里 $\sum\limits_{n=1}^{\infty}(a_n^2+b_n^2)=\sum\limits_{n=1}^{\infty}\frac{1}{n}$ 发散,所以该三角级数不可能是某个可积函数的傅里叶级数.

例 10.4.2　证明 $\sum\limits_{n=1}^{\infty}\frac{\cos nx}{n^2}=\frac{1}{12}(3x^2-6\pi x+2\pi^2)\ (0\leqslant x\leqslant\pi)$.

思路分析:将 $f(x)=3x^2-6\pi x\,(0\leqslant x\leqslant\pi)$ 偶延拓到 $[-\pi,\pi]$ 上,计算 $a_n(b_n=0)$,由收敛定理得到 $f(x)$ 在 $[0,\pi]$ 上的傅里叶级数展开式,即为要证的等式.

证明:将 $f(x)=3x^2-6\pi x\,(0\leqslant x\leqslant\pi)$ 偶延拓到 $[-\pi,\pi]$ 上,再在 $[-\pi,\pi]$ 外作周期延拓,于是

$$b_n=0(n=1,2,\cdots),$$

$$a_0=\frac{2}{\pi}\int_0^{\pi}f(x)\mathrm{d}x=\frac{2}{\pi}\int_0^{\pi}(3x^2-6\pi x)\,\mathrm{d}x=-4\pi^2,$$

$$a_n=\frac{2}{\pi}\int_0^{\pi}(3x^2-6\pi x)\cos nx\,\mathrm{d}x=\frac{12}{n^2}(n=1,2,\cdots).$$

由于 $f(x)$ 在 $[-\pi,\pi]$ 上连续,故由收敛定理,有

$$3x^2-6\pi x=-\frac{4\pi^2}{2}+\sum_{n=1}^{\infty}\frac{12}{n^2}\cos nx,x\in[0,\pi].$$

即

$$\sum_{n=1}^{\infty}\frac{\cos nx}{n^2}=\frac{1}{12}(3x^2-6\pi x+2\pi^2).$$

引申拓展:一般地,要证明形如$\sum\limits_{n=1}^{\infty}a_n\cos nx=f(x),x\in[0,\pi]([-\pi,0])$或$\sum\limits_{n=1}^{\infty}b_n\sin nx=f(x),x\in[0,\pi]([-\pi,0])$,由于等式左端为余弦级数或正弦级数,所以首先将$f(x)$作偶延拓或奇延拓到$[-\pi,\pi]$上,视$f(x)$为以$2\pi$为周期的函数,其次计算$f(x)$的傅里叶系数$a_n(b_n=0)$或$b_n(a_n=0)$,在$[0,\pi]([-\pi,0])$上应用收敛定理,得到$f(x)$的傅里叶级数展开式即为所要证明的等式.

例 10.4.3 设$f(x)$的周期为2π,且在$(0,2\pi)$内单调有界.

证明:如果$f(x)$单调递减,则$b_n\geqslant 0$;如果$f(x)$单调递增,则$b_n\leqslant 0$.

思路分析:为了获得证明思路,我们先看,如果$f(x)$单调递减,如何证明$b_1\geqslant 0$,由于在$[0,\pi]$上,$\sin x\geqslant 0$,在$[\pi,2\pi]$上,$\sin x\leqslant 0$,因而$\forall x_1\in[0,\pi]$,$x_2\in[\pi,2\pi]$,$f(x_1)\geqslant f(x_2)$,这启发我们应分别在$[0,\pi]$以及$[\pi,2\pi)$上考察积分$\frac{1}{\pi}\int_0^{\pi}f(x)\sin x\mathrm{d}x$与$\frac{1}{\pi}\int_{\pi}^{2\pi}f(x)\sin x\mathrm{d}x$,于是

$$\begin{aligned}b_1&=\frac{1}{\pi}\int_0^{2\pi}f(x)\sin x\mathrm{d}x=\frac{1}{\pi}\left[\int_0^{\pi}f(x)\sin x\mathrm{d}x+\int_{\pi}^{2\pi}f(x)\sin x\mathrm{d}x\right]\\&=\frac{1}{\pi}\left[\int_0^{\pi}f(x)\sin x\mathrm{d}x+\int_0^{\pi}f(x+\pi)\sin(x+\pi)\mathrm{d}x\right]\\&=\frac{1}{\pi}\left[\int_0^{\pi}f(x)\sin x\mathrm{d}x-\int_0^{\pi}f(x+\pi)\sin(x)\mathrm{d}x\right]\\&=\frac{1}{\pi}[f(x)-f(x+\pi)]\sin(x)\mathrm{d}x\geqslant 0.\end{aligned}$$

由此设想,如果能够将b_n转化为类似于b_1的情形,便可获得结论.

证明:设$f(x)$在$[0,2\pi]$上单调递减,则

$$\begin{aligned}b_n&=\frac{1}{\pi}\int_0^{2\pi}f(x)\sin nx\mathrm{d}x\ (t=nx)\\&=\frac{1}{\pi}\int_0^{2n\pi}f\left(\frac{t}{n}\right)\sin t\cdot\frac{1}{n}\mathrm{d}t=\frac{1}{n\pi}\sum_{k=1}^{n}\int_{2(k-1)\pi}^{2k\pi}f\left(\frac{t}{n}\right)\sin t\mathrm{d}x\\&=\frac{1}{n\pi}\sum_{k=1}^{n}\left[\int_{2(k-1)\pi}^{(2k-1)\pi}f\left(\frac{t}{n}\right)\sin t\mathrm{d}t+\int_{2(k-1)\pi}^{2k\pi}f\left(\frac{\pi}{n}\right)\sin t\mathrm{d}t\right]\\&=\frac{1}{n\pi}\sum_{k=1}^{n}\left[\int_{2(k-1)\pi}^{(2k-1)\pi}f\left(\frac{t}{n}\right)\sin t\mathrm{d}t+\int_{2(k-1)\pi}^{(2k-1)\pi}f\left(\frac{t+\pi}{n}\right)\sin(t+\pi)\mathrm{d}t\right]\\&=\frac{1}{n\pi}\sum_{k=1}^{n}\int_{2(k-1)\pi}^{(2k-1)\pi}\left[f\left(\frac{t}{n}\right)-f\left(\frac{t+\pi}{n}\right)\right]\sin t\mathrm{d}t\geqslant 0.\end{aligned}$$

第 11 章　多元函数微分学

只有一个自变量的函数称为一元函数，但在许多实际问题中往往要考虑多个变量之间的关系，反映到数学上，就是一个变量与另外多个变量间相互依赖的关系，由此引入了多元函数以及多元函数的微分和积分问题.本章将在一元函数微分学的基础上，进一步讨论多元函数的微分学及其应用.

11.1　平面点集与多元函数

11.1.1　平面点集

点集，指的是由点组成的集合.一元函数 $y=f(x)$ 的定义域是一个实数集，可放在数轴上考虑，所以是直线上的一个点集；为了研究 $f(x)$ 的极限，我们在数轴上引入了邻域的概念.同样地，为了定义多元函数并讨论其微分性质，我们先来了解作为定义域的点集和有关集合，并引入邻域的概念.

定义 11.1.1　设 $P_0(x_0,y_0)$ 是 xOy 平面上的一个点，另一个点为 $P(x,y)$.两点间的距离定义为

$$|PP_0|=\sqrt{(x-x_0)^2+(y-y_0)^2},$$

那么称点集

$$U(P_0,\delta)=\left\{(x,y)\,\middle|\,\sqrt{(x-x_0)^2+(y-y_0)^2}<\delta\right\}$$

为 $P_0(x_0,y_0)$ 的 δ 邻域.

设 D 是 xOy 平面上的一个点集，P 是 xOy 平面上的一个点.我们可以给出如下基本定义：

①如果存在点 P 的一个邻域 $U(P)$ 使得 $U(P)\subset D$，则称点 P 是 D 的内点.

②如果点 P 的任何邻域内既有属于 D 的点也有不属于 D 的点，则称

点 P 是 D 的边界点;D 的边界点的全体称为 D 的边界.

③如果存在某点 P 的一个邻域 $U(P,\delta)$ 使得 $D\subset U(P,\delta)$,则称点集 D 是有界的.

④如果点集 D 的点都是内点,则称 D 是开集.

⑤设 D 是开集,如果 D 内的任何两点都可用折线连接起来并且折线上的点都属于 D,则称开集 D 是连通的.连通的开集称为开区域;开区域加上它的边界称为闭区域.开区域和闭区域是开区间和闭区间的推广,边界点是区间端点的推广.

11.1.2 多元函数

以前所讨论的函数是只有一个自变量的函数,但在许多的实际问题中,常遇到依赖于两个或更多个自变量的函数,即多元函数.

例如,正圆锥的侧面积 S 依赖于底半径 r 和高 h,它们之间满足

$$S=\pi r\sqrt{r^2+h^2}\ (r>0,h>0);$$

长方体的体积 V 依赖于长 x、宽 y 和高 z,它们之间满足

$$V=xyz\,(x>0,y>0,z>0).$$

上述实例中的变量 S 是变量 r,h 的二元函数,变量 V 是变量 x,y,z 的三元函数,二元及二元以上的函数统称为多元函数.

前面所讨论的函数是只有一个自变量的函数,但在许多的实际问题中,我们常遇到依赖于两个或更多个自变量的函数,即多元函数.例如,正圆锥的侧面积 S 依赖于底半径 r 和高 h,它们之间满足

$$S=\pi r\sqrt{r^2+h^2}\ (r>0,h>0);$$

长方体的体积 V 依赖于长 x、宽 y 和高 z,它们之间满足

$$V=xyz\,(x>0,y>0,z>0).$$

这些实例中的变量 S 是变量 r,h 的二元函数,变量 V 是变量 x,y,z 的三元函数,二元及二元以上的函数统称为多元函数.下面给出二元函数的准确定义.

定义 11.1.2 设 D 是 $\mathbf{R}^2$ 的一个非空子集,称映射 $f:D\to R$ 为定义在 D 上的二元函数,通常记为

$$z=f(x,y),(x,y)\in D$$

或

$$z=f(P),P\in D,$$

其中,点集 D 称为该函数的定义域,x 和 y 称为自变量,z 称为因变量.

关于多元函数的定义域，与一元函数相类似，进行如下约定：

在一般地讨论用算式表达的多元函数 $u=f(\boldsymbol{x})$ 时，就以使这个算式有意义的变元 $\boldsymbol{x}$ 的值所组成的点集为这个多元函数的自然定义域.因而，对这类函数，它的定义域不再特别标出.例如，函数 $z=\ln(x+y)$ 的定义域为 $\{(x,y)\mid x+y>0\}$（如图 11-1-1 所示），这是一个无界开区域；又如，函数 $z=\arcsin(x^2+y^2)$ 的定义域为 $\{(x,y)\mid x^2+y^2\leqslant 1\}$（如图 11-1-2 所示），这是一个有界闭区域.

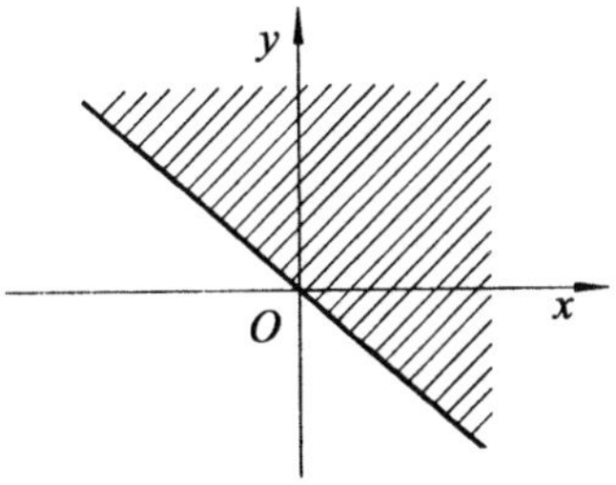

图 11-1-1

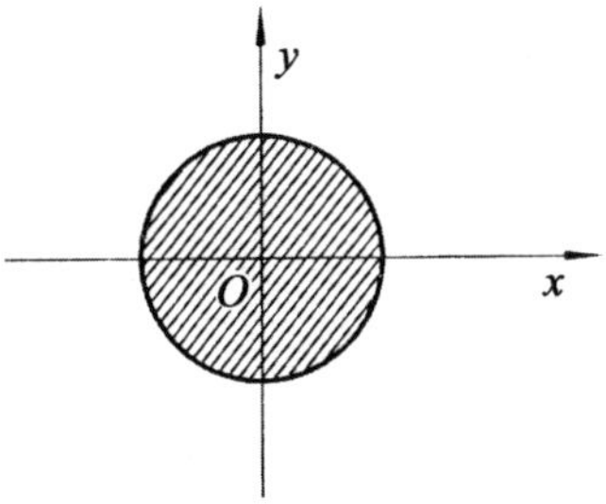

图 11-1-2

设二元函数 $z=f(x,y)$ 的定义域为 $D\subset\mathbf{R}^2$，对于区域 D 中的任意一点 $P(x,y)$ 必有唯一的函数值 $z=f(x,y)$ 与之对应，这样三元有序数组 (x,y,z) 就确定了空间的一点 $M(x,y,z)$，所有这些点的集合就是函数 $z=f(x,y)$ 的图形，二元函数的图形通常是空间中的一张曲面，如图 11-1-3 所示.

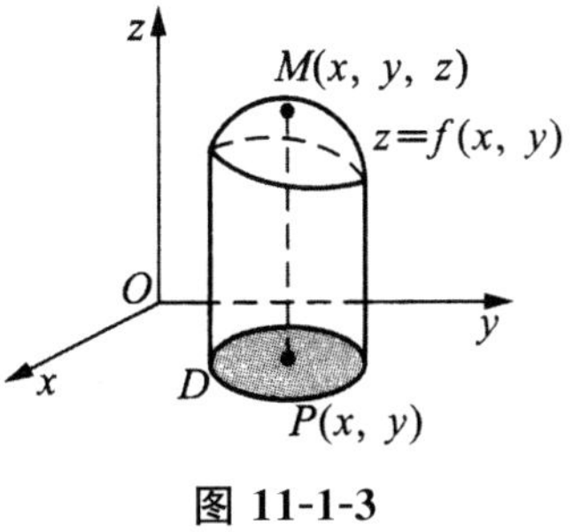

图 11-1-3

例如，二元函数 $z=ax+by+c$ 的图形是一张平面，而二元函数 $z=\sqrt{1-x^2-y^2}$ 的图形是以原点为中心、半径为 1 的上半球面，它的定义域是 xOy 平面上的以原点为中心的单位圆.

例 11.1.1 求函数 $z=\dfrac{\sqrt{x^2+y^2-4}}{\sqrt{x-\sqrt{y}}}$ 的定义域,并作出其定义域的示意图.

解:要使函数有意义,必须满足

$$\begin{cases}x^2+y^2-4\geqslant 0\\ x-\sqrt{y}>0\end{cases},$$

即

$$\begin{cases}x^2+y^2\geqslant 4\\ x>\sqrt{y}\end{cases},$$

故函数的定义域为 $D=\{(x,y)\mid x^2+y^2\geqslant 4, x>\sqrt{y}, y\geqslant 0\}$,其图形如图 11-1-4 所示.

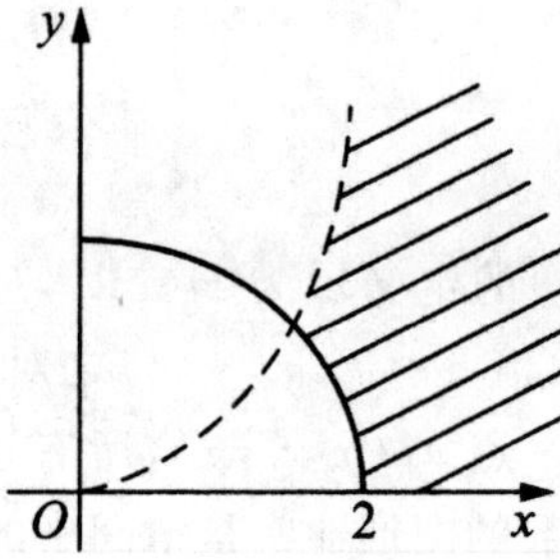

图 11-1-4

例 11.1.2 求函数 $z=\ln(x+y-1)$ 的定义域.

解:使原式有意义,须 $x+y-1>0$,得

$$x+y>1,$$

定义域是

$$D=\{(x,y)\mid x+y>1\}.$$

D 是直线 $x+y=1$ 的右上方,且不含直线的半个平面,是一个无界区域(图 11-1-5).

例 11.1.3 求下列函数的定义域:

(1)$f(x,y)=\ln(x-y)$;

(2)$g(x,y)=\arccos\dfrac{y}{x}$;

(3)$h(x,y)=\arcsin\dfrac{x^2+y^2}{4}+\dfrac{1}{\sqrt{y-x}}$.

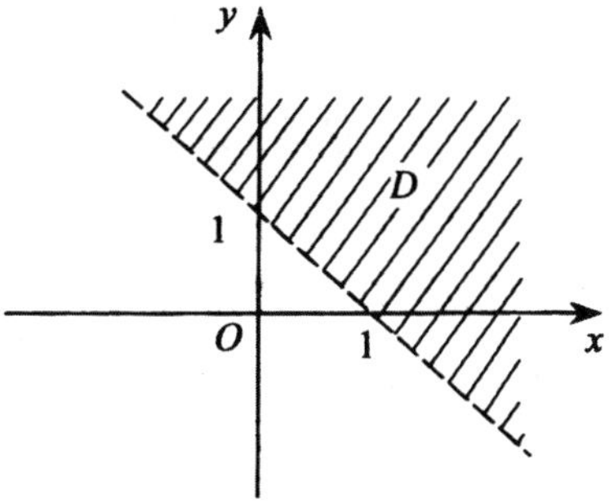

图 11-1-5

解:(1)$D(f)=\{(x,y)\mid x-y>0\}$,如图 11-1-6 所示,因为点$(1,0)\in D(f)$,所以是直线 $x-y=0$ 的右下方.

(2)$D(g)=\left\{(x,y)\,\middle|\,\left|\dfrac{y}{x}\right|\leqslant 1\right\}=\{(x,y)\mid |y|\leqslant|x|,x\neq 0\}$,如图 11-1-7 所示,为夹于两条直线 $x-y=0$ 和 $x+y=0$ 的部分,D 包含边界线 $x-y=0$ 和 $x+y=0$,但不含原点 O.

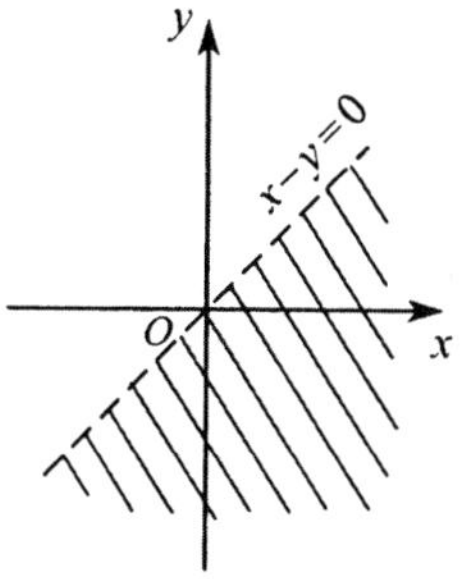

图 11-1-6

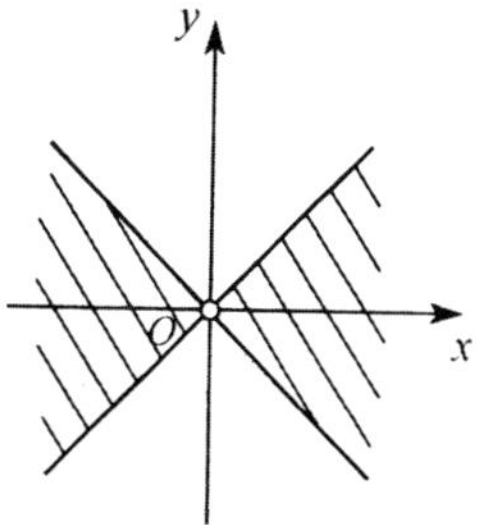

图 11-1-7

(3)$D(h)=\{(x,y)\mid x^2+y^2\leqslant 4,y>x\}$,如图 11-1-8 所示,为圆周 $x^2+y^2=4$ 的内部和直线 $x-y=0$ 的左上方的部分,包含半个圆周,但不包含 $x-y=0$ 的直径.

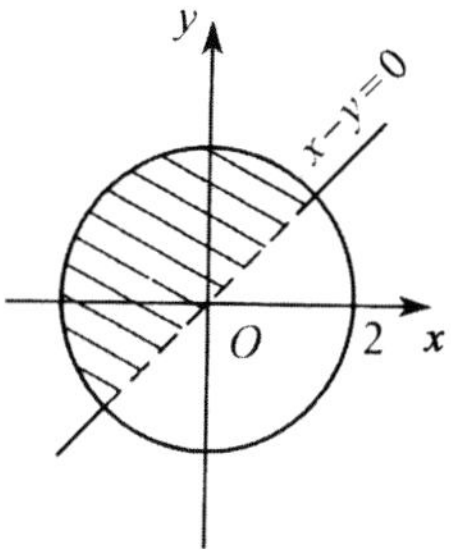

图 11-1-8

11.2 多元函数的极限和连续性

11.2.1 多元函数的极限

下面是多元函数极限的定义.

定义 11.2.1 设函数 $f(x,y)$ 在开区域(或闭区域) D 内有定义，$P_0(x_0,y_0)$ 是 D 的内点或边界点.如果对于任意给定的正数 ε，总存在正数 δ，使得适合不等式

$$0<|PP_0|=\sqrt{(x-x_0)^2+(y-y_0)^2}<\delta$$

的一切点 $P(x,y)\in D$，都有 $|f(x,y)-A|<\varepsilon$ 成立，则称常数 A 为函数 $f(x,y)$ 当 $x\to x_0$，$y\to y_0$ 时的极限，记作 $\lim\limits_{\substack{x\to x_0\\ y\to y_0}} f(x,y)=A$ 或 $f(x,y)\to A\ (\rho\to 0)$，这里 $\rho=|PP_0|$ · $\lim\limits_{\substack{x\to x_0\\ y\to y_0}} f(x,y)=A$ 称作二重极限.

关于函数 $f(x,y)$ 的极限的定义，需要注意以下几点：

①所谓二重极限存在，是指 $P(x,y)$ 以任何方式趋于 $P_0(x_0,y_0)$ 时，函数都无限接近于 A.

②若仅知道动点在区域 D 内沿某特定的方向趋于 $P_0(x_0,y_0)$ 时，$f(x,y)$ 接近于某一确定常数，则不能断定 $f(x,y)$ 在 $P_0(x_0,y_0)$ 的极限存在.只有动点在区域 D 内沿任何方向趋向于 $P_0(x_0,y_0)$，函数的极限都存在且相等，这时函数的极限才存在.

③若能找到某两个特定的方向使 $P\to P_0$ 时 $f(x,y)$ 的极限不相同或不存在，则可断定 $f(x,y)$ 在 $P_0(x_0,y_0)$ 的极限不存在.当 $P_0(x_0,y_0)\to O(0,0)$ 时，常取的方向有：沿 x 轴 $(y=0)$、y 轴 $(x=0)$，沿直线 $y=kx$，沿曲线 $y=kx^2$ 等.

④从极限的定义可知，多元函数与一元函数的极限在本质上是相同的，因此可以将一元函数求极限的方法运用到求解多元函数的极限上.需要注意的是，有时需作变量代换将多元函数转化为关于新变量的一元函数.

11.2.2 多元函数的连续性

定义 11.2.2 设 $P_0(x_0,y_0)$ 是函数 $f(x,y)$ 定义域内的点，如果

$$\lim_{\substack{x \to x_0 \\ y \to y_0}} f(x,y) = f(x_0, y_0),$$

则称函数 $f(x,y)$ 在点 $P_0(x_0,y_0)$ 连续.

需要注意的是，如果 $f(x,y)$ 在区域 D 上的每一点都连续，那么 $f(x,y)$ 在 D 上连续.

多元连续函数的基本性质可总结成以下两个定理：

定理 11.2.1(最大值和最小值定理)　有界闭区域 D 上的多元连续函数，在 D 上一定有最小值和最大值.

定理 11.2.2(介值定理)　有界闭区域 D 上的多元连续函数，如果在 D 上取得两个不同的函数值，则它在 D 上取得介于这两个值之间的任何值至少一次.

这里需要注意的内容有以下两点：

①任何多元初等函数在其定义域内是连续的，这里所指的定义区域，是指包含在定义域之内的区域或者闭区域.

②利用多元初等函数的连续性，如果要求函数在点 P_0 处的极限，而该点又在此函数的定义区域内，则极限值就是函数在该点的函数值，即 $\lim\limits_{P \to P_0} f(P) = f(P_0)$.

11.3　多元函数的偏导数和全微分

11.3.1　偏导数

对于一元函数 $f(x)$，根据实际问题的需要，我们要研究它在定点 x_0 附近的性态.为此，把函数在 x_0 附近的平均变化率当 $x \to x_0$ 时的极限作为函数在该点的变化率，引入了导数概念，然后用导数来描述在定点 x_0 附近的微小变化状况，即微分.同样，对于多元函数 $f(P)$，我们也有必要讨论它在某一定点 P_0 附近的性态.但是，由于多元函数的自变量多于一个，点 P 趋于 P_0 的方式是任意的，未能考虑关于所有自变量同时做任意改变时函数的变化率.不过，可以分别考虑关于其中每一个自变量(其余的自变量暂时固定)的变化率，即偏导数，然后利用这些偏导数来描述全微分，即该函数在定点 R 附近的微小变化状况.

11.3.1.1　偏导数的基本定义

在研究一元函数时，从研究函数的变化率引入了导数概念.对于二元函数同样需要讨论它的变化率，但二元函数的自变量不止一个，因变量与自变量的关系要比一元函数复杂一些.一般地，对于二元函数 $z=f(x,y)$，如果固定其中的一个自变量，则 $z=f(x,y)$ 就是另一个自变量的一元函数，我们仍然可以考虑函数对该自变量的变化率.

定义 11.3.1 设函数 $z=f(x,y)$ 在点 $P_0(x_0,y_0)$ 的某一邻域内有定义，将 y 固定为 y_0，给 x_0 以改变量 Δx，于是函数有相应改变量

$$\Delta_x z=f(x_0+\Delta x,y_0)-f(x_0,y_0),$$

$\Delta_x z$ 称为函数 $z=f(x,y)$ 对 x 的偏增量(或偏改变量).若极限

$$\lim_{\Delta x\to 0}\frac{\Delta_x z}{\Delta x}=\lim_{\Delta x\to 0}\frac{f(x_0+\Delta x,y_0)-f(x_0,y_0)}{\Delta x}$$

存在，则称此极限值为函数 $z=f(x,y)$ 在点 $P_0(x_0,y_0)$ 处对 x 的偏导数，记作 $f_x(x_0,y_0)$ 或 $\frac{\partial f(x_0,y_0)}{\partial x}$ 或 $z_x\Big|_{(x_0,y_0)}$ 或 $\frac{\partial z}{\partial x}\Big|_{(x_0,y_0)}$.类似地，我们可以定义函数 $z=f(x,y)$ 在点 $P_0(x_0,y_0)$ 处关于 y 的偏导数，并把它记作 $f_y(x_0,y_0)$ 或 $\frac{\partial f(x_0,y_0)}{\partial y}$ 或 $z_y\Big|_{(x_0,y_0)}$ 或 $\frac{\partial z}{\partial y}\Big|_{(x_0,y_0)}$.

偏导数的概念还可推广到二元以上的函数，例如三元函数 $u=f(x,y,z)$ 在点 (x,y,z) 处对 x 的偏导数定义为

$$f_x(x,y,z)=\lim_{\Delta x\to 0}\frac{f(x+\Delta x,y,z)-f(x,y,z)}{\Delta x},$$

其中，(x,y,z) 是函数 $u=f(x,y,z)$ 的定义域的内点.它们的求法也仍旧是一元函数的微分法问题.

例 11.3.1 求 $z=2x^2+y+3xy^2$ 在点(1,2)处的偏导数.

解:把 y 暂时看作常量，对 x 求导得

$$z_x(x,y)=4x+3y^2,$$

同理可得

$$z_y(x,y)=1+6xy.$$

将点(1,2)代入上面两式，可得

$$z_x(1,2)=4\times 1+3\times 2^2=16,$$

$$z_y(1,2)=1+6\times 1\times 2=13.$$

例 11.3.2 求下列函数的偏导数：

(1) $z=x^y+\ln(xy)\ (x,y>0)$.

(2) $u=xyze^{xyz}$.

解:(1)易得

$$\frac{\partial z}{\partial x}=yx^{y-1}+\frac{y}{xy}=yx^{y-1}+\frac{1}{x},$$

$$\frac{\partial z}{\partial y}=x^y\ln x+\frac{x}{xy}=x^y\ln x+\frac{1}{y}.$$

(2)易得

$$\frac{\partial u}{\partial x}=yz(e^{xyz}+xyze^{xyz})=(1+xyz)yze^{xyz},$$

$$\frac{\partial u}{\partial y}=(1+xyz)xze^{xyz},$$

$$\frac{\partial u}{\partial z}=(1+xyz)xye^{xyz}.$$

例 11.3.3　设 $f(x,y)=\frac{y^2}{x+1}$,求 $f_x(3,2)$和 $f_y(3,2)$.

解:根据定义可知,$f_x(3,2)$为 $m(x)=f(x,2)$在点 $x=3$ 的导数.因为

$$m(x)=f(x,2)=\frac{4}{x+1},$$

且

$$m'(x)=-\frac{4}{(x+1)^2},$$

所以

$$f_x(3,2)=m'(x)=-\frac{1}{4}.$$

同理,$f_y(3,2)$为 $n(y)=f(3,y)$在点 $y=2$ 的导数.因为

$$n(y)=f(3,y)=\frac{y^2}{4},$$

且

$$n'(y)=\frac{y}{2},$$

所以

$$f_y(3,2)=n'(2)=1.$$

11.3.1.2　偏导数的几何意义及应用

(1)偏导数的几何意义.我们知道,一元函数导数的几何意义是导数值为切线的斜率.接下来,以二元函数为例讨论偏导数的几何意义.二元函数 $z=f(x,y)$在点(x_0,y_0)处的偏导数的几何意义也有与一元函数类似情况.

设 $M_0(x_0,y_0,f(x_0,y_0))$是曲面 $z=f(x,y)$上一点,过点 M_0 作平面 $y=y_0$,此平面与曲面的交线是平面 $y=y_0$ 上的一条曲线$\begin{cases}z=f(x,y)\\y=y_0\end{cases}$,

由于 $f_x(x_0,y_0)$ 即为一元函数 $z=f(x,y_0)$ 在点 x_0 处的导数,故由一元函数导数的几何意义可知偏导数的几何意义为: $f_x(x_0,y_0)$ 表示曲线 $\begin{cases} z=f(x,y) \\ y=y_0 \end{cases}$ 在点 M_0 处的切线 T_x 对 x 轴的斜率; $f_y(x_0,y_0)$ 表示曲线 $\begin{cases} z=f(x,y) \\ x=x_0 \end{cases}$ 在点 M_0 处的切线 T_y 对 y 轴的斜率,如图 11-3-1 所示.

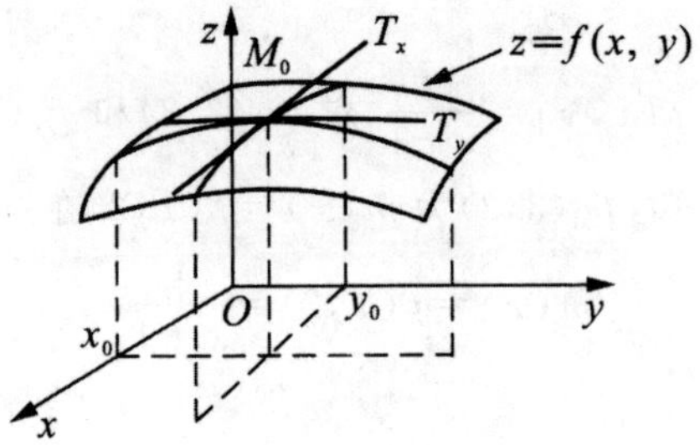

图 11-3-1

例 11.3.4 讨论函数 $f(x,y)=\sqrt{x^2+y^2}$ 在点(0,0)处的可偏导性和连续性.

解:显然有

$$\lim_{(x,y)\to(0,0)} f(x,y)=\lim_{(x,y)\to(0,0)} \sqrt{x^2+y^2}=0=f(0,0),$$

所以 $f(x,y)$ 在点(0,0)处连续.

当 $\Delta x\to 0$ 时,由于

$$\frac{f(\Delta x,0)-f(0,0)}{\Delta x}=\frac{|\Delta x|}{\Delta x}$$

的极限不存在,所以 $f_x(0,0)$ 不存在,同理 $f_y(0,0)$ 也不存在.

例 11.3.5 已知函数为

$$f(x,y)=\begin{cases} \dfrac{xy}{x^2+y^2}, & x^2+y^2\neq 0 \\ 0, & x^2+y^2=0 \end{cases},$$

讨论其在点(0,0)处的偏导数与连续性的关系.

解:根据偏导数的定义可知

$$f_x(0,0)=\lim_{\Delta x\to 0}\frac{f(0+\Delta x,0)-f(0,0)}{\Delta x}=0,$$

$$f_y(0,0)=\lim_{\Delta y\to 0}\frac{f(0+\Delta y,0)-f(0,0)}{\Delta y}=0,$$

所以，函数 $f(x,y)$ 在点 $(0,0)$ 处存在偏导数.

如果令 (x,y) 沿直线 $y=kx(k\neq 0)$ 趋于 $(0,0)$，则有

$$\lim_{\substack{x\to 0\\ y=kx}}\frac{xy}{x^2+y^2}=\lim_{\substack{x\to 0\\ y=kx}}\frac{kx^2}{x^2(1+k^2)}=\frac{k}{1+k^2},$$

它将随 k 的不同而具有不同的值，即极限 $\lim\limits_{\substack{x\to 0\\ y\to 0}}\frac{xy}{x^2+y^2}$ 不存在，所以函数在点 $(0,0)$ 处不连续.

(2)偏导数在经济分析中的应用.例如，某品牌的电视机营销人员在开拓市场时，除了关心本品牌电视机的价格取向外，更关心其他品牌同类型电视机的价格情况，以决定自己的营销策略.即该品牌电视机的销售量 Q_A 是它的价格 P_A 及其他品牌电视机价格 P_B 的函数，即有

$$Q_A=f(P_A,P_B).$$

通过分析其边际 $\frac{\partial Q_A}{\partial P_A}$ 及 $\frac{\partial Q_A}{\partial P_B}$，可以得到 Q_A 随着 P_A 及 P_B 的变化而变化的规律.进一步分析其弹性 $\dfrac{\frac{\partial Q_A}{\partial P_A}}{\frac{Q_A}{P_A}}$ 及 $\dfrac{\frac{\partial Q_A}{\partial P_B}}{\frac{Q_A}{P_B}}$ 可知这种变化的灵敏度.前者称为 Q_A 对 P_A 的弹性；后者称为 Q_A 对 P_B 的弹性，亦称为 Q_A 对 P_B 的交叉弹性.这里，将主要研究交叉弹性及其经济意义.

一般地，对函数 $z=f(x,y)$ 可给出如下定义：

定义 11.3.2　设函数 $z=f(x,y)$ 在 (x,y) 处的偏导数存在，函数对 x 的相对改变量

$$\frac{\Delta_x z}{z}=\frac{f(x+\Delta x,y)-f(x,y)}{f(x,y)}$$

与自变量 x 的相对改变量 $\frac{\Delta x}{x}$ 之比 $\dfrac{\frac{\Delta_x z}{z}}{\frac{\Delta x}{x}}$ 称为函数 $f(x,y)$ 对 x 从 x 到 $x+\Delta x$ 两点间的弹性.当 $\Delta x\to 0$ 时，$\dfrac{\frac{\Delta_x z}{z}}{\frac{\Delta x}{x}}$ 的极限称为 $f(x,y)$ 在 (x,y) 处对 x 的弹性，记作 η_x 或 $\frac{Ez}{Ex}$，即

$$\eta_x=\frac{Ez}{Ex}=\lim_{\Delta x\to 0}\frac{\frac{\Delta_x z}{z}}{\frac{\Delta x}{x}}=\frac{\partial z}{\partial x}\cdot\frac{x}{z}.$$

类似地，可定义 $f(x,y)$ 在 (x,y) 处对 y 的弹性

$$\eta_y=\frac{Ez}{Ey}=\lim_{\Delta y\to 0}\frac{\frac{\Delta_y z}{z}}{\frac{\Delta y}{y}}=\frac{\partial z}{\partial y}\cdot\frac{y}{z}.$$

特别地，如果 $z=f(x,y)$ 中 z 表示需求量，x 表示价格，y 表示消费者收入，则 η_x 表示需求对价格的弹性，η_y 表示需求对收入的弹性.

例 11.3.6 设某商品的需求函数为

$$Q=15P^{-\frac{3}{4}}P_1^{-\frac{1}{4}}M^{\frac{1}{2}},$$

其中，Q 为该商品的需求量，P 为其价格，P_1 为另一相关商品的价格，M 为消费者的收入.试求如下各量，并说明两商品之间的关系：

(1)需求的直接价格弹性$\frac{EQ}{EP}$.

(2)交叉价格弹性$\frac{EQ}{EP_1}$.

(3)需求的收入弹性$\frac{EQ}{EM}$.

解:将需求函数取对数得

$$\ln Q=\ln 15-\frac{3}{4}\ln P-\frac{1}{4}\ln P+\frac{1}{2}\ln M,$$

于是有

$$\frac{EQ}{EP}=\frac{P}{Q}\cdot\frac{\partial P}{\partial Q}=\frac{\partial \ln Q}{\partial \ln P}=-\frac{3}{4}=-0.75,$$

易见该商品是非弹性需求，比如生活必需品.又

$$\frac{EQ}{EP_1}=\frac{\partial \ln Q}{\partial \ln P_1}=-\frac{1}{4}=-0.25,$$

因$\frac{EQ}{EP_1}<0$，说明这两种商品是互补的.而

$$\frac{EQ}{EM}=\frac{\partial \ln Q}{\partial \ln M}=\frac{1}{2}=0.5,$$

即在 P 与 P_1 不变时，收入增加 1%，需求只增加 0.25%，这说明此产品的市场已达到一定的饱和度.

通过上述实例可以看出，不同交叉弹性的值，能反映两种商品间的相关

性，具体就是：当交叉弹性大于零时，两商品互为替代品；当交叉弹性小于零时，两商品为互补品；当交叉弹性等于零时，两商品为相互独立的商品.

11.3.2 全微分

11.3.2.1 全微分的定义

定义 11.3.3 设函数 $z=f(x,y)$ 在 (x,y) 的某邻域内有定义，给 x,y 以改变量 Δx 与 Δy，便得到函数 z 的全改变量

$$\Delta z=(x+\Delta x,y+\Delta y)-f(x,y),$$

若 Δz 可以表示为

$$\Delta z=A\Delta x+B\Delta y+o(\rho),$$

其中，A,B 仅与点 (x,y) 有关，而与 $\Delta x,\Delta y$ 无关，$\rho=\sqrt{(\Delta x)^2+(\Delta y)^2}$（当 $\rho\to 0$ 时，$o(\rho)$ 为 ρ 的高阶无穷小），则称函数 $z=f(x,y)$ 在点 (x,y) 处可微，并称线性主部 $A\Delta x+B\Delta y$ 为函数 $z=f(x,y)$ 在点 (x,y) 处的全微分，记作

$$\mathrm{d}z=A\Delta x+B\Delta y.$$

如果函数在区域 D 内各点处都可微分，那么称这函数在 D 内可微分.

关于全微分，需要注意以下几点：

①若函数 $z=f(x,y)$ 在点 (x,y) 处可微，则 $\frac{\partial z}{\partial x},\frac{\partial z}{\partial y}$ 存在，且 $A=\frac{\partial z}{\partial x}$，$B=\frac{\partial z}{\partial y}$，$\mathrm{d}z=\frac{\partial z}{\partial x}\mathrm{d}x+\frac{\partial z}{\partial y}\mathrm{d}y$，它是两个偏微分之和，偏导数存在是函数可微的必要而不充分条件.

②若 $\frac{\partial z}{\partial x},\frac{\partial z}{\partial y}$ 在点 (x,y) 处连续，则函数 $z=f(x,y)$ 在该点可微，偏导数连续是函数可微的充分条件.

③由全微分的定义可以知道，函数在某一点可微分，那么函数在该点一定是连续的，由此推导出如下关系：

• 如果函数存在极限，然而函数却不一定连续；但是如果函数是连续的，那么其极限一定是存在的.

• 如果函数的偏导数存在，但是函数不一定连续；如果函数连续，其偏导数也不一定存在.

• 如果函数的偏导数存在且偏导数是连续的，那么函数一定是可微的；函数可微，则函数一定连续.

例 11.3.7 求函数 $z=x^2y^2$ 在点(2,−1)处，当 $\Delta x=0.02, \Delta y=-0.01$ 时的全增量与全微分.

解:容易求得全增量为

$$\Delta z=(2+0.02)^2\times(-1-0.01)^2-2^2\times(-1)^2\approx 0.162\,4.$$

函数 $z=x^2y^2$ 的两个偏导数 $\frac{\partial z}{\partial x}=2xy^2, \frac{\partial z}{\partial y}=2x^2y$ 在全平面上连续，于是根据定理 11.3.2 可知此函数在点(2,−1)处的全微分存在，且

$$\left.\frac{\partial z}{\partial x}\right|_{(2,-1)}=4,$$

$$\left.\frac{\partial z}{\partial y}\right|_{(2,-1)}=-8,$$

所以所求函数在(2,−1)处的全微分为

$$\mathrm{d}z=\left.\frac{\partial z}{\partial x}\right|_{(2,-1)}\Delta x+\left.\frac{\partial z}{\partial y}\right|_{(2,-1)}\Delta y=4\times 0.02+(-8)\times(-0.01)=0.16.$$

例 11.3.8 计算函数 $u=x+\sin\frac{y}{2}+\mathrm{e}^{yz}$ 的全微分.

解:因为

$$\frac{\partial u}{\partial x}=1,$$

$$\frac{\partial u}{\partial y}=\frac{1}{2}\cos\frac{y}{2}+z\mathrm{e}^{yz},$$

$$\frac{\partial u}{\partial z}=y\mathrm{e}^{yz},$$

所以

$$\mathrm{d}z=\mathrm{d}x+\left(\frac{1}{2}\cos\frac{y}{2}+z\mathrm{e}^{yz}\right)\mathrm{d}y+y\mathrm{e}^{yz}\,\mathrm{d}z.$$

例 11.3.9 证明:函数

$$f(x,y)=\begin{cases}x+y+(x^2+y^2)\sin\dfrac{1}{x^2+y^2}, & x^2+y^2\neq 0\\ 0, & x^2+y^2=0\end{cases}$$

在原点可微.

证:易证函数在全平面有定义且连续，函数在原点的全增量为

$$\begin{aligned}\Delta z&=f(0+\Delta x,0+\Delta y)-f(0,0)\\&=\Delta x+\Delta y+(\Delta x^2+\Delta y^2)\sin\frac{1}{\Delta x^2+\Delta y^2}\\&=\Delta x+\Delta y+\sqrt{\Delta x^2+\Delta y^2}\sin\frac{1}{\Delta x^2+\Delta y^2}\sqrt{\Delta x^2+\Delta y^2}\\&=\Delta x+\Delta y+\alpha(x,y)\rho,\end{aligned}$$

其中

$$\alpha(x,y)=\sqrt{\Delta x^2+\Delta y^2}\sin\frac{1}{\Delta x^2+\Delta y^2},$$

$$\rho=\sqrt{\Delta x^2+\Delta y^2},$$

显然，当 $\rho\to 0$ 时，$\alpha\to 0$，此时，全增量 Δz 就表示为线性部分 $\Delta x+\Delta y$ 与高阶无穷小部分 $o(\rho)=\alpha(x,y)\rho$ 之和，根据全微分的定义可知，该函数在原点可微，且全微分为 $dz=df(0,0)=\Delta x+\Delta y$.

例 11.3.10　讨论二元函数

$$f(x,y)=\begin{cases}\dfrac{x^2y}{x^2+y^2}, & x^2+y^2\neq 0\\ 0, & x^2+y^2=0\end{cases}$$

在点(0,0)处的连续性、偏导存在性和可微性.

解:先讨论连续性.因为

$$\lim_{(x,y)\to(0,0)}|f(x,y)|=\lim_{(x,y)\to(0,0)}\left|\frac{x^2y}{x^2+y^2}\right|$$

$$=\lim_{(x,y)\to(0,0)}|y|\left|\frac{x^2}{x^2+y^2}\right|\leqslant\lim_{(x,y)\to(0,0)}|y|=0,$$

则

$$\lim_{(x,y)\to(0,0)}f(x,y)=0=f(0,0),$$

所以函数 $f(x,y)$ 在点(0,0)处连续.

再讨论偏导存在性.根据偏导数的定义可得

$$f_x(0,0)=\lim_{\Delta x\to 0}\frac{f(0+\Delta x,0)-f(0,0)}{\Delta x}=0,$$

同理可得

$$f_y(0,0)=0,$$

所以函数 $f(x,y)$ 在点(0,0)处的两个偏导数都存在.

最后讨论可微性.选取 $\Delta x=\Delta y$ 路径使 $\rho\to 0$，则有

$$\lim_{\rho\to 0}\frac{\Delta z-[f_x(0,0)\Delta x+f_y(0,0)\Delta y]}{\rho}=\lim_{\substack{\Delta x\to 0\\ \Delta y\to 0}}\frac{\Delta x^2\Delta y}{(\Delta x^2+\Delta y^2)^{\frac{3}{2}}}\neq 0,$$

所以函数 $f(x,y)$ 在点(0,0)处不可微.

11.3.2.2　一阶全微分形式的不变性

设函数 $z=f(u,v)$ 有连续偏导数，则不论 u,v 是变量还是中间变量，总有 $dz=\dfrac{\partial z}{\partial u}du+\dfrac{\partial z}{\partial v}dv$，这一性质称为一阶全微分形式的不变性.应注意的

是，只是形式不变，而内容有区别.若 u,v 是自变量，则 $\mathrm{d}u$ 和 $\mathrm{d}v$ 是独立的；若 u,v 是中间变量，$u=\varphi(x,y)$，$v=\psi(x,y)$，且这两个函数都有连续偏导数，则 $\mathrm{d}u$ 和 $\mathrm{d}v$ 分别为 $\varphi(x,y)$ 和 $\psi(x,y)$ 的全微分.

11.3.2.3 全微分在近似计算中的应用

当函数 $y=f(x)$ 在 x_0 处可微时，从前面知道，函数的微分 $\mathrm{d}y=f'(x)\Delta x$ 是函数的改变量 $\Delta y=f(x_0+\Delta x)-f(x_0)$ 的主部，从而知道当 $|\Delta x|$ 充分小时有 $\Delta y\approx \mathrm{d}y$，即有近似公式

$$f(x_0+\Delta x)-f(x_0)\approx f'(x_0)\Delta x,$$

$$f(x_0+\Delta x)\approx f(x_0)+f'(x_0)\Delta x.$$

在图 11-3-2 中，M_0、M 的坐标依次是 $(x_0,f(x_0))$ 与 $(x_0+\Delta x,f(x_0+\Delta x))$，$M_0P$ 是曲线 $y=f(x)$ 在点 M_0 处的切线，$QP=\tan\alpha\Delta x=f'(x)\Delta x=\mathrm{d}y$.表明由线段 PQ 代替线段 QM.特别，在式中取 $x_0=0$，记 $x=\Delta x$，当 $|x|$ 充分小时，有

$$f(x)\approx f(0)+f'(0)x.$$

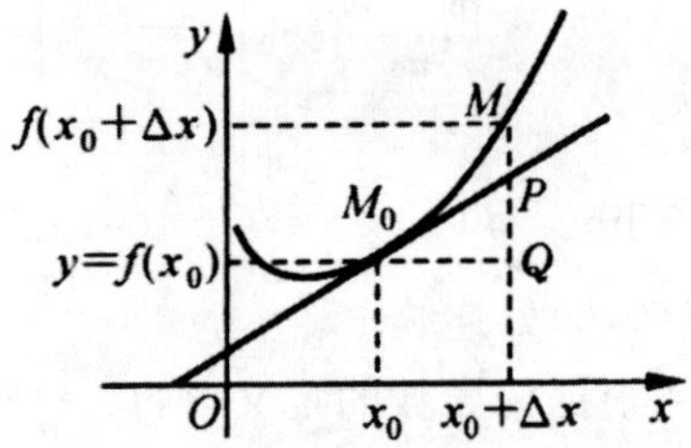

图 11-3-2

利用上式可推出一系列近似公式，即当 $|x|$ 充分小时有

$$\sin x\approx x;\tan x\approx x;\ln(1+x)\approx x;\mathrm{e}^x\approx 1+x;$$

$$(1+x)^n\approx 1+nx;(1+x)^{\frac{1}{n}}\approx 1+\frac{x}{n}.$$

例如，设 $f(x)=(1+x)^{\frac{1}{n}}$，当 $|x|$ 充分小时，因为 $f'(x)=\frac{1}{n}(1+x)^{\frac{1}{n}-1}$，$f(0)=1$，$f'(0)=\frac{1}{n}$，从而由 $f(x)\approx f(0)+f'(0)x$，得

$$(1+x)^{\frac{1}{n}}\approx 1+\frac{x}{n}.$$

其余公式读者可以自行推证.

例 11.3.11　对一大水管表面进行油漆，需求其侧面积，即一圆柱体的侧面积.测量圆柱体底半径和高分别为 20 cm 和 500 cm，可能产生的最大误差分别为 0.1 cm 和 1.5 cm.试估计因测量而引起该侧面积的绝对误差和相对误差.

解:底半径为 r、高为 h 的圆柱体的侧面积 $S=2\pi rh$，求绝对误差就是求全增量的绝对值的上限，可先用全微分来近似计算，再作出估计.那么，

$$|\Delta S|=|\mathrm{d}S|=\left|\frac{\partial S}{\partial r}\mathrm{d}r+\frac{\partial S}{\partial h}\mathrm{d}r\right|\leqslant 2\pi h|\mathrm{d}r|+2\pi r|\mathrm{d}h|.$$

由于半径和高最大误差分别为 0.1 cm 和 1.5 cm，所以 $|\mathrm{d}r|\leqslant 0.1$，$|\mathrm{d}h|\leqslant 1.5$.取 $r=20$，$h=500$，于是

$$S(20,500)=2\pi\cdot 20\cdot 500\approx 62\ 800,$$

$$|\mathrm{d}S|\leqslant 2\pi\cdot 500\cdot 0.1+2\pi\cdot 20\cdot 1.5=160\pi\approx 492,$$

$$\frac{|\Delta S|}{S}=\frac{|\mathrm{d}S|}{S}\leqslant\frac{492}{62\ 800}\times 100\%=0.8\%.$$

所以，该侧面积的最大绝对误差为 492 cm^2，相对误差为 0.8%.

例 11.3.12　一直角三角形金属薄片是巡航导弹制导的重要部件，如图 11-3-3 所示，两直角边的边长为 3 cm、4 cm，它的斜边有严格的控制要求，改变量不能超过 0.15 cm.金属薄片在外界影响下会发生形变，变形之后仍可近似认为是直角三角形，它的一直角边由 3 cm 增大到 3.05 cm，另一直角边由 4 cm 增大到 4.08 cm.求此斜边的近似改变量，问该金属薄片符合要求吗?

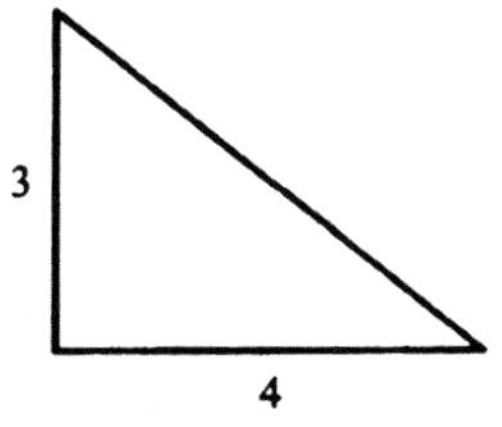

图 11-3-3

解:设直角三角形的两直角边依次为 x，y，斜边为 r，则

$$r=\sqrt{x^2+y^2},$$

记 r、x 和 y 的增量依次为 Δr、Δx 和 Δy，有

$$\Delta r\approx\mathrm{d}r=r_x\Delta x+r_y\Delta y=\frac{x}{\sqrt{x^2+y^2}}\Delta x+\frac{y}{\sqrt{x^2+y^2}}\Delta y.$$

由题设知，$x=3$，$y=4$，$\Delta x=0.05$，$\Delta y=0.08$，代入上式，得

$$\Delta r \approx \frac{3}{\sqrt{3^2+4^2}}\times 0.05+\frac{4}{\sqrt{3^2+4^2}}\times 0.08=0.094\ \text{cm}$$

即金属薄片的斜边增加了 0.094 cm，在控制范围内，所以该金属薄片符合要求.

11.4 高阶偏导数

与一元函数的高阶导数相类似，多元函数也可以求高阶偏导数.接下来，以二元函数为例说明多元函数的高阶偏导数问题.设函数 $z=f(x,y)$ 在区域 D 内有偏导数 $f_x(x,y)$，$f_y(x,y)$，它们仍然是 x,y 的二元函数，若它们在 D 内仍有偏导数，则把这些偏导数称为函数 $z=f(x,y)$ 在点 (x,y) 处的二阶偏导数.函数 $z=f(x,y)$ 的二阶偏导数共有四个，分别为

$$\frac{\partial}{\partial x}\left(\frac{\partial z}{\partial x}\right)=\frac{\partial^2 z}{\partial x^2}=f_{xx}(x,y)=\frac{\partial^2 f(x,y)}{\partial x^2},$$

$$\frac{\partial}{\partial y}\left(\frac{\partial z}{\partial x}\right)=\frac{\partial^2 z}{\partial x\partial y}=f_{xy}(x,y)=\frac{\partial^2 f(x,y)}{\partial x\partial y},$$

$$\frac{\partial}{\partial x}\left(\frac{\partial z}{\partial y}\right)=\frac{\partial^2 z}{\partial y\partial x}=f_{yx}(x,y)=\frac{\partial^2 f(x,y)}{\partial y\partial x},$$

$$\frac{\partial}{\partial y}\left(\frac{\partial z}{\partial y}\right)=\frac{\partial^2 z}{\partial y^2}=f_{yy}(x,y)=\frac{\partial^2 f(x,y)}{\partial y^2},$$

其中 $f_{xy}(x,y)$ 和 $f_{yx}(x,y)$ 称为混合偏导数.

类似一元函数，我们可以定义 n 阶偏导数，若以上四个偏导数仍是 x，y 的函数，仍可继续对 x,y 求偏导数，称为三阶偏导数，读者可以自行考虑，三阶偏导数一共有几个？至于更高阶的偏导数可以类推.同时二元函数的高阶偏导数也可以推广到 n 元函数的情形，读者可以自行思考三元函数 $u=f(x,y,z)$ 的二阶偏导数、三阶偏导数各有几个，n 阶偏导数又有几个？

对于混合偏导数，有如下重要定理：

定义 11.4.1 若函数 $z=f(x,y)$ 的两个混合偏导数 $f_{xy}(x,y)$ 和 $f_{yx}(x,y)$ 在点 $P_0(x_0,y_0)$ 处连续，则它们必相等，即

$$f_{xy}(x_0,y_0)=f_{yx}(x_0,y_0).$$

例 11.4.1 求函数 $z=xy^3-2x^3y^2+x+y+1$ 的四个二阶偏导数及三阶偏导数.

解:因为

$$\frac{\partial z}{\partial x}=y^3-6x^2y^2+1,\frac{\partial z}{\partial y}=3xy^2-4x^3y+1,$$

所以

$$\frac{\partial^2 z}{\partial x^2}=-12xy^2,\frac{\partial^2 z}{\partial x\partial y}=3y^2-12x^2y,$$

$$\frac{\partial^2 z}{\partial y\partial x}=3y^2-12x^2y,\frac{\partial^2 z}{\partial y^2}=6xy-4x^3,$$

$$\frac{\partial^3 z}{\partial y^3}=6x.$$

例 11.4.2　设 $y=\sin x$,求 $y^{(n)}$.

解:

$$y'=(\sin x)'=\cos x=\sin\left(x+\frac{\pi}{2}\right),$$

$$y''=\cos\left(x+\frac{\pi}{2}\right)=\sin\left(x+2\cdot\frac{\pi}{2}\right),$$

$$y'''=\cos\left(x+2\cdot\frac{\pi}{2}\right)=\sin\left(x+3\cdot\frac{\pi}{2}\right),$$

$$\cdots$$

由数学归纳法得

$$y^{(n)}=\sin\left(x+n\cdot\frac{\pi}{2}\right)(n=1,2,3,\cdots).$$

类似地可求得

$$(\cos x)^{(n)}=\cos\left(x+n\cdot\frac{\pi}{2}\right)(n=1,2,3,\cdots).$$

例 11.4.3　求函数 $z=x^3y^2-3xy^3-xy+1$ 的二阶偏导数.

解:一阶偏导数为

$$\frac{\partial z}{\partial x}=3x^2y^2-3y^3-y,$$

$$\frac{\partial z}{\partial y}=2x^3y-9xy^2-x,$$

二阶偏导数为

$$\frac{\partial^2 z}{\partial x^2}=6xy^2,$$

$$\frac{\partial^2 z}{\partial y^2}=2x^3-18xy,$$

$$\frac{\partial^2 z}{\partial x\partial y}=6x^2y-9y^2-1,$$

$$\frac{\partial^2 z}{\partial y\partial x}=6x^2y-9y^2-1.$$

例 11.4.4 求函数 $z=e^{xy}+\sin(x+y)$ 的二阶偏导数及 $\frac{\partial^3 z}{\partial x^3}$.

解:一阶偏导数为

$$\frac{\partial z}{\partial x}=ye^{xy}+\cos(x+y),\frac{\partial z}{\partial y}=xe^{xy}+\cos(x+y),$$

二阶偏导数为

$$\frac{\partial^2 z}{\partial x^2}=y^2e^{xy}-\sin(x+y),$$

$$\frac{\partial^2 z}{\partial x\partial y}=(1+xy)e^{xy}-\sin(x+y),$$

$$\frac{\partial^2 z}{\partial y\partial x}=(1+xy)e^{xy}-\sin(x+y),$$

$$\frac{\partial^2 z}{\partial y^2}=x^2e^{xy}-\sin(x+y),$$

所以

$$\frac{\partial^3 z}{\partial x^3}=y^3e^{xy}-\cos(x+y).$$

在以上两例题中都有 $\frac{\partial^2 z}{\partial x\partial y}=\frac{\partial^2 z}{\partial y\partial x}$,表明二阶混合偏导数是 x,y 的连续函数时,这两个混合偏导数相等.但要注意,由于求偏导数运算的次序不同,两个混合偏导数未必一定相等.例如,函数

$$f(x,y)=\begin{cases}xy\dfrac{x^2-y^2}{x^2+y^2}, & (x,y)\neq(0,0)\\ 0, & (x,y)=(0,0)\end{cases}$$

在点(0,0)的两个混合二阶偏导数

$$f_{xy}(0,0)=-1,f_{yx}(0,0)=1,$$

这说明 f_{xy},f_{yx} 在点(0,0)处都不连续.

例 11.4.5 证明:函数 $z=\ln\sqrt{x^2+y^2}$ 满足方程

$$\frac{\partial^2 z}{\partial x^2}+\frac{\partial^2 z}{\partial y^2}=0.$$

证明:因为

$$z=\ln\sqrt{x^2+y^2}=\frac{1}{2}\ln(x^2+y^2),$$

所以

$$\frac{\partial z}{\partial x}=\frac{x}{x^2+y^2},$$

$$\frac{\partial z}{\partial y}=\frac{y}{x^2+y^2},$$

$$\frac{\partial^2 z}{\partial x^2}=\frac{x^2+y^2-2x^2}{(x^2+y^2)^2}=\frac{y^2-x^2}{(x^2+y^2)^2},$$

$$\frac{\partial^2 z}{\partial y^2}=\frac{x^2+y^2-2y^2}{(x^2+y^2)^2}=\frac{x^2-y^2}{(x^2+y^2)^2},$$

可得

$$\frac{\partial^2 z}{\partial x^2}+\frac{\partial^2 z}{\partial y^2}=\frac{y^2-x^2}{(x^2+y^2)^2}+\frac{x^2-y^2}{(x^2+y^2)^2}=0,$$

得证.

11.5　多元复合函数的求导法

设函数 $z=f(u,v)$ 是变量 u,v 的函数，而 u,v 又分别是变量 x,y 的函数，$u=u(x,y)$，$v=v(x,y)$，且可复合为 $z=f[u(x,y),v(x,y)]$，则 x 就是 x,y 的复合函数.

求二元复合函数的偏导与一元复合函数求导法类似——链式法则.

定理 11.5.1　设函数 $z=f(u,v)$，而 $u=u(x,y)$，$v=v(x,y)$，若 u，v 的偏导数 $\frac{\partial u}{\partial x},\frac{\partial u}{\partial y},\frac{\partial v}{\partial x},\frac{\partial v}{\partial y}$ 在某点 (x,y) 都存在，且 $z=f(u,v)$ 在相应于点 (x,y) 的点 (u,v) 可微，则复合函数 $z=f[u(x,y),v(x,y)]$ 在点 (x,y) 对 x 及 y 的偏导数存在，且有

$$\frac{\partial z}{\partial x}=\frac{\partial z}{\partial u}\frac{\partial u}{\partial x}+\frac{\partial z}{\partial v}\frac{\partial v}{\partial x}$$

$$\frac{\partial z}{\partial y}=\frac{\partial z}{\partial u}\frac{\partial u}{\partial y}+\frac{\partial z}{\partial v}\frac{\partial v}{\partial y}$$

其复合关系和求导运算途径如图 11-5-1 所示.

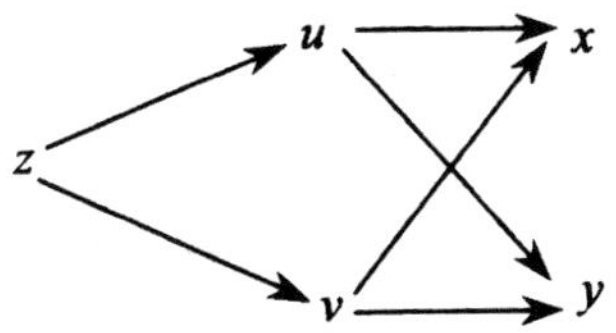

图 11-5-1

下面给出几点说明：

(1)若 $z=f(u,v)$，而 $u=u(x)$，$v=v(x)$，$z=f[u(x),v(x)]$(图 11-5-2)，这时称 z 对 x 的导数为全导数，即有

$$\frac{\mathrm{d}z}{\mathrm{d}x}=\frac{\partial z}{\partial u}\frac{\mathrm{d}u}{\mathrm{d}x}+\frac{\partial z}{\partial v}\frac{\mathrm{d}v}{\mathrm{d}x}$$

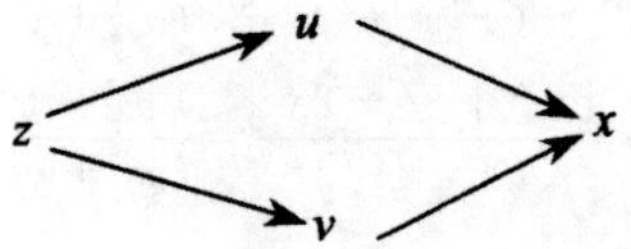

图 11-5-2

(2)若中间变量个数或自变量个数多于两个，则有类似结果，例如中间变量为三个菱形(图 11-5-3)．

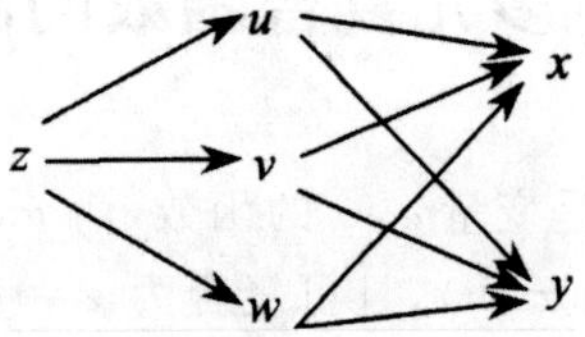

图 11-5-3

设函数 $z=f(u,v,w)$，而 $u=u(x,y)$，$v=v(x,y)$，$w=w(x,y)$，则有

$$\frac{\partial z}{\partial x}=\frac{\partial z}{\partial u}\frac{\partial u}{\partial x}+\frac{\partial z}{\partial v}\frac{\partial v}{\partial x}+\frac{\partial z}{\partial w}\frac{\partial w}{\partial x}$$

$$\frac{\partial z}{\partial y}=\frac{\partial z}{\partial u}\frac{\partial u}{\partial y}+\frac{\partial z}{\partial v}\frac{\partial v}{\partial y}+\frac{\partial z}{\partial w}\frac{\partial w}{\partial y}$$

(3)若 $z=f(u,x,y)$ 具有连续偏导数，而 $u=u(x,y)$ 具有偏导数，则复合函数 $z=f[u(x,y),x,y]$ 可以看作上述情形中当 $v=x$，$w=y$ 的特殊情况(图 11-5-4)，因此对自变量 x，y 的偏导数为

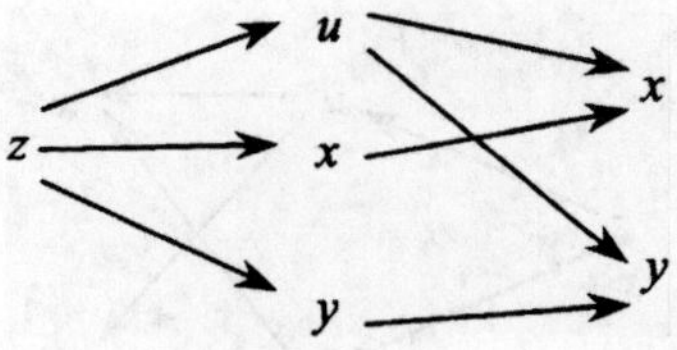

图 11-5-4

$$\frac{\partial z}{\partial x}=\frac{\partial f}{\partial u}\frac{\partial u}{\partial x}+\frac{\partial f}{\partial x},$$

$$\frac{\partial z}{\partial y}=\frac{\partial f}{\partial u}\frac{\partial u}{\partial y}+\frac{\partial f}{\partial y},$$

这里，$\frac{\partial z}{\partial x}$与$\frac{\partial f}{\partial x}$是不同的，$\frac{\partial z}{\partial x}$是把复合函数 $z=f[u(x,y),x,y]$ 中的 y 看作不变，而对 x 的偏导数，$\frac{\partial f}{\partial x}$是把 $f(u,x,y)$ 中的 u 及 y 看作不变而对 x 的偏导数，$\frac{\partial z}{\partial y}$与$\frac{\partial f}{\partial y}$也有类似的区别.

例 11.5.1　设 $z=e^u\sin v$，而 $u=xy$，$v=x+y$，求$\frac{\partial z}{\partial x}$，$\frac{\partial z}{\partial y}$.

解：

$$\begin{aligned}\frac{\partial z}{\partial x}&=\frac{\partial z}{\partial u}\frac{\partial u}{\partial x}+\frac{\partial z}{\partial v}\frac{\partial v}{\partial x}=(e^u\sin v)y+(e^u\cos v)\\&=e^{xy}[y\sin(x+y)+\cos(x+y)],\\\frac{\partial z}{\partial y}&=\frac{\partial z}{\partial u}\frac{\partial u}{\partial y}+\frac{\partial z}{\partial v}\frac{\partial v}{\partial y}=(e^u\sin v)x+(e^u\cos v)\\&=e^{xy}[x\sin(x+y)+\cos(x+y)].\end{aligned}$$

例 11.5.2　设 $z=u^2v$，$u=\cos t$，$v=\sin t$，求$\frac{\mathrm{d}z}{\mathrm{d}t}$.

解：$\frac{\mathrm{d}z}{\mathrm{d}t}=\frac{\partial z}{\partial u}\frac{\mathrm{d}u}{\mathrm{d}t}+\frac{\partial z}{\partial v}\frac{\mathrm{d}v}{\mathrm{d}t}=2uv(-\sin t)+u^2\cos t=\cos^3 t-2\sin^2 t\cos t$.

例 11.5.3　设 $z=f(x^2-y^2,xy)$，求$\frac{\partial z}{\partial x}$，$\frac{\partial z}{\partial y}$.

解：$u=x^2-y^2$，$v=xy$，则有

$$\frac{\partial z}{\partial x}=\frac{\partial z}{\partial u}\frac{\partial u}{\partial x}+\frac{\partial z}{\partial v}\frac{\partial v}{\partial x}=f_u 2x+f_v y=2xf_u+yf_v,$$

$$\frac{\partial z}{\partial y}=\frac{\partial z}{\partial u}\frac{\partial u}{\partial y}+\frac{\partial z}{\partial v}\frac{\partial v}{\partial y}=f_u(-2y)+f_v x=-2yf_u+xf_v.$$

我们也可引入记号，记 $f_1=f_u$，$f_2=f_v$.

例 11.5.4　已知 $z=e^{u\cos v}$，$u=xy$，$v=\ln(x-y)$，求偏导数$\frac{\partial z}{\partial x}$，$\frac{\partial z}{\partial y}$.

解：因为

$$\frac{\partial z}{\partial u}=e^{u\cos v}\cos v,\ \frac{\partial z}{\partial v}=e^{u\cos v}u(-\sin v),$$

$$\frac{\partial u}{\partial x}=y,\frac{\partial u}{\partial y}=x,$$

$$\frac{\partial v}{\partial x}=\frac{1}{x-y},\frac{\partial v}{\partial y}=\frac{-1}{x-y}$$

都连续,所以

$$\begin{aligned}\frac{\partial z}{\partial x}&=\frac{\partial z}{\partial u}\frac{\partial u}{\partial x}+\frac{\partial z}{\partial v}\frac{\partial v}{\partial x}\\&=e^{u\cos v}\left(y\cos v-\frac{u\sin v}{x-y}\right)\\&=e^{xy\cos[\ln(x-y)]}\left[y\cos[\ln(x-y)]-\frac{xy\sin[\ln(x-y)]}{x-y}\right],\end{aligned}$$

$$\begin{aligned}\frac{\partial z}{\partial y}&=\frac{\partial z}{\partial u}\frac{\partial u}{\partial y}+\frac{\partial z}{\partial v}\frac{\partial v}{\partial y}\\&=e^{xy\cos[\ln(x-y)]}\left[x\cos[\ln(x-y)]+\frac{xy\sin[\ln(x-y)]}{x-y}\right].\end{aligned}$$

例 11.5.5 设 $z=uv+\sin t$,而 $u=e^t$,$v=\cos t$,求全导数 $\frac{dz}{dt}$.

解:

$$\begin{aligned}\frac{dz}{dt}&=\frac{\partial z}{\partial u}\frac{du}{dt}+\frac{\partial z}{\partial v}\frac{dv}{dt}+\frac{\partial z}{\partial t}\\&=ve^t-u\sin t+\cos t\\&=e^t\cos t-e^t\sin t+\cos t\\&=e^t(\cos t-\sin t)+\cos t.\end{aligned}$$

例 11.5.6 设 $z=f(x^2-y^2,xy)$,其中 f 有连续偏导数,求 $\frac{\partial z}{\partial x},\frac{\partial z}{\partial y}$.

解:令 $u=x^2-y^2$,$v=xy$,则 $z=f(u,v)$,所以

$$\frac{\partial z}{\partial x}=\frac{\partial z}{\partial u}\frac{\partial u}{\partial x}+\frac{\partial z}{\partial v}\frac{\partial v}{\partial x}=f_u(u,v)2x+f_v(u,v)y,$$

$$\frac{\partial z}{\partial y}=\frac{\partial z}{\partial u}\frac{\partial u}{\partial y}+\frac{\partial z}{\partial v}\frac{\partial v}{\partial y}=f_u(u,v)(-2y)+f_v(u,v)x.$$

一般地,将函数 $f(u,v)$ 中的变量由左到右按正整数顺序编号,如 f_1 表示 f 对第一个变量的偏导数,则 $f_1=f_u(u,v)$,$f_2=f_v(u,v)$,那么上面的结果可简记为

$$\frac{\partial z}{\partial x}=2xf_1+yf_2,\frac{\partial z}{\partial y}=-2yf_1+xf_2.$$

11.6　多元函数的极值及其应用

11.6.1　多元函数极值的定义

定义 11.6.1　设函数 $z=f(x,y)$ 在点 (x_0,y_0) 的某个邻域内有定义，对于该邻域内异于 (x_0,y_0) 的点，如果适合不等式 $f(x,y)<f(x_0,y_0)$，则称函数在点 (x_0,y_0) 有极大值 $f(x_0,y_0)$；如果适合不等式 $f(x,y)>f(x_0,y_0)$，则称函数在点 (x_0,y_0) 有极小值 $f(x_0,y_0)$. 极大值、极小值统称为极值，使函数取得极值的点称为极值点.

多元函数能够取得极值的条件可归结为如下：

定理 11.6.1(必要条件)　设函数 $z=f(x,y)$ 在点 (x_0,y_0) 具有偏导数，且在点 (x_0,y_0) 处有极值，则它在该点的偏导数必然为零，即

$$f_x(x_0,y_0)=f_y(x_0,y_0)=0.$$

需要注意的是，一阶偏导数同时为零的点称为驻点.

定理 11.6.2(充分条件)　设函数 $z=f(x,y)$ 在点 (x_0,y_0) 的某邻域内连续且有一阶及二阶连续偏导数，又 $f_x(x_0,y_0)=f_y(x_0,y_0)=0$，令

$$f_{xx}(x_0,y_0)=A,f_{xy}(x_0,y_0)=B,f_{yy}(x_0,y_0)=C,$$

则 $z=f(x,y)$ 在点 (x_0,y_0) 处是否取得极值的条件如下：

①$AC-B^2>0$ 时具有极值，且当 $A<0$ 时有极大值，当 $A>0$ 时有极小值.

②$AC-B^2<0$ 时没有极值.

③$AC-B^2=0$ 时可能有极值，也可能没有极值，还需另作讨论.

具有二阶连续偏导数的函数 $z=f(x,y)$ 的极值的求法可以总结如下：

①解方程组 $\begin{cases} f_x(x_0,y_0)=0 \\ f_y(x_0,y_0)=0 \end{cases}$，求得一切实数解，即可求得一切驻点.

②对于每一个驻点 (x_0,y_0)，求出二阶偏导数的值 A、B 和 C.

③定出 $AC-B^2$ 的符号，按定理 11.6.2 的结论判定 $f(x_0,y_0)$ 是否是极值、是极大值还是极小值.

需要注意的是，偏导数不存在的点也可能是极值点，可用定义直接判断.

11.6.2 多元函数的最大值与最小值

在有界闭区域上的二元函数具有与一元函数相似的性质,即一定能够在该区域上取得最大值与最小值.对于某二元函数,如果该函数的最大值或者最小值在区域内部取得,那么这个最大值或者最小值点处于函数的驻点之中;如果最大值或者最小值在该区域的边界上取得,那么它肯定是函数在边界上的最大值或者最小值.因此,求函数的最大值和最小值的方法是:将区域内所有驻点的函数值与函数在区域边界上的最大值与最小值做比较,其中的最大者就是函数在闭区域上的最大值,最小者就是函数在闭区域上的最小值.

例 11.6.1 求函数 $z=x^2y(5-x-y)$ 在闭域 $D:x\geqslant 0,y\geqslant 0,x+y\leqslant 4$ 上的最大值与最小值.

解:函数在 D 内处处可导,且

$$\frac{\partial z}{\partial x}=10xy-3x^2y-2xy^2=xy(10-3x-2y),$$

$$\frac{\partial z}{\partial y}=5x^2-x^3-2x^2y=x^2(5-x-2y),$$

解方程组$\frac{\partial z}{\partial x}=0,\frac{\partial z}{\partial y}=0$,得 D 内驻点$\left(\frac{5}{2},\frac{5}{4}\right)$及对应的函数值

$$z=\frac{625}{64}.$$

考虑函数在区域 D 边界上的情况(见图 11-6-1),在边界 $x=0$ 及 $y=0$ 上函数 z 的值恒为 0.在边界 $x+y=4$ 上,函数 z 成为 x 的一元函数

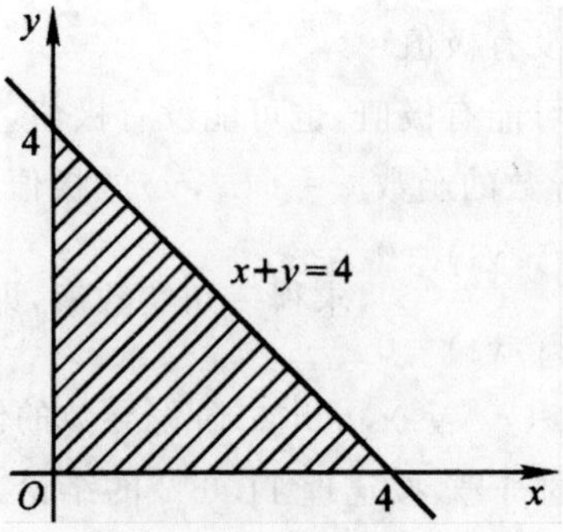

图 11-6-1

$$Z=x^2(4-x),0\leqslant x\leqslant 4,$$

此函数求导有$\frac{dz}{dx}=x(8-3x)$，所以 $z=x^2(4-x)$ 在$[0,4]$上的驻点为 $x=\frac{8}{3}$，相应的函数值为 $z=\frac{256}{27}$.

综上，函数在闭域 D 上的最大值为 $z=\frac{625}{64}$，它在点$\left(\frac{5}{2},\frac{5}{4}\right)$处取得；最小值为 $z=0$，它在 D 的边界 $x=0$ 及 $y=0$ 上取得.

对于实际问题中的最值问题，往往从问题本身能断定它的最大值或最小值一定存在，且在定义区域的内部取得，这时，如果函数在定义区域内有唯一的驻点，则该驻点的函数值就是函数的最大值或最小值.因此求实际问题中的最值问题的步骤是：

(1)根据实际问题建立函数关系，确定其定义域.

(2)求出驻点.

(3)结合实际意义判定最大、最小值.

例 11.6.2　某工厂要用钢板制作一个容积为 a^3 m^3 的无盖长方体的容器，若不计钢板的厚度，怎样制作材料最省？

解：从这个实际问题知材料最省的长方体容器一定存在，设容器的长为 x m，宽为 y m，高为 z m(见图 11-6-2)，则无盖容器所需钢板的面积为 $A=xy+2yz+2xz$.

又已知

$$V=xyz=a^3,$$

于是把 $z=\frac{a^3}{xy}$代入 A 中，得 $A=xy+\frac{2a^3(x+y)}{xy}(x>0,y>0)$.

求 A 的偏导数

$$\frac{\partial A}{\partial x}=y-\frac{2a^3}{x^2},$$

$$\frac{\partial A}{\partial y}=x-\frac{2a^3}{y^2},$$

求驻点，即解方程组

$$\begin{cases}y-\frac{2a^3}{x^2}=0\\x-\frac{2a^3}{y^2}=0\end{cases},$$

因为 $x>0,y>0$，解方程组得 $x=y=\sqrt[3]{2a}$，代入 $z=\frac{a^3}{xy}$中，得 $z=\frac{\sqrt[3]{2}}{2}a$，于

是驻点唯一，所以当长方体容器的长和宽取$\sqrt[3]{2}a$ m，高取$\frac{\sqrt[3]{2}}{2}a$ m时所需的材料最省.

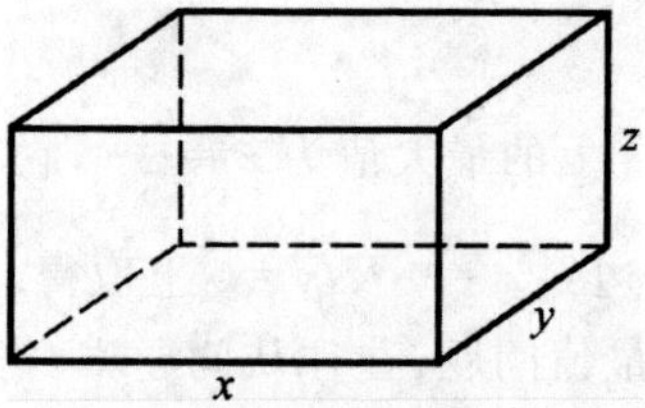

图 11-6-2

第 12 章　隐函数定理及其应用

隐函数定理是数学分析和高等数学中的一个重要定理，它不仅是数学分析和高等代数中许多问题的理论基础，并且它也为许多数学分支，如泛函分析、常微分方程、微分几何等的进一步研究提供了坚实的理论依据，隐函数定理有着十分广泛的应用，在经济学、优化理论、条件极值等中均有重要作用.

12.1　隐函数存在定理

12.1.1　由方程确定的隐函数

定理 12.1.1　设二元函数 $F(x,y)$ 在点 $P(x,y)$ 为内点的某邻域 D 内满足条件：

(1)偏导数 F_x, F_y 在 D 内连续；

(2)$F(x,y)=0$；

(3)$F_y(x,y)\neq 0$.

则方程 $F(x,y)=0$ 在点 (x,y) 的某邻域内唯一确定一个具有连续导数的函数 $y=f(x)$ 使 $y_0=f(x_0)$，$F(x,f(x))\equiv 0$ 且

$$\frac{\mathrm{d}y}{\mathrm{d}x}=-\frac{F_x}{F_y}.$$

当 $F(x,y,z)$ 满足定理 12.1.1 中类似条件时，则由方程 $F(x,y,z)=0$ 确定了一个二元可导隐函数 $z=z(x,y)$.把它代入原方程 $F(x,y,z)=0$ 中，可得

$$F[x,y,z(x,y)]\equiv 0,$$

上式两边分别对 x,y 求偏导数可得

$$F_x+F_z\frac{\partial z}{\partial x}=0, F_y+F_z\frac{\partial z}{\partial y}=0,$$

又 $F_z(x,y)\neq 0$,则有公式

$$\frac{\partial z}{\partial x}=-\frac{F_x}{F_z},\frac{\partial z}{\partial y}=-\frac{F_y}{F_z}.$$

例 12.1.1 设 $y-x-\frac{1}{2}\sin y=0$,求$\frac{\mathrm{d}y}{\mathrm{d}x}$.

解:设 $F(x,y)=y-x-\frac{1}{2}\sin y$,因为

$$F_x=-1,F_y=1-\frac{1}{2}\cos y,$$

所以

$$\begin{aligned}\frac{\mathrm{d}y}{\mathrm{d}x}&=-\frac{F_x}{F_y}\\&=-\frac{-1}{1-\frac{1}{2}\cos y}\\&=\frac{2}{2-\cos y}.\end{aligned}$$

例 12.1.2 设函数 $y=f(x)$由方程 $\sin y+\mathrm{e}^x-xy^2=0$ 确定,求$\frac{\mathrm{d}y}{\mathrm{d}x}$.

解:设 $F(x,y)=\sin y+\mathrm{e}^x-xy^2$,根据定理 12.1.1 可得

$$\begin{aligned}\frac{\mathrm{d}y}{\mathrm{d}x}&=-\frac{F_x}{F_y}\\&=-\frac{\mathrm{e}^x-y^2}{\cos y-2xy}\\&=\frac{y^2-\mathrm{e}^x}{2xy-\cos y}.\end{aligned}$$

例 12.1.3 验证方程 $x^2+y^2-1=0$ 在点(0,1)的某邻域内确定唯一具有连续导数的隐函数 $y=f(x)$,并求$\left.\frac{\mathrm{d}^2y}{\mathrm{d}x^2}\right|_{x=0}$.

解:设 $F(x,y)=x^2+y^2-1$,则

$$F_x=2x,F_y=2y.$$

明显它们在点(0,1)的任何邻域上连续,且 $F(0,1)=0$,$F_y=2\neq 0$,根据定理 12.1.1 则存在唯一定义在 $x=0$ 的某个邻域$(-\delta,\delta)$上具有连续导数的隐函数 $y=y(x)$使 $F(x,y(x))\equiv 0$ 且 $y(0)=1$.

下面求这个隐函数的一阶导数和二阶导数,因为 $F(x,y)=x^2+y^2-1$,所以

$$\frac{dy}{dx}=-\frac{F_x}{F_y}=-\frac{2x}{2y}=-\frac{x}{y},$$

则

$$\begin{aligned}\frac{d^2y}{dx^2}&=\frac{d}{dx}\left(\frac{dy}{dx}\right)=\frac{d}{dx}\left(-\frac{x}{y}\right)\\&=-\frac{y-x\frac{dy}{dx}}{y^2}=-\frac{y-x\left(-\frac{x}{y}\right)}{y^2}\\&=-\frac{y^2+x^2}{y^3}\\&=-\frac{1}{y^3}.\end{aligned}$$

因为 $y(0)=1$,所以

$$\left.\frac{d^2y}{dx^2}\right|_{x=0}=-1.$$

例 12.1.4　设函数 $z=z(x,y)$ 由方程 $e^z=xyz$ 确定,求$\frac{\partial^2 z}{\partial x\partial y}$.

解:在方程两边对 x 求偏导数可得

$$e^z\frac{\partial z}{\partial x}=yz+xy\frac{\partial z}{\partial x},$$

解得

$$\frac{\partial z}{\partial x}=\frac{yz}{e^z-xy}=\frac{yz}{xyz-xy}=\frac{z}{xz-x}.$$

同理可得

$$\frac{\partial z}{\partial y}=\frac{z}{yz-y},$$

因此

$$\begin{aligned}\frac{\partial^2 z}{\partial x\partial y}&=\frac{1}{x}\cdot\frac{\partial}{\partial y}\frac{z}{z-1}\\&=\frac{1}{x}\cdot\frac{\partial}{\partial y}\left(1+\frac{1}{z-1}\right)\\&=\frac{1}{x}\cdot\frac{1}{(z-1)^2}\cdot\left(-\frac{\partial z}{\partial y}\right)\\&=-\frac{z}{xy(z-1)^3}.\end{aligned}$$

例 12.1.5　设函数 $z=z(x,y)$ 由方程 $e^z=x^2+y^2+z^2-4z=0$ 确定,求$\frac{\partial^2 z}{\partial x\partial y}$.

解:设 $F(x,y,z)=x^2+y^2+z^2-4z$,则有

$$\frac{\partial z}{\partial x}=-\frac{F_x}{F_z}=-\frac{2x}{2z-4},$$

$$\frac{\partial z}{\partial y}=-\frac{F_y}{F_z}=-\frac{2y}{2z-4}=\frac{y}{2-z},$$

那么

$$\begin{aligned}\frac{\partial^2 z}{\partial x\partial y}&=\frac{\partial}{\partial y}\left(\frac{\partial z}{\partial x}\right)\\&=\frac{\partial}{\partial y}\left(\frac{x}{2-z}\right)\\&=\frac{x}{(2-z)^2}\frac{\partial z}{\partial y}\\&=\frac{xy}{(2-z)^3}.\end{aligned}$$

12.1.2 由方程组确定的隐函数

通常可以把方程组

$$\begin{cases}F(x,y,u,v)=0\\G(x,y,u,v)=0\end{cases}$$

理解为 x 和 y 是“常量”,u 和 v 是“变量”,所以从方程组解得 $u=u(x,y)$,$v=v(x,y)$,也就是此方程确定了二元隐函数组.和二元方程一样,并非所有方程组都能确定这样的隐函数组,所以明确隐函数组存在的条件至关重要.

定义 12.1.1 设函数 $F(x,y,u,v)$ 和 $G(x,y,u,v)$ 偏导数存在,雅克比行列式 $J=\frac{\partial(F,G)}{\partial(u,v)}$ 定义为

$$\frac{\partial(F,G)}{\partial(u,v)}=\begin{vmatrix}F_u & F_v\\G_u & G_v\end{vmatrix}.$$

定理 12.1.2 设函数 $F(x,y,u,v)$ 和 $G(x,y,u,v)$ 在点 $P(x_0,y_0,u_0,v_0)$ 的某一邻域 Ω 内满足条件:

(1)$F(x,y,u,v)$ 和 $G(x,y,u,v)$ 的所有偏导数在 Ω 内连续;

(2)$F(x_0,y_0,u_0,v_0)=0,G(x_0,y_0,u_0,v_0)=0$;

(3)雅克比行列式 $J=\frac{\partial(F,G)}{\partial(u,v)}$ 在点 P 不等于 0.

则在点 $P(x_0,y_0,u_0,v_0)$ 的某一邻域内此方程组确定唯一一组定义在点

(x_0,y_0)的某邻域内具有连续偏导数的隐函数组

$$u=u(x,y),v=v(x,y)$$

使

$$F(x,y,u(x,y),v(x,y))\equiv 0,G(x,y,u(x,y),v(x,y))\equiv 0,$$

且满足

$$u_0=u(x_0,y_0),v=v(x_0,y_0).$$

同时有

$$\frac{\partial u}{\partial x}=-\frac{1}{J}\frac{\partial(F,G)}{\partial(x,v)},\frac{\partial v}{\partial x}=-\frac{1}{J}\frac{\partial(F,G)}{\partial(u,x)},$$

$$\frac{\partial u}{\partial y}=-\frac{1}{J}\frac{\partial(F,G)}{\partial(y,v)},\frac{\partial v}{\partial y}=-\frac{1}{J}\frac{\partial(F,G)}{\partial(u,y)}.$$

在此仅推导求导公式.

设 $u=u(x,y),v=v(x,y)$由方程组 $F(x,y,u,v)=0,G(x,y,u,v)=0$ 确定,则

$$\begin{cases}F(x,y,u(x,y),v(x,y))\equiv 0\\G(x,y,u(x,y),v(x,y))\equiv 0\end{cases},$$

在方程组的每个方程两边分别对 x 求偏导可得

$$\begin{cases}F_x+F_u\dfrac{\partial u}{\partial x}+F_v\dfrac{\partial v}{\partial x}=0\\G_x+G_u\dfrac{\partial u}{\partial x}+G_v\dfrac{\partial v}{\partial x}=0\end{cases}.$$

因为

$$J=\frac{\partial(F,G)}{\partial(u,v)}=\begin{vmatrix}F_u & F_v\\G_u & G_v\end{vmatrix}_P\neq 0,$$

所以

$$\frac{\partial u}{\partial x}=-\frac{1}{J}\frac{\partial(F,G)}{\partial(x,v)},\frac{\partial v}{\partial x}=-\frac{1}{J}\frac{\partial(F,G)}{\partial(u,x)}.$$

同理,在方程组的每个方程两边分别对 y 求偏导,建立偏导方程组可得

$$\frac{\partial u}{\partial y}=-\frac{1}{J}\frac{\partial(F,G)}{\partial(y,v)},\frac{\partial v}{\partial y}=-\frac{1}{J}\frac{\partial(F,G)}{\partial(u,y)}.$$

例 12.1.6　设 $x=r\cos\theta,y=r\sin\theta$,求 $r_x,r_y,\theta_x,\theta_y$.

解:因为

$$r=\sqrt{x^2+y^2},$$

所以

$$r_x=\frac{x}{r},r_y=\frac{y}{r}.$$

又

$$\theta=\arctan\frac{y}{x},$$

所以

$$\theta_x=\frac{1}{1+\left(\frac{y}{x}\right)^2}\left(-\frac{y}{x^2}\right)=-\frac{y}{r^2},\theta_y=\frac{x}{r^2}.$$

例 12.1.7 设 $x=x(u,v),y=y(u,v),z=z(u,v),x,y,z$ 都可微，求 z_x,z_y.

解:可以把 z 看作是 x,y 的函数，x,y 是独立的自变量，则

$$\begin{cases}z_u=z_xx_u+z_yy_u\\z_v=z_xx_v+z_yy_v\end{cases},$$

其中，x_u,x_v,y_u,y_v,z_u,z_v 都可以从已知的方程中求得，这样便可解得

$$z_x=-\frac{\frac{\partial(y,z)}{\partial(u,v)}}{\frac{\partial(x,y)}{\partial(u,v)}},z_y=-\frac{\frac{\partial(z,x)}{\partial(u,v)}}{\frac{\partial(x,y)}{\partial(u,v)}},$$

其中假设$\frac{\partial(x,y)}{\partial(u,v)}\neq 0$.

例 12.1.8 设$\begin{cases}x+y+z+u+v=1\\x^2+y^2+z^2+u^2+v^2=2\end{cases}$，求 x_u,y_u,x_{uu},y_{uu}.

解:可以把 x,y 看作是 z,u,v 的函数，z,u,v 是独立的自变量，将方程组关于 u 求导可得

$$\begin{cases}x_u+y_u+1=0\\xx_u+yy_u+u=0\end{cases},\tag{12.1.1}$$

把第一个方程乘以 y 再减去第二个方程可得

$$(y-x)x_u+y-u=0.$$

当 $x\neq y$ 时，解得

$$x_u=\frac{u-y}{y-x},y_u=1-x_u=\frac{x-u}{y-x}.$$

再将方程组关于 u 求导，仍旧要注意将 x,y 以及 x_u,y_u 看作是 z,u,v 的函数，z,u,v 是独立的自变量，可得

$$\begin{cases}x_{uu}+y_{uu}=0\\(x_u)^2+xx_{uu}+(y_u)^2+yy_{uu}+1=0\end{cases},\tag{12.1.2}$$

其中，x_{uu},y_{uu}是未知的，x_u,y_u 已知，把方程组(12.1.2)的第一式代入第二

式可得

$$(x-y)x_{uu}+(x_u)^2+(y_u)^2+1=0.$$

当 $y-x\neq 0$ 时,解得

$$x_{uu}=\frac{1}{y-x}[(x_u)^2+(y_u)^2+1]=\frac{(u-y)^2+(u-x)^2+(x-y)^2}{(y-x)^3},$$

$$y_{uu}=-x_{uu}=\frac{(u-y)^2+(u-x)^2+(x-y)^2}{(x-y)^3}.$$

12.2　偏导数的几何应用

12.2.1　空间曲线的切线与法平面

为将平面曲线的切线概念推广到空间曲线,首先给出空间曲线的法平面概念.

定义 12.2.1　设 M_0 是空间曲线 Γ 上的一定点,在 Γ 上 M_0 的附近任取一点 M,过 M_0、M 两点的直线称为 Γ 的割线,如图 12-2-1 所示.当点 M 沿曲线 Γ 趋于 M_0 时,割线 M_0M 存在极限位置 M_0T,则称直线 M_0T 为曲线 Γ 在点 M_0 的切线.过点 M_0 且与切线 M_0T 垂直的平面称为曲线 Γ 在点 M_0 的法平面,图 12-2-1 中的 Π 即为法平面.

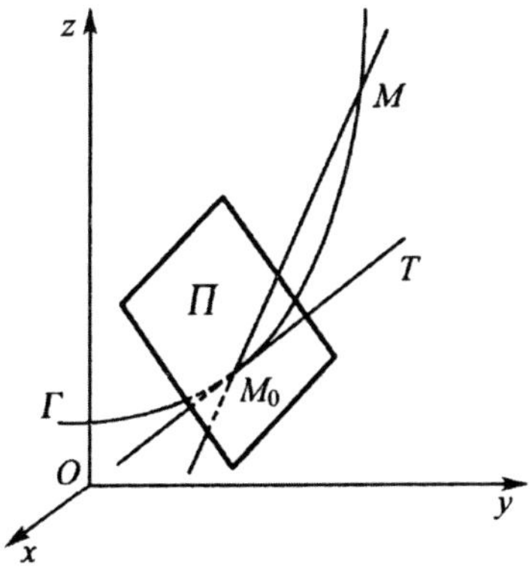

图 12-2-1

下面给出空间曲线 Γ 在点 M_0 的切线与法平面方程.

12.2.1.1 参数方程表示的空间曲线

设空间曲线 Γ 的参数方程为

$$\begin{cases} x=\varphi(t) \\ y=\psi(t),t\in[\alpha,\beta], \\ z=\omega(t) \end{cases}$$

其中,$\varphi(t)$,$\psi(t)$,$\omega(t)$可导,$\varphi'(t)$,$\psi'(t)$,$\omega'(t)$不全为0.

在曲线 Γ 上取对应于 $t=t_0$ 的一点 $M_0(x_0,y_0,z_0)$ 及对应于 $t=t_0+\Delta t$ 的邻近一点 $M(x_0+\Delta x,y_0+\Delta y,z_0+\Delta z)$,则曲线 Γ 的割线 M_0M 的方向向量为 $(\Delta x,\Delta y,\Delta z)$ 或 $\left(\frac{\Delta x}{\Delta t},\frac{\Delta y}{\Delta t},\frac{\Delta z}{\Delta t}\right)$,则割线 M_0M 的方程为

$$\frac{x-x_0}{\frac{\Delta x}{\Delta t}}=\frac{y-y_0}{\frac{\Delta y}{\Delta t}}=\frac{z-z_0}{\frac{\Delta z}{\Delta t}}.$$

令 $M\to M_0$(此时 $\Delta t\to 0$),则曲线 Γ 在点 M_0 处的切线方程为

$$\frac{x-x_0}{\varphi'(t_0)}=\frac{y-y_0}{\psi'(t_0)}=\frac{z-z_0}{\omega'(t_0)},$$

切线的方向向量称为曲线的切向量,记作 $\boldsymbol{s}$,则

$$\boldsymbol{s}=(\varphi'(t_0),\psi'(t_0),\omega'(t_0)).$$

$\boldsymbol{s}$ 是曲线 Γ 在点 M_0 处的切线的一个方向向量,根据定义可知,曲线 Γ 在点 M_0 处的法平面方程为

$$\varphi'(t_0)(x-x_0)+\psi'(t_0)(y-y_0)+\omega'(t_0)(z-z_0)=0.$$

例 12.2.1 求曲线 $x=t,y=t^2,z=t^3$ 在点(1,1,1)处的切线和法平面方程.

解:由于 $x'(t)=1,y'(t)=2t,z'(t)=3t^2$,因此曲线在点(1,1,1)处的切向量为(1,2,3),于是切线方程为

$$\frac{x-1}{1}=\frac{y-1}{2}=\frac{z-1}{3}.$$

法平面方程为

$$(x-1)+2(y-1)+3(z-1)=0,$$

整理得

$$x+2y+3z-6=0.$$

12.2.1.2　两个曲面交线表示的空间曲线

设空间曲线 Γ 的方程是

$$\begin{cases} F(x,y,z)=0 \\ G(x,y,z)=0 \end{cases}, \tag{12-2-1}$$

并假设

$$J=\left.\frac{\partial(F,G)}{\partial(y,z)}\right|_{(x_0,y_0,z_0)}\neq 0,$$

则(12-2-1)方程组在点 $M_0(x_0,y_0,z_0)$某一邻域确定的隐函数组为

$$\begin{cases} y=y(x) \\ z=z(x) \end{cases},$$

且

$$\begin{cases} F[x,y(x),z(x)]\equiv 0 \\ G[x,y(x),z(x)]\equiv 0 \end{cases}. \tag{12-2-2}$$

很明显隐函数组 $\begin{cases} y=y(x) \\ z=z(x) \end{cases}$ 就是曲线的参数方程，所以只需求出 $y'(x)$，$z'(x)$就能得到曲线的切向量.

为此我们在恒等式(12-2-2)两边分别对 x 求偏导可得

$$\begin{cases} \dfrac{\partial F}{\partial x}+\dfrac{\partial F}{\partial y}\dfrac{\mathrm{d}y}{\mathrm{d}x}+\dfrac{\partial F}{\partial z}\dfrac{\mathrm{d}z}{\mathrm{d}x}=0 \\ \dfrac{\partial G}{\partial x}+\dfrac{\partial G}{\partial y}\dfrac{\mathrm{d}y}{\mathrm{d}x}+\dfrac{\partial G}{\partial z}\dfrac{\mathrm{d}z}{\mathrm{d}x}=0 \end{cases}. \tag{12-2-3}$$

根据假设可知，在点 $M_0(x_0,y_0,z_0)$的某邻域内

$$J=\frac{\partial(F,G)}{\partial(y,z)}\neq 0.$$

由(12-2-3)解得

$$\left.\frac{\mathrm{d}y}{\mathrm{d}x}\right|_{x=x_0}=y'(x_0)=\frac{\begin{vmatrix} F'_z & F'_x \\ G'_z & G'_x \end{vmatrix}}{\begin{vmatrix} F'_y & F'_z \\ G'_y & G'_z \end{vmatrix}},\left.\frac{\mathrm{d}z}{\mathrm{d}x}\right|_{x=x_0}=z'(x_0)=\frac{\begin{vmatrix} F'_x & F'_y \\ G'_x & G'_y \end{vmatrix}}{\begin{vmatrix} F'_y & F'_z \\ G'_y & G'_z \end{vmatrix}},$$

所以曲线 Γ 在点 $M_0(x_0,y_0,z_0)$处的切向量是 $s=(1,y'(x_0),z'(x_0))$，可写为

$$s=\left(\begin{vmatrix}F'_y & F'_z\\ G'_y & G'_z\end{vmatrix}_{M_0},\begin{vmatrix}F'_z & F'_x\\ G'_z & G'_x\end{vmatrix}_{M_0},\begin{vmatrix}F'_x & F'_y\\ G'_x & G'_y\end{vmatrix}_{M_0}\right)=\begin{vmatrix}\boldsymbol{i} & \boldsymbol{j} & \boldsymbol{k}\\ F'_x & F'_y & F'_z\\ G'_x & G'_y & G'_z\end{vmatrix}_{M_0},$$

则曲线 Γ 在点 $M_0(x_0,y_0,z_0)$ 处的切线方程是

$$\frac{x-x_0}{\begin{vmatrix}F'_y & F'_z\\ G'_y & G'_z\end{vmatrix}_{M_0}}=\frac{y-y_0}{\begin{vmatrix}F'_z & F'_x\\ G'_z & G'_x\end{vmatrix}_{M_0}}=\frac{z-z_0}{\begin{vmatrix}F'_x & F'_y\\ G'_x & G'_y\end{vmatrix}_{M_0}}.$$

曲线 Γ 在点 $M_0(x_0,y_0,z_0)$ 处的法平面方程是

$$\begin{vmatrix}F'_y & F'_z\\ G'_y & G'_z\end{vmatrix}_{M_0}(x-x_0)+\begin{vmatrix}F'_z & F'_x\\ G'_z & G'_x\end{vmatrix}_{M_0}(y-y_0)+\begin{vmatrix}F'_x & F'_y\\ G'_x & G'_y\end{vmatrix}_{M_0}(z-z_0)=0.$$

例 12.2.2 求曲线

$$\begin{cases}x^2+y^2+z^2=4a^2\\ x^2+y^2=2ax\end{cases}$$

在 $M_0(a,a,\sqrt{2}a)$ 处的切线和法平面方程.

解:易知方程组表示的曲线是球面与柱面的交线.令

$$F(x,y,z)=x^2+y^2+z^2-4a^2,$$
$$G(x,y,z)=x^2+y^2-2ax,$$

那么

$$(F'_x,F'_y,F'_z)\Big|_{M_0}=(2a,2a,2\sqrt{2}a),$$
$$(G'_x,G'_y,G'_z)\Big|_{M_0}=(0,2a,0).$$

从而可知曲线在 M_0 处的一个切向量为

$$(F'_x,F'_y,F'_z)\Big|_{M_0}\times(G'_x,G'_y,G'_z)\Big|_{M_0}=(-4\sqrt{2}a^2,0,4a^2),$$

所求的切线方程为

$$\frac{x-a}{-\sqrt{2}}=\frac{y-a}{0}=\frac{z-\sqrt{2}a}{1}$$

或

$$\begin{cases}x+\sqrt{2}z=3a\\ y=a\end{cases}.$$

那么法平面方程为

$$-\sqrt{2}(x-a)+0(y-a)+(z-\sqrt{2}a)=0,$$

化简得

$$\sqrt{2}x-z=0.$$

12.2.2　曲面的切平面与法线

12.2.2.1　隐函数表示的曲面

设曲面 S 的方程为$(x,y,z)=0$，点 $M_0(x_0,y_0,z_0)$是曲面 S 上的一点，并设函数 $F(x,y,z)$的偏导数在该点连续且不同时为 0.在曲面 S 上，通过点 M_0 任意引一条曲线 Γ，如图 12-2-2 所示，其参数方程为

$$x=\varphi(t),y=\psi(t),z=\omega(t)(\alpha\leqslant t\leqslant\beta).$$

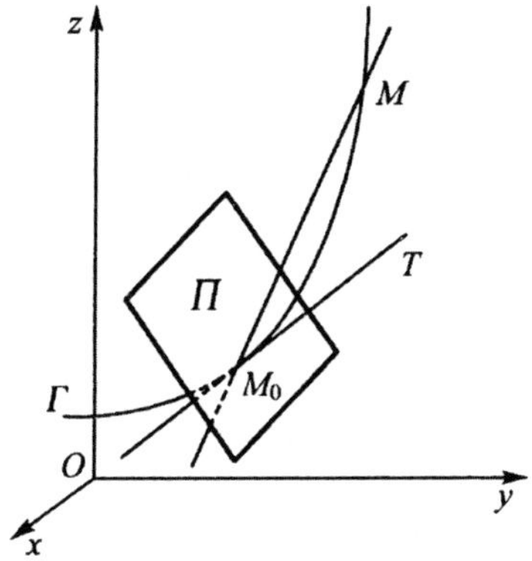

图 12-2-2

假设 $t=t_0$ 对应于点 $M_0(x_0,y_0,z_0)$，且 $\varphi'(t_0),\psi'(t_0),\omega'(t_0)$不同时为 0，则曲线 Γ 在点 M_0 处的切向量为 $s=(\varphi'(t_0),\psi'(t_0),\omega'(t_0))$.由于曲线 Γ 完全在曲面 S 上，因此存在恒等式

$$F[\varphi(t),\psi(t),\omega(t)]\equiv 0.$$

上式两边对 t 求导，并令 $t=t_0$，可得

$$\frac{\mathrm{d}}{\mathrm{d}t}F[\varphi(t),\psi(t),\omega(t)]\Big|_{t=t_0}=0,$$

即

$$F_x(x_0,y_0,z_0)\varphi'(t_0)+F_y(x_0,y_0,z_0)\psi'(t_0)+F_z(x_0,y_0,z_0)\omega'(t_0)=0.$$

记向量 $\boldsymbol{n}=(F_x(x_0,y_0,z_0),F_y(x_0,y_0,z_0),F_z(x_0,y_0,z_0))$，则上式又可表示为

$$\boldsymbol{n}\cdot\boldsymbol{s}=0,$$

这表明曲面 S 上过点 M_0 处的一切曲线在点 M_0 处的切线都在同一个平面上，如图 12-2-2 所示，则称此平面为曲面 S 在点 M_0 处的切平面，$\boldsymbol{n}$ 为切平

面的法向量，且切平面方程为

$$F_x(x_0,y_0,z_0)(x-x_0)+F_y(x_0,y_0,z_0)(y-y_0)+F_z(x_0,y_0,z_0)(z-z_0)=0.$$

过点 M_0 且垂直于切平面的直线称为曲面在该点的法线，显然，它的方向向量为法向量 $\boldsymbol{n}$，因此其方程为

$$\frac{x-x_0}{F_x(x_0,y_0,z_0)}=\frac{y-y_0}{F_y(x_0,y_0,z_0)}=\frac{z-z_0}{F_z(x_0,y_0,z_0)}.$$

例 12.2.3 以原点为中心、a 为半径的球面 S 的参数方程为

$$x=a\sin\varphi\cos\theta,y=a\sin\varphi\sin\theta,z=a\cos\varphi(0\leqslant\varphi\leqslant\pi,0\leqslant\theta<2\pi),$$

当 $\varphi=\frac{\pi}{6},\theta=\frac{\pi}{3}$ 时，求 S 的切平面和法向量.

解：因为

$$\frac{\partial x}{\partial\varphi}=a\cos\varphi\cos\theta,\frac{\partial y}{\partial\varphi}=a\cos\varphi\sin\theta,\frac{\partial z}{\partial\varphi}=-a\sin\varphi,$$

$$\frac{\partial x}{\partial\theta}=-a\sin\varphi\sin\theta,\frac{\partial y}{\partial\theta}=a\sin\varphi\cos\theta,\frac{\partial z}{\partial\theta}=0,$$

则当 $\varphi=\frac{\pi}{6},\theta=\frac{\pi}{3}$ 时，有

$$x=\frac{1}{4}a,y=\frac{\sqrt{3}}{4}a,z=\frac{\sqrt{3}}{2}a,$$

所以

$$\frac{\partial x}{\partial\varphi}=\frac{\sqrt{3}}{4}a,\frac{\partial y}{\partial\varphi}=\frac{3}{4}a,\frac{\partial z}{\partial\varphi}=-\frac{1}{2}a,$$

$$\frac{\partial x}{\partial\theta}=-\frac{\sqrt{3}}{4}a,\frac{\partial y}{\partial\theta}=\frac{1}{4}a,\frac{\partial z}{\partial\theta}=0.$$

从而可知切平面方程为

$$\begin{cases}x=\frac{1}{4}a+\frac{\sqrt{3}}{4}a\left(\varphi-\frac{\pi}{6}\right)-\frac{\sqrt{3}}{4}a\left(\theta-\frac{\pi}{3}\right)\\ y=\frac{\sqrt{3}}{4}a+\frac{3}{4}a\left(\varphi-\frac{\pi}{6}\right)+\frac{1}{4}a\left(\theta-\frac{\pi}{3}\right)\\ z=\frac{\sqrt{3}}{2}a-\frac{1}{2}a\left(\varphi-\frac{\pi}{6}\right)\end{cases},$$

法向量为

$$\boldsymbol{n}=\left(\frac{\sqrt{3}}{4},\frac{3}{4},-\frac{1}{2}\right)\times\left(-\frac{\sqrt{3}}{4},\frac{1}{4},0\right)=\frac{1}{16}(2,2\sqrt{3},4\sqrt{3}).$$

12.2.2.2 显函数表示的曲面

设曲面 S 的方程为

$$z=f(x,y),$$

若令

$$F(x,y,z)=f(x,y)-z,$$

于是

$$F_x(x,y,z)=f_x(x,y), F_y(x,y,z)=f_y(x,y), F_z(x,y,z)=-1,$$

从而,当 $f_x(x,y)$、$f_y(x,y)$ 在点 (x_0,y_0) 处连续时,曲面 $z=f(x,y)$ 在点 $M_0(x_0,y_0,z_0)$ 处的法向量为

$$\boldsymbol{n}=(f_x(x_0,y_0), f_y(x_0,y_0), -1),$$

从而求得其切平面方程为

$$f_x(x_0,y_0)(x-x_0)+f_y(x_0,y_0)(y-y_0)-(z-z_0)=0,$$

上式又可写为

$$(z-z_0)=f_x(x_0,y_0)(x-x_0)+f_y(x_0,y_0)(y-y_0),$$

其法线方程为

$$\frac{x-x_0}{f_x(x_0,y_0)}=\frac{y-y_0}{f_y(x_0,y_0)}=\frac{z-z_0}{-1}.$$

例 12.2.3 求椭球面 $x^2+2y^2+3z^2=6$ 在点(1,1,1)处的切平面方程及法线方程.

解:设 $F(x,y,z)=x^2+2y^2+3z^2-6$,则

$$\boldsymbol{n}=(F_x,F_y,F_z)=(2x,4y,6z), \boldsymbol{n}\Big|_{(1,1,1)}=(2,4,6),$$

从而此曲面在点(1,1,1)处的切平面方程为

$$2(x-1)+4(y-1)+6(z-1)=0,$$

整理得

$$x+2y+3z-6=0.$$

法线方程为

$$\frac{x-1}{1}=\frac{y-1}{2}=\frac{z-1}{3}.$$

12.3 条件极值

极值问题有两类,一类是在给定的区域上求函数的极值,对于函数的自变量并无其他限制条件,这类极值为我们称为无条件极值;另一类是对函数

的自变量还有附加条件的极值问题.

例如,求表面积为 a^2 而体积最大的长方体的体积问题.设长方体的长、宽、高分别为 x、y、z,则体积 $V=xyz$.因为长方体的表面积为定值,所以自变量 x,y,z 还需满足附加条件 $2(xy+yz+xz)=a^2$.类似于这样对自变量有附加条件的极值称为条件极值.有些情况下,可将条件极值问题转化为无条件极值问题,如在上述问题中,可以从 $2(xy+yz+xz)=a^2$ 接触变量 z 关于变量 x,y 的表达式,并代入体积 $V=xyz$ 的表达式中,即可将上述条件极值问题化为无条件极值问题;但并不是所有条件极值都可以转化为无条件极值,因为有时很难在约束条件中解出某一个变量.为此,下面介绍一种求解条件极值的方法——拉格朗日乘数法.

假设三元函数 $G(x,y,z)$ 和 $f(x,y,z)$ 在所考察的区域内有一阶连续偏导数,则求函数 $u=f(x,y,z)$ 在条件 $G(x,y,z)=0$ 下的极值问题,可以转化为求拉格朗日函数

$$L(x,y,z,\lambda)=f(x,y,z)+\lambda G(x,y,z)(\lambda\text{ 为某一常数})$$

的无条件极值问题.利用拉格朗日乘数法求函数 $u=f(x,y,z)$ 在条件 $G(x,y,z)=0$ 下的极值有如下步骤:

(1)构造拉格朗日函数

$$L(x,y,z,\lambda)=f(x,y,z)+\lambda G(x,y,z)(\lambda\text{ 为某一常数});$$

(2)由方程组

$$\begin{cases}L_x=f_x(x,y,z)+\lambda G_x(x,y,z)=0\\L_y=f_y(x,y,z)+\lambda G_y(x,y,z)=0\\L_z=f_z(x,y,z)+\lambda G_z(x,y,z)=0\\L_\lambda=G(x,y,z)=0\end{cases}$$

解出 x,y,z,λ,其中,x,y,z 就是所求条件极值的可能极值点.

例 12.3.1 设某工厂某产品的数量 S 与所用的两种原料 A,B 的数量 x,y 间有关系式

$$S(x,y)=0.005x^2y.$$

现用 150 万元购置原料,已知 A,B 原料每吨单价分别为 1 万元和 2 万元,问怎样购进两种原料,才能使生产的数量最多?

解:根据题意可知,该问题可归结为求函数

$$S(x,y)=0.005x^2y$$

在约束条件

$$x+2y=150$$

下的最大值.构造拉格朗日函数

$$L(x,y,\lambda)=0.005x^2y+\lambda(x+2y-150),$$

解得 $\lambda=-25, x=100, y=25$.

因为只有唯一的一个驻点，且实际问题的最大值是存在的，所以驻点 $(100,25)$ 也是函数 $S(x,y)$ 的最大值点，最大值为

$$S(100,25)=0.005\times100^2\times25=1\ 250 \text{ 吨},$$

即购进 A 原料 100 吨、B 原料 25 吨，可使生产量达到最大值 1 250 吨.

例 12.3.2　设生产某种产品必须投入两种要素，x_1 和 x_2 分别为两要素的投入量，Q 为产出量.若生产函数为 $Q=2x_1^{\alpha}x_2^{\beta}$，其中 α,β 为正常数，且 $\alpha+\beta=1$，假设两种要素的价格分别为 p_1,p_2，试问：当产出量为 12 时，两要素个投入多少可以使得投入总费用最小？

解：根据题意可知，$2x_1^{\alpha}x_2^{\beta}=12$，问题是求总费用 $p_1x_1+p_2x_2$ 的最小值，作拉格朗日函数

$$L(x_1,x_2,\lambda)=p_1x_1+p_2x_2+\lambda(12-2x_1^{\alpha}x_2^{\beta}),$$

从而

$$L_{x1}(x_1,x_2,\lambda)=p_1-2\lambda\alpha x_1^{\alpha-1}x_2^{\beta}=0, \qquad (12\text{-}3\text{-}1)$$

$$L_{x2}(x_1,x_2,\lambda)=p_2-2\lambda\beta x_1^{\alpha}x_2^{\beta-1}=0, \qquad (12\text{-}3\text{-}2)$$

$$L_{\lambda}(x_1,x_2,\lambda)=12-2x_1^{\alpha}x_2^{\beta}=0. \qquad (12\text{-}3\text{-}3)$$

由式(12-3-1)和式(12-3-2)可得

$$\frac{p_2}{p_1}=\frac{\beta x_1}{\alpha x_2},$$

所以

$$x_1=\frac{p_2\alpha}{p_1\beta}x_2.$$

把 x_1 代入式(12-3-3)可得

$$x_2=6\left(\frac{p_1\beta}{p_2\alpha}\right)^{\alpha},x_1=\left(\frac{p_2\alpha}{p_1\beta}\right)^{\beta}.$$

显然，驻点唯一，且实际问题存在最小值，所以当 $x_1=\left(\frac{p_2\alpha}{p_1\beta}\right)^{\beta}, x_2=6\left(\frac{p_1\beta}{p_2\alpha}\right)^{\alpha}$ 时，投入总费用最小.

例 12.3.3　设销售收入 R（万元）与花费在两种广告宣传上的费用 x，y（万元）之间的关系为

$$R=\frac{200x}{x+5}+\frac{100y}{10+y},$$

利润额相当于 $\frac{1}{5}$ 的销售收入，并要扣除广告费用.已知广告费用总预算金是

25 万元，试问如何分配两种广告费用可使利润最大.

解:设利润为 L，则

$$L=\frac{1}{5}R-x-y=\frac{40x}{x+5}+\frac{20y}{10+y}-x-y,$$

并且

$$x+y=25.$$

令

$$L(x,y,\lambda)=\frac{40x}{x+5}+\frac{20y}{10+y}-x-y+\lambda(x+y-25),$$

由方程组

$$\begin{cases}L_x=\dfrac{200}{(5+x)^2}-1+\lambda=0\\ L_y=\dfrac{200}{(10+y)^2}-1+\lambda=0\\ L_\lambda=x+y-25=0\end{cases}$$

的前两个方程可得

$$(5+x)^2=(10+y)^2.$$

又因为

$$y=25-x,$$

于是

$$x=15,y=10.$$

根据问题本身的意义及驻点的唯一性可知，当投入两种广告的费用分别为 15 万元和 10 万元时，可使利润最大.

例 12.3.4 求内接于椭球 $\frac{x^2}{a^2}+\frac{y^2}{b^2}+\frac{z^2}{c^2}=1$ 的体积最大的长方体的体积，长方体的各个面平行于坐标面.

解:解法 1:设内接于椭球且各个面平行于坐标面的长方体在第一象限的顶点的坐标是(x,y,z)，则长方体的体积是

$$V=8xyz,$$

拉格朗日函数是

$$L=xyz+\lambda\left(\frac{x^2}{a^2}+\frac{y^2}{b^2}+\frac{z^2}{c^2}-1\right),$$

根据拉格朗日乘数法可得

$$\begin{cases} yz+\lambda\dfrac{2x}{a^2}=0 & ① \\ xz+\lambda\dfrac{2y}{b^2}=0 & ② \\ xy+\lambda\dfrac{2z}{c^2}=0 & ③ \\ \dfrac{x^2}{a^2}+\dfrac{y^2}{b^2}+\dfrac{z^2}{c^2}=1 \end{cases}.$$

①$\times x+$②$\times y+$③$\times z$ 可得

$$3xyz=-2\lambda.$$

把 λ 分别代入①,②,③可得

$$\begin{cases} x=\dfrac{a}{\sqrt{3}} \\ y=\dfrac{b}{\sqrt{3}} \\ z=\dfrac{c}{\sqrt{3}} \end{cases},$$

不难证明当长方体在第一象限内的顶点坐标为$\left(\dfrac{a}{\sqrt{3}},\dfrac{b}{\sqrt{3}},\dfrac{c}{\sqrt{3}}\right)$时,内接于题目中椭球的长方体的体积最大,为

$$V_{\max}=\frac{8\sqrt{3}}{9}abc.$$

解法 2:原问题等价于求$\dfrac{x^2}{a^2},\dfrac{y^2}{b^2},\dfrac{z^2}{c^2}$的最大值,而这三个数的和等于 1,而

$$\sqrt[3]{\frac{x^2}{a^2}\frac{y^2}{b^2}\frac{z^2}{c^2}}\leqslant\frac{1}{3}\left(\frac{x^2}{a^2}+\frac{y^2}{b^2}+\frac{z^2}{c^2}\right)=\frac{1}{3},$$

不难验证当$\dfrac{x^2}{a^2}=\dfrac{y^2}{b^2}=\dfrac{z^2}{c^2}=\dfrac{1}{3}$时,即当

$$x=\frac{a}{\sqrt{3}},y=\frac{b}{\sqrt{3}},z=\frac{c}{\sqrt{3}}$$

时,

$$\sqrt[3]{\frac{x^2}{a^2}\frac{y^2}{b^2}\frac{z^2}{c^2}}=\frac{1}{3}.$$

综上所述,当长方体在第一象限的顶点的坐标为$\left(\dfrac{a}{\sqrt{3}},\dfrac{b}{\sqrt{3}},\dfrac{c}{\sqrt{3}}\right)$时,内接于题

目中椭球的长方体的体积最大，为

$$V_{\max}=\frac{8\sqrt{3}}{9}abc.$$

解法 3：设长方体的棱与坐标轴平行，在第一象限内的顶点为 $M(x,y,z)$，则

$$V=8xyz=8cxy\sqrt{1-\frac{x^2}{a^2}-\frac{y^2}{b^2}},$$

$$D:\frac{x^2}{a^2}+\frac{y^2}{b^2}<1,x>0,y>0,$$

因为

$$\frac{\partial V}{\partial x}=\frac{8cy}{\sqrt{1-\frac{x^2}{a^2}-\frac{y^2}{b^2}}}\left(1-2\frac{x^2}{a^2}-\frac{y^2}{b^2}\right),$$

$$\frac{\partial V}{\partial y}=\frac{8cx}{\sqrt{1-\frac{x^2}{a^2}-\frac{y^2}{b^2}}}\left(1-\frac{x^2}{a^2}-2\frac{y^2}{b^2}\right),$$

令$\frac{\partial V}{\partial x}=0,\frac{\partial V}{\partial y}=0$，解得唯一的驻点为

$$x=\frac{a}{\sqrt{3}},y=\frac{b}{\sqrt{3}}.$$

又因为 V 的最大值显然存在且在区域 D 中，所以所求的最大体积是

$$V_{\max}=V\left(\frac{a}{\sqrt{3}},\frac{b}{\sqrt{3}}\right)=\frac{8\sqrt{3}}{9}abc.$$

第 13 章　含参量积分与广义积分

解决许多实际问题要求我们将函数定积分从不同的方面予以推广，从而得到诸如广义积分、含参变量积分，等等，我们已知，表示非初等函数可用各种不同的数学工具.例如，可变上限(或下限)的定积分、收敛的函数级数、函数方程或函数方程组(隐函数)等.本章所讲的含参变量积分也是表示非初等函数的一种重要的数学工具.此外，广义积分也叫非正常积分或反常积分.它是相对正常积分(也就是定积分或叫黎曼积分)而提出的.我们知道，正常积分必须具备两个前提条件：一是积分区间必须是有限闭区间；二是被积函数必须是有界函数.但实际上常常需要解决不满足上述条件的积分，这就是广义积分.它分为两类：无穷区间的广义积分(又叫无穷积分)和无界函数的广义积分(又叫瑕积分). 本章我们将讨论含参量积分与广义积分.

13.1　含参变量的积分

设 $f(x,y)$是矩形(闭区域)$R=[a,b]\times[c,d]$上的连续函数.在$[a,b]$上任意取定 x 的一个值，于是 $f(x,y)$是变量 y 在$[c,d]$上的一个一元连续函数，从而积分

$$\int_c^d f(x,y)\mathrm{d}y$$

存在，这个积分的值依赖于取定的 x 值.当 x 的值改变时，一般来说这个积分的值也跟着改变.这个积分确定一个定义在$[a,b]$上的 x 的函数，把它记为 $\varphi(x)$，即

$$\varphi(x)=\int_c^d f(x,y)\mathrm{d}y(a\leqslant x\leqslant b). \tag{13-1-1}$$

这里变量 x 在积分过程中是一个常量，称为参变量，所以式(13-1-1)右端是一个含参变量 x 的积分，这积分确定 x 的一个函数 $\varphi(x)$，下面讨论关于 $\varphi(x)$的一些性质.

定理 13.1.1　如果函数 $f(x,y)$在矩形 $R=[a,b]\times[c,d]$上连续，那

么由积分(13-1-1)确定的函数 $\varphi(x)$在$[a,b]$上也连续.

证明:设 x 和 $x+\Delta x$ 是$[a,b]$上的两点,则

$$\varphi(x+\Delta x)-\varphi(x)=\int_c^d[f(x+\Delta x,y)-f(x,y)]\mathrm{d}y. \tag{13-1-2}$$

因为 $f(x,y)$在闭区域 R 上连续,所以对于任意取定的 $\varepsilon>0$,存在 $\delta>0$,使得对于 R 内的任意两点(x_1,y_1)和(x_2,y_2),只要它们之间的距离小于 δ,即

$$\sqrt{(x_2-x_1)^2+(y_2-y_1)^2}<\delta,$$

就有

$$\left|f(x_2,y_2)-f(x_1,y_1)\right|<\varepsilon.$$

因为点$(x+\Delta x,y)$和点(x,y)的距离等于$|\Delta x|$,所以当$|\Delta x|<\delta$ 时,就有

$$|f(x+\Delta x,y)-f(x,y)|<\varepsilon,$$

于是由式(13-1-2)有

$$\begin{aligned}|\varphi(x+\Delta x)-\varphi(x)|&\leqslant\int_c^d|f(x+\Delta x,y)-f(x,y)|\mathrm{d}y\\&<\varepsilon(d-c).\end{aligned}$$

所以 $\varphi(x)$在$[a,b]$上连续.

既然函数 $\varphi(x)$在$[a,b]$上连续,那么它在$[a,b]$上的积分存在,这个积分可以写成

$$\int_a^b\varphi(x)\mathrm{d}x=\int_a^b\left[\int_c^d f(x,y)\mathrm{d}y\right]\mathrm{d}x=\int_a^b\mathrm{d}x\int_c^d f(x,y)\mathrm{d}y.$$

右端积分是函数 $f(x,y)$ 先对 y 后对 x 的二次积分.当 $f(x,y)$ 在矩形 R 上连续时,$f(x,y)$ 在 R 上的二重积分$\iint\limits_R f(x,y)\mathrm{d}x\mathrm{d}y$是存在的,这个二重积分化为二次积分来计算时,如果先对 y 后对 x 积分,就是上面的这个二次积分.但二重积分$\iint\limits_R f(x,y)\mathrm{d}x\mathrm{d}y$ 也可化为先对 x 后对 y 的二次积分 $\int_c^d\left[\int_a^b f(x,y)\mathrm{d}x\right]\mathrm{d}y$,所以有下面的定理.

定理 13.1.2 如果函数 $f(x,y)$在矩形 $R=[a,b]\times[c,d]$上连续,则

$$\int_a^b\left[\int_c^d f(x,y)\mathrm{d}y\right]\mathrm{d}x=\int_c^d\left[\int_a^b f(x,y)\mathrm{d}x\right]\mathrm{d}y. \tag{13-1-3}$$

式(13-1-3)还可以写成

$$\int_a^b\mathrm{d}x\int_c^d f(x,y)\mathrm{d}y=\int_c^d\mathrm{d}y\int_a^b f(x,y)\mathrm{d}x.$$

下面考虑由积分(13-1-1)确定的函数 $\varphi(x)$ 的微分问题.

定理 13.1.3　如果函数 $f(x,y)$ 及其偏导数 $f_x(x,y)$ 都在矩形 $R=[a,b]\times[c,d]$ 上连续,那么由积分(13-1-1)确定的函数 $\varphi(x)$ 在 $[a,b]$ 上可微分,并且

$$\varphi'(x)=\frac{\mathrm{d}}{\mathrm{d}x}\int_c^d f(x,y)\mathrm{d}y=\int_c^d f_x(x,y)\mathrm{d}y. \tag{13-1-4}$$

证明:因为 $\varphi'(x)=\lim\limits_{\Delta x\to 0}\dfrac{\varphi(x+\Delta x)-\varphi(x)}{\Delta x}$,为了求 $\varphi'(x)$,先利用式(13-1-2)作出增量之比

$$\frac{\varphi(x+\Delta x)-\varphi(x)}{\Delta x}=\int_c^d\frac{f(x+\Delta x,y)-f(x,y)}{\Delta x}\mathrm{d}y. \tag{13-1-5}$$

根据拉格朗日中值定理和 $f_x(x,y)$ 的一致连续性可得

$$\begin{aligned}\frac{f(x+\Delta x,y)-f(x,y)}{\Delta x}&=f_x(x+\theta\Delta x,y)\\&=f_x(x,y)+\eta(x,y,\Delta x),\end{aligned} \tag{13-1-6}$$

其中 $0<\theta<1$, $|\eta|$ 可小于任意给定的正数 ε,只要 $|\Delta x|$ 小于某个正数 δ,所以

$$\left|\eta(x,y,\Delta x)\mathrm{d}y\right|<\int_c^d\varepsilon\mathrm{d}y=\varepsilon(d-c)\,(|\Delta x|<\delta).$$

这也就是说

$$\lim_{\Delta x\to 0}\int_c^d\eta(x,y,\Delta x)\mathrm{d}y=0.$$

由式(13-1-5)和式(13-1-6)有

$$\frac{\varphi(x+\Delta x)-\varphi(x)}{\Delta x}=\int_c^d f_x(x,y)\mathrm{d}y+\int_c^d\eta(x,y,\Delta x)\mathrm{d}y,$$

令 $\Delta x\to 0$ 取上式的极限,即得式(13-1-4).

在积分(13-1-1)中,积分限 c 和 d 都是常数.但在实际应用中,还会遇到对于参变量 x 的不同的值,积分限也不同的情形,即以下的积分

$$\Phi(x)=\int_{\alpha(x)}^{\beta(x)}f(x,y)\mathrm{d}y. \tag{13-1-7}$$

下面我们考虑这种更为广泛地依赖于参变量的积分的某些性质.

定理 13.1.4　如果函数 $f(x,y)$ 在矩形 $R=[a,b]\times[c,d]$ 上连续,函数 $\alpha(x)$、$\beta(x)$ 在区间 $[a,b]$ 上连续,且

$$c\leqslant\alpha(x)\leqslant d,a\leqslant\beta(x)\leqslant b,(a\leqslant x\leqslant b),$$

则由积分(13-1-7)确定的函数 $\Phi(x)$ 在 $[a,b]$ 上也连续.

证明:设 x 和 $x+\Delta x$ 是 $[a,b]$ 上的两点,则

$$\Phi(x+\Delta x)-\Phi(x)=\int_{\alpha(x+\Delta x)}^{\beta(x+\Delta x)} f(x+\Delta x,y)\mathrm{d}y-\int_{\alpha(x)}^{\beta(x)} f(x,y)\mathrm{d}y,$$

因为

$$\begin{aligned}&\int_{\alpha(x+\Delta x)}^{\beta(x+\Delta x)} f(x+\Delta x,y)\mathrm{d}y\\&=\int_{\alpha(x+\Delta x)}^{\alpha(x)} f(x+\Delta x,y)\mathrm{d}y+\int_{\alpha(x)}^{\beta(x)} f(x+\Delta x,y)\mathrm{d}y\\&\quad+\int_{\beta(x)}^{\beta(x+\Delta x)} f(x+\Delta x,y)\mathrm{d}y,\end{aligned}$$

所以

$$\begin{aligned}&\Phi(x+\Delta x)-\Phi(x)\\&=\int_{\alpha(x+\Delta x)}^{\alpha(x)} f(x+\Delta x,y)\mathrm{d}y+\int_{\beta(x)}^{\beta(x+\Delta x)} f(x+\Delta x,y)\mathrm{d}y+\\&\int_{\alpha(x)}^{\beta(x)}[f(x+\Delta x,y)-f(x,y)]\mathrm{d}y,\end{aligned}\tag{13-1-8}$$

当 $\Delta x\to 0$ 时,上式右端最后一个积分的积分限不变,根据证明定理 13.1.1 时的同样的理由,这个积分趋于零,又

$$\left|\int_{\alpha(x+\Delta x)}^{\alpha(x)} f(x+\Delta x,y)\mathrm{d}y\right|\leqslant M|\alpha(x+\Delta x)-\alpha(x)|,$$

$$\left|\int_{\beta(x)}^{\beta(x+\Delta x)} f(x+\Delta x,y)\mathrm{d}y\right|\leqslant M|\beta(x+\Delta x)-\beta(x)|,$$

其中 M 是 $|f(x,y)|$ 在矩形 R 上的最大值.根据 $\alpha(x)$、$\beta(x)$ 在 $[a,b]$ 上连续的假定,由以上两式可见,当 $\Delta x\to 0$ 时,式(13-1-8)右端的前两个积分都趋于零.所以,当 $\Delta x\to 0$ 时,

$$\Phi(x+\Delta x)-\Phi(x)\to 0(a\leqslant x\leqslant b),$$

所以函数 $\Phi(x)$ 在 $[a,b]$ 上连续.

关于 $\Phi(x)$ 的微分,有以下的定理.

定理 13.1.5 如果函数 $f(x,y)$ 及其偏导数 $f_x(x,y)$ 都在矩形 $R=[a,b]\times[c,d]$ 上连续,又函数 $\alpha(x)$、$\beta(x)$ 都在区间 $[a,b]$ 上可微,且

$$c\leqslant\alpha(x)\leqslant d,c\leqslant\beta(x)\leqslant d(a\leqslant x\leqslant b),$$

则由积分(13-1-7)确定的函数 $\Phi(x)$ 在 $[a,b]$ 上可微,且

$$\begin{aligned}&\Phi'(x)=\frac{\mathrm{d}}{\mathrm{d}x}\int_{\alpha(x)}^{\beta(x)} f(x,y)\mathrm{d}y\\&=\int_{\alpha(x)}^{\beta(x)} f_x(x,y)\mathrm{d}y+f[x,\beta(x)]\beta'(x)-f[x,\alpha(x)]\alpha'(x).\end{aligned}\tag{13-1-9}$$

证明：根据式(13-1-8)有

$$\frac{\Phi(x+\Delta x)-\Phi(x)}{\Delta x}$$
$$=\int_{\alpha(x)}^{\beta(x)}\frac{f(x+\Delta x,y)-f(x,y)}{\Delta x}\mathrm{d}y+\frac{1}{\Delta x}\int_{\beta(x)}^{\beta(x+\Delta x)}f(x+\Delta x,y)\mathrm{d}y-$$
$$\frac{1}{\Delta x}\int_{\alpha(x)}^{\alpha(x+\Delta x)}f(x+\Delta x,y)\mathrm{d}y. \tag{13-1-10}$$

当 $\Delta x\to 0$ 时，上式右端的第一个积分的积分限不变，根据证明定理 13.1.3 时同样的理由有

$$\int_{\alpha(x)}^{\beta(x)}\frac{f(x+\Delta x,y)-f(x,y)}{\Delta x}\mathrm{d}y\to\int_{\alpha(x)}^{\beta(x)}f_x(x,y)\mathrm{d}y.$$

对于式(13-1-10)右端的第二项，应用积分中值定理可得

$$\frac{1}{\Delta x}\int_{\beta(x)}^{\beta(x+\Delta x)}f(x+\Delta x,y)\mathrm{d}y=\frac{1}{\Delta x}[\beta(x+\Delta x)-\beta(x)]f(x+\Delta x,\eta),$$

其中 η 在 $\beta(x)$ 和 $\beta(x+\Delta x)$ 之间.当 $\Delta x\to 0$ 时，

$$\frac{1}{\Delta x}[\beta(x+\Delta x)-\beta(x)]\to\beta'(x),f(x+\Delta x,\eta)\to f[x,\beta(x)].$$

所以

$$\frac{1}{\Delta x}\int_{\beta(x)}^{\beta(x+\Delta x)}f(x+\Delta x,y)\mathrm{d}y\to f[x,\beta(x)]\beta'(x).$$

同理可证，当 $\Delta x\to 0$ 时，

$$\frac{1}{\Delta x}\int_{\alpha(x)}^{\alpha(x+\Delta x)}f(x+\Delta x,y)\mathrm{d}y\to f[x,\alpha(x)]\alpha'(x).$$

所以，令 $\Delta x\to 0$，取式(13-1-10)的极限可得式(13-1-9).

式(13-1-9)称为莱布尼茨公式.

例 13.1.1　设 $F(y)=\int_y^{y^2}\frac{\sin(xy)}{x}\mathrm{d}x$，求 $F'(y)$.

解：由定理 13.1.5 得

$$F'(y)=\int_y^{y^2}\cos(xy)\mathrm{d}x+2y\frac{\sin y^3}{y^2}-\frac{\sin y^2}{y}$$
$$=\frac{3\sin y^3-2\sin y^2}{y}.$$

例 13.1.2　计算积分 $\int_0^{\pi}\ln\left(1+\frac{1}{2}\cos x\right)\mathrm{d}x$.

解：令

$$I(y)=\int_0^{\pi}\ln\left(1+\frac{1}{2}\cos x\right)\mathrm{d}x,$$

根据定理 13.1.5 得到

$$\begin{aligned} I'(y) &= \int_0^{\pi} \frac{\partial}{\partial y} \ln(1 + y\cos x)\,\mathrm{d}x \\ &= \int_0^{\pi} \frac{\cos x}{1 + y\cos x}\,\mathrm{d}x \\ &= \frac{\pi}{y} - \frac{1}{y}\int_0^{\pi} \frac{\mathrm{d}x}{1 + y\cos x}. \end{aligned}$$

令 $t=\tan\dfrac{x}{2}$,则 $\cos x=\dfrac{1-t^2}{1+t^2}$,$\mathrm{d}x=\dfrac{2\mathrm{d}t}{1+t^2}$.于是

$$\begin{aligned} \int_0^{\pi} \frac{\mathrm{d}x}{1 + y\cos x} &= \int_0^{+\infty} \frac{\dfrac{2}{1+t^2}}{1 + y\dfrac{1-t^2}{1+t^2}}\,\mathrm{d}t \\ &= \int_0^{+\infty} \frac{2}{1 + y + (1-y)t^2}\,\mathrm{d}t \\ &= \frac{2}{\sqrt{1-y^2}}\,\frac{\pi}{2}. \end{aligned}$$

则有

$$I'(y)=\pi\left(\frac{1}{y}-\frac{1}{y\sqrt{1-y^2}}\right),$$

积分得到

$$I(y)=\pi\ln(1+\sqrt{1-y^2})+C.$$

当 $y=0$ 时,$I(0)=0$,所以 $C=-\pi\ln 2$,则有

$$\begin{aligned} \int_0^{\pi} \ln\left(1+\frac{1}{2}\cos x\right)\mathrm{d}x &= I\left(\frac{1}{2}\right) \\ &= \pi\ln\left(1+\frac{\sqrt{3}}{2}\right)-\pi\ln 2 \\ &= \pi\ln\frac{2+\sqrt{3}}{4}. \end{aligned}$$

13.2 无穷区间上的广义积分

在前面所学的定积分,其积分区间都是有限的,但在实际问题中常常会出现积分区间是无限的一类积分,这类积分就不是我们前面定义的定积分了,所以称此类积分为广义积分(或反常积分).

定义 13.2.1　设函数 $f(x)$ 在区间 $[a,+\infty)$ 上连续，如果极限

$$\lim_{b\to+\infty}\int_a^b f(x)\,\mathrm{d}x$$

存在，则称此极限为函数 $f(x)$ 在无穷区间 $[a,+\infty)$ 上的广义积分，记为 $\int_a^{+\infty} f(x)\,\mathrm{d}x$，即

$$\int_a^{+\infty} f(x)\,\mathrm{d}x = \lim_{b\to+\infty}\int_a^b f(x)\,\mathrm{d}x.$$

这时也称广义积分 $\int_a^{+\infty} f(x)\,\mathrm{d}x$ 收敛；如果极限 $\lim\limits_{b\to+\infty}\int_a^b f(x)\,\mathrm{d}x$ 不存在，则称广义积分 $\int_a^{+\infty} f(x)\,\mathrm{d}x$ 发散.

类似地，可定义函数在无穷区间 $(-\infty,b]$ 上的广义积分

$$\int_{-\infty}^b f(x)\,\mathrm{d}x = \lim_{a\to-\infty}\int_a^b f(x)\,\mathrm{d}x.$$

定义 13.2.2　函数 $f(x)$ 在无穷区间 $(+\infty,-\infty)$ 上的广义积分定义为

$$\int_{-\infty}^{+\infty} f(x)\,\mathrm{d}x = \int_{-\infty}^{a} f(x)\,\mathrm{d}x + \int_a^{+\infty} f(x)\,\mathrm{d}x,$$

其中 a 为任意实数，当上式右端两个积分都收敛时，称广义积分 $\int_{-\infty}^{+\infty} f(x)\,\mathrm{d}x$ 是收敛的，否则，称广义积分 $\int_{-\infty}^{+\infty} f(x)\,\mathrm{d}x$ 是发散的.

上述广义积分统称为无穷限的广义积分.

若 $F(x)$ 是 $f(x)$ 的一个原函数，记

$$F(+\infty) = \lim_{x\to+\infty} F(x),\quad F(-\infty) = \lim_{x\to-\infty} F(x),$$

则广义积分可表示为（如果极限存在）

$$\int_a^{+\infty} f(x)\,\mathrm{d}x = F(x)\Big|_a^{+\infty} = F(+\infty) - F(a)\,;$$

$$\int_{-\infty}^{b} f(x)\,\mathrm{d}x = F(x)\Big|_{-\infty}^{b} = F(b) - F(-\infty)\,;$$

$$\int_{-\infty}^{+\infty} f(x)\,\mathrm{d}x = F(x)\Big|_{-\infty}^{+\infty} = F(+\infty) - F(-\infty).$$

13.3　广义积分收敛性的判别

对于定积分，积分值的计算是核心任务.而对于广义积分，积分值的计算往往较困难.在大多数情况下只能退一步而求，其次判断其收敛性.当然

广义积分值的计算亦是一个重要内容，需要许多非常规技巧，甚至需要含参变量积分的相关知识.

广义积分收敛性的判别可以使用柯西准则、绝对收敛、比较判别法、比较判别法的极限形式、指数判别法、阿贝尔(Abel)判别法和狄利克雷(Dirichlet)判别法、数项级数收敛性的转化等方法.

例 13.3.1 讨论反常积分$\int_a^{+\infty}\frac{1}{x^p}\mathrm{d}x\,(a>0)$的敛散性.

解：当 $p=1$ 时，

$$\int_a^{+\infty}\frac{1}{x^p}\mathrm{d}x=\int_a^{+\infty}\frac{1}{x}\mathrm{d}x=\ln|x|\Big|_a^{+\infty}=+\infty.$$

当 $p\neq 1$ 时，

$$\int_a^{+\infty}\frac{1}{x^p}\mathrm{d}x=\left(\frac{1}{1-p}x^{1-p}\right)\Big|_a^{+\infty}=\begin{cases}\dfrac{a^{1-p}}{p-1}, & p>1\\ +\infty, & p<1\end{cases}.$$

综上，当 $p\leqslant 1$ 时，反常积分$\int_a^{+\infty}\frac{1}{x^p}\mathrm{d}x$ 发散；当 $p>1$ 时，反常积分$\int_a^{+\infty}\frac{1}{x^p}\mathrm{d}x$收敛于$\frac{a^{1-p}}{p-1}$.

例 13.3.2 讨论反常积分$\int_0^1\frac{1}{x^q}\mathrm{d}x$ 的敛散性.

解：当 $q=1$ 时，$x=0$ 为瑕点，

$$\int_0^1\frac{1}{x^q}\mathrm{d}x=\int_0^1\frac{1}{x}\mathrm{d}x=\ln x\Big|_{0^+}^{1}=0-\lim_{x\to 0^+}\ln x=+\infty.$$

当 $q\neq 1$ 时，$x=0$ 为瑕点，

$$\int_0^1\frac{1}{x^q}\mathrm{d}x=\frac{1}{1-q}x^{1-q}\Big|_{0^+}^{1}=\begin{cases}+\infty, q>1\\ \dfrac{1}{1-q}, q<1\end{cases}.$$

因此，当 $q<1$ 时，反常积分$\int_0^1\frac{1}{x^q}\mathrm{d}x$ 收敛于$\frac{1}{1-q}$；当 $q\geqslant 1$ 时，反常积分$\int_0^1\frac{1}{x^q}\mathrm{d}x$ 发散.

例 13.3.3 讨论反常积分$\int_{-1}^1\frac{1}{x^2}\mathrm{d}x$ 的敛散性.

解：函数 $f(x)=\frac{1}{x^2}$ 在$[-1,1]$上除 $x=0$ 外连续，$\lim\limits_{x\to 0}\frac{1}{x^2}=\infty$，故 $x=0$ 为瑕点.

由于

$$\int_{-1}^{0}\frac{1}{x^2}\mathrm{d}x=\left(-\frac{1}{x}\right)\Bigg|_{-1}^{0^+}=+\infty.$$

即反常积分$\int_{-1}^{0}\frac{1}{x^2}\mathrm{d}x$ 发散.所以,反常数积分$\int_{-1}^{1}\frac{1}{x^2}\mathrm{d}x$ 发散.

注:若疏忽在区间$[-1,1]$内有被积函数的瑕点 $x=0$,就会导致以下错误

$$\int_{-1}^{1}\frac{1}{x^2}\mathrm{d}x=\left(-\frac{1}{x}\right)\Bigg|_{-1}^{1}=-2.$$

13.4　欧拉积分、广义积分的计算

13.4.1　欧拉积分的计算

定义 13.4.1　含参变量 $s(s>0)$ 的反常积分

$$\Gamma(s)=\int_{0}^{+\infty}x^{s-1}\mathrm{e}^{-x}\mathrm{d}x$$

称为 Γ 函数.

Γ 函数的性质如下:

(1)$\Gamma(s+1)=s\Gamma(s)(s>0)$.

证明:$\Gamma(s+1)=\int_{0}^{+\infty}\mathrm{e}^{-x}x^{s}\mathrm{d}x=-\int_{0}^{+\infty}x^{s}\mathrm{d}(\mathrm{e}^{-x})$

$$=(-x^{s}\mathrm{e}^{-x})\Bigg|_{0}^{+\infty}+s\int_{0}^{+\infty}\mathrm{e}^{-x}x^{s-1}\mathrm{d}x$$

$$=s\int_{0}^{+\infty}\mathrm{e}^{-x}x^{s-1}\mathrm{d}x=s\Gamma(s).$$

一般地,对任何正整数 n,有 $\Gamma(n+1)=n!$

(2) 当 $s\to0^+$ 时,$\Gamma(s)\to+\infty$.

证明:由于

$$\Gamma(s)=\frac{\Gamma(s+1)}{s},\Gamma(1)=1,$$

$\Gamma(s)$ 连续且可导,故

$$\lim_{s\to0^+}\Gamma(s+1)=\Gamma(1)=1,$$

于是

$$\lim_{s\to 0+}\Gamma(s)=\lim_{s\to 0+}\frac{\Gamma(s+1)}{s}=+\infty.$$

(3) 余元公式

$$\Gamma(s)\cdot\Gamma(1-s)=\frac{\pi}{\sin\pi s},(0<s<1).$$

特别地，$s=\frac{1}{2},\Gamma\left(\frac{1}{2}\right)=\sqrt{\pi}$.

例 13.4.1 利用 Γ 函数计算下列反常积分.

(1)$\int_0^{+\infty} e^{-x}x^5 dx$；

(2)$\int_0^{+\infty} e^{-x}x^{\frac{3}{2}} dx$.

解：(1)$\int_0^{+\infty} e^{-x}x^5 dx=\Gamma(6)=5!\ =120$.

(2)$\int_0^{+\infty} e^{-x}x^{\frac{3}{2}} dx=\Gamma\left(\frac{5}{2}\right)=\frac{3}{2}\Gamma\left(\frac{3}{2}\right)=\frac{3}{2}\cdot\frac{1}{2}\Gamma\left(\frac{1}{2}\right)=\frac{3}{4}\sqrt{\pi}$.

例 13.4.2 求$\int_0^{+\infty} e^{-x^2}x^5 dx$.

解：$\int_0^{+\infty} e^{-x^2}x^5 dx=\frac{1}{2}\int_0^{+\infty} e^{-x^2}(x^2)^2 dx^2=\frac{1}{2}\Gamma(3)=\frac{1}{2}\cdot 2!\ =1$.

13.4.2 广义积分的计算

例 13.4.3 计算$\int_{-\infty}^0 \frac{1}{e^x+e^{-x}}dx$.

解：

$$\begin{aligned}\int_{-\infty}^0 \frac{1}{e^x+e^{-x}}dx&=\int_{-\infty}^0 \frac{e^x}{1+(e^x)^2}dx=\int_{-\infty}^0 \frac{1}{1+(e^x)^2}de^x\\&=\lim_{b\to-\infty}\int_b^0\frac{1}{1+(e^x)^2}de^x\\&=\lim_{b\to-\infty}\arctan e^x\Big|_b^0\\&=\lim_{b\to-\infty}(\arctan e^0-\arctan e^b)\\&=\lim_{b\to-\infty}\left(\frac{\pi}{4}-\arctan e^b\right)\\&=\frac{\pi}{4}.\end{aligned}$$

例 13.4.4　计算广义积分$\int_0^{+\infty} e^{-x} dx$.

解:对于任意的 $b>0$ 有

$$\int_0^b e^{-x} dx = [-e^{-x}]_0^b = -e^{-b} - (-1) = 1 - e^{-b},$$

则

$$\lim_{b \to +\infty} \int_0^b e^{-x} dx = \lim_{b \to +\infty} (1 - e^{-b}) = 1 - 0 = 1,$$

所以

$$\int_0^{+\infty} e^{-x} dx = \lim_{b \to +\infty} \int_0^b e^{-x} dx = 1.$$

例 13.4.5　计算广义积分$\int_{-\infty}^{+\infty} \frac{dx}{1+x^2}$

解:

$$\begin{aligned}\int_{-\infty}^{+\infty} \frac{dx}{1+x^2} &= \int_{-\infty}^{0} \frac{dx}{1+x^2} + \int_{0}^{+\infty} \frac{dx}{1+x^2} \\ &= \lim_{a \to -\infty} \int_a^0 \frac{dx}{1+x^2} + \lim_{b \to +\infty} \int_0^b \frac{dx}{1+x^2} \\ &= \lim_{a \to -\infty} [\arctan x]_a^0 + \lim_{b \to +\infty} [\arctan x]_0^b \\ &= -\lim_{a \to -\infty} \arctan a + \lim_{b \to +\infty} \arctan b \\ &= -\left(-\frac{\pi}{2}\right) + \frac{\pi}{2} = \pi.\end{aligned}$$

这个广义积分的几何意义是:当 $a \to -\infty, b \to +\infty$ 时,虽然图 13-4-1 中阴影部分向左、右无限延伸,但其面积却有极限值 π.简单地说就是,它是位于曲线 $y=\frac{1}{1+x^2}$ 的下方,x 轴上方的图形的面积.

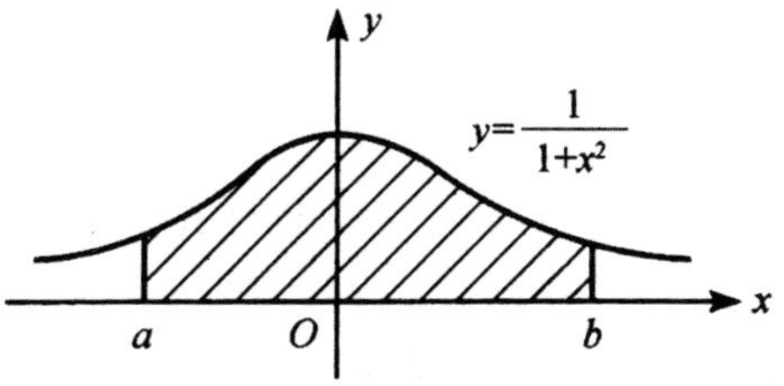

图 13-4-1

第 14 章　重积分

重积分和定积分一样，都是来自实践中非均匀求和的需要，也是某种特殊形式和的极限，基本思想是“分割、近似、求和、取极限”.定积分的被积函数是一元函数，积分区域是一个确定的区间；而二、三重积分的被积函数是二、三元函数，积分区域分别是一个平面有界闭区域和空间有界闭区域，因而是一元函数定积分的推广和发展.本章主要讨论二重积分和三重积分，所得到的结果可推广到任意多元函数的情形，不同积分是不同维数空间的具体表现.重积分可以解决很多与多元函数有关的量的计算问题，如立体的体积，曲面的面积，物体的质量、重心、转动惯量等等.重积分在有关几何体的计算，物理学、力学及工程技术中都有广泛的应用.

14.1　二重积分及其计算

14.1.1　二重积分的概念

将一元函数定积分的概念推广到多元函数中来，便得到重积分的概念.在理论研究和实际应用中，重积分同样具有极其重要的地位，接下来，我们就通过曲顶柱体体积的计算引入二重积分的概念.

设 D 是 xOy 平面上的有界闭区域，$f(x,y)$ 是定义在 D 上的非负连续函数.我们称以 D 为底，曲面 $z=f(x,y)$ 为顶，D 的边界曲线为准线，母线平行于 z 轴的柱面所围成的空间立体为曲顶柱体，如图 14-1-1 所示.

现在我们来讨论如何计算上述曲顶柱体的体积.对于平顶柱体，它的体积公式为体积＝高×底面积.对于曲顶柱体，当点 (x,y) 在区域 D 上变动时，其高度 $f(x,y)$ 是个变量，这与我们在计算曲边梯形的面积时所遇到的问题是类似的，所以可以仿照计算曲边梯形面积的方法，用分割、近似替代、求和、取极限的方法步骤来计算曲顶柱体的体积.

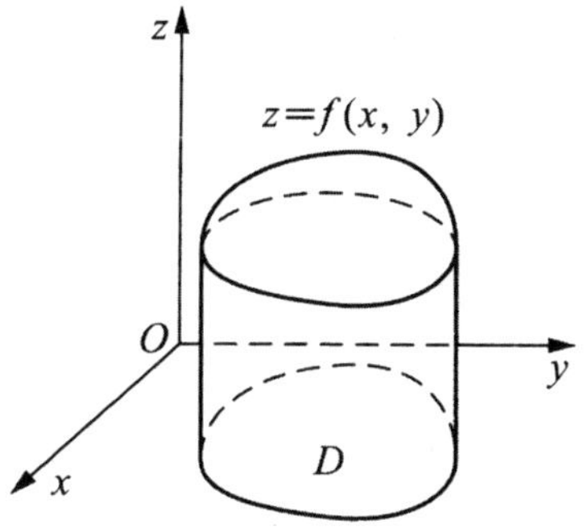

图 14-1-1

首先用任意一组曲线网将区域 D 分割成 n 个小闭区域 $\Delta\sigma_1,\Delta\sigma_2,\cdots,\Delta\sigma_n$，并用 $\Delta\sigma_i(i=1,2,\cdots,n)$表示第 i 个小区域的面积，如图 14-1-2 所示. 以每个小区域 $\Delta\sigma_i$ 为底作母线平行于 z 轴的柱体，这样就将整个曲顶柱体分割成了 n 个小曲顶柱体，这 n 个小曲顶柱体的体积之和就是原曲顶柱体的体积.

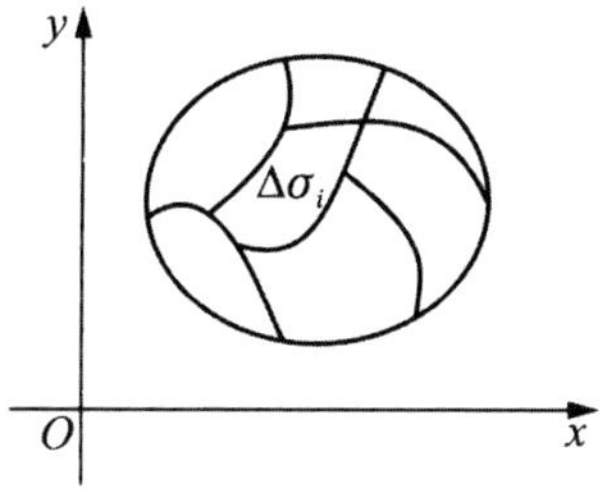

图 14-1-2

当对区域 D 的分割越来越细时，可将每个小曲顶柱体近似地看作平顶柱体，在第 i 个小区域 $\Delta\sigma_i$ 内任取一点(ξ_i,η_i)，则 $f(\xi_i,\eta_i)$可以认为是第 i 个小平顶柱体的高，于是第 i 个小曲顶柱体的体积 ΔV_i 可以近似地表示为

$$\Delta V_i\approx f(\xi_i,\eta_i)\Delta\sigma_i\ (i=1,2,\cdots,n),$$

求和得 $\sum\limits_{i=1}^{n}f(\xi_i,\eta_i)\Delta\sigma_i$，这就是曲顶柱体体积 V 的近似值，即

$$V\approx\sum_{i=1}^{n}f(\xi_i,\eta_i)\Delta\sigma_i.$$

当 D 的分割越来越细时，上述近似值越接近曲顶柱体的体积 V. 为此，记 d_i 为 $\Delta\sigma_i$ 中任意两点距离的最大值，称为小区域 $\Delta\sigma_i$ 的直径$(i=1,2,\cdots,n)$，d_i 中的最大值 $d=\max\{d_1,d_2,\cdots,d_n\}$ 称为所以小区域 $\Delta\sigma_i$ 中的

最大直径.容易发现,当d趋于零时,$f(\xi_i,\eta_i)\Delta\sigma_i$的极限值就精确地表示了体积$V$,即

$$V=\lim_{d\to 0}\sum_{i=1}^{n}f(\xi_i,\eta_i)\Delta\sigma_i.$$

与曲边梯形的面积计算相似,上述求曲顶柱体体积的问题最终也化成了求和式的极限.还有许多实际问题都可以化为求上述形式的和式极限,进行抽象概括就产生了二重积分的概念.

定义 14.1.1 设二元函数$f(x,y)$在是有界闭区域D上有定义,把闭区域D任意分成n个小闭区域$\Delta\sigma_1,\Delta\sigma_2,\cdots,\Delta\sigma_n$,其中$\Delta\sigma_i(i=1,2,\cdots,n)$表示第$i$个小闭区域,同时也表示第$i$个小闭区域的面积,在每个$\Delta\sigma_i$上任取一点$(\xi_i,\eta_i)$,作乘积$f(\xi_i,\eta_i)\Delta\sigma_i(i=1,2,\cdots,n)$,并作和式$\sum_{i=1}^{n}f(\xi_i,\eta_i)\Delta\sigma_i$,如果当各小闭区域的直径中的最大值$d=\max\{d_1,d_2,\cdots,d_n\}$趋近于0时,式$\sum_{i=1}^{n}f(\xi_i,\eta_i)\Delta\sigma_i$的极限存在,则称此极限为函数$f(x,y)$在闭区域$D$上的二重积分,记为$\iint\limits_D f(x,y)d\sigma$,即

$$\iint\limits_D f(x,y)\,\mathrm{d}\sigma=\lim_{d\to 0}\sum_{i=1}^{n}f(\xi_i,\eta_i)\Delta\sigma_i, \tag{14-1-1}$$

其中,$f(x,y)$称为被积函数,$\mathrm{d}\sigma$称为面积元素(面积微元),$f(x,y)\mathrm{d}\sigma$称为被积表达式,x和y称为积分变量,D称为积分区域,并称$\sum_{i=1}^{n}f(\xi_i,\eta_i)\Delta\sigma_i$为积分和.如果上述极限不存在,说明函数$f(x,y)$在闭区域$D$上不可积.

在二重积分的定义中,对闭区域D的划分是任意的,如图14-1-3所示,如果在直角坐标系中用平行于坐标轴的直线网来划分D,那么除了包含边界点的一些小闭区域外,其余的小闭区域都是矩形闭区域.设矩形闭区域$\Delta\sigma$的边长为Δx和Δy,则$\Delta\sigma=\Delta x\Delta y$.因此在直角坐标系中,有时也把面积元素$\mathrm{d}\sigma$记作$\mathrm{d}x\mathrm{d}y$,而把二重积分记作$\iint\limits_D f(x,y)\,\mathrm{d}x\mathrm{d}y$,其中$\mathrm{d}x\mathrm{d}y$叫作直角坐标系中的面积元素.

这里我们要指出,当$f(x,y)$在闭区域D上连续时,式(14-1-1)右端的和的极限必定存在,也就是说,函数$f(x,y)$在D上的二重积分必定存在.在关于二重积分的讨论中,我们总假定函数$f(x,y)$在闭区域D上连续,所以$f(x,y)$在D上的二重积分都是存在的,以后就不再每次加以说明了.

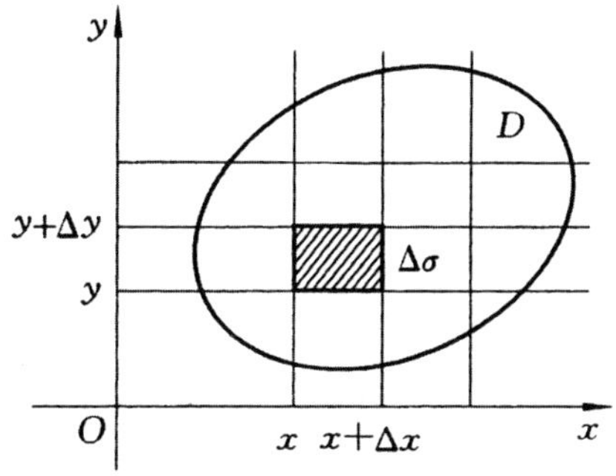

图 14-1-3

由二重积分的定义可知，本节开头所讨论的曲顶柱体的体积是函数 $f(x,y)$ 在底 D 上的二重积分，即

$$V=\iint_D f(x,y)\,dx\,dy.$$

一般地，如果 $f(x,y)\geqslant 0$，被积函数 $f(x,y)$ 可以解释为曲顶柱体的顶在点 (x,y) 处的竖坐标，所以二重积分的几何意义就是柱体的体积.如果 $f(x,y)$ 是负的，柱体就在 xOy 面的下方，二重积分的绝对值仍等于柱体的体积，但二重积分的值是负的.如果 $f(x,y)$ 在 D 的若干部分区域上是正的，而在其他的部分区域上是负的，那么，$f(x,y)$ 在 D 上的二重积分就等于 xOy 面上方的柱体体积减去 xOy 下方的柱体体积所得之差.

例 14.1.1　利用几何意义求 $\iint_D \sqrt{1-x^2-y^2}\,d\sigma$ 的值，其中 D 为区域 $x^2+y^2\leqslant 1$.

解：由二重积分的几何意义可知，由于被积函数 $z=\sqrt{1-x^2-y^2}\geqslant 0$，所以 $\iint_D \sqrt{1-x^2-y^2}\,d\sigma$ 在数值上等于以曲面 $z=\sqrt{1-x^2-y^2}$ 为顶，以 D 为底的曲顶柱体的体积.它实际上是一个半径为 1 的半球体的体积，所以

$$\iint_D \sqrt{1-x^2-y^2}\,d\sigma=\frac{1}{2}V_{球}=\frac{1}{2}\times\frac{4}{3}\pi\times 1^2=\frac{2}{3}\pi.$$

14.1.2　二重积分的性质

二重积分具有与定积分完全类似的性质.设被积函数在有界闭区域上连续，则有下述性质.

性质 14.1.1 被积函数中的常数因子可以提到积分号的外面，即

$$\iint_D kf(x,y)\,\mathrm{d}\sigma = k\iint_D f(x,y)\,\mathrm{d}\sigma\,(k\text{ 为常数}).$$

性质 14.1.2 两个函数代数和的积分等于这两个函数积分的代数和，即

$$\iint_D [f(x,y)+g(x,y)]\,\mathrm{d}\sigma = \iint_D f(x,y)\,\mathrm{d}\sigma + \iint_D g(x,y)\,\mathrm{d}\sigma.$$

该性质可以推广到有限个函数代数和的积分的情况.

性质 14.1.3(积分对于区域的可加性) 设 $D = D_1 \cup D_2 \cup \cdots \cup D_n$，$D_1, D_2, \cdots, D_n$ 中任意两个区域无公共内点，则 $f(x,y)$ 在区域 D 可积的充分必要条件是 $f(x,y)$ 在 $D_1, D_2, \cdots, D_n$ 上都可积，并且

$$\iint_D f(x,y)\mathrm{d}\sigma = \iint_{D_1} f(x,y)\mathrm{d}\sigma + \cdots + \iint_{D_n} f(x,y)\mathrm{d}\sigma.$$

性质 14.1.4(保序性) 若 $f(x,y), g(x,y)$ 都在区域 D 上可积，且对任意的 $\forall (x,y) \in D$，恒有 $f(x,y) \leqslant g(x,y)$，则

$$\iint_D f(x,y)\mathrm{d}\sigma \leqslant \iint_D g(x,y)\mathrm{d}\sigma.$$

特别地，由于

$$-|f(x,y)| \leqslant f(x,y) \leqslant |f(x,y)|,$$

所以

$$-\iint_D f(x,y)\mathrm{d}\sigma \leqslant \iint_D f(x,y)\mathrm{d}\sigma \leqslant \iint_D |f(x,y)|\mathrm{d}\sigma,$$

即

$$\left|\iint_D f(x,y)\mathrm{d}\sigma\right| \leqslant \iint_D g(x,y)\mathrm{d}\sigma.$$

性质 14.1.5(估值定理) 设 M, m 分别是 $f(x,y)$ 在区域 D 上的最大值与最小值，σ 是 D 的面积，则有

$$m\sigma \leqslant \iint_D f(x,y)\mathrm{d}\sigma \leqslant M\sigma.$$

性质 14.1.6(积分中值定理) 设 D 为有界闭区域，$f(x,y)$ 在 D 上连续，则存在$(\xi,\eta) \in D$，使得

$$\iint_D f(x,y)\mathrm{d}\sigma = f(\xi,\eta)\sigma,$$

其中 σ 为积分区域 D 的面积.

例 14.1.2 利用二重积分的性质比较$\iint_D (x+y)^2\mathrm{d}\sigma$ 与$\iint_D (x+y)^3\mathrm{d}\sigma$，

D 由 x 轴、y 轴及支线 $x+y=1$ 围成.

解:在区域 D 上,即满足 $0\leqslant x+y\leqslant 1$,因此

$$(x+y)^2\geqslant(x+y)^3,$$

于是根据性质 14.1.4,得

$$\iint_D(x+y)^2\mathrm{d}\sigma\geqslant\iint_D(x+y)^3\mathrm{d}\sigma.$$

例 14.1.3　估计二重积分 $I=\iint_D\frac{\mathrm{d}\sigma}{\sqrt{x^2+y^2+2xy+16}}$ 的值,其中积分区域 D 为矩形闭区域 $\{(x,y)\mid 0\leqslant x<1,0\leqslant y\leqslant 2\}$.

解:由题假设 $f(x,y)=\frac{1}{\sqrt{x^2+y^2+2xy+16}}$,又区域 D 的面积 $\sigma=2$,且在 D 上 $f(x,y)$ 的最大值和最小值分别为

$$M=\frac{1}{\sqrt{(0+0)^2+4^2}}=\frac{1}{4},m=\frac{1}{\sqrt{(1+2)^2+4^2}}=\frac{1}{5},$$

因此 $\frac{1}{5}\times 2\leqslant I\leqslant\frac{1}{4}\times 2$,即 $\frac{2}{5}\leqslant I\leqslant\frac{2}{4}$.

例 14.1.4　设 D 是圆环 $1\leqslant x^2+y^2<4$,证明

$$\frac{3\pi}{\mathrm{e}^4}\leqslant\iint_D\mathrm{e}^{-(x^2+y^2)}\mathrm{d}\sigma\leqslant\frac{3\pi}{\mathrm{e}}.$$

解:容易求得,区域 D 的面积为

$$\sigma=\pi\cdot 2^2-\pi\cdot 1^2=3\pi,$$

于是

$$\iint_D\mathrm{e}^{-(x^2+y^2)}\mathrm{d}\sigma\geqslant\frac{1}{\mathrm{e}^4}\iint_D\mathrm{d}\sigma=\frac{3\pi}{\mathrm{e}^4},$$

且

$$\iint_D\mathrm{e}^{-(x^2+y^2)}\mathrm{d}\sigma\leqslant\frac{1}{e}\iint_D\mathrm{d}\sigma=\frac{3\pi}{\mathrm{e}},$$

因此

$$\frac{3\pi}{\mathrm{e}^4}\leqslant\iint_D\mathrm{e}^{-(x^2+y^2)}\mathrm{d}\sigma\leqslant\frac{3\pi}{\mathrm{e}}.$$

14.1.3　二重积分的计算

计算二重积分的基本思想是将二重积分化为二次积分.而化为二次积分的关键是由被积函数和积分区域的特性来确定定积分的次序和积分限.

二重积分的积分域 D 一般用如下两种方法给出：

① 用 D 的边界线方程给出.

② 用不等式给出，其实归根结底还是由边界线确定.

画积分区域主要是画出 D 的边界曲线，积分区域画好以后，再考虑怎样化为二次积分与定限，先对哪个变量积分，是在直角坐标下还是极坐标下计算比较方便.接下来，我们分别给出在直角坐标系和极坐标系下计算二重积分的方法：

(1) 直角坐标系下二重积分的计算.

根据二重积分的定义，对闭区域 D 的划分是任意的.为方便起见，不妨设被积函数 $f(x,y)\geqslant 0$，现就区域 D 的不同形状分情况讨论.

① 称形如 $D=\{(x,y)\mid \varphi_1(x)\leqslant y\leqslant \varphi_2(x),x\in[a,b]\}$ 的区域为 X 型域，其中 $y=\varphi_1(x)$ 和 $y=\varphi_2(x)$ 均为$[a,b]$上的连续函数.X 型域的特点是任何平行于 y 轴且穿过区域 D 内部的直线与 D 的边界相交不多于两点.在此求以 $z=f(x,y)$ 为顶，以 D 为底的曲顶柱体的体积.在区间$[a,b]$内任取 x，过 x 作垂直于 x 轴的平面与柱体相交，截出的面积设为 $S(x)$.由定积分可知 $S(x)=\int_{\varphi_1(x)}^{\varphi_2(x)}f(x,y)\mathrm{d}y$，所求曲顶柱体的体积为

$$V=\int_a^b S(x)\mathrm{d}x=\int_a^b\left[\int_{\varphi_1(x)}^{\varphi_2(x)}f(x,y)\mathrm{d}y\right]\mathrm{d}x,$$

上式右端也可写成$\int_a^b\mathrm{d}x\int_{\varphi_1(x)}^{\varphi_2(x)}f(x,y)\mathrm{d}y$，这一结果也是所求二重积分 $\iint\limits_D f(x,y)\mathrm{d}x\mathrm{d}y$ 的值，便可得到 X 型域上二重积分的计算公式

$$\iint\limits_D f(x,y)\mathrm{d}x\mathrm{d}y=\int_a^b\mathrm{d}x\int_{\varphi_1(x)}^{\varphi_2(x)}f(x,y)\mathrm{d}y.$$

需要注意的是，计算二重积分需要计算两次定积分：先把 x 视为常数，将函数 $f(x,y)$ 看作以 y 为变量的一元函数，并在$[\varphi_1(x),\varphi_2(x)]$上对 y 求定积分，第一次积分的结果与 x 有关；第二次积分时，x 是积分变量，积分限是常数，计算结果是一个定值.以上过程称为先对 y 后对 x 的累次积分或二次积分.

② 称形如 $D=\{(x,y)\mid \psi_1(x)\leqslant x\leqslant \psi_2(x),y\in[c,d]\}$ 的区域为 Y 型域，其中 $\psi_1(x)$ 与 $\psi_2(x)$ 均在$[c,d]$上连续.Y 型域的特点是：任何平行于 x 且穿过区域 D 内部的直线与 D 的边界相交不多于两点.当 D 为 Y 型域时，有

$$\iint\limits_D f(x,y)\mathrm{d}x\mathrm{d}y=\int_c^d\mathrm{d}y\int_{\psi_1(x)}^{\psi_2(x)}f(x,y)\mathrm{d}x.$$

③ 对于那些既不是 X 型域也不是 Y 型域的有界闭区域，可分解成若干个 X 型域和 Y 型域的并集，如图 14-1-4 所示.

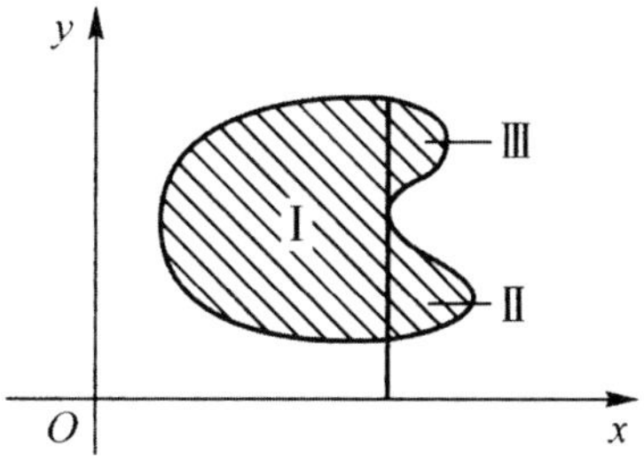

图 14-1-4

④ 如果区域 D 既为 X 型域又为 Y 型域，且 $f(x,y)$ 在 D 上连续时，则有

$$\int_a^b dx\int_{\varphi_1(x)}^{\varphi_2(x)} f(x,y)dy=\int_c^d dy\int_{\psi_1(x)}^{\psi_2(x)} f(x,y)dx,$$

即累次积分可交换积分顺序.

(2) 极坐标系下的二重积分的计算.

极坐标系下二重积分的计算有如下三种情况：

① 积分区域 D 把原点 O 包含在内部的有界闭区域，D 的边界曲线为 $r=r(\theta)$，$0\leqslant\theta\leqslant 2\pi$，这时 $D=\{(r,\theta)\mid 0\leqslant r\leqslant r(\theta),0\leqslant\theta\leqslant 2\pi\}$，则二重积分可化为

$$\iint_D f(r\cos\theta,r\sin\theta)r\,dr\,d\theta=\int_0^{2\pi}d\theta\int_0^{r(\theta)} f(r\cos\theta,r\sin\theta)r\,dr.$$

② 积分区域 D 是由曲线 $r=r(\theta)$，$\alpha\leqslant\theta\leqslant\beta$ 和两条射线 $\theta=\alpha$，$\theta=\beta$ 所围成的区域，这时 $D=\{(r,\theta)\mid 0\leqslant r\leqslant r(\theta),\alpha\leqslant\theta\leqslant\beta\}$，则二重积分可化为

$$\iint_D f(r\cos\theta,r\sin\theta)r\,dr\,d\theta=\int_\alpha^\beta d\theta\int_0^{r(\theta)} f(r\cos\theta,r\sin\theta)r\,dr.$$

③ 积分区域 D 是由两条曲线 $r=r_1(\theta)$，$r=r_2(\theta)$，$r_1(\theta)\leqslant r_2(\theta)$，$\alpha\leqslant\theta\leqslant\beta$ 和两条射线 $\theta=\alpha$，$\theta=\beta$ 所围成的区域，这时 $D=\{(r,\theta)\mid r_1(\theta)\leqslant r\leqslant r_2(\theta),\alpha\leqslant\theta\leqslant\beta\}$，则二重积分可化为

$$\iint_D f(r\cos\theta,r\sin\theta)r\,dr\,d\theta=\int_\alpha^\beta d\theta\int_{r_1(\theta)}^{r_2(\theta)} f(r\cos\theta,r\sin\theta)r\,dr.$$

对于一般的区域 D，可以用分割的方法使得在每个小区域上可以用上述公式计算，然后再依据二重积分对积分区域的可加性将各个计算的结果求和.

在这里,需要注意以下几点:

① 判断二重积分是否适宜选择极坐标计算,要从积分区域和被积函数两方面考虑,当积分区域为圆形域、环形域、扇形域或被积函数为 $f(x^2+y^2)$ 或含有因子 x^2+y^2 时,采用极坐标系计算二重积分较为方便.

② 利用极坐标计算二重积分时,要先利用直角坐标与极坐标的关系将 D 的边界曲线方程化为极坐标方程,再将被积函数与面积元素在极坐标下表出.

14.2 三重积分及其计算

14.2.1 三重积分的概念

三重积分的有关内容和二重积分类似,所以在此关于三重积分的概念我们只做简单的说明.

定义 14.2.1 设 V 是空间有界闭区域,$z=f(x,y,z)$ 是定义在 V 上的有界函数,用光滑曲面把 V 分成 n 个互不重叠即两两没有公共内点的闭区域 $V_i(i=1,2,\cdots,n)$,用 ΔV_i 表示 V_i 的体积,这些空间小区域构成 V 上的一个分割 T,并令 $\|T\|=\max\limits_{i=1,2,\cdots,n} V_i \operatorname{diam} V_i$,在 V_i 上任取一点 (ξ_i,η_i,ζ_i),称

$$S(T)=\sum_{i=1}^{n} f(\xi_i,\eta_i,\zeta_i)\Delta V_i$$

为 $f(x,y,z)$ 在 V 上的一个 Riemann 和.

如果当 $\|T\|\to 0$ 时,$S(T)$ 对任意的分割与取点都有同一极限 A,即

$$\lim_{\|T\|\to 0} S(T)=A,$$

则称 $f(x,y,z)$ 在 V 上可积,称 A 为 $f(x,y,z)$ 在 V 上的三重积分,记为

$$A=\iiint_V f(x,y,z)\mathrm{d}v$$

或

$$\int_V f,$$

其中,V 为积分区域,$f(x,y,z)\mathrm{d}v$ 称为被积表达式,$f(x,y,z)$ 称为被积函数,$\mathrm{d}v$ 称为体积元素.

定理 14.2.1 设 V 是空间有界闭区域,$f(x,y,z)$ 在 V 上有界,其不连续点分布在 V 上曲面上,则 $f(x,y,z)$ 在 V 上可积.

关于三重积分需要注意以下几点：

(1) 如果函数 $f(x,y,z)$ 在 V 上连续，则三重积分存在；

(2) 与二重积分相似，在直角坐标系中，体积元素也可记作 $x\mathrm{d}y\mathrm{d}z$，从而有

$$\iiint\limits_V f(x,y,z)\mathrm{d}v=\int_V f(x,y,z)\mathrm{d}x\mathrm{d}y\mathrm{d}z;$$

(3) 三重积分的有明显的物理意义：设物体在有界区域 V 上按密度 $\rho(x,y,z)$ 分布，根据定义可知，Riemann 和

$$\sum_{i=1}^{n}\rho(\xi_i,\eta_i,\zeta_i)\Delta x_i\Delta y_i\Delta z_i$$

就是 V 上物体质量的近似值，而积分

$$\iiint\limits_V \rho(x,y,z)\mathrm{d}x\mathrm{d}y\mathrm{d}z=\int_V\rho$$

就是物体的总质量.

(4) 如果密度 $\rho(x,y,z)\equiv 1$，则该物体的体积 ΔV 和质量 M 在数值上是相等的，即

$$\Delta V=\iiint\limits_\Omega 1\mathrm{d}v=\int_\Omega \mathrm{d}v.$$

14.2.2　三重积分的性质

三重积分的有关性质和二重积分类似，在此我们只简单给出常用且重要的性质，不再给予证明.

性质 14.2.1　$\iiint\limits_V kf(x,y,z)\mathrm{d}v=k\iiint\limits_V f(x,y,z)\mathrm{d}v.$

性质 14.2.2　设函数 $f(x,y,z)$ 和 $g(x,y,z)$ 在 V 上可积，k 是任意常数，则

$$\iiint\limits_V [f(x,y,z)\pm g(x,y,z)]\mathrm{d}v=\iiint\limits_V f(x,y,z)\mathrm{d}v\pm\iiint\limits_V g(x,y,z)\mathrm{d}v.$$

上述两性质合称为二重积分的线性性质.

性质 14.2.3(体积公式)　如果 $f(x,y,z)=1$，则

$$\iiint\limits_V f(x,y,z)\mathrm{d}v=\bar{V},$$

$\bar{V}$ 是空间区域 V 的体积.

性质 14.2.4(积分对于区域的可加性)　设函数 $f(x,y,z)$ 在 V_1 和 V_2 上可积，则 $f(x,y,z)$ 在 $V=V_1\cup V_2$ 上可积，且当 $\mathrm{int}V_1\cap\mathrm{int}V_2=\varnothing$ 时，有

$$\iiint\limits_{V} f(x,y,z)\mathrm{d}v=\iiint\limits_{V_1} f(x,y,z)\mathrm{d}v+\iiint\limits_{V_2} f(x,y,z)\mathrm{d}v.$$

性质 14.2.5(奇偶性和对称性) 设函数 $f(x,y,z)$ 在 V 上连续,V 关于 yOz 坐标面对称,则

$$\iiint\limits_{V} f(x,y,z)\mathrm{d}v=\begin{cases}0, & f \text{ 关于 } x \text{ 是奇函数} \\ 2\iiint\limits_{V_1} f(x,y,z)\mathrm{d}v, & f \text{ 关于 } x \text{ 是偶函数}\end{cases},$$

其中,V_1 是 V 被 yOz 坐标面分成的半部分.

14.2.3 三重积分的计算

与二重积分相类似,计算三重积分的基本思想是将三重积分化为三次积分.计算三重积分可用直角坐标、柱面坐标或球面坐标三种方法,正确进行计算的关键在于在不同坐标系下写出围成 Ω 的边界曲面方程,用该坐标表示出积分区域,而后将被积函数和体积元素相应作代换,确定不同坐标系下三次积分的积分限和体积元素表示法.下面,我们分别给出三种坐标系下三重积分的计算方法.

(1) 直角坐标系下三重积分的计算.

直角坐标系下,体积元素 $\mathrm{d}V=\mathrm{d}x\mathrm{d}y\mathrm{d}z$,积分表达式为

$$\iiint\limits_{\Omega} f(x,y,z)\mathrm{d}V=\iiint\limits_{\Omega} f(x,y,z)\mathrm{d}x\mathrm{d}y\mathrm{d}z.$$

下面介绍两种在直角坐标系下计算三重积分的具体方法:

① 投影法.若 $\Omega=\{(x,y,z)\mid z_1(x,y)\leqslant z\leqslant z_2(x,y),(x,y)\in D\}$,且区域 D 满足 $D=\{(x,y)\mid y_1(x)\leqslant y\leqslant y_2(x),a\leqslant x\leqslant b\}$,则

$$\begin{aligned}\iiint\limits_{\Omega} f(x,y,z)\,\mathrm{d}x\mathrm{d}y\mathrm{d}z&=\iint\limits_{D}\mathrm{d}x\mathrm{d}y\int_{z_1(x,y)}^{z_2(x,y)} f(x,y,z)\,\mathrm{d}z\\&=\int_a^b\mathrm{d}x\int_{y_1(x)}^{y_2(x)}\mathrm{d}y\int_{z_1(x,y)}^{z_2(x,y)} f(x,y,z)\mathrm{d}z.\end{aligned}$$

需要注意的是,上式是先对 z、次对 y、后对 x 的三次积分,类似地,上式也可以化为其他不同次序的三次积分.

② 截面法.若 $\Omega=\{(x,y,z)\mid(x,y)\in D_{(z)},h_1\leqslant z\leqslant h_2\}$,其中 $D_{(z)}$ 是介于平面 $z=h_1,z=h_2$ 之间的任一平面 $z=c$(c 为常数)交 Ω 所截的平面区域,则

$$\iiint\limits_{\Omega} f(x,y,z)\,\mathrm{d}x\mathrm{d}y\mathrm{d}z=\int_{h_1}^{h_2}\mathrm{d}z\iint\limits_{D_{(z)}} f(x,y,z)\,\mathrm{d}x\mathrm{d}y.$$

需要注意的是,当被积函数缺少某一变量,且平行于某一坐标面(如

xOy 面）的截面面积($D_{(z)}$)容易求出时，可以用截面法，将一个三重积分化为先计算二重积分，再计算定积分的形式.

（2）柱面坐标系下三重积分的计算.

柱面坐标系下，体积元素 $\mathrm{d}V = r\mathrm{d}r\mathrm{d}\theta\mathrm{d}z$.若

$$\Omega:\begin{cases} z_1(r,\theta) \leqslant z \leqslant z_2(r,\theta) \\ r_1(\theta) \leqslant r \leqslant r_2(\theta) \\ \alpha \leqslant \theta \leqslant \beta \end{cases},$$

则

$$\iiint\limits_{\Omega} f(x,y,z)\mathrm{d}x\mathrm{d}y\mathrm{d}z = \iiint\limits_{\Omega} f(r\cos\theta, r\sin\theta, z) r\mathrm{d}r\mathrm{d}\theta\mathrm{d}z$$
$$= \int_{\alpha}^{\beta}\mathrm{d}\theta\int_{r_1(\theta)}^{r_2(\theta)} r\mathrm{d}r\int_{z_1(r,\theta)}^{z_2(r,\theta)} f(r\cos\theta, r\sin\theta, z)\mathrm{d}z.$$

需要注意的是，当 Ω 在 xOy 面上的投影区域符合用极坐标计算二重积分的特点或被积函数为 $f(x^2+y^2,z)$ 形式时，一般用柱面坐标计算较简单.

（3）球面坐标系下三重积分的计算.

球面坐标系下，体积元素 $\mathrm{d}V = r^2\sin\varphi\mathrm{d}r\mathrm{d}\theta\mathrm{d}\varphi$.若

$$\Omega:\begin{cases} r_1(\varphi,\theta) \leqslant r \leqslant r_2(\varphi,\theta) \\ \varphi_1(\theta) \leqslant \varphi \leqslant \varphi_2(\theta) \\ \alpha \leqslant \theta \leqslant \beta \end{cases},$$

则

$$\iiint\limits_{\Omega} f(x,y,z)\mathrm{d}V = \iiint\limits_{\Omega} f(r\sin\varphi\cos\theta, r\sin\varphi\sin\theta, r\cos\varphi) r^2\sin\varphi\mathrm{d}r\mathrm{d}\theta\mathrm{d}z$$
$$= \int_{\alpha}^{\beta}\mathrm{d}\theta\int_{\varphi_1(\theta)}^{\varphi_2(\theta)}\mathrm{d}\varphi\int_{r_1(\varphi,\theta)}^{r_2(\varphi,\theta)} f(r\sin\varphi\cos\theta, r\sin\varphi\sin\theta, r\cos\varphi) r^2\sin 2\varphi\mathrm{d}r.$$

需要注意的是，对于三重积分，若积分区域是球或球的一部分，被积函数是因子 $x^2+y^2+z^2$ 的函数或含该因子，则宜采用球面坐标.

关于三重积分的计算，我们最后给出如下两点总结：

① 一般对三重积分积分区域的考虑，从围成积分区域的曲面来分析更清楚.球面与抛物面、球面与锥面围成的区域都是球的一部分，但前者采用柱坐标较好，后者一般采用球坐标.若积分区域是长方体或四面体时，采用直角坐标计算较简便.

② 利用柱面坐标或球面坐标计算三重积分时，先将积分区域的边界曲面方程化为相应坐标系下的形式，用该坐标表示出积分区域，而将积分变量 x,y,z 及体积元素 $\mathrm{d}V$ 用相应坐标系下的形式去替代.

14.3 计算重积分的反常对策

14.3.1 化重积分为累次积分

计算二重积分的主要方法是化为累次积分.把二重积分

$$\iint_D f(x,y)\,\mathrm{d}x\mathrm{d}y$$

化为累次积分的一般步骤为：

(1) 在平面直角坐标系中画出积分区域 D 及其边界.

(2) 根据 D 的形状和被积函数 $f(x,y)$ 的特点，选用适当的坐标系(直角坐标系或极坐标系)和适当的坐标变换(必要时).

(3) 在所选坐标系下，判定积分区域 D 是否属于正规类型(直角坐标系下的 X- 型或 Y- 型或二者得兼；极坐标系下的 θ- 型或 r- 型或二者得兼).

如 D 不属正规类型，则需要先将它分割成若干个其内部互不相交的子区域，使得其中每一个都属于正规类型.

(4) 用不等式把正规类型(子)区域分别表示出来，以确定积分的次序和上、下限.

(5) 写出在 D 或各子区域上的累次积分式，后者还需相加.

14.3.2 三重积分的"先二后一"法

三重积分可以通过转化为累次积分进行计算，但当用垂直于某一坐标轴(如 z 轴)的平面去截积分区域所得的截面有某种规律时，则可先在该截面上积分，然后再关于第三个变量(如变量 z)积分，这种先计算某两个变量的二重积分再计算另一个变量的积分方法通常称为"先二后一"法或"先重后单"法，也称"坐标轴投影法"，而这种方法实质上是定积分中用截面法求体积的推广.①

① 苏化明，潘杰，唐烁.高等数学思想方法选讲[M].北京：高等教育出版社，2013.

如图 14-3-1 所示，设空间区域 $\Omega=\{(x,y,z)\mid(x,y)\in D_{(z)},z_1\leqslant z\leqslant z_2\}$，其中 $D_{(z)}$ 是过点 $(0,0,z)$ 且平行于 xOy 的平面截 Ω 所得的平面区域.如果函数 $f(x,y,z)$ 在 Ω 上有界可积，对任意的 $z\in[z_1,z_2]$，$f(x,y,z)$ 作为 x,y 的函数在 $D_{(z)}$ 上可积，则

$$\iiint\limits_{\Omega}f(x,y,z)\,\mathrm{d}x\,\mathrm{d}y\,\mathrm{d}z=\int_{z_1}^{z_2}\mathrm{d}z\iint\limits_{D(z)}f(x,y,z)\,\mathrm{d}x\,\mathrm{d}y.\qquad(14\text{-}3\text{-}1)$$

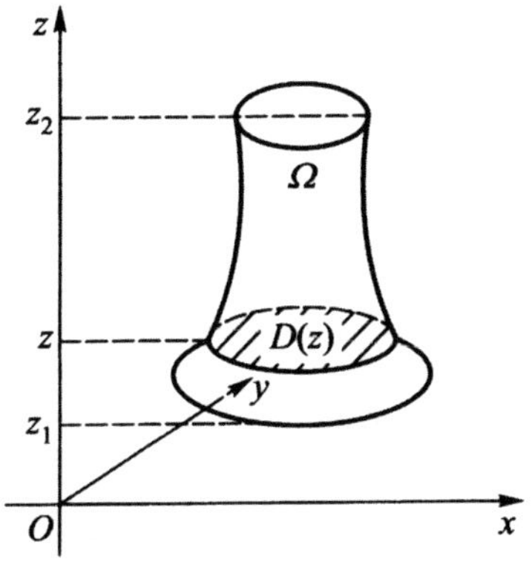

图 14-3-1

在这里需要注意以下两点：

① 公式(14-3-1)从物理上可以给出这样的解释：把 Ω 看作是一个空间物体，$f(x,y,z)$ 为物体在 Ω 上的分布密度.式(14-3-1)左端的三重积分即物体的质量，而式(14-3-1)右端则表示先把物体切成薄片，再把所有薄片的质量累积起来，故这种方法也称为“切片法”.

②“先二后一”法也适用于垂直 x 轴或 y 轴的平面与 Ω 相截而得到的积分公式

$$\iiint\limits_{\Omega}f(x,y,z)\,\mathrm{d}x\,\mathrm{d}y\,\mathrm{d}z=\int_{x_1}^{x_2}\mathrm{d}x\iint\limits_{D(x)}f(x,y,z)\,\mathrm{d}y\,\mathrm{d}z,\qquad(14\text{-}3\text{-}2)$$

其中 $\Omega=\{(x,y,z)\mid(y,z)\in D_{(x)},x_1\leqslant x\leqslant x_2\}$；

$$\iiint\limits_{\Omega}f(x,y,z)\,\mathrm{d}x\,\mathrm{d}y\,\mathrm{d}z=\int_{y_1}^{y_2}\mathrm{d}y\iint\limits_{D(y)}f(x,y,z)\,\mathrm{d}z\,\mathrm{d}x,\qquad(14\text{-}3\text{-}3)$$

其中 $\Omega=\{(x,y,z)\mid(z,x)\in D_{(y)},y_1\leqslant y\leqslant y_2\}$.

例 14.3.1　设 Ω 为区域 $x^2+y^2+z^2\leqslant1$，求积分 $I=\iiint\limits_{\Omega}\left(\frac{x^2}{a^2}+\frac{y^2}{b^2}+\frac{z^2}{c^2}\right)\mathrm{d}V$.

解:易知

$$I=\iiint_{\Omega}\left(\frac{x^2}{a^2}+\frac{y^2}{b^2}+\frac{z^2}{c^2}\right)\mathrm{d}V=\iiint_{\Omega}\frac{x^2}{a^2}\mathrm{d}V+\iiint_{\Omega}\frac{y^2}{b^2}\mathrm{d}V+\iiint_{\Omega}\frac{z^2}{c^2}\mathrm{d}V$$
$$=I_1+I_2+I_3.$$

根据积分的轮换对称性,只需计算 I_3.

用垂直于 z 轴的平面去截 Ω,得平面区域

$$D_{(z)}=\{(x,y)\mid x^2+y^2\leqslant 1-z^2\},$$

其中 $-1\leqslant z\leqslant 1$.由于 $D_{(z)}$ 的面积为 $\pi(1-z^2)$,所以

$$I_3=\iiint_{\Omega}\frac{z^2}{c^2}\mathrm{d}V=\frac{1}{c^2}\int_{-1}^{1}z^2\mathrm{d}z\iint_{D(x)}\mathrm{d}x\mathrm{d}y$$
$$=\frac{\pi}{c^2}\int_{-1}^{1}z^2(1-z^2)\mathrm{d}z=\frac{4\pi}{15c^2}.$$

由轮换对称性,$I_1=\frac{4\pi}{15a^2}$,$I_2=\frac{4\pi}{15b^2}$,故所求积分

$$I=\frac{4\pi}{15}\left(\frac{1}{a^2}+\frac{1}{b^2}+\frac{1}{c^2}\right).$$

例 14.3.2 计算曲面$\frac{x^2}{a^2}+\frac{y^2}{b^2}+\frac{z^2}{c^2}=2$ 和$\frac{y^2}{b^2}+\frac{z^2}{c^2}=\frac{x}{a}$ 围成的体积($a>0$,取 $x\geqslant 0$ 部分).

解:设曲面$\frac{x^2}{a^2}+\frac{y^2}{b^2}+\frac{z^2}{c^2}=2$ 与$\frac{y^2}{b^2}+\frac{z^2}{c^2}=\frac{x}{a}$ 所围区域为 Ω,由方程$\frac{x^2}{a^2}+\frac{y^2}{b^2}+\frac{z^2}{c^2}=2$ 和$\frac{y^2}{b^2}+\frac{z^2}{c^2}=\frac{x}{a}$ 消去$\frac{y^2}{b^2}+\frac{z^2}{c^2}$ 得$\frac{x^2}{a^2}+\frac{x}{a}-2=0$,解得 $x=a$,$x=-2a$(舍去).平面 $x=a$ 将区域 Ω 分为两部分:

$$\Omega_1:\begin{cases}\frac{x^2}{a^2}+\frac{y^2}{b^2}+\frac{z^2}{c^2}\leqslant 2\\ a\leqslant x\leqslant\sqrt{2}a\end{cases},\Omega_2:\begin{cases}\frac{y^2}{b^2}+\frac{z^2}{c^2}\leqslant\frac{x}{a}\\ 0\leqslant x\leqslant a\end{cases}.$$

设 Ω_1,Ω_2 的体积分别为 V_1,V_2,则所求体积

$$V=V_1+V_2=\int_{a}^{\sqrt{2}a}\mathrm{d}x\iint_{D(x)1}\mathrm{d}y\mathrm{d}z+\int_{0}^{a}\mathrm{d}x\iint_{D(x)2}\mathrm{d}y\mathrm{d}z,$$

其中

$$D_{(x)1}=\left\{(y,z)\,\middle|\,\frac{y^2}{b^2}+\frac{z^2}{c^2}\leqslant 2-\frac{x^2}{a^2}\right\},(a\leqslant x\leqslant\sqrt{2}a),$$

$$D_{(x)1}=\left\{(y,z)\,\middle|\,\frac{y^2}{b^2}+\frac{z^2}{c^2}\leqslant\frac{x}{a}\right\},(0\leqslant x\leqslant a).$$

由于 $\iint_{D(x)1}\mathrm{d}y\mathrm{d}z=\pi bc\left(2-\frac{x^2}{a^2}\right)$,$\iint_{D(x)2}\mathrm{d}y\mathrm{d}z=\frac{\pi bc}{a}x$,所以

$$V=\pi bc\int_a^{\sqrt{2}a}\left(2-\frac{x^2}{a^2}\right)\mathrm{d}x+\frac{\pi bc}{a}\int_0^a x\,\mathrm{d}x$$

$$=\frac{\pi}{2}abc+\frac{\pi}{3}(4\sqrt{2}-5)abc=\frac{\pi}{6}(8\sqrt{2}-7)abc.$$

14.3.3 利用对称性简化三重积分的计算

计算三重积分的基本方法是化为累次积分，即化成三次积分来计算，常采用直角坐标系，也可根据积分区域和被积函数的特点选用柱坐标系、球坐标系或广义球坐标系进行计算.不论采用什么坐标系，若能充分利用对称性，都可以大大简化计算.下面以直角坐标系为例说明之.

以下均设 $f(x,y,z)$ 在有界闭区域 V 上连续，欲求三重积分 $I=\iiint\limits_V f(x,y,z)$.

14.3.3.1 关于坐标面的对称性

设 V 关于坐标面 yOz（或 xOy，或 zOx）对称.即 V 可表示成两个无公共内点 的、关于所说的坐标面对称的子区域 V_1 和 V_2 之并.这时，若 $f(x,y,z)$ 关于变量x（或 z，或 y）是奇函数（即看成一元函数时是奇函数），则积分值 $I=0$；若 $f(x,y,z)$ 关于变量 x（或 z，或 y）是偶函数.则 $I=\iiint\limits_V f(x,y,z)\mathrm{d}v=2\iiint\limits_{V_1} f(x,y,z)\mathrm{d}v$.

14.3.3.2 关于坐标轴的对称性

设 V 关于 x 轴（或 z 轴，或 y 轴）对称，即 V 可表示成两个无公共内点的、关于所说的坐标轴对称的子区域V_1 和V_2之并.这时，若$f(x,y,z)$关于变量y,z（或x,z，或z,y）是奇函数.则积分值$I=0$；这时若$f(x,y,z)$关于变量 y,z（或 x,z，或 z,y）是偶函数，则积分值 $I=2I_1$. 这里 I_1 是 $f(x,y,z)$ 在 V_1 上的积分，其中：

V 关于 x 轴对称指的是：$(x,-y,-z)\in V_1\Leftrightarrow(x,y,z)\in V_2$；

$f(x,y,z)$关于 y,z 是奇函数指的是：$f(x,-y,-z)=-f(x,y,z)$，$(x,y,z)\in V_1$；

$f(x,y,z)$ 关于 y,z 是偶函数指的是：$f(x,-y,-z)=f(x,y,z)$，$(x,y,z)\in V_1$.

14.4　重积分的应用

14.4.1　重积分在几何中的应用

14.4.1.1　利用重积分计算平面图形的面积与空间立体的体积

通过前面的讨论我们可以清楚地意识到,可以直接利用重积分来计算平面图形的面积与空间立体的体积,下面列举几个实例.

例 14.4.1　双纽线$(x^2+y^2)^2=a^2(x^2-y^2)$ $(a>0)$所围成图形如图 14-4-1 所示,试求其面积.

解:由对称性,只需求第一象限部分的面积,记第一象限的区域为 D,则有

$$A=4\iint\limits_D \mathrm{d}\sigma=4\iint\limits_D r\,\mathrm{d}r\,\mathrm{d}\theta=4\int_0^{\frac{\pi}{4}}\mathrm{d}\theta\int_0^{a\sqrt{\cos 2\theta}}r\,\mathrm{d}r$$

$$=2\int_0^{\frac{\pi}{4}}a^2\cos 2\theta\,\mathrm{d}\theta$$

$$=a^2\sin 2\theta\Big|_0^{\frac{\pi}{2}}=a^2.$$

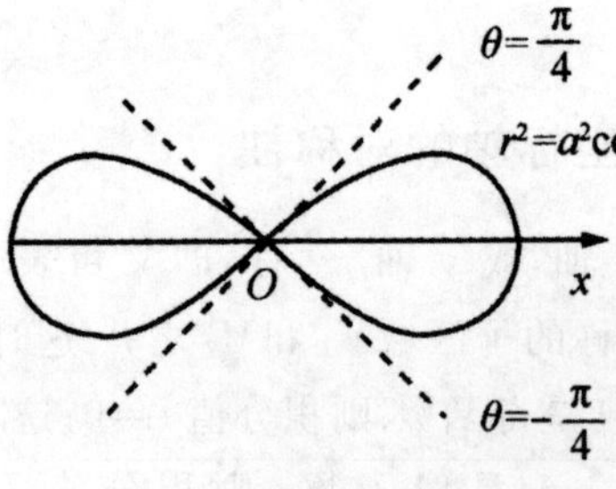

图 14-4-1

例 14.4.2　求半径为 a 的球面与半顶角为 α 的内接锥面所围成的立体(图 14-4-2)的体积.

解:设球面通过原点 O,球心在 z 轴上,内接锥面的顶点在原点 O,其轴与 z 轴重合,则球面方程为 $r=2a\cos\varphi$,锥面方程为 $\varphi=\alpha$,即占有空间区域 Ω 的表示为

$$\Omega=\{(r,\varphi,\theta)\mid 0\leqslant r\leqslant 2a\cos\varphi,0\leqslant\varphi\leqslant\alpha,0\leqslant\theta\leqslant 2\pi\}.$$

所以,采用球坐标计算,有

$$\begin{aligned}V&=\iiint_{\Omega}r^2\sin\varphi\mathrm{d}r\mathrm{d}\varphi\mathrm{d}\theta=\int_0^{2\pi}\mathrm{d}\theta\int_0^{\alpha}\mathrm{d}\varphi\int_0^{2a\cos\varphi}r^2\sin\varphi\mathrm{d}r\\&=2\pi\int_0^{\alpha}\sin\varphi\mathrm{d}\varphi\int_0^{2a\cos\varphi}r^2\mathrm{d}r=2\pi\int_0^{\alpha}\sin\varphi\ \frac{8a^3\cos^3\varphi}{3}\mathrm{d}\varphi\\&=\frac{16\pi a^3}{3}\int_0^{\alpha}\sin\varphi\cos^3\varphi\mathrm{d}\varphi=\frac{4\pi a^3}{3}(1-\cos^4\alpha).\end{aligned}$$

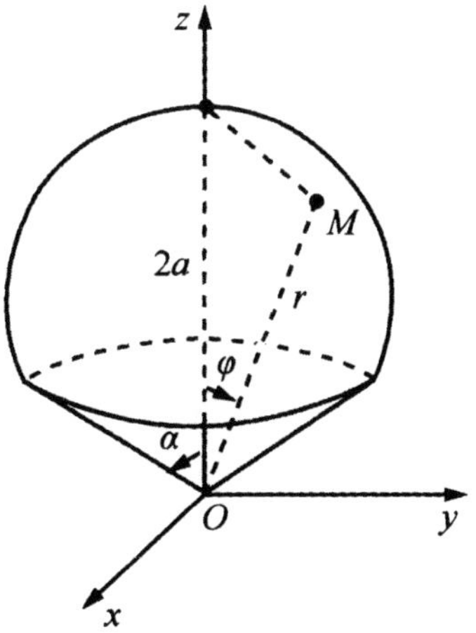

图 14-4-2

14.4.1.2 利用重积分计算曲面的面积

在给出曲面面积的计算方法之前先看一个例子.

例 14.4.3 如图 14-4-3,长方体 Ω 的底面为 xOy 面上的矩形 $OABC$,其中 OA,OC 分别位于 x 轴和 y 轴上.如果 Ω 被一过 x 轴的平面所截得一矩形截面,且截面的法向量为

$$\boldsymbol{e}_n=(\cos\alpha,\cos\beta,\cos\gamma)(\cos\gamma\neq 0),$$

证明截面 $OADE$ 的面积 S 与底面 $OABC$ 的面积 σ 有如下的关系

$$S=\frac{1}{|\cos\gamma|}\sigma.$$

证明:根据图 14-4-3 可知,$\angle BAD$ 即为截面与底面 xOy 的二面角,因此有

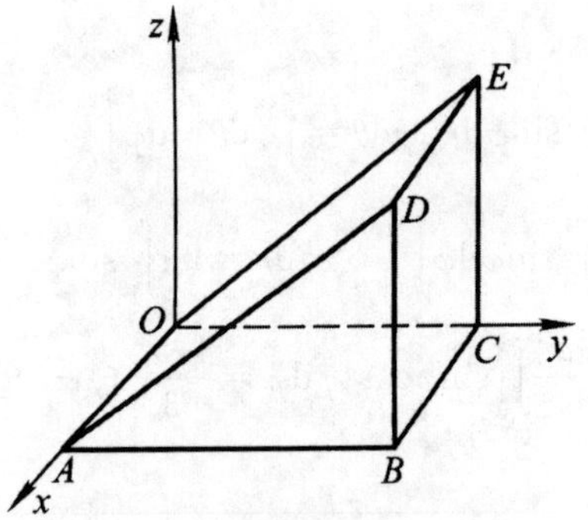

图 14-4-3

$$AD=\frac{AB}{\cos\angle BAD},$$

而当截面的法向量指向 xOy 面上方时，有 $\gamma=\angle BAD$，当截面的法向量指向 xOy 面下方时，有

$$\gamma=\pi-\angle BAD,$$

故有

$$AD=\frac{AB}{|\cos\gamma|},$$

于是得截面的面积

$$S=AD\times OA=\frac{AB\times OA}{|\cos\gamma|}=\frac{\sigma}{|\cos\gamma|}.$$

一般地可以证明：如果 Ω 是母线平行于 z 轴的柱体，底面是 xOy 上的面积为 σ 的任意一个有界闭区域 D，则以法向量为

$$\boldsymbol{e}_n=(\cos\alpha,\cos\beta,\cos\gamma)(\cos\gamma\neq 0)$$

的平面截该柱体得到的截面的面积为

$$S=\frac{1}{|\cos\gamma|}\sigma. \tag{14-4-1}$$

现在我们设有界曲面 $\sum$ 具有显式方程

$$z=z(x,y),(x,y)\in D_{xy},$$

其中 D_{xy} 是 $\sum$ 在 xOy 面上的投影区域，$z(x,y)$ 在 D_{xy} 上具有连续的偏导数.

对区域 D_{xy} 进行分划，在 D_{xy} 上任取一直径很小的矩形区域 $\mathrm{d}\sigma$（其面积也用 $\mathrm{d}\sigma$ 表示），在 $\mathrm{d}\sigma$ 上任取一点 $M(x,y)$，对应地在曲面 $\sum$ 上有一点 $P(x,y,f(x,y))$.

根据条件,曲面 $\sum$ 在点 P 处有切平面 T,切平面 T 的法向量

$$\boldsymbol{n}=(z_x(x,y),z_y(x,y),-1).$$

由于 $\mathrm{d}\sigma$ 的直径很小,因此可将切平面 T 上与 $\Delta\sigma$ 所对应的小块切平面的面积(记作 $\mathrm{d}S$) 近似代替曲面 $\sum$ 上与 $\Delta\sigma$ 所对应的小块曲面的面积(图 14-4-4).根据例 14-4-3 所给出的结果.有

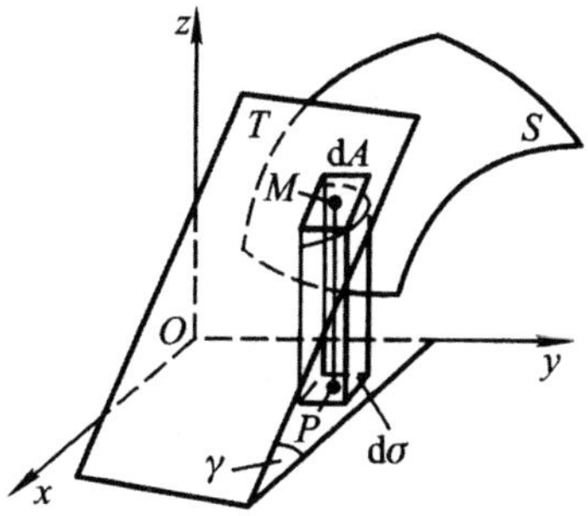

图 14-4-4

$$\mathrm{d}S=\frac{1}{|\cos\gamma|}\mathrm{d}\sigma,$$

而这时

$$|\cos\gamma|=\frac{1}{\sqrt{1+z_x^2(x,y)+z_y^2(x,y)}},$$

从而得到曲面 $\sum$ 的面积为

$$S=\iint_{D_{xy}}\sqrt{1+z_x^2(x,y)+z_y^2(x,y)}\,\mathrm{d}\sigma, \tag{14-4-2}$$

式(14-4-2) 中的被积表达式称作曲面面积元素,记作 $\mathrm{d}S$,即

$$\mathrm{d}S=\sqrt{1+z_x^2(x,y)+z_y^2(x,y)}\,\mathrm{d}\sigma$$

或写成

$$\mathrm{d}S=\frac{1}{|\cos\gamma|}\mathrm{d}\sigma. \tag{14-4-3}$$

上式反映了曲面面积元素 $\mathrm{d}S$ 与它投影到 xOy 面上所得的面积元素之间的比例关系.

类似地,当曲面 $\sum$ 由显式方程 $x=x(y,z)$ 或 $y=y(z,x)$ 表示时,曲面 $\sum$ 的面积为

$$S=\iint_{D_{yz}}\sqrt{1+x_y^2+x_z^2}\,\mathrm{d}\sigma,$$

$$S=\iint_{D_{zx}}\sqrt{1+y_x^2+y_z^2}\,\mathrm{d}\sigma,$$

其中 D_{yz} 为曲面 $\sum$ 在 yOz 面上的投影区域，D_{zx} 为曲面 $\sum$ 在 zOx 面上的投影区域.

例 14.4.4 求半径为 R，高为 $H(H<R)$ 的球冠面积.

解：如图 14-4-5 建立坐标系，使球心位于原点，z 轴为球冠的对称轴，则球冠的方程为

$$z=\sqrt{R^2-x^2-y^2},$$

球面与 $z=R-H$ 的交线在 xOy 面上的投影曲线为圆周

$$x^2+y^2=R^2-(R-H)^2,$$

该圆周所围成的圆形区域

$$x^2+y^2\leqslant 2RH-H^2$$

就是球冠在 xOy 面上的投影区域 D，于是根据(14-4-2)有

$$S=\iint_D\sqrt{1+\left(\frac{\partial z}{\partial x}\right)^2+\left(\frac{\partial z}{\partial y}\right)^2}\,\mathrm{d}\sigma=\iint_D\frac{R}{\sqrt{R^2-x^2-y^2}}\mathrm{d}\sigma,$$

利用极坐标计算上述积分得

$$S=\int_0^{2\pi}\mathrm{d}\varphi\int_0^{\sqrt{2RH-H^2}}\frac{R\rho}{\sqrt{R^2-\rho^2}}\mathrm{d}\rho=2\pi\left[-R\sqrt{R^2-\rho^2}\right]_0^{\sqrt{2RH-H^2}}=2\pi RH.$$

当球冠的高度为 $R=H$ 时得到上半球面的面积为

$$S=2\pi R^2,$$

因此球面面积为 $4\pi R^2$.

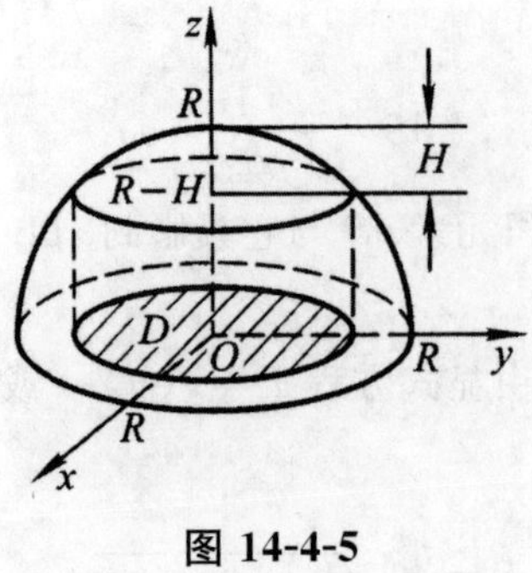

图 14-4-5

例 14.4.5　求半径相等的两个直交圆柱面所围立体的表面积 S(图 14-4-6).

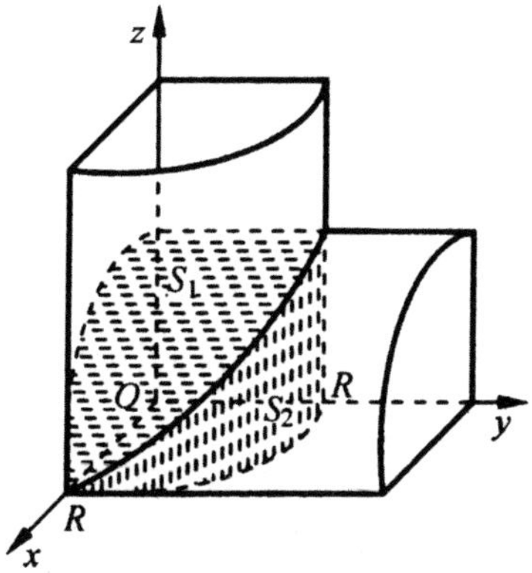

图 14-4-6

解:设两圆柱面方程分别为 $x^2+y^2=R^2$ 和 $x^2+z^2=R^2$.由对称性可知,只要求出第一象限中的 S_1 和 S_2.又由于 $S_1=S_2$,所以 $S=16S_1$.曲面 S_1 的方程为 $z=\sqrt{R^2-x^2}$,

$$z_x=-\frac{x}{\sqrt{R^2-x^2}},z_y=0,$$

$$\sqrt{1+z_x^2+z_y^2}=\sqrt{1+\frac{x^2}{R^2-x^2}}=\frac{R}{\sqrt{R^2-x^2}}.$$

S_1 在 xOy 面上的投影区域 D_{xy} 为四分之一圆盘,即

$$D_{xy}=\left\{(x,y)\mid 0\leqslant x\leqslant R,0\leqslant y\leqslant\sqrt{R^2-x^2}\right\},$$

故

$$\begin{aligned}S=16S_1&=16\iint\limits_{D_{xy}}\sqrt{1+z_x^2+z_y^2}\,\mathrm{d}x\,\mathrm{d}y=16R\iint\limits_{D_{xy}}\frac{\mathrm{d}x\,\mathrm{d}y}{\sqrt{R^2-x^2}}\\&=16R\int_0^R\frac{\mathrm{d}x}{\sqrt{R^2-x^2}}\int_0^{\sqrt{R^2-x^2}}\mathrm{d}y=16R\int_0^R\mathrm{d}x=16R^2.\end{aligned}$$

14.4.2　重积分在物理学中的应用

14.4.2.1　利用重积分确定质心的位置

在物理学中,我们知道有限个质点的质点系的质心位置.设平面上有 n

个质点组成的质点系，其位置分别为$(x_i,y_i)\ (i=1,2,\cdots,n)$，每个质点的质量为$m_i\ (i=1,2,\cdots,n)$，则该质点系的质心坐标$(\bar{x},\bar{y})$计算公式为

$$\bar{x}=\frac{\sum_{i=1}^{n}m_ix_i}{\sum_{i=1}^{n}m_i},\bar{y}=\frac{\sum_{i=1}^{n}m_iy_i}{\sum_{i=1}^{n}m_i}.$$

现在对于一非均匀物体，设其密度为x,y的连续函数$\rho(x,y)$，我们求其质心.

把区域D分割成n个小区域$\Delta\sigma_i\ (i=1,2,\cdots,n)$，小区域的面积用$\Delta\sigma_i$表示，$\Delta\sigma_i$的质量近似为

$$\Delta m_i\approx\rho(\xi_i,\eta_i)\Delta\sigma_i.$$

现在想象把小区域的质量集中在点$M_i(\xi_i,\eta_i)$处，这样得到n个质点组成的质点系，物体的质心近似等于这n个质点组成的质点系的质心，则有

$$\bar{x}\approx\frac{\sum_{i=1}^{n}\xi_i\rho(\xi_i,\eta_i)\Delta\sigma_i}{\sum_{i=1}^{n}\rho(\xi_i,\eta_i)\Delta\sigma_i},\bar{y}\approx\frac{\sum_{i=1}^{n}\eta_i\rho(\xi_i,\eta_i)\Delta\sigma_i}{\sum_{i=1}^{n}\rho(\xi_i,\eta_i)\Delta\sigma_i}.$$

取极限后，得到物体的质心$(\bar{x},\bar{y})$计算公式为

$$\bar{x}=\frac{\iint\limits_{D}x\rho(x,y)\mathrm{d}x\mathrm{d}y}{\iint\limits_{D}\rho(x,y)\mathrm{d}x\mathrm{d}y},\bar{y}=\frac{\iint\limits_{D}y\rho(x,y)\mathrm{d}x\mathrm{d}y}{\iint\limits_{D}\rho(x,y)\mathrm{d}x\mathrm{d}y}.$$

同理可得到空间非均匀物体Ω的质心$(\bar{x},\bar{y},\bar{z})$坐标计算公式为

$$\bar{x}=\frac{\iiint\limits_{\Omega}x\rho(x,y,z)\mathrm{d}x\mathrm{d}y\mathrm{d}z}{\iiint\limits_{\Omega}\rho(x,y,z)\mathrm{d}x\mathrm{d}y\mathrm{d}z},$$

$$\bar{y}=\frac{\iiint\limits_{\Omega}y\rho(x,y,z)\mathrm{d}x\mathrm{d}y\mathrm{d}z}{\iiint\limits_{\Omega}\rho(x,y,z)\mathrm{d}x\mathrm{d}y\mathrm{d}z},$$

$$\bar{z}=\frac{\iiint\limits_{\Omega}z\rho(x,y,z)\mathrm{d}x\mathrm{d}y\mathrm{d}z}{\iiint\limits_{\Omega}\rho(x,y,z)\mathrm{d}x\mathrm{d}y\mathrm{d}z}.$$

其中$\rho(x,y,z)$为物体Ω在点(x,y,z)处的密度，它是x,y,z的连续函数.

例 14.4.6　求形状为立方体 $0 \leqslant x \leqslant 1, 0 \leqslant y \leqslant 1, 0 \leqslant z \leqslant 1$ 的物体的质心坐标.设此物体在点 (x,y,z) 处的密度为 $\rho(x,y,z)=x^{\frac{2\alpha-1}{1-\alpha}} y^{\frac{2\beta-1}{1-\beta}} z^{\frac{2\gamma-1}{1-\gamma}}$,其中 $0<\alpha<1, 0<\beta<1, 0<\gamma<1$.

解:物体的质量为

$$
\begin{aligned}
m &= \iiint_{\Omega} \rho(x,y,z)\,\mathrm{d}x\,\mathrm{d}y\,\mathrm{d}z \\
&= \int_0^1 \mathrm{d}x \int_0^1 \mathrm{d}y \int_0^1 \rho(x,y,z)\,\mathrm{d}z \\
&= \int_0^1 x^{\frac{2\alpha-1}{1-\alpha}}\,\mathrm{d}x \int_0^1 y^{\frac{2\beta-1}{1-\beta}}\,\mathrm{d}y \int_0^1 z^{\frac{2\gamma-1}{1-\gamma}}\,\mathrm{d}z \\
&= \frac{1-\alpha}{\alpha} x^{\frac{1-\alpha}{\alpha}} \Big|_0^1 \frac{1-\beta}{\beta} y^{\frac{1-\beta}{\beta}} \Big|_0^1 \frac{1-\gamma}{\gamma} z^{\frac{1-\gamma}{\gamma}} \Big|_0^1 \\
&= \frac{(1-\alpha)(1-\beta)(1-\gamma)}{\alpha\beta\gamma} \iiint_{\Omega} x\rho(x,y,z)\,\mathrm{d}x\,\mathrm{d}y\,\mathrm{d}z \\
&= \int_0^1 x \cdot x^{\frac{2\alpha-1}{1-\alpha}}\,\mathrm{d}x \int_0^1 y^{\frac{2\beta-1}{1-\beta}}\,\mathrm{d}y \int_0^1 z^{\frac{2\gamma-1}{1-\gamma}}\,\mathrm{d}z \\
&= (1-\alpha) x^{\frac{1}{1-\alpha}} \Big|_0^1 \frac{1-\beta}{\beta} y^{\frac{1-\beta}{\beta}} \Big|_0^1 \frac{1-\gamma}{\gamma} z^{\frac{1-\gamma}{\gamma}} \Big|_0^1 \\
&= \frac{(1-\alpha)(1-\beta)(1-\gamma)}{\beta\gamma}.
\end{aligned}
$$

同理可以求得

$$
\iiint_{\Omega} y\rho(x,y,z)\,\mathrm{d}x\,\mathrm{d}y\,\mathrm{d}z = \frac{(1-\alpha)(1-\beta)(1-\gamma)}{\alpha\gamma},
$$

$$
\iiint_{\Omega} z\rho(x,y,z)\,\mathrm{d}x\,\mathrm{d}y\,\mathrm{d}z = \frac{(1-\alpha)(1-\beta)(1-\gamma)}{\alpha\beta}.
$$

根据重心坐标计算公式可得

$$
\bar{x}=\alpha, \bar{y}=\beta, \bar{z}=\gamma,
$$

所以物体质心坐标为 (α,β,γ).

例 14.4.7　求均匀半球体的质心.

解:取半球体的球心为原点,z 轴为其对称轴,又设球半径为 R,则半球体所占空间闭区域为

$$
\Omega=\{(x,y,z) \mid x^2+y^2+z^2 \leqslant R^2, z \geqslant 0\}.
$$

显然质心在 z 轴上,故 $\bar{x}=\bar{y}=0$.而

$$
\bar{z}=\frac{1}{m}\iiint_{\Omega} z\rho\,\mathrm{d}v=\frac{1}{V}\iiint_{\Omega} z\,\mathrm{d}v,
$$

其中 $V=\dfrac{2}{3}\pi R^3$ 为半球体的体积.

$$\iiint_{\Omega} z\,\mathrm{d}v=\iiint_{\Omega} r\cos\varphi\cdot r^2\sin\varphi\,\mathrm{d}r\,\mathrm{d}\varphi\,\mathrm{d}\theta$$

$$=\int_0^{2\pi}\mathrm{d}\theta\int_0^{\frac{\pi}{2}}\cos\varphi\sin\varphi\,\mathrm{d}\varphi\int_0^R r^3\,\mathrm{d}r$$

$$=2\pi\cdot\left(\frac{\sin^2\varphi}{2}\right)\Big|_0^{\frac{\pi}{2}}\cdot\frac{R^4}{4}=\frac{\pi R^4}{4}.$$

因此，$\bar{z}=\frac{3}{8}R$，从而半球体的质心为$\left(0,0,\frac{3}{8}R\right)$.

14.4.2.2 利用重积分计算转动惯量

设在 $\mathbf{R}^3$ 有一质点，其坐标为(x,y,z)，质量为 m.根据力学知识可知，该质点对 x 轴、y 轴、z 轴的转动惯量是

$$I_x=(y^2+z^2)m,$$
$$I_y=(z^2+x^2)m,$$
$$I_z=(x^2+y^2)m.$$

设在 $\mathbf{R}^3$ 有 n 个质点，它们分别位于点$(x_i,y_i,z_i)(i=1,2,\cdots,n)$处，质量分别为 $m_i(i=1,2,\cdots,n)$.根据转动惯量的可加性可知，该质点对 x 轴、y 轴、z 轴的转动惯量是

$$I_x=\sum_{i=1}^n(y_i^2+z_i^2)m_i,$$

$$I_y=\sum_{i=1}^n(z_i^2+x_i^2)m_i,$$

$$I_z=\sum_{i=1}^n(x_i^2+y_i^2)m_i.$$

设有一物体，占有 $\mathbf{R}^3$ 中闭区域 Ω，在点(x,y,z)处的密度为$\rho(x,y,z)$，并假设$\rho(x,y,z)$在 Ω 上连续，现在求该物体对 x 轴、y 轴、z 轴的转动惯量 I_x、I_y、I_z.

在 Ω 上任取一个直径很小的闭区域 $\mathrm{d}v$，该小区域的体积也可用 $\mathrm{d}v$ 来表示，(x,y,z)为 $\mathrm{d}v$ 上一点，因为 $\mathrm{d}v$ 很小，且$\rho(x,y,z)$在 Ω 上连续，所以我们可以认为 $\mathrm{d}v$ 的质量 $\mathrm{d}m$ 近似等于$\rho(x,y,z)\mathrm{d}v$，即

$$\mathrm{d}m=\rho(x,y,z)\mathrm{d}v,$$

并将这部分质量近似看做集中在点(x,y,z)处，略去高阶无穷小，则 $\mathrm{d}v$ 对 x 轴、y 轴、z 轴的转动惯量 $\mathrm{d}I_x$、$\mathrm{d}I_y$、$\mathrm{d}I_z$ 分别是

$$\mathrm{d}I_x=(y^2+z^2)\mathrm{d}m=(y^2+z^2)\rho(x,y,z)\mathrm{d}v,$$
$$\mathrm{d}I_y=(z^2+x^2)\mathrm{d}m=(z^2+x^2)\rho(x,y,z)\mathrm{d}v,$$
$$\mathrm{d}I_z=(x^2+y^2)\mathrm{d}m=(x^2+y^2)\rho(x,y,z)\mathrm{d}v.$$

根据转动惯性的可加性和三重积分的概念可得该物体对对 x 轴、y 轴、z 轴的转动惯量 I_x, I_y, I_z 分别是

$$I_x=\iiint\limits_{\Omega}(y^2+z^2)\rho(x,y,z)\mathrm{d}v,$$

$$I_y=\iiint\limits_{\Omega}(z^2+x^2)\rho(x,y,z)\mathrm{d}v,$$

$$I_z=\iiint\limits_{\Omega}(x^2+y^2)\rho(x,y,z)\mathrm{d}v.$$

同理可得，如果平面薄片占有 $\mathbf{R}^2$ 中区域 D，其面密度为 $\rho(x,y)$，则该平面薄片对 x 轴、y 轴的转动惯量 I_x、I_y 分别是

$$I_x=\iint\limits_{D}y^2\rho(x,y)\mathrm{d}\sigma,$$

$$I_y=\iint\limits_{D}x^2\rho(x,y)\mathrm{d}\sigma.$$

例 14.4.8　求半径为 a 的均匀半圆薄片对于其直径边的转动惯量，其面密度 μ 为常数.

解：如图 14-4-7 所示，薄片所占的区域为

$$D=\{(x,y)\mid x^2+y^2\leqslant a^2, y\geqslant 0\},$$

根据公式可知，该薄片对 x 轴的转动惯量是

$$\begin{aligned}I_x&=\iint\limits_{D}y^2\mu\mathrm{d}\sigma=\mu\iint\limits_{D}y^2\mathrm{d}\sigma\\&=\mu\ \frac{1}{4}a^4\int_0^{\pi}\sin^2\theta\mathrm{d}\theta\\&=\frac{1}{4}\mu a^4\ \frac{\pi}{2}\\&=\frac{1}{8}\mu\pi a^4.\end{aligned}$$

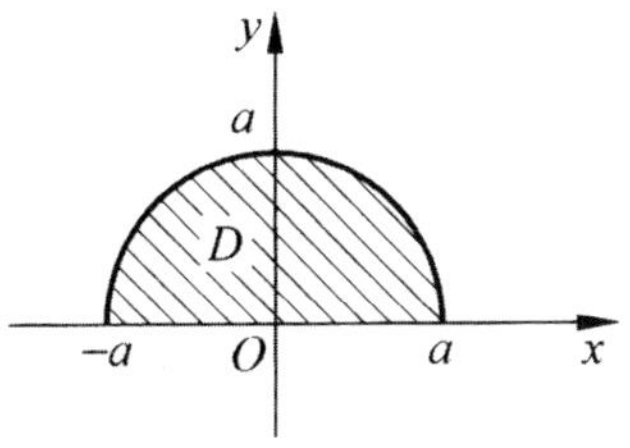

图 14-4-7

例 14.4.9 求位于两圆 $\rho=2\sin\varphi$ 和 $\rho=4\sin\varphi$ 之间的月牙形图形 D 的形心(图 14-4-8).

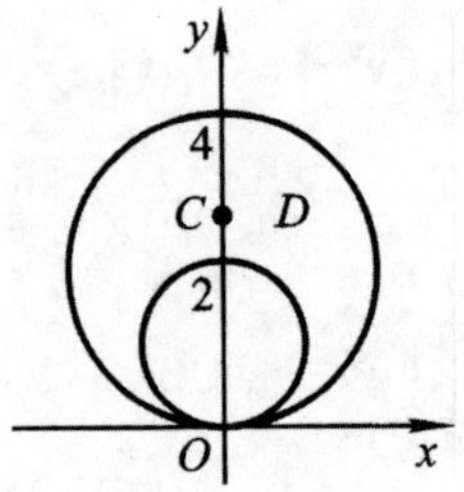

图 14-4-8

解: 因 D 的图形关于 y 轴对称,所以形心的 x 坐标为零,形心的 y 坐标为

$$\begin{aligned}\overline{y}&=\frac{1}{A}\iint_D y\,\mathrm{d}\sigma=\frac{1}{3\pi}\iint_D y\,\mathrm{d}\sigma\\&=\frac{1}{3\pi}\int_0^{\pi}\mathrm{d}\varphi\int_{2\sin\varphi}^{4\sin\varphi}\rho\sin\varphi\cdot\rho\,\mathrm{d}\rho\\&=\frac{56}{9\pi}\int_0^{\pi}\sin^4\varphi\,\mathrm{d}\varphi\\&=\frac{7}{3}.\end{aligned}$$

故形心位于 $\left(0,\frac{7}{3}\right)$ 处.

例 14.4.10 求密度为 1 的均匀球体对于过球心的一条轴的转动惯量.

解: 取球心为原点,z 轴与 l 轴重合,如图 14-4-9 所示.

设球的半径为 a,则球体所占的空间区域是

$$\Omega=\{(x,y,z)\mid x^2+y^2+z^2\leqslant a^2\},$$

根据公式可知,球体对 z 轴的转动惯量是

$$\begin{aligned}I_z&=\iiint_\Omega(x^2+y^2)\,\mathrm{d}v\\&=\iiint_\Omega r^2\,sin^2\varphi r^2\,sin\varphi\,\mathrm{d}r\,\mathrm{d}\theta\,\mathrm{d}\varphi\\&=\int_0^{2\pi}\mathrm{d}\theta\int_0^{\pi}\sin^3\varphi\,\mathrm{d}\varphi\int_0^a r^4\,\mathrm{d}r\\&=\frac{2}{5}\pi a^5\,\frac{4}{3}\\&=\frac{8}{15}\pi a^5.\end{aligned}$$

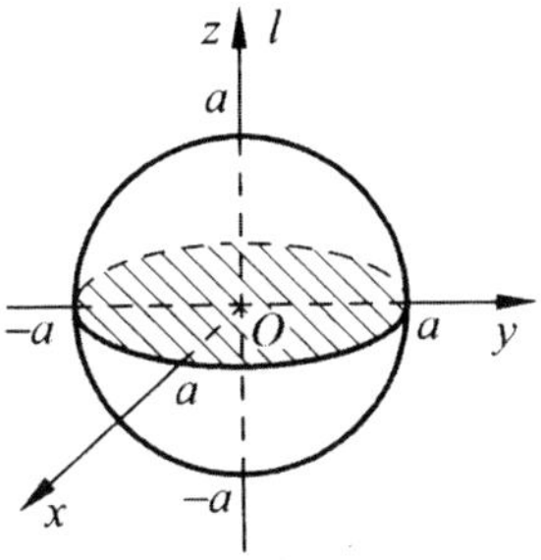

图 14-4-9

例 14.4.11　求边长为 a 的均匀正方形薄片(面密度为常数 μ)对于一边的转动惯量.

解: 如图 14-4-10 设立坐标系,则薄片所占区域 D 可表示为

$$0 \leqslant x \leqslant a, 0 \leqslant y \leqslant a.$$

所求转动惯量就是对于 x 轴的转动惯量 I_x.因此

$$I_x = \iint_D \mu y^2 \mathrm{d}\sigma = \int_0^a \mathrm{d}x \int_0^a \mu y^2 \mathrm{d}y = \frac{1}{3}\mu a^4.$$

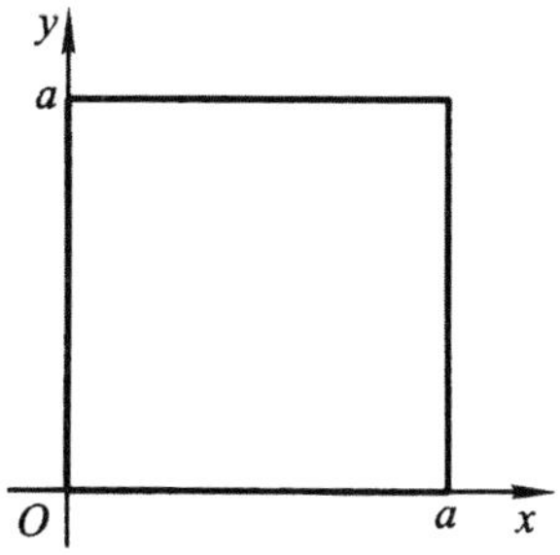

图 14-4-10

14.4.2.3　利用重积分计算引力

下面利用重积分分析空间一物体对于物体外一点 $P_0(x_0, y_0, z_0)$ 处单位质量的质点的引力问题. 设物体占有空间有界闭区域 Ω,它在点 (x, y, z) 处的密度为 $\rho(x, y, z)$,并假定 $\rho(x, y, z)$ 在 Ω 上连续.对于 Ω 中任一体积元素 $\mathrm{d}v$,在 $\mathrm{d}v$ 上取一点 $P(x, y, z)$,则 $\mathrm{d}v$ 对应的质量元素

$$\mathrm{d}m = \rho(x, y, z)\,\mathrm{d}v.$$

将 $\mathrm{d}m$ 近似地看作集中在点 $P(x, y, z)$ 处,记从 P_0 到 P 的向量为 $\boldsymbol{r}$,那么 $\mathrm{d}v$ 对质点 P_0 的引力微元

$$\mathrm{d}f = G\frac{m_0 \mathrm{d}m}{r^2}\boldsymbol{e}_r = G\frac{m_0\rho(x,y,z)\,\mathrm{d}v}{r^3}\boldsymbol{r}$$

$$= G\frac{m_0\rho(x,y,z)\,\mathrm{d}v}{r^3}\mathrm{d}v \cdot (x-x_0, y-y_0, z-z_0),$$

其中,G 为引力常数,

$$r = |\boldsymbol{r}| = \sqrt{(x-x_0)^2+(y-y_0)^2+(z-z_0)^2},$$

$\boldsymbol{e}_r$ 为 $\boldsymbol{r}$ 的单位向量.设物体对质点 P_0 的引力为

$$\boldsymbol{F} = (F_x, F_y, F_z),$$

那么

$$F_x = \iiint\limits_{\Omega} \frac{Gm_0\rho(x,y,z)(x-x_0)}{r^3}\mathrm{d}v,$$

$$F_y = \iiint\limits_{\Omega} \frac{Gm_0\rho(x,y,z)(y-y_0)}{r^3}\mathrm{d}v,$$

$$F_z = \iiint\limits_{\Omega} \frac{Gm_0\rho(x,y,z)(z-z_0)}{r^3}\mathrm{d}v.$$

如果考虑平面薄片对薄片外一点 $P_0(x_0,y_0,z_0)$ 处单位质量的质点的引力,设平面薄片占有 xOy 平面上的有界闭区域 D,其面密度为 $\rho(x,y)$,那么只要将上式中的密度 $\rho(x,y,z)$ 换成面密度 $\rho(x,y)$,将 Ω 上的三重积分换成 D 上的二重积分,就可得到相应的计算公式.

例 14.4.12 设有密度为 ρ 的均匀球顶锥体,球心在原点,球半径为 R,锥顶角为 $\frac{\pi}{3}$,锥顶点为原点,求该球顶锥体对顶点处质量为 m 的质点的引力(引力常数为 G).

解:在直角坐标系中,记球顶锥体为 Ω,它由上半球面 $x^2+y^2+z^2=R^2(z\geqslant 0)$ 和 yOz 面上直线 $z=\tan\frac{\pi}{6}y$ 绕 z 旋转一周所成锥面所围(图 14-4-11).两曲面在球面坐标中的方程分别为 $r=R$ 和 $\varphi=\frac{\pi}{6}$.

由对称性知,

$$F_x = 0, F_y = 0,$$

$$F_z = \iiint\limits_{\Omega} \frac{Gm\rho z\,\mathrm{d}V}{(x^2+y^2+z^2)^{\frac{3}{2}}}.$$

用球面坐标计算,则有

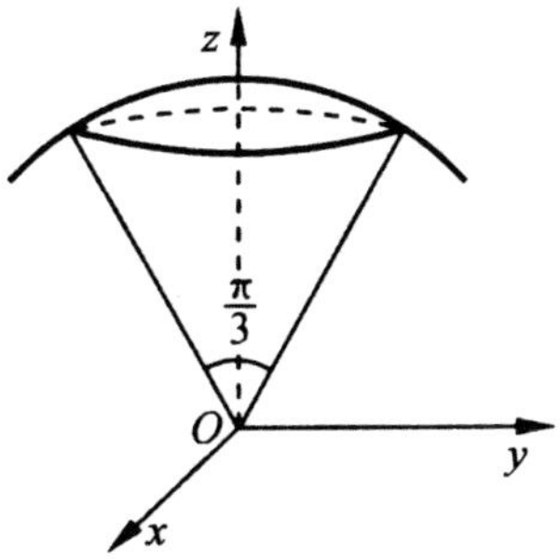

图 14-4-11

$$F_z = Gm\rho\int_0^{2\pi} d\theta \int_0^{\frac{\pi}{6}} d\varphi \int_0^R \frac{r\cos\varphi \cdot r^2\sin\varphi}{r^3} dr$$

$$= Gm\rho\int_0^{2\pi} d\theta \int_0^{\frac{\pi}{6}} R\sin\varphi \cdot \cos\varphi d\varphi$$

$$= Gm\rho R \cdot 2\pi \cdot \frac{\sin^2\varphi}{2}\Big|_0^{\frac{\pi}{6}} = \frac{1}{4}\pi Gm\rho R,$$

所以引力大小为$\frac{1}{4}\pi Gm\rho R$.

第 15 章　曲线积分与曲面积分

本章所要介绍的曲线积分和曲面积分是在有关场的理论的研究中发展起来的.所谓场就是一种物理量在空间区域中的分布,按该物理量是数量还是向量而分为数量场和向量场.例如,温度在区域 D 的分布是温度场,它是一个数量场;气体流速在区域 D 的分布是速度场,它是一个向量场.

如果选定了直角坐标系,并抽去场的具体物理内容,单从数学的角度来看,一个数量场其实就是定义在区域 D 上的一个三元函数,而一个向量场就是定义在区域 D 上的一个向量值函数.

15.1　第一型曲线积分

15.1.1　第一型曲线积分的概念

一元函数的定积分 $\int_a^b f(x)\mathrm{d}x$,二元函数的重积分 $\iint\limits_D f(x,y)\,\mathrm{d}\sigma$ 等等,我们都可以看成是连续量求和的极限,前一个是函数 $f(x)$ 在区间 $[a,b]$ 上每一点 x 的函数值求和,后一个是函数 $f(x,y)$ 在区域 $D=[a,b]\times[c,d]$ 上每一点 (x,y) 的函数值求和.我们已经通过和式的极限给出了点函数 $f(P)$ 在形体 (Ω) 上积分的定义.当 (Ω) 是平面或空间的可求长曲线 L 时,相应的积分称为对弧长的曲线积分,也称为第一类曲线积分.下面我们给出这类积分的精确定义.

定义 15.1.1　设 L 为平面曲线,$f(x,y)$ 在 L 上有界,在 L 上插进一点列 $M_1,M_2,\cdots,M_{n-1}$ 将 L 分为 n 段.设第 i 个小段的长度为 Δs_i.在第 i 个小段上任取的一点 (ξ_i,η_i),作乘积 $f(\xi_i,\eta_i)\Delta s_i(i=1,2,\cdots,n)$,再作和式 $\sum\limits_{i=1}^{n} f(\xi_i,\eta_i)\Delta s_i$.如果 $\lambda=\max(\Delta s_1,\Delta s_2,\cdots,\Delta s_n)\to 0$ 时,和式 $\sum\limits_{i=1}^{n} f(\xi_i,\eta_i)\Delta s_i$ 的极限总存在,则称此极限为 $f(x,y)$ 在曲线 L 上对弧长的曲线积分或者

第一类曲线积分，记作$\int_L f(x,y)\mathrm{d}s$，即

$$\int_L f(x,y)\,\mathrm{d}s=\lim_{\lambda\to 0}\sum_{i=1}^{n} f(\xi_i,\eta_i)\,\Delta s_i,$$

其中 L 称为积分路径，$f(x,y)$ 称为被积函数，$f(x,y)\,\mathrm{d}s$ 称为被积式，$\mathrm{d}s$ 称为弧长元素(即弧微分).

同理，可定义空间对弧长曲线积分的定义，即有

$$\int_L f(x,y,z)\,\mathrm{d}s=\lim_{\lambda\to 0}\sum_{i=1}^{n} f(\xi_i,\eta_i,\zeta_i)\,\Delta s_i.$$

若曲线 L 为闭曲线，那么函数 $f(x,y)$ 在闭曲线 L 上对弧长的曲线积分记作$\oint_L f(x,y)\,\mathrm{d}s$.

15.1.2　第一型曲线积分的性质与计算

对弧长曲线积分与定积分及二重积分具有类似的性质.下面我们列举对弧长的曲线积分的几条简单性质.

性质 15.1.1　对弧长的曲线积分与曲线 L 的方向(由 A 到 B 或由 B 到 A)无关，即

$$\int_{L(A,B)} f(x,y)\mathrm{d}s=\int_{L(B,A)} f(x,y)\mathrm{d}s.$$

性质 15.1.2(积分关于被积函数的线性性质)　假设曲线积分$\int_L f(x,y)\mathrm{d}s$ 和$\int_L g(x,y)\mathrm{d}s$ 都存在，则对于任意常数 α,β，曲线积分$\int_L[\alpha f(x,y)+\beta g(x,y)]\mathrm{d}s$ 也存在，并且

$$\int_L [\alpha f(x,y)+\beta g(x,y)]\,\mathrm{d}s=\alpha\int_L f(x,y)\,\mathrm{d}s+\beta\int_L g(x,y)\,\mathrm{d}s.$$

性质 15.1.3(积分关于曲线的可加性)　设曲线 L 由 k 条曲线 L_1，L_2，…，L_n 连接而成，则

$$\int_L f(x,y)\mathrm{d}s=\int_{L_1} f(x,y)\mathrm{d}s+\int_{L_2} f(x,y)\mathrm{d}s+\cdots+\int_{L_k} f(x,y)\mathrm{d}s.$$

性质 15.1.4　若在 L 上 $f(x,y)\leqslant g(x,y)$，则

$$\int_L f(x,y)\mathrm{d}s\leqslant\int_L g(x,y)\mathrm{d}s,$$

特别地，总有

$$\left|\int_L f(x,y)\mathrm{d}s\right|\leqslant\int_L |f(x,y)|\,\mathrm{d}s.$$

性质 15.1.5(积分存在的充分条件) 若曲线 $L: x=x(t), y=y(t), z=z(t)(\alpha \leqslant t \leqslant \beta)$ 中的函数 $x(t), y(t), z(t)$ 有连续的导数，并且 $f(x,y,z)$ 在曲线 L 上是连续函数，则曲线积分 $\int_L f(x,y,z)\,\mathrm{d}s$ 存在.

值得注意的是，(x,y,z) 仅在曲线 L 上变动时，$f(x,y,z)$ 就变成参数 t 的一元函数 $f(x(t),y(t),z(t))$.如果这个一元函数在参数 t 的变换范围连续，就称 $f(x,y,z)$ 在曲线 L 上连续.

在了解了对弧长的曲线积分的概念与性质之后，我们从形式上推出关于对弧长的曲线积分的计算公式.

假设 $f(x,y,z)$ 是曲线 L 上的连续函数，而曲线 L 有参数方程为

$$\begin{cases} x=x(t) \\ y=y(t), t \in [\alpha,\beta] \\ z=z(t) \end{cases}$$

其中，三个函数 $x=x(t), y=y(t), z=z(t)$ 在区间 $[\alpha,\beta]$ 有连续导数.分割区间 $[\alpha,\beta]$：

$$\alpha=t_0<t_1<\cdots<t_n=\beta$$

这时曲线 L 就被分成若干小弧段 $\Delta L_1, \Delta L_2, \cdots, \Delta L_n$，其中每一小段曲线的长度为

$$\Delta s_i=\int_{t_{i-1}}^{t_i} \sqrt{[x'(t)]^2+[y'(t)]^2+[z'(t)]^2}\,\mathrm{d}t,$$

又根据积分中值定理，得

$$\begin{aligned} \Delta s_i &= \int_{t_{i-1}}^{t_i} \sqrt{[x'(t)]^2+[y'(t)]^2+[z'(t)]^2}\,\mathrm{d}t \\ &= \sqrt{[x'(\tau_i)]^2+[y'(\tau_i)]^2+[z'(\tau_i)]^2}\,\Delta t_i, \end{aligned} \tag{15-1-1}$$

其中，$\tau_i \in [t_{i-1}, t_i]$.又在 ΔL_i 上取点 P_i，构造积分和

$$\sum_{i=1}^{n} f(P_i)\Delta s_i=\sum_{i=1}^{n} f(P_i)\sqrt{[x'(\tau_i)]^2+[y'(\tau_i)]^2+[z'(\tau_i)]^2}\,\Delta t_i \tag{15-1-2}$$

由于 $f(x,y,z)$ 在 L 上连续，由曲线积分存在的充分条件可知，$\int_L f(x,y,z)\mathrm{d}s$ 存在，因此，这里的 P_i 可以在 ΔL_i 上任取，于是可以令 $P_i=(x(\tau_i), y(\tau_i), z(\tau_i))$.由此，积分和式(15-1-2)就转化为

$$\begin{aligned} \sum_{i=1}^{n} f(P_i)\Delta s_i=\sum_{i=1}^{n} f((x(\tau_i), y(\tau_i), \\ z(\tau_i)))\sqrt{[x'(\tau_i)]^2+[y'(\tau_i)]^2+[z'(\tau_i)]^2}\,\Delta t_i \end{aligned} \tag{15-1-3}$$

由于 $x=x(t),y=y(t),z=z(t)$ 在区间 $[\alpha,\beta]$ 连续,所以当 $\max\{\Delta t_i\}\to 0$ 时,有 $\max\{\Delta s_i\}\to 0$.又由于曲线积分存在,因此当 $\max\{\Delta t_i\}\to 0$ 时,等式(15-1-3) 左端的和式 $\sum_{i=1}^{n} f(P_i)\Delta s_i$ 趋向于曲线积分 $\int_L f(x,y,z)\mathrm{d}s$.

另一方面,由于函数 $f(x(t),y(t),z(t))\sqrt{[x'(t)]^2+[y'(t)]^2+[z'(t)]^2}$ 连续,因此当 $\max\{\Delta t_i\}\to 0$ 时,等式(15-1-3) 右端的和式趋向于积分

$$\int_{\alpha}^{\beta} f(x(t),y(t),z(t))\sqrt{[x'(t)]^2+[y'(t)]^2+[z'(t)]^2}\,\mathrm{d}t.$$

于是,在等式(15-1-3) 两端取极限,就得到

$$\int_L f(x,y,z)\mathrm{d}s=\int_{\alpha}^{\beta} f(x(t),y(t),$$
$$z(t))\sqrt{[x'(t)]^2+[y'(t)]^2+[z'(t)]^2}\,\mathrm{d}t,$$

这就是曲线积分的计算公式.

例 15.1.1　计算 $\int_L \sqrt{y}\,\mathrm{d}s$,其中 L 是抛物线 $y=x^2$ 上点 $O(0,0)$ 与点 $B(1,1)$ 之间的一段弧(图 15-1-1).

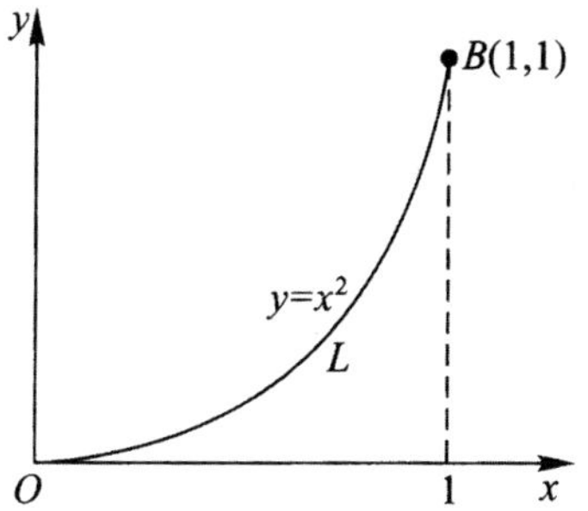

图 15-1-1

解:由于 L 由方程

$$y=x^2\,(0\leqslant x\leqslant 1)$$

给出,因此

$$\int_L \sqrt{y}\,\mathrm{d}s=\int_0^1\sqrt{x^2}\sqrt{1+(x^2)'^2}\,\mathrm{d}x=\int_0^1 x\sqrt{1+4x^2}\,\mathrm{d}x$$
$$=\left[\frac{1}{12}(1+4x^2)^{3/2}\right]_0^1=\frac{1}{12}(5\sqrt{5}-1).$$

例 15.1.2　计算曲线积分 $\int_{\Gamma}(x^2+y^2+z^2)\,\mathrm{d}s$,其中 Γ 为螺旋线 $x=\cos t,y=a\sin t,z=kt$ 上相应于 t 从 0 到达 2π 的一段弧.

解:在曲线Γ上有$x^2+y^2+z^2=(a\cos t)^2+(a\sin t)^2+(kt)^2=a^2+k^2+t^2$,并且

$$ds=\sqrt{(-a\sin t)^2+(a\cos t)^2+k^2}\,dt=\sqrt{a^2+k^2}\,dt,$$

于是

$$\begin{aligned}\int_\Gamma(x^2+y^2+z^2)\,ds&=\int_0^{2\pi}(a^2+k^2t^2)\sqrt{a^2+k^2}\,dt\\&=\frac{2}{3}\pi\sqrt{a^2+k^2}(3a^2+4\pi^2k^2).\end{aligned}$$

例 15.1.3 计算半径为R、中心角为2α的圆弧L对于它的对称轴的转动惯量I(设线密度$\mu=1$).

解:取坐标如图 15-1-2 所示,则

$$I=\int_L y^2\,ds.$$

为了计算方便,利用L的参数方程

$$x=R\cos\theta,y=R\sin\theta(-\alpha\leqslant\theta\leqslant\alpha)$$

从而

$$\begin{aligned}I&=\int_L y^2\,ds\\&=\int_{-\alpha}^{\alpha}R^2\sin^2\theta\sqrt{(-R\sin\theta)^2+(R\cos\theta)^2}\,d\theta\\&=R^3\int_{-\alpha}^{\alpha}\sin^2\theta\,d\theta\\&=\frac{R^3}{2}\left[\theta-\frac{\sin2\theta}{2}\right]_{-\alpha}^{\alpha}\\&=\frac{R^3}{2}(2\alpha-\sin2\alpha)\\&=R^3(\alpha-\sin\alpha\cos\alpha).\end{aligned}$$

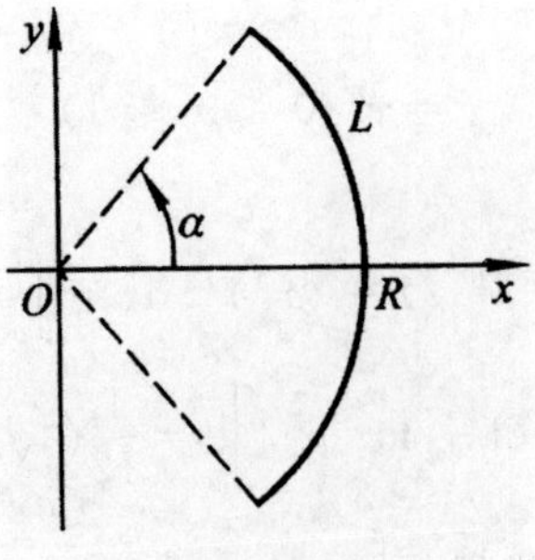

图 15-1-2

例 15.1.4　求一均匀半圆周(设密度 $\rho=1$)对位于圆心的单位质点的引力.

解:将坐标原点置于圆心,设圆的半径为 a,且该半圆周是上半圆周,如图 15-1-3 所示.

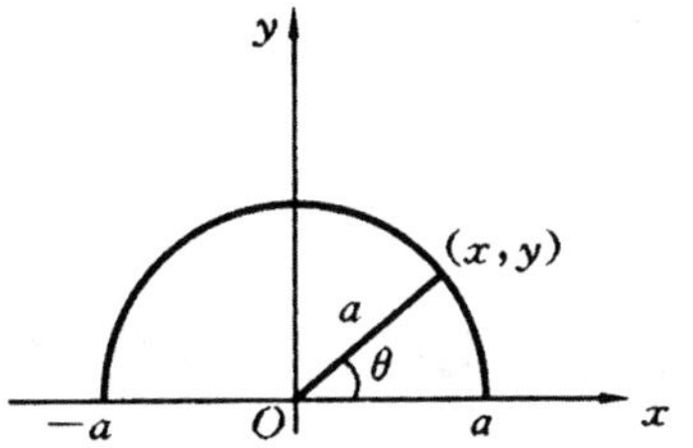

图 15-1-3

设所求引力为

$$\boldsymbol{F}=F_x\boldsymbol{i}+F_y\boldsymbol{j}.$$

由对称性知 $F_x=0$.下面利用微元法求 F_y,在圆周上点 (x,y) 处取一微元 $\mathrm{d}s$,其质量 $\rho\mathrm{d}s$ 把这个微元近似地看作一个点,它对位于圆心处的单位质点的引力的大小是

$$k\frac{\rho\mathrm{d}s}{a^2}=k\frac{\mathrm{d}s}{a^2},k \text{ 为比例常数}.$$

引力的方向是向量 $x\boldsymbol{i}+y\boldsymbol{j}$ 的方向,其单位向量是 $\boldsymbol{e}_r=\dfrac{1}{a}(x\boldsymbol{i}+y\boldsymbol{j})$.于是该引力为

$$k\frac{\mathrm{d}s}{a^2}\boldsymbol{e}_r=k\frac{\mathrm{d}s}{a^3}(x\boldsymbol{i}+y\boldsymbol{j}).$$

将它沿半圆周 C 累加起来,便得到

$$F_y=\int_C k\frac{y}{a^3}\mathrm{d}s.$$

半圆周 C 的方程是

$$y=\sqrt{a^2-x^2}\ (-a\leqslant x\leqslant a),$$

其弧长微分是

$$\mathrm{d}s=\sqrt{1+\left(\frac{-x}{\sqrt{a^2-x^2}}\right)^2}\mathrm{d}x$$

$$=\frac{a}{\sqrt{a^2-x^2}}\mathrm{d}x.$$

求得

$$F_y=\int_{-a}^{a}\frac{\sqrt{a^2-x^2}}{a^3}\frac{a}{\sqrt{a^2-x^2}}\mathrm{d}x$$

$$=\frac{k}{a^2}\int_{-a}^{a}\mathrm{d}x$$

$$=\frac{2k}{a}.$$

15.2 第一型曲面积分

15.2.1 第一类曲面积分的概念

若曲面质量为非均匀的，面密度不是常数，不妨设面密度为

$$\rho(x,y,z),$$

那么类似于求曲线质量的办法，从而可求得曲面质量.将曲面任意地分为 n 块小曲面记作 ΔS_i，其中 $i=1,2,\cdots,n$，ΔS_i 也代表面积，在 ΔS_i 上任意取一点(ξ_i,η_i,ζ_i)，可得

$$\Delta m_i\approx\rho(\xi_i,\eta_i,\zeta_i)\Delta S_i(i=1,2,\cdots,n),$$

从而有

$$M\approx\sum_{i=1}^{n}\rho(\xi_i,\eta_i,\zeta_i)\Delta S_i,$$

所以

$$M=\lim_{\lambda\to 0}\sum_{i=1}^{n}\rho(\xi_i,\eta_i,\zeta_i)\Delta S_i,$$

其中 λ 表示 n 个小块曲面直径的最大直径.

定义 15.2.1 设曲面 S 为光滑的，函数 $f(x,y,z)$ 在 S 上有界，把 S 任意分成 n 小块 ΔS_i，并且 ΔS_i 也代表第 i 小块曲面的面积，设(ξ_i,η_i,ζ_i)为 ΔS_i 上任意取定的一点，作乘积

$$f(\xi_i,\eta_i,\zeta_i)\Delta S_i(i=1,2,3,\cdots,n),$$

并作和

$$\sum_{i=1}^{n}f(\xi_i,\eta_i,\zeta_i)\Delta S_i,$$

若当各小块曲面的直径的最大值 $\lambda\to 0$ 时，该和的极限总是存在，则称此极

限为函数 $f(x,y,z)$ 在曲面 S 上的第一类曲面积分(或对面积的曲面积分),记作

$$\iint_S f(x,y,z)\mathrm{d}S,$$

即有

$$\iint_S f(x,y,z)\mathrm{d}S=\lim_{\lambda\to 0}\sum_{i=1}^{n} f(\xi_i,\eta_i,\zeta_i)\Delta S_i,$$

其中函数 $f(x,y,z)$ 叫做被积函数,S 叫做积分曲面,$f(x,y,z)\mathrm{d}S$ 称为被积表达式,$\mathrm{d}S$ 称为曲面的面积元素,若曲面为闭曲面,则曲面积分可记作

$$\oint\!\!\!\oint_S f(x,y,z)\mathrm{d}S.$$

若 $f(x,y,z)$ 在曲面 S 上连续,那么

$$\iint_S f(x,y,z)\mathrm{d}S$$

一定存在.

根据第一类曲面积分的定义可知,曲面 S 的质量为

$$M=\iint_S \rho(x,y,z)\mathrm{d}S.$$

15.2.2　第一类曲面积分的性质与计算

下面给出第一类曲面积分的性质:

性质 15.2.1(线性性质)　设函数 f,g 在光滑曲面 S 上的第一类曲面积分存在,k_1,k_2 是两个常数,则 k_1f+k_2g 在 S 上的面积的曲面积分也存在,并且

$$\iint_S (k_1f+k_2g)\mathrm{d}S=k_1\iint_S f\mathrm{d}S+k_2\iint_S g\mathrm{d}S.$$

性质 15.2.2(可加性)　设函数 f 在光滑曲面 S 上的第一类曲面积分分存在,S 可以划分为两个光滑曲面 S_1,S_2,则 f 在 S_1,S_2 上的第一类曲面积分都存在;反之,如果 f 在 S_1,S_2 上的第一类曲面积分都存在,则 f 在 S 上的第一类曲面积分也存在,即

$$\iint_S f\mathrm{d}S=k_1\iint_{S_1} f\mathrm{d}S+k_2\iint_{S_2} f\mathrm{d}S.$$

当 S 为一封闭曲面时,习惯上把 $f(x,y,z)$ 在 S 上的第一类曲面积分记为

$$\oiint_S f(x,y,z)\mathrm{d}S.$$

通常把第一类曲面积分$\iint\limits_S f(x,y,z)\mathrm{d}S$ 转化为二重积分的计算.

如果光滑 S 由直角坐标方程$z=z(x,y)$ 给出,S 在平面 xOy 上的投影区域为 D_{xy},则曲面 S 的面积元素为

$$\mathrm{d}S=\sqrt{1+z'^2_x+z'^2_y}\,\mathrm{d}x\mathrm{d}y,$$

当函数 $f(x,y,z)$ 在 S 上连续,则它在 S 上的第一型曲面积分存在,且

$$\iint\limits_S f(x,y,z)\mathrm{d}S=\iint\limits_{D_{xy}} f(x,y,z(x,y))\sqrt{1+z'^2_x+z'^2_y}\,\mathrm{d}x\mathrm{d}y.$$

同理,如果曲面可用方程 $x=x(y,z)$ 或 $y=y(x,z)$ 表示,则

$$\iint\limits_S f(x,y,z)\mathrm{d}S=\iint\limits_{D_{yz}} f(x(y,z),y,z)\sqrt{1+x'^2_y+x'^2_z}\,\mathrm{d}y\mathrm{d}z,$$

$$\iint\limits_S f(x,y,z)\mathrm{d}S=\iint\limits_{D_{zx}} f(x,y(x,z),z)\sqrt{1+y'^2_x+y'^2_z}\,\mathrm{d}x\mathrm{d}z.$$

其中,D_{yz},D_{zx} 分别是 S 在 yOz 面和 xOz 面上的投影区域.

例 15.2.1 求抛物面壳$z=\frac{1}{2}(x^2+y^2)$(其中$0\leqslant z\leqslant 1$)的质量,该壳的面密度为 $\rho(x,y,z)=z$.

解:由题意知

$$\begin{aligned}M&=\iint\limits_S \rho(x,y,z)\mathrm{d}S\\&=\iint\limits_S z\mathrm{d}S\\&=\iint\limits_{D_{xy}} z\sqrt{1+z'^2_x+z'^2_y}\,\mathrm{d}\sigma\\&=\iint\limits_{D_{xy}}\frac{1}{2}(x^2+y^2)\sqrt{1+x^2+y^2}\,\mathrm{d}\sigma,\end{aligned}$$

其中 D_{xy} 为圆域:$x^2+y^2\leqslant 2$.利用极坐标,可得

$$\begin{aligned}M&=\frac{1}{2}\iint\limits_D r^2\sqrt{1+r^2}\,\mathrm{d}r\mathrm{d}\theta\\&=\frac{1}{2}\int_0^{2\pi}\mathrm{d}\theta\int_0^{\sqrt{2}} r^3\sqrt{1+r^2}\,\mathrm{d}r\\&=\frac{\pi}{2}\int_0^2 t\sqrt{1+t}\,\mathrm{d}t\\&=\frac{2(1+6\sqrt{3})}{15}\pi.\end{aligned}$$

例 15.2.2　设 S 是锥面 $z^2=k^2(x^2+y^2)(z\geqslant 0)$ 被柱面 $x^2+y^2=2ax(a>0)$ 所截的曲面,如图 15-2-1 所示,计算曲面积分

$$\iint_S (y^2z^2+z^2x^2+x^2y^2)\mathrm{d}S.$$

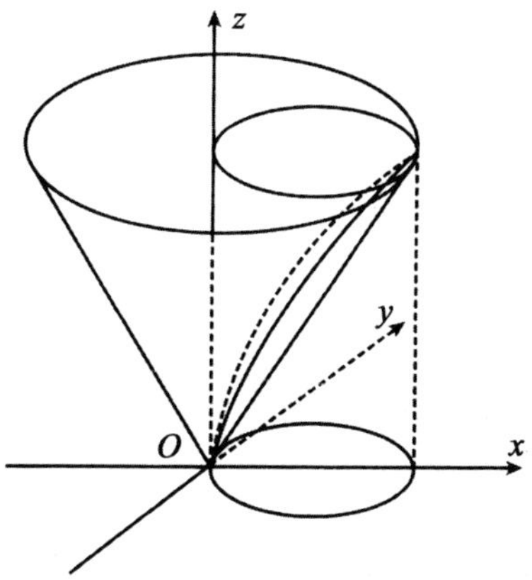

图 15-2-1

解:所给曲面 S 的面积元素为

$$\mathrm{d}S=\sqrt{1+z'^2_x+z'^2_y}\,\mathrm{d}x\mathrm{d}y=\sqrt{1+k^2}\,\mathrm{d}x\mathrm{d}y,$$

并且 S 在平面 xOy 上的投影区域 D 是圆

$$x^2+y^2\leqslant 2ax,$$

所以

$$\begin{aligned}\iint_S (y^2z^2+z^2x^2+x^2y^2)\mathrm{d}S&=\sqrt{1+k^2}\iint_D[k^2(x^2+y^2)^2+x^2y^2]\mathrm{d}x\mathrm{d}y\\&=2\sqrt{1+k^2}\int_0^{\frac{\pi}{2}}\mathrm{d}\varphi\int_0^{2a\cos\varphi}r^5(k^2+\cos^2\varphi\sin^2\varphi)\mathrm{d}r\\&=\frac{\pi}{24}a^6(80k^2+7)\sqrt{1+k^2}.\end{aligned}$$

15.3　第二型曲线积分

15.3.1　第二型曲线积分的定义

定义 15.3.1　在空间有向曲线 L 上的有界函数 $P(x,y,z)$ 沿曲线 L 从点 A 到点 B 对坐标 x 的第二类曲线积分系指

$$\int_{L_{AB}} P(x,y,z)\mathrm{d}x = \lim_{\lambda\to 0}\sum_{i=1}^{n} P(\xi_i,\eta_i,\zeta_i)\Delta x_i,$$

其中 Δx_i 是 Δs_i（Δs_i 是将 L 从 A 到 B 任意分割成 n 个子弧段的第 i 个小弧段，也表示子弧段的长度）在 x 轴上的投影.点 (ξ_i,η_i,ζ_i) 是在 Δs_i 上任取的点，$\lambda=\max\{\Delta s_1,\Delta s_2,\cdots,\Delta s_n\}$.

如果 $P(x,y,z)$ 在 L 上连续，则上述曲线积分存在.类似地可定义 $\int_{L_{AB}} Q(x,y,z)\mathrm{d}y$ 和 $\int_{L_{AB}} R(x,y,z)\mathrm{d}z$.

称 $\int_{L_{AB}} P\mathrm{d}x+Q\mathrm{d}y+R\mathrm{d}z$ 为 $P(x,y,z),Q(x,y,z),R(x,y,z)$ 沿 L 从 A 到 B 的第二类曲线积分.

若将 P、Q、R 理解为矢量场的三个分量，即 $\mathbf{A}=\{P,Q,R\}$，且记 $\mathrm{d}s=\{\mathrm{d}x,\mathrm{d}y,\mathrm{d}z\}$，则

$$\int_{L_{AB}} P\mathrm{d}x+Q\mathrm{d}y+R\mathrm{d}z=\int_{L_{AB}} \mathbf{A}\cdot\mathrm{d}s.$$

力学上它表示质点沿曲线 L 从点 A 到点 B 运动时，变力 $\mathbf{F}=\{P,Q,R\}$ 所做的功

$$\boldsymbol{W}=\int_{L_{AB}} \mathbf{F}\cdot\mathrm{d}s.$$

第二类曲线积分与 L 的方向有关，当改变曲线方向时，积分要改变符号.

15.3.2 第二型曲线积分的计算公式

设曲线 $L(\widehat{AB})$ 的方程由 $x=x(t),y=y(t),z=z(t)$ 确定，端点 A 对应的参数为 α，端点 B 对应的参数为 β，又 $x(t)$、$y(t)$、$z(t)$ 具有连续的一阶导数，则

$$\begin{aligned}&\int_{L_{AB}} P\mathrm{d}x+Q\mathrm{d}y+R\mathrm{d}z\\ =&\int_{\alpha}^{\beta}\{P[x(t),y(t),z(t)]x'(t)+Q[x(t),y(t),z(t)]y'(t)+\\ &R[x(t),y(t),z(t)]z'(t)\}\mathrm{d}t.\end{aligned}$$

当 $L(\widehat{AB})$ 为平面曲线时，曲线方程为 $y=y(x)$，且端点 A 对应 $x=a$，端点 B 对应 $x=b$，$y'(x)$ 连续，则

$$\int_{L_{AB}} P\mathrm{d}x+Q\mathrm{d}y=\int_{a}^{b}\{P[x,y(x)]+Q[x,y(x)]y'(x)\}\mathrm{d}x.$$

15.3.3　第二型曲线积分的应用

例 15.3.1　计算$\int_L xy\,\mathrm{d}x$，其中 L 为抛物线 $y^2=x$ 上从点 $A(1,-1)$ 到点 $B(1,1)$ 的一段弧(图 15-3-1).

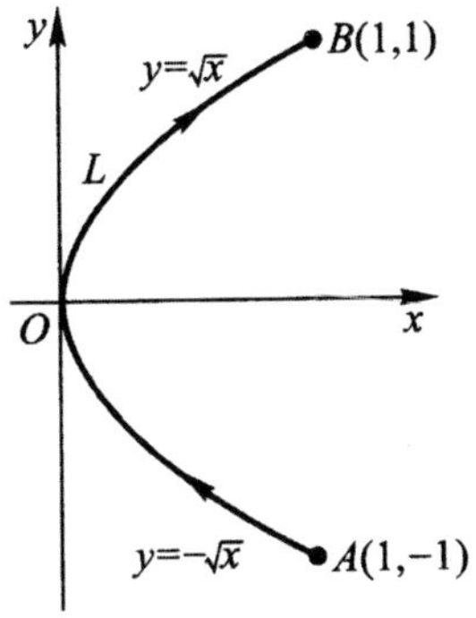

图 15-3-1

解法一: 以 x 为参数.L 分为 AO 和 OB 两部分:

AO 的方程为 $y=-\sqrt{x}$，x 从 1 变到 0；OB 的方程为 $y=\sqrt{x}$，x 从 0 变到 1.因此

$$\begin{aligned}\int_L xy\,\mathrm{d}x&=\int_{AO}xy\,\mathrm{d}x+\int_{OB}xy\,\mathrm{d}x\\&=\int_1^0 x(-\sqrt{x})\,\mathrm{d}x+\int_0^1 x\sqrt{x}\,\mathrm{d}x=2\int_0^1 x^{\frac{3}{2}}\,\mathrm{d}x=\frac{4}{5}.\end{aligned}$$

解法二: 以 y 为积分变量.L 的方程为 $x=y^2$，y 从 -1 变到 1.因此

$$\int_L xy\,\mathrm{d}x=\int_{-1}^1 y^2y(y^2)'\mathrm{d}y=2\int_{-1}^1 y^4\,\mathrm{d}y=\frac{4}{5}.$$

例 15.3.2　计算$\int_L 2xy\,\mathrm{d}x+x^2\mathrm{d}y$，其中 L 为(图 15-3-2):

(1) 抛物线 $y=x^2$ 上从 $O(0,0)$ 到 $B(1,1)$ 的一段弧；

(2) 抛物线 $x=y^2$ 上从 $O(0,0)$ 到 $B(1,1)$ 的一段弧；

(3) 有向折线 OAB，这里 O,A,B 依次是点 $(0,0),(1,0),(1,1)$.

解: (1) 化为对 x 的定积分.L：$y=x^2$，x 从 0 变到 1.所以

$$\int_L 2xy\,\mathrm{d}x+x^2\mathrm{d}y=\int_0^1(2x\cdot x^2+x^2\cdot 2x)\,\mathrm{d}x=4\int_0^1 x^3\,\mathrm{d}x=1.$$

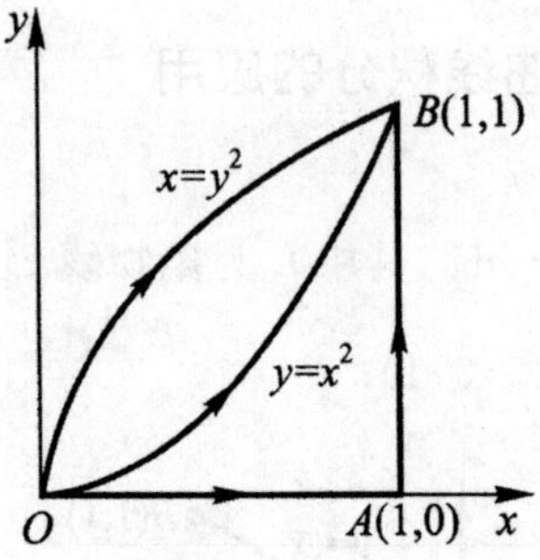

图 15-3-2

(2) 化为对 y 的定积分.$L:x=y^2$,y 从 0 变到 1.所以

$$\int_L 2xy\,\mathrm{d}x + x^2\,\mathrm{d}y = \int_0^1 (2y^2 \cdot y \cdot 2y + y^4)\,\mathrm{d}y = 5\int_0^1 y^4\,\mathrm{d}y = 1.$$

(3) $\int_L 2xy\,\mathrm{d}x + x^2\,\mathrm{d}y = \int_{OA} 2xy\,\mathrm{d}x + x^2\,\mathrm{d}y + \int_{AB} 2xy\,\mathrm{d}x + x^2\,\mathrm{d}y$,

在 OA 上,$y=0$,x 从 0 变到 1,所以

$$\int_{OA} 2xy\,\mathrm{d}x + x^2\,\mathrm{d}y = \int_0^1 (2x \cdot 0 + x^2 \cdot 0)\,\mathrm{d}x = 0.$$

在 AB 上,$x=1$,y 从 0 变到 1,所以

$$\int_{AB} 2xy\,\mathrm{d}x + x^2\,\mathrm{d}y = \int_0^1 (2y \cdot 0 + 1)\,\mathrm{d}y = 1.$$

从而

$$\int_L 2xy\,\mathrm{d}x + x^2\,\mathrm{d}y = 0 + 1 = 1.$$

例 15.3.3 计算 $\int_\Gamma x^3\,\mathrm{d}x + 3zy^2\,\mathrm{d}y - x^2y\,\mathrm{d}z$,其中 Γ 是从点 $A(3,2,1)$ 到点 $B(0,0,0)$ 的直线段 AB.

解:直线 AB 的参数方程为

$$x=3t, y=2t, x=t,$$

t 从 1 变到 0.所以

$$I = \int_0^1 [(3t)^3 \cdot 3 + 3t(2t)^2 \cdot 2 - (3t)^2 \cdot 2t]\,\mathrm{d}t = 87\int_1^0 t^3\,\mathrm{d}t = -\frac{87}{4}.$$

例 15.3.4 计算 $\int_L y^2\,\mathrm{d}x$.

(1)L 为按逆时针方向绕行的上半圆周 $x^2+y^2=a^2$;

(2) 从点 $A(a,0)$ 沿 x 轴到点 $B(-a,0)$ 的直线段(图 15-3-3).

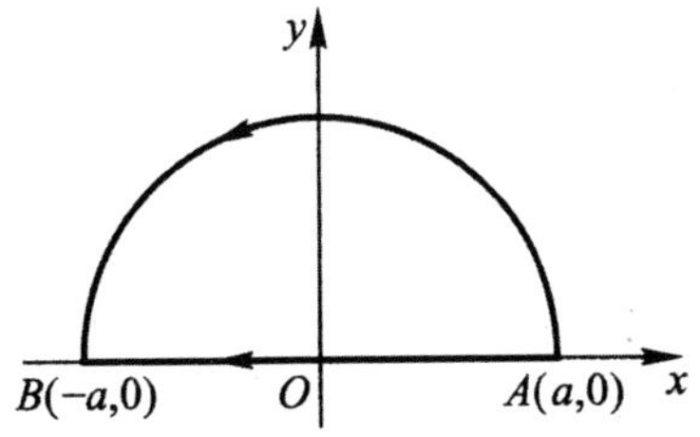

图 15-3-3

解:(1)L 的参数方程为

$$x=a\cos\theta, y=a\sin\theta,$$

θ 从 0 变到 π.因此

$$\int_L y^2\mathrm{d}x=\int_0^{\pi}a^2\sin^2\theta(-a\sin\theta)\,\mathrm{d}\theta=a^3\int_0^{\pi}(1-\cos^2\theta)\,d\cos\theta=-\frac{4}{3}a^3.$$

(2)L 的方程为 $y=0$,x 从 a 变到 $-a$.因此

$$\int_L y^2\mathrm{d}x=\int_a^{-a}0\mathrm{d}x=0.$$

例 15.3.5　设一个质点在点 $M(x,y)$ 处受到力 $\boldsymbol{F}$ 的作用,$\boldsymbol{F}$ 的大小与点 M 到原点 O 的距离成正比,$\boldsymbol{F}$ 的方向恒指向原点.此质点由点 $A(a,0)$ 沿椭圆 $\frac{x^2}{a^2}+\frac{y^2}{b^2}=1$ 按逆时针方向移动到点 $B(0,b)$,求力 $\boldsymbol{F}$ 所作的功 W.

解:
$$\overrightarrow{OM}=x\boldsymbol{i}+y\boldsymbol{j},|\overrightarrow{OM}|=\sqrt{x^2+y^2}.$$

由假设有 $\boldsymbol{F}=-k(x\boldsymbol{i}+y\boldsymbol{j})$,其中 $k>0$ 是比例常数.于是

$$W=\int_{\widehat{AB}}\boldsymbol{F}\cdot\mathrm{d}\boldsymbol{r}=\int_{\widehat{AB}}-kx\,\mathrm{d}x-ky\,\mathrm{d}y=-k\int_{\widehat{AB}}x\,\mathrm{d}x+y\,\mathrm{d}y.$$

利用椭圆的参数方程 $\begin{cases}x=a\cos t\\ y=b\sin t\end{cases}$,起点 A、终点 B 分别对应参数 $t=0,\frac{\pi}{2}$,于是

$$\begin{aligned}W&=-k\int_0^{\frac{\pi}{2}}(-a^2\cos t\sin t+b^2\sin t\cos t)\,\mathrm{d}t\\&=k(a^2-b^2)\int_0^{\frac{\pi}{2}}\sin t\cos t\,\mathrm{d}t\\&=\frac{k}{2}(a^2-b^2).\end{aligned}$$

15.4 第二型曲面积分

15.4.1 第二类曲面积分的概念

首先对曲面做一些说明,这里假定曲面为光滑的.

我们知道对坐标的曲线积分与积分路径的方向有关,所以讨论的曲线为有向曲线弧.对第二类曲面积分也具有方向性,与曲面的侧有关.

通常遇到的曲面均为双侧的.例如由方程 $z=z(x,y)$ 表示的曲面,有上下侧之分(此处假定 z 轴铅直向上);方程 $y=y(x,z)$ 表示的曲面,有左右侧之分;方程 $x=x(y,z)$ 表示的曲面,有前后侧之分;一个包围某一空间区域的闭曲面,有内外侧之分.

曲面有单侧和双侧的区别,在讨论对第二类曲面积分时,我们需要指定曲面的侧.若规定曲面上一点的法向量的正方向,当此点沿着曲面上任一条不越过曲面边界的闭曲线连续移动(法向量正方向也连续变动)从而回到原来位置上时,法向量的正方向保持不变,则称曲面为双侧曲面.若曲面上的点按照上述方式移动,再回到原来位置时,出现的法向量的正方向与原来的方向相反,那么该曲面为单侧的.

曲面 S 为双侧曲面,如图 15-4-1 所示.

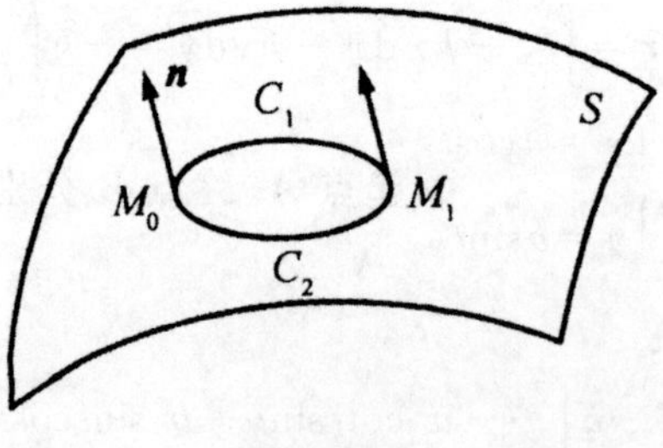

图 15-4-1

曲面为单侧曲面,如图 15-4-2 所示.

设曲面指定侧的单位法向量为 $\boldsymbol{n}$,方向余弦为 $\cos\alpha,\cos\beta,\cos\gamma$,从而有

$$\boldsymbol{n}=\cos\alpha\boldsymbol{i}+\cos\beta\boldsymbol{j}+\cos\gamma\boldsymbol{k}.$$

确定了侧的曲面,称之为有向曲面.

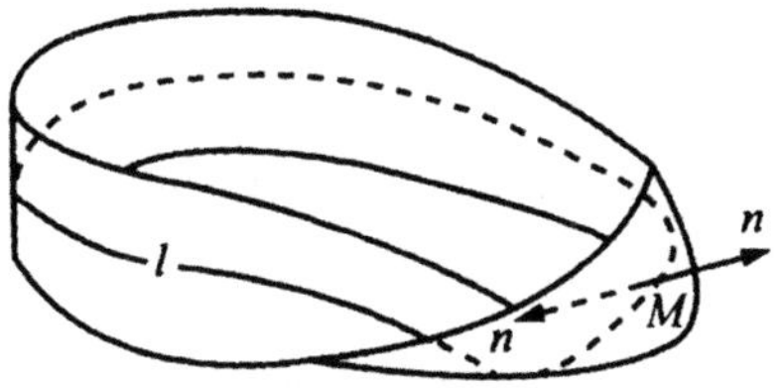

图 15-4-2

有一稳定流动的不可压缩流体(液体中各点的流速只与该点的位置有关而与时间无关)的速度场由

$$\boldsymbol{v}(x,y,z)=P(x,y,z)\boldsymbol{i}+Q(x,y,z)\boldsymbol{j}+R(x,y,z)\boldsymbol{k}$$

给出,S 为速度场中的一片有向曲面,函数 $P(x,y,z)$,$Q(x,y,z)$,$R(x,y,z)$ 均在 S 上连续,则求在单位时间内流向 S 指定侧的流体的质量,即流量 Φ.

若流体流过平面上面积为 A 的一个闭区域,并且流体在该闭区域上各点处的流速为 $\boldsymbol{v}$(常向量),又设 $\boldsymbol{n}$ 为此平面的单位法向量(图 15-4-3),则在单位时间内流过该闭区域的流体组成一个底面积为 A、斜高为 $|\boldsymbol{v}|$ 的斜柱体(图 15-4-4).

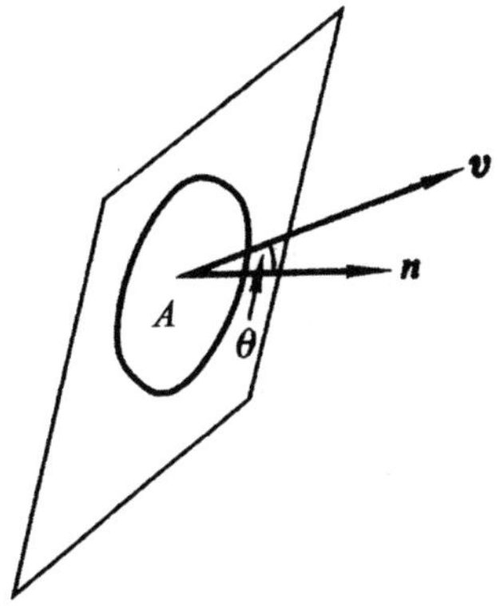

图 15-4-3

图 15-4-4

当$(\widehat{\boldsymbol{v},\boldsymbol{n}})=\theta<\frac{\pi}{2}$时，该斜柱体的体积为

$$A\mid \boldsymbol{v}\mid \cos\theta=A\boldsymbol{v}\cdot\boldsymbol{n}.$$

也就是通过闭区域A流向$\boldsymbol{n}$所指一侧的流量Φ；

当$(\widehat{\boldsymbol{v},\boldsymbol{n}})=\frac{\pi}{2}$时，易知流体通过闭区域$A$流向$\boldsymbol{n}$所指一侧的流量$\Phi$为0，因为$A\boldsymbol{v}\cdot\boldsymbol{n}=0$，所以$\Phi=A\boldsymbol{v}\cdot\boldsymbol{n}=0$；

当$(\widehat{\boldsymbol{v},\boldsymbol{n}})>\frac{\pi}{2}$时，$A\boldsymbol{v}\cdot\boldsymbol{n}<0$，此时仍把$A\boldsymbol{v}\cdot\boldsymbol{n}$称之为流体通过闭区域$A$流向$\boldsymbol{n}$所指一侧的流量，其表示流体通过闭区域$A$流向$-\boldsymbol{n}$所指一侧，并且$-\boldsymbol{n}$所指一侧的流量为$-A\boldsymbol{v}\cdot\boldsymbol{n}$.所以，不论$(\widehat{\boldsymbol{v},\boldsymbol{n}})$为何值，流体通过闭区域$A$流向$\boldsymbol{n}$所指一侧的流量$\Phi$都为$A\boldsymbol{v}\cdot\boldsymbol{n}$.

因为现在所讨论的为有向曲面而不是平面，并且其流速$\boldsymbol{v}$也不是常向量，所以所求流量不能直接使用上述方法计算.可采用“分割、取近似、求和、取极限”的方法来解决.

将曲面S任意分成n个小曲面ΔS_i，其中$i=1,2,\cdots,n$，同时用ΔS_i表示小曲面面积，在每一个小曲面上任取一点(ξ_i,η_i,ζ_i)，在该点的单位向量$\boldsymbol{n}_i$为

$$\boldsymbol{n}_i=\cos\alpha_i\boldsymbol{i}+\cos\beta_i\boldsymbol{j}+\cos\gamma_i\boldsymbol{k},$$

该点的流速为

$$\begin{aligned}\boldsymbol{v}&=\boldsymbol{v}(\xi_i,\eta_i,\zeta_i)\\&=P(\xi_i,\eta_i,\zeta_i)\boldsymbol{i}+Q(\xi_i,\eta_i,\zeta_i)\boldsymbol{j}+R(\xi_i,\eta_i,\zeta_i)\boldsymbol{k}.\end{aligned}$$

一方面我们把小曲面ΔS_i近似看成平面，而另一方面把小曲面ΔS_i上流速近似看成为常向量$\boldsymbol{v}(\xi_i,\eta_i,\zeta_i)$，如图15-4-5所示.

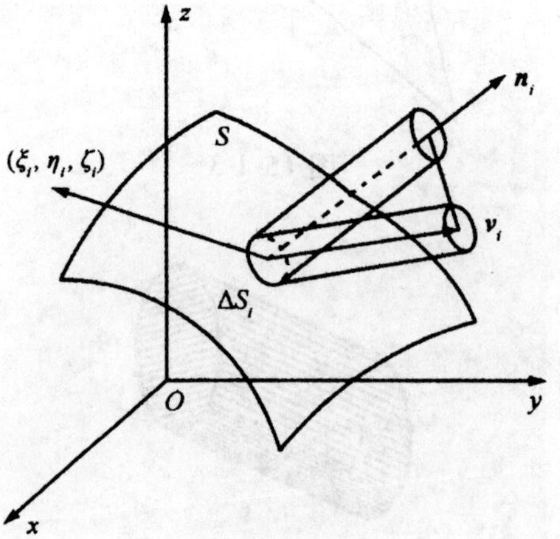

图 15-4-5

从而有

$$\Delta\Phi_i \approx \Delta S_i[v(\xi_i,\eta_i,\zeta_i)\cdot \boldsymbol{n}_i].$$

于是,通过曲面 S 流向指定侧的流量

$$\begin{aligned}\Phi &= \sum_{i=1}^{n}\Delta\Phi_i\\ &\approx \sum_{i=1}^{n}[v(\xi_i,\eta_i,\zeta_i)\cdot \boldsymbol{n}_i]\Delta S_i\\ &= \sum_{i=1}^{n}[P(\xi_i,\eta_i,\zeta_i)\cos\alpha_i + Q(\xi_i,\eta_i,\zeta_i)\cos\beta_i + R(\xi_i,\eta_i,\zeta_i)\cos\gamma_i]\Delta S_i.\end{aligned}$$

设 λ 为 $\Delta S_i(i=1,2,\cdots,n)$ 直径的最大值,从而有

$$\begin{aligned}\Phi = \lim_{\lambda\to 0}\sum_{i=1}^{n}[&P(\xi_i,\eta_i,\zeta_i)\cos\alpha_i + Q(\xi_i,\eta_i,\zeta_i)\cos\beta_i\\ &+ R(\xi_i,\eta_i,\zeta_i)\cos\gamma_i]\Delta S_i.\end{aligned}$$

可分成三个极限

$$\lim_{\lambda\to 0}\sum_{i=1}^{n}P(\xi_i,\eta_i,\zeta_i)\cos\alpha_i\Delta S_i,$$

$$\lim_{\lambda\to 0}\sum_{i=1}^{n}Q(\xi_i,\eta_i,\zeta_i)\cos\beta_i\Delta S_i,$$

$$\lim_{\lambda\to 0}\sum_{i=1}^{n}R(\xi_i,\eta_i,\zeta_i)\cos\gamma_i\Delta S_i.$$

定义 15.4.1 设有光滑曲面 S,预先指定了曲面的侧,也就是预先给定了曲面 S 上的单位法向量 e_n,又设 $\boldsymbol{A}(x,y,z)$ 是一个向量值连续函数

$$\boldsymbol{A}(x,y,z) = P(x,y,z)\boldsymbol{i} + Q(x,y,z)\boldsymbol{j} + R(x,y,z)\boldsymbol{k},$$

其中 P,Q,R 在曲面 S 上有界,如果数量积 $A\cdot e_n$ 在曲面 S 上的曲面积分存在,那么称此积分值为向量值函数 $A(x,y,z)$ 在有向曲面 S 上的积分,或者称为对坐标的曲面积分(或第二型曲面积分),记作

$$\iint_S A\cdot e_n\,\mathrm{d}S.$$

若 $e_n=(\cos\alpha,\cos\beta,\cos\gamma)$,那么 $e_n\mathrm{d}S=(\cos\alpha\,\mathrm{d}S,\cos\beta\,\mathrm{d}S,\cos\gamma\,\mathrm{d}S)$.则称其为有向面积微元,记作 $\mathrm{d}S$,那么在直角坐标系中,对坐标的曲面积分可记作

$$\begin{aligned}\iint_S A\cdot \mathrm{d}S &= \iint_S A\cdot e_n\,\mathrm{d}S\\ &= \iint_S (P\cos\alpha + Q\cos\beta + R\cos\gamma)\,\mathrm{d}S\\ &= \iint_S P\cos\alpha\,\mathrm{d}S + Q\cos\beta\,\mathrm{d}S + R\cos\gamma\,\mathrm{d}S.\end{aligned}$$

其中 $\cos\alpha\,\mathrm{d}S,\cos\beta\,\mathrm{d}S,\cos\gamma\,\mathrm{d}S$ 分别为有向面积微元 $\mathrm{d}S$ 在 yOz,zOx,xOy 三个坐标面上的投影，分别记作 $\mathrm{d}y\mathrm{d}z,\mathrm{d}z\mathrm{d}x,\mathrm{d}x\mathrm{d}y$，则

$$\cos\alpha\,\mathrm{d}S=\mathrm{d}y\mathrm{d}z,\cos\beta\,\mathrm{d}S=\mathrm{d}z\mathrm{d}x,\cos\gamma\,\mathrm{d}S=\mathrm{d}x\mathrm{d}y,$$

那么，对坐标的曲面积分可记作

$$\iint_S P(x,y,z)\mathrm{d}y\mathrm{d}z+Q(x,y,z)\mathrm{d}z\mathrm{d}x+R(x,y,z)\mathrm{d}x\mathrm{d}y.$$

15.4.2 第二类曲面积分的性质与计算

对第二类曲面积分有如下性质：

性质 15.4.1 若 S 分为 S_1 和 S_2 两块，则有

$$\begin{aligned}&\iint_S P(x,y,z)\mathrm{d}y\mathrm{d}z+Q(x,y,z)\mathrm{d}z\mathrm{d}x+R(x,y,z)\mathrm{d}x\mathrm{d}y\\=&\iint_{S_1} P(x,y,z)\mathrm{d}y\mathrm{d}z+Q(x,y,z)\mathrm{d}z\mathrm{d}x+R(x,y,z)\mathrm{d}x\mathrm{d}y+\\&\iint_{S_2} P(x,y,z)\mathrm{d}y\mathrm{d}z+Q(x,y,z)\mathrm{d}z\mathrm{d}x+R(x,y,z)\mathrm{d}x\mathrm{d}y,\end{aligned}$$

此性质可以推广到 S 分成 $S_1,S_2,\cdots,S_n$ 几部分的情况.

性质 15.4.2 设 S 为有向曲面，而 $-S$ 则为与 S 相反侧的有向曲面，则有

$$\begin{aligned}&\iint_{-S} P(x,y,z)\mathrm{d}y\mathrm{d}z+Q(x,y,z)\mathrm{d}z\mathrm{d}x+R(x,y,z)\mathrm{d}x\mathrm{d}y\\=&-\iint_S P(x,y,z)\mathrm{d}y\mathrm{d}z+Q(x,y,z)\mathrm{d}z\mathrm{d}x+R(x,y,z)\mathrm{d}x\mathrm{d}y.\end{aligned}$$

对第二类的曲面积分的其他性质也都与对第二类曲线积分的性质相类似.

下面我们以 $\iint_S R(x,y,z)\mathrm{d}x\mathrm{d}y$ 为例讨论对第二类曲面积分的计算方法.

设积分曲面 S 的方程由单值函数 $z=z(x,y)$ 给出，即曲面 S 与平行 z 轴的直线的交点只有一个，在 xOy 面上的投影区域为 D_{xy}，函数 $z=z(x,y)$ 在 D_{xy} 上具有一阶连续偏导数，被积函数 $R(x,y,z)$ 在 S 上连续.

可将对坐标的曲面积分化为投影域 D_{xy} 上的二重积分计算，即有

$$\iint_S R(x,y,z)\mathrm{d}x\mathrm{d}y=\pm\iint_{D_{xy}} R[x,y,z(x,y)]\mathrm{d}x\mathrm{d}y. \tag{15-4-1}$$

当 S 所取的侧法向量方向余弦 $\cos\gamma>0$ 取正号(称为上侧)，$\cos\gamma<0$ 则取

负号(称为下侧).

式(15-4-1)两端的 $dxdy$ 的意义不同,式左端的 $dxdy$ 为有向曲面面积元素 dS 在 xOy 面上的投影,而右边的 $dxdy$ 为平面上的面积元素,它不会为负值.

类似地,若 S 的方程为单值函数 $x=x(y,z)$,在 yOz 面上的投影域为 D_{yz},从而有

$$\iint_S P(x,y,z)\mathrm{d}y\mathrm{d}z=\pm\iint_{D_{yz}}P[x(y,z),y,z]\mathrm{d}y\mathrm{d}z,$$

余弦 $\cos\alpha>0$ 取正号(称为前侧),$\cos\alpha<0$ 则取负号(称为后侧).

若 S 的方程为单值函数 $y=y(x,z)$,在 zOx 面上的投影域为 D_{zx},从而有

$$\iint_S Q(x,y,z)\mathrm{d}z\mathrm{d}x=\pm\iint_{D_{zx}}Q[x,y(x,z),z]\mathrm{d}z\mathrm{d}x,$$

余弦 $\cos\beta>0$ 取正号(称为右侧),$\cos\alpha<0$ 则取负号(称为左侧).

由定义可知两类曲面积分有如下关系

$$\iint_S \boldsymbol{A}\cdot\boldsymbol{e}_n\mathrm{d}S=\iint_S(\boldsymbol{A}\cdot\boldsymbol{e}_n)\mathrm{d}S,$$

即

$$\iint_S P\mathrm{d}y\mathrm{d}z+Q\mathrm{d}z\mathrm{d}x+R\mathrm{d}x\mathrm{d}y=\iint_S(P\cos\alpha+Q\cos\beta+R\cos\gamma)\mathrm{d}S,$$

其中 $\cos\alpha$、$\cos\beta$、$\cos\gamma$ 是有向曲面 S 上点 (x,y,z) 处的法矢量的方向余弦.

因此,对坐标的曲面积分的计算,可以先求出 $\boldsymbol{e}_n=(\cos\alpha,\cos\beta,\cos\gamma)$ 与 $\boldsymbol{A}$ 的数量积,然后再按对面积的曲面积分的计算方法,将其转化成 S 在某一坐标面上投影区域上的二重积分求解,这也是对坐标的曲面积分的一种计算方法.

例 15.4.1　计算曲面积分

$$\iint_S x^2\mathrm{d}y\mathrm{d}z+y^2\mathrm{d}z\mathrm{d}x+z^2\mathrm{d}x\mathrm{d}y,$$

其中 S 为长方体 $\Omega=\{(x,y,z)\mid 0\leqslant x\leqslant a,0\leqslant y\leqslant b,0\leqslant z\leqslant c\}$.

解:将有向曲面 S 分成以下六部分:

$S_1:z=c(0\leqslant x\leqslant a,0\leqslant y\leqslant b)$ 的上侧;

$S_2:z=0(0\leqslant x\leqslant a,0\leqslant y\leqslant b)$ 的下侧;

$S_3:x=a(0\leqslant y\leqslant b,0\leqslant z\leqslant c)$ 的前侧;

$S_4:x=0(0\leqslant y\leqslant b,0\leqslant z\leqslant c)$ 的后侧;

$S_5:y=b(0\leqslant x\leqslant a,0\leqslant z\leqslant c)$ 的右侧;

$S_6:y=0(0\leqslant x\leqslant a,0\leqslant z\leqslant c)$ 的左侧.

因为 S_1、S_2、S_5、S_6 四片曲面在 yOz 面上的投影为零,所以有

$$\iint_S x^2\,dy\,dz=\iint_{S_3} x^2\,dy\,dz+\iint_{S_4} x^2\,dy\,dz.$$

易知

$$\iint_S x^2\,dy\,dz=\iint_{D_{yz}} a^2\,dy\,dz-\iint_{D_{yz}} 0^2\,dy\,dz=a^2bc.$$

从而类似地,可得

$$\iint_S y^2\,dz\,dx=b^2ac,$$

$$\iint_S z^2\,dx\,dy=c^2ab,$$

所以所求曲面积分为 $(a+b+c)abc$.

例 15.4.2 计算 $I=\iint_S y\,dz\,dx+z\,dx\,dy$,其中 S 为圆柱面 $x^2+y^2=1$ 的前半个柱面介于平面 $z=0$ 及 $z=3$ 之间的部分,取后侧.

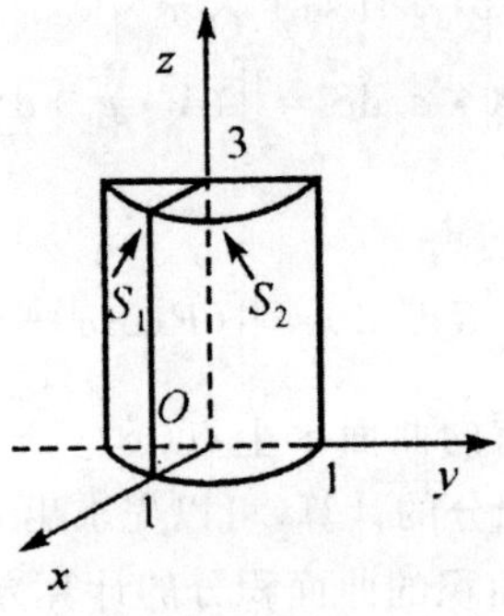

图 15-4-6

解:如图 15-4-6 所示,将积分曲线 S 投影到 zOx 面上,可得

$$D_{zx}=\{(z,x)\mid 0\leqslant x\leqslant 1,0\leqslant z\leqslant 3\},$$

曲线 S 按 zOx 面分成左、右两部分 S_1 及 S_2,其中 $S_1: y=-\sqrt{1-x^2}$,取左侧,则有

$$\begin{aligned}\iint_S y\,dz\,dx&=\iint_{S_1} y\,dz\,dx+\iint_{S_2} y\,dz\,dx\\&=\iint_{D_{zx}}(-\sqrt{1-x^2})\,dz\,dx-\iint_{D_{zx}}\sqrt{1-x^2}\,dz\,dx\\&=-2\iint_{D_{zx}}\sqrt{1-x^2}\,dz\,dx=-2\int_0^1 dx\int_0^3\sqrt{1-x^2}\,dz\\&=-6\int_0^1\sqrt{1-x^2}\,dx=(-6)\cdot\frac{\pi}{4}=-\frac{3}{2}\pi.\end{aligned}$$

容易发现，到曲面 S 上任意点处的法向量与 z 轴正向的夹角 $\gamma=\frac{\pi}{2}$，因此 $dxdy=\cos\gamma dS=0$，从而 $\iint\limits_S z dxdy=0$，由此可得

$$I=\iint\limits_S y dzdx+z dxdy=\iint\limits_S z dxdy+0=-\frac{3}{2}\pi.$$

15.5　高斯公式和斯托克斯公式

15.5.1　高斯公式

定理 15.5.1(高斯公式)　设空间闭区域 V 是由光滑或分片光滑的封闭曲线 S 所围成的单连通区域，函数 $P(x,y,z)$、$Q(x,y,z)$、$R(x,y,z)$ 在 V 上有一阶连续偏导数，则

$$\oiint\limits_S P dydz+Q dzdx+R dxdy=\iiint\limits_V\left(\frac{\partial P}{\partial x}+\frac{\partial Q}{\partial y}+\frac{\partial R}{\partial z}\right)dV,$$

其中 S 取外侧.

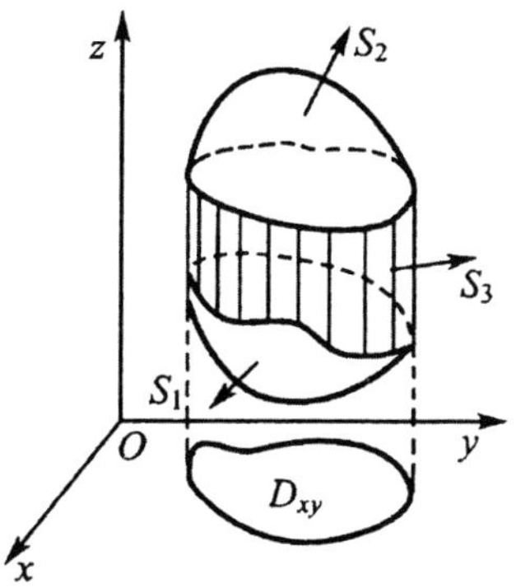

图 15-5-1

证明:设闭区域 V 在 xOy 面上的投影区域为 D_{xy}，并假设任何平行于 z 轴的直线穿过 V 的内部与 V 的边界曲面 S 的交点均为两个，如图 15-5-1 所示，则 V 可表示为

$$V=\{(x,y,z)\mid z_1(x,y)\leqslant z\leqslant z_2(x,y),(x,y)\in D_{xy}\};$$

其中，V 的底面 $S_1:z=z_1(x,y)$，取下侧；V 的顶面 $S_2:z=z_2(x,y)$，取上

侧;V 的侧面为柱面 S_3,取外侧.于是由三重积分的计算方法有

$$\iiint_V \frac{\partial R}{\partial z}\mathrm{d}V = \iint_{D_{xy}} \mathrm{d}x\mathrm{d}y\int_{z_1(x,y)}^{z_2(x,y)} \frac{\partial R}{\partial z}\mathrm{d}z$$

$$= \iint_{D_{xy}} \{R[x,y,z_2(x,y)] - R[x,y,z_1(x,y)]\}\mathrm{d}x\mathrm{d}y.$$

再根据对第二类曲面积分的计算方法,可得

$$\oiint_S R(x,y,z)\mathrm{d}x\mathrm{d}y = \oiint_{S_1} R(x,y,z)\mathrm{d}x\mathrm{d}y + \oiint_{S_2} R(x,y,z)\mathrm{d}x\mathrm{d}y$$

$$+ \oiint_{S_3} R(x,y,z)\mathrm{d}x\mathrm{d}y$$

$$= \iint_{D_{xy}} R[x,y,z_2(x,y)]\mathrm{d}x\mathrm{d}y - \iint_{D_{xy}} R[x,y,z_1(x,y)]\mathrm{d}x\mathrm{d}y + 0.$$

因此

$$\iiint_V \frac{\partial R}{\partial z}\mathrm{d}V = \oiint_S R(x,y,z)\mathrm{d}x\mathrm{d}y.$$

同理,如果穿过 V 内部且与 x 轴平行的直线以平行于 y 轴的直线与 V 的边界曲面 S 的交点也都恰有两个,则可证得

$$\iiint_V \frac{\partial P}{\partial x}\mathrm{d}V = \oiint_S P(x,y,z)\mathrm{d}y\mathrm{d}z,$$

$$\iiint_V \frac{\partial Q}{\partial y}\mathrm{d}V = \oiint_S P(x,y,z)\mathrm{d}z\mathrm{d}x,$$

将上面三式相加从而得到高斯公式.

如果平行于坐标轴的直线穿过V的内部与其边界曲面S的交点多于两个,可引入若干辅助曲面将V分成若干满足上述条件的闭区域,而曲面积分在辅助曲面正反两侧相互抵消,故高斯公式成立.

例 15.5.1 利用高斯公式计算曲面积分

$$\iint_S y(x-z)\mathrm{d}y\mathrm{d}z + x^2\mathrm{d}z\mathrm{d}x + (y^2+xz)\mathrm{d}x\mathrm{d}y,$$

其中 S 是长方体 SV:$0 \leqslant x \leqslant a, 0 \leqslant y \leqslant b, 0 \leqslant z \leqslant c$ 的外侧表面.

解:由于

$$P = y(x-z), Q = x^2, R = y^2 + xz,$$

$$\frac{\partial P}{\partial x} + \frac{\partial Q}{\partial y} + \frac{\partial R}{\partial z} = x + y,$$

因此

$$\iint_S y(x-z)\mathrm{d}y\mathrm{d}z + x^2\mathrm{d}z\mathrm{d}x + (y^2+xz)\mathrm{d}x\mathrm{d}y$$

$$=\iiint\limits_V (x+y)\mathrm{d}x\mathrm{d}y\mathrm{d}z=\int_0^a \mathrm{d}x\int_0^b \mathrm{d}y\int_0^c (x+y)\mathrm{d}z$$
$$=\frac{1}{2}abc(a+b).$$

例 15.5.2　计算积分

$$\iint\limits_S x^2\mathrm{d}y\mathrm{d}z+y^2\mathrm{d}z\mathrm{d}x+z^2\mathrm{d}x\mathrm{d}y,$$

其中 S 为圆锥面 $x^2+y^2=z^2(0\leqslant z\leqslant h)$ 的下侧.

解:因为曲面 S 不是封闭曲面,所以不能直接应用高斯公式,因此我们做一平面 S':$z=h$,其单位法向量与 z 轴正向指向相同(图 15-5-2).从而 S 和 S' 组成一封闭曲面,根据高斯公式可得

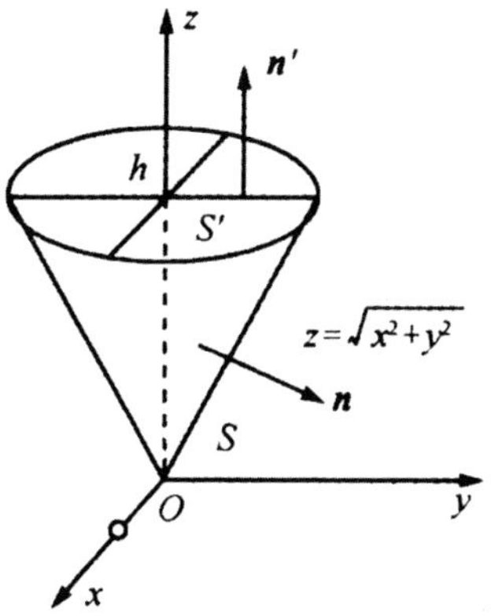

图 15-5-2

$$\iint\limits_{S+S'} x^2\mathrm{d}y\mathrm{d}z+y^2\mathrm{d}z\mathrm{d}x+z^2\mathrm{d}x\mathrm{d}y=2\iiint\limits_\Omega (x+y+z)\mathrm{d}x\mathrm{d}y\mathrm{d}z$$
$$=2\int_0^{2\pi}\mathrm{d}\theta\int_0^h r\mathrm{d}r\int_r^h (r\cos\theta+r\sin\theta+z)\mathrm{d}z$$
$$=2\int_0^{2\pi}\mathrm{d}\theta\int_0^h \left[r(r\cos\theta+r\sin\theta)(h-r)+r\,\frac{h^2-r^2}{2}\right]\mathrm{d}r$$
$$=2\pi\int_0^h (h^2r-r^3)\mathrm{d}r=\frac{1}{2}\pi h^4.$$

而且

$$\iint\limits_{S'} x^2\mathrm{d}y\mathrm{d}z+y^2\mathrm{d}z\mathrm{d}x+z^2\mathrm{d}x\mathrm{d}y=\iint\limits_{D_{xy}} h^2\mathrm{d}x\mathrm{d}y=\pi h^4.$$

所以

$$\iint\limits_S x^2\mathrm{d}y\mathrm{d}z+y^2\mathrm{d}z\mathrm{d}x+z^2\mathrm{d}x\mathrm{d}y=\frac{1}{2}\pi h^4-\pi h^4=-\frac{1}{2}\pi h^4.$$

例 15.5.3 计算曲面积分

$$I=\oiint_{S}2x^{3}\mathrm{d}y\mathrm{d}z+2y^{3}\mathrm{d}z\mathrm{d}x+3(z^{2}-1)\mathrm{d}x\mathrm{d}y,$$

其中 S 是曲面 $z=1-x^{2}-y^{2}(z\geqslant 0)$ 的上侧,如图 15-5-3 所示.

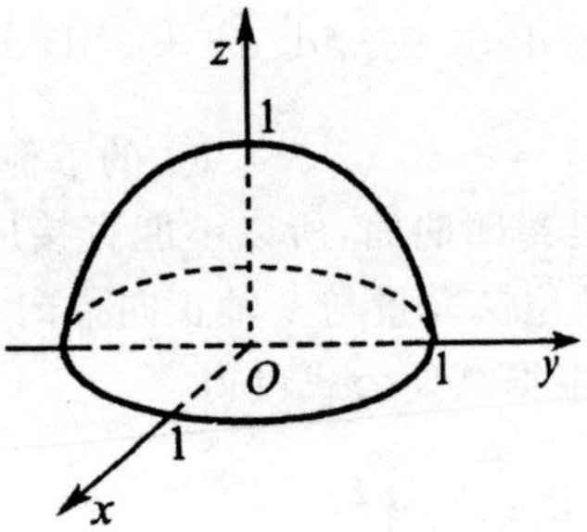

图 15-5-3

解:引进辅助曲面 S_1:0,$(x,y)\in D_{xy}$,取下侧,即

$$D_{xy}=\{(x,y)\mid x^{2}+y^{2}\leqslant 1\},$$

则有

$$I=\oiint_{S+S_1}2x^{3}\mathrm{d}y\mathrm{d}z+2y^{3}\mathrm{d}z\mathrm{d}x+3(z^{2}-1)\mathrm{d}x\mathrm{d}y$$
$$-\oiint_{S_1}2x^{3}\mathrm{d}y\mathrm{d}z+2y^{3}\mathrm{d}z\mathrm{d}x+3(z^{2}-1)\mathrm{d}x\mathrm{d}y,$$

于是,根据高斯公式,可得

$$\begin{aligned}&\oiint_{S+S_1}2x^{3}\mathrm{d}y\mathrm{d}z+2y^{3}\mathrm{d}z\mathrm{d}x+3(z^{2}-1)\mathrm{d}x\mathrm{d}y\\&=\iiint_{V}6(x^{2}+y^{2}+z)\mathrm{d}x\mathrm{d}y\mathrm{d}z\\&=6\int_{0}^{2\pi}\mathrm{d}\theta\int_{0}^{1}\mathrm{d}r\int_{0}^{1-r^{2}}(z+r^{2})r\mathrm{d}z\\&=12\pi\int_{0}^{1}\left[\frac{1}{2}r(1-r^{2})^{2}+r^{3}(1-r^{2})\right]\mathrm{d}r\\&=2\pi.\end{aligned}$$

又由于

$$\oiint_{S_1}2x^{3}\mathrm{d}y\mathrm{d}z+2y^{3}\mathrm{d}z\mathrm{d}x+3(z^{2}-1)\mathrm{d}x\mathrm{d}y=-\iint_{x^{2}+y^{2}\leqslant 1}(-3)\mathrm{d}x\mathrm{d}y=3\pi,$$

因此

$$I=2\pi-3\pi=-\pi.$$

15.5.2　斯托克斯公式

斯托克斯建立了函数的导数在曲面上的积分与函数本身在曲面边界上的曲线积分之间的某种关系.这个公式首次出现在英国数学家汤姆逊致斯托克斯的一封信中.第一次公开出现是在 1854 年剑桥大学举办的数学竞赛中的竞赛试题中.由于斯托克斯当时是英国剑桥数学物理学派的重要代表人物,是非常著名的数学家,因此在他去世之后,这个公式就以斯托克斯公式之名流传于世.斯托克斯公式在电学和流体力学中有非常清楚的物理意义,也是研究向量场的重要工具.斯托克斯公式可以看成是格林公式在三维空间的推广.

定理 15.5.2　设 Γ 为分段光滑的空间有向闭曲线,S 以 Γ 为边界的分片光滑的有向曲面,函数 $P(x,y,z)$、$Q(x,y,z)$、$R(x,y,z)$ 在包含曲面 S 在内的一个空间区域内具有一阶连续偏导数,则有

$$\oint_{\Gamma} P(x,y,z)\mathrm{d}x+Q(x,y,z)\mathrm{d}y+R(x,y,z)\mathrm{d}z$$
$$=\iint_{S}\left(\frac{\partial R}{\partial y}-\frac{\partial Q}{\partial z}\right)\mathrm{d}y\mathrm{d}z+\left(\frac{\partial P}{\partial z}-\frac{\partial R}{\partial x}\right)\mathrm{d}z\mathrm{d}x+\left(\frac{\partial Q}{\partial x}-\frac{\partial P}{\partial y}\right)\mathrm{d}x\mathrm{d}y,$$

其中,Γ 的正向与曲面 S 的侧符合右手规则,即当右手除拇指外的四指依 Γ 的绕行方向时,拇指所指的方向和 S 上法向量的指向相同.上述公式称之为斯托克斯公式.

为了便于记忆,利用行列式记号把斯托克斯公式可以写成

$$\oint_{\Gamma} P(x,y,z)\mathrm{d}x+Q(x,y,z)\mathrm{d}y+R(x,y,z)\mathrm{d}z$$
$$=\iint_{S}\begin{vmatrix}\mathrm{d}y\mathrm{d}z & \mathrm{d}z\mathrm{d}x & \mathrm{d}x\mathrm{d}y\\ \dfrac{\partial}{\partial x} & \dfrac{\partial}{\partial y} & \dfrac{\partial}{\partial z}\\ P & Q & R\end{vmatrix}.$$

因为

$$\mathrm{d}y\mathrm{d}z=\cos\alpha\,\mathrm{d}S,\mathrm{d}z\mathrm{d}x=\cos\beta\,\mathrm{d}S,\mathrm{d}x\mathrm{d}y=\cos\gamma\,\mathrm{d}S,$$

所以斯托克斯公式又可以写成

$$\oint_{\Gamma} P(x,y,z)\mathrm{d}x+Q(x,y,z)\mathrm{d}y+R(x,y,z)\mathrm{d}z$$
$$=\iint_{S}\begin{vmatrix}\cos\alpha & \cos\beta & \cos\gamma\\ \dfrac{\partial}{\partial x} & \dfrac{\partial}{\partial y} & \dfrac{\partial}{\partial z}\\ P & Q & R\end{vmatrix}\mathrm{d}S,$$

其中 $\boldsymbol{n}=\cos\alpha\boldsymbol{i}+\cos\beta\boldsymbol{j}+\cos\gamma\boldsymbol{k}$ 为有向曲面 S 的单位法向量.

证明:首先假设 S 与平行于 z 轴的直线相交不多于一点,且设 S 为曲面

$$z=f(x,y)$$

的上侧,S 的正向边界曲线 Γ 在 xOy 面上的投影为平面有向曲线 C,C 所围成的闭区域为 D_{xy}(图 15-5-4).

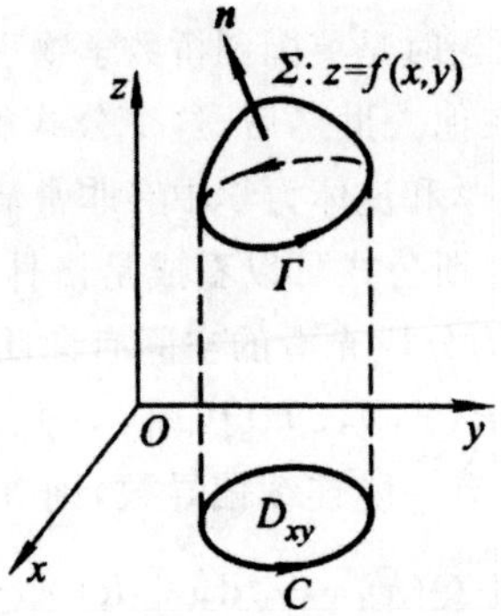

图 15-5-4

把曲线积分

$$\iint_S \frac{\partial P}{\partial z}\mathrm{d}z\mathrm{d}x-\frac{\partial P}{\partial y}\mathrm{d}x\mathrm{d}y$$

化为闭区域 D_{xy} 上的二重积分,然后利用格林公式使其与曲线积分相联系.

依据对第一类和对第二类曲面积分间的关系,则有

$$\iint_S \frac{\partial P}{\partial z}\mathrm{d}z\mathrm{d}x-\frac{\partial P}{\partial y}\mathrm{d}x\mathrm{d}y=\iint_S\left(\frac{\partial P}{\partial z}\cos\beta-\frac{\partial P}{\partial y}\cos\gamma\right)\mathrm{d}S. \quad (15\text{-}5\text{-}1)$$

有向曲面 S 的法向量的方向余弦为

$$\cos\alpha=\frac{-f_x}{\sqrt{1+f_x^2+f_y^2}},$$

$$\cos\beta=\frac{-f_y}{\sqrt{1+f_x^2+f_y^2}},\cos\gamma=\frac{1}{\sqrt{1+f_x^2+f_y^2}},$$

所以 $\cos\beta=-f_y\cos\gamma$,将其代入到式(15-5-1) 式中,可得

$$\iint_S \frac{\partial P}{\partial z}\mathrm{d}z\mathrm{d}x-\frac{\partial P}{\partial y}\mathrm{d}x\mathrm{d}y=-\iint_S\left(\frac{\partial P}{\partial y}+\frac{\partial P}{\partial z}f_y\right)\cos\gamma\mathrm{d}S.$$

即有

$$\iint_S \frac{\partial P}{\partial z}\mathrm{d}z\mathrm{d}x-\frac{\partial P}{\partial y}\mathrm{d}x\mathrm{d}y=-\iint_S\left(\frac{\partial P}{\partial y}+\frac{\partial P}{\partial z}f_y\right)\mathrm{d}x\mathrm{d}y. \quad (15\text{-}5\text{-}2)$$

上式右侧的曲面积分化为二重积分时,需要把 $P(x,y,z)$ 中的 z 用 $f(x,y)$

来表示，根据复合函数的微分法，则有

$$\frac{\partial}{\partial y}P[x,y,f(x,y)]=\frac{\partial P}{\partial y}+\frac{\partial P}{\partial z}\cdot f_y.$$

因此，式(15-5-2)可写成

$$\iint_S \frac{\partial P}{\partial z}\mathrm{d}z\mathrm{d}x-\frac{\partial P}{\partial y}\mathrm{d}x\mathrm{d}y=-\iint_{D_{xy}}\frac{\partial}{\partial y}P[x,y,f(x,y)]\mathrm{d}x\mathrm{d}y.$$

依据格林公式，上式右端的二重积分可化为沿闭区域 D_{xy} 的边界 C 的曲线积分

$$-\iint_{D_{xy}}\frac{\partial}{\partial y}P[x,y,f(x,y)]\mathrm{d}x\mathrm{d}y=\oint_C P[x,y,f(x,y)]\mathrm{d}x.$$

从而有

$$\iint_{D_{xy}}\frac{\partial P}{\partial z}\mathrm{d}z\mathrm{d}x-\frac{\partial P}{\partial y}\mathrm{d}x\mathrm{d}y=\oint_C P[x,y,f(x,y)]\mathrm{d}x.$$

由于函数 $P[x,y,f(x,y)]$ 在曲线 C 上点 (x,y) 处的值与函数 $P(x,y,z)$ 在曲线 Γ 上对应点 (x,y,z) 处的值是一样的，且两曲线上的对应小弧段在 x 轴上的投影也一样，则根据曲线积分的定义，上式右端的曲线积分与曲线 Γ 上的曲线积分 $\int_\Gamma P(x,y,z)\mathrm{d}x$ 相等.所以，证得

$$\iint_S \frac{\partial P}{\partial z}\mathrm{d}z\mathrm{d}x-\frac{\partial P}{\partial y}\mathrm{d}x\mathrm{d}y=\oint_\Gamma P(x,y,z)\mathrm{d}x. \qquad (15\text{-}5\text{-}3)$$

若 S 取下侧，Γ 则相应的改为相反的方向，则式(15-5-3)两端同时改变其符号，所以式(15-5-3)依然成立.

若曲面与平行于 z 轴的直线的交点多于一个，那么可作辅助线将曲面分成几部分，再利用公式(15-5-3)并相加.由于沿辅助线而方向相反的两个曲线积分相加是正好相互抵消，所以公式(15-5-3)依然成立.

类似地可证

$$\iint_S \frac{\partial Q}{\partial x}\mathrm{d}z\mathrm{d}x-\frac{\partial Q}{\partial z}\mathrm{d}x\mathrm{d}y=\oint_\Gamma Q(x,y,z)\mathrm{d}y,$$

$$\iint_S \frac{\partial R}{\partial y}\mathrm{d}z\mathrm{d}x-\frac{\partial R}{\partial x}\mathrm{d}x\mathrm{d}y=\oint_\Gamma R(x,y,z)\mathrm{d}z.$$

将上述两式与公式(15-5-3)相加即可得到

$$\oint_\Gamma P(x,y,z)\mathrm{d}x+Q(x,y,z)\mathrm{d}y+R(x,y,z)\mathrm{d}z$$
$$=\iint_S\left(\frac{\partial R}{\partial y}-\frac{\partial Q}{\partial z}\right)\mathrm{d}y\mathrm{d}z+\left(\frac{\partial P}{\partial z}-\frac{\partial R}{\partial x}\right)\mathrm{d}z\mathrm{d}x+\left(\frac{\partial Q}{\partial x}-\frac{\partial P}{\partial y}\right)\mathrm{d}x\mathrm{d}y.$$

例 15.5.4 根据斯托克斯公式计算曲线积分

$$I=\oint_{\Gamma}(y^2-z^2)\mathrm{d}x+(z^2-x^2)\mathrm{d}y+(x^2-y^2)\mathrm{d}z,$$

其中 Γ 为用平面 $x+y+z=\frac{3}{2}$ 截立方体 $0\leqslant x\leqslant 1,0\leqslant y\leqslant 1,0\leqslant z\leqslant 1$ 的表面所得的截痕,如果从 Ox 轴的正向看去,取其逆时针方向(图 15-5-5).

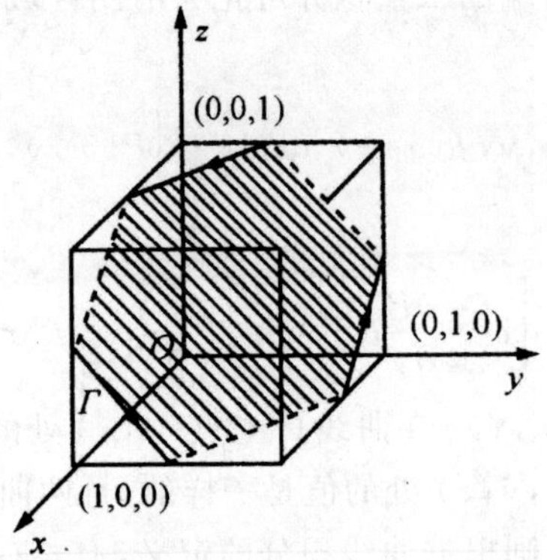

图 15-5-5

解:取 S 为平面 $x+y+z=\frac{3}{2}$ 的上侧被 Γ 所围成部分,S 的单位法向量为

$$\boldsymbol{n}=\frac{1}{\sqrt{3}}\{1,1,1\},$$

则有

$$\cos\alpha=\cos\beta=\cos\gamma=\frac{1}{\sqrt{3}}.$$

根据斯托克斯公式,则有

$$I=\iint_S\begin{vmatrix}\frac{1}{\sqrt{3}} & \frac{1}{\sqrt{3}} & \frac{1}{\sqrt{3}}\\ \frac{\partial}{\partial x} & \frac{\partial}{\partial y} & \frac{\partial}{\partial z}\\ y^2-z^2 & z^2-x^2 & x^2-y^2\end{vmatrix}\mathrm{d}S$$

$$=-\frac{4}{\sqrt{3}}\iint_S(x,y,z)\mathrm{d}S.$$

由于在 S 上 $x+y+z=\frac{3}{2}$,所以

$$I=-\frac{4}{\sqrt{3}}\times\frac{3}{2}\iint_{S}\mathrm{d}S$$

$$=-2\sqrt{3}\iint_{D_{xy}}\sqrt{3}\,\mathrm{d}x\,\mathrm{d}y=-6\sigma_{xy}.$$

其中 D_{xy} 为 S 在 xOy 平面上的投影区域，σ_{xy} 为 D_{xy} 的面积(图 15-5-6).

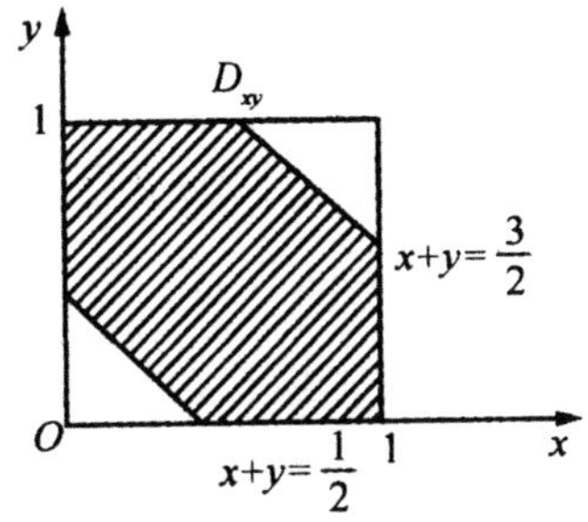

图 15-5-6

因为

$$\sigma_{xy}=1-2\times\frac{1}{8}=\frac{3}{4},$$

所以

$$I=-\frac{9}{2}.$$

例 15.5.5　计算曲线积分

$$\oint_{L}z\,\mathrm{d}x+x\,\mathrm{d}y+y\,\mathrm{d}z,$$

其中 L 是球面 $x^2+y^2+z^2=2(x+y)$ 与平面 $x+y=2$ 的交线，且 L 的正向从原点看去是逆时针方向，如图 15-5-7 所示.

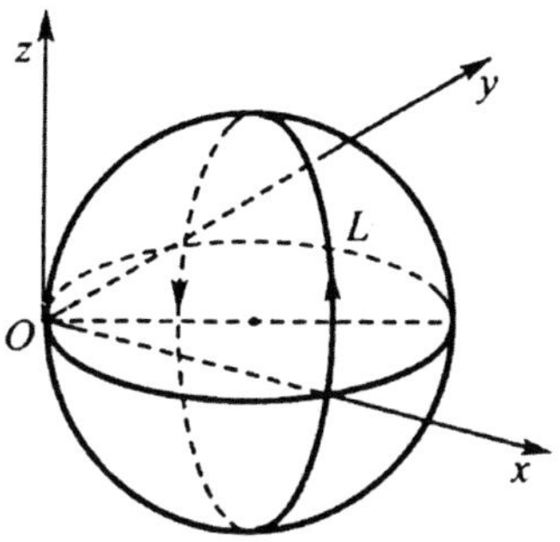

图 15-5-7

解:令平面 $x+y=2$ 上由曲线 L 所围部分为斯托克斯公式中的曲面 S,则 S 的法向量的方向余弦按右手法则为

$$\cos\alpha=-\frac{1}{\sqrt{2}},\cos\beta=-\frac{1}{\sqrt{2}},\cos\gamma=0.$$

则可得

$$\oint_L z\,\mathrm{d}x+x\,\mathrm{d}y+y\,\mathrm{d}z=\iint_S\begin{vmatrix}\cos\alpha & \cos\beta & \cos\gamma\\ \dfrac{\partial}{\partial x} & \dfrac{\partial}{\partial y} & \dfrac{\partial}{\partial z}\\ y & z & x\end{vmatrix}\mathrm{d}S$$

$$=\iint_S\left(\frac{1}{\sqrt{2}}+\frac{1}{\sqrt{2}}\right)\mathrm{d}S=\sqrt{2}\iint_S\mathrm{d}S=\sqrt{2}\cdot[\pi(\sqrt{2})^2]=2\sqrt{2}\pi.$$

参考文献

[1]旷雨阳,刘维江.数学分析精要解读[M].合肥:中国科学技术大学出版社,2016.

[2]林元重.新编数学分析(上)[M].武汉:武汉大学出版社,2015.

[3]林元重.新编数学分析(下)[M].武汉:武汉大学出版社,2015.

[4]杨国华.数学分析[M].长春:吉林大学出版社,2014.

[5]李胜宏.数学分析[M].杭州:浙江大学出版社,2009.

[6]孙玉泉,文晓,薛玉梅.工科数学分析(上)[M].北京:北京航空航天大学出版社,2019.

[7]许绍元.数学分析选讲[M].广州:暨南大学出版社,2018.

[8]黄金莹,谢颖.数学分析选讲[M].西安:西安交通大学出版社,2014.

[9]任亲谋.数学分析选讲[M].西安:陕西师范大学出版总社有限公司,2014.

[10]朱尧辰.数学分析范例选解[M].合肥:中国科学技术大学出版社,2015.

[11]罗群.数学分析专题之典型例题分析[M].北京:世界图书出版公司,2016.

[12]张学军.数学分析选讲[M].长沙:湖南师范大学出版社,2012.

[13]郝涌,李学志,陶有德.数学分析选讲[M].北京:国防工业出版社,2010.

[14]刘德祥,刘绍武,冯立新.数学分析方法选讲[M].哈尔滨:黑龙江大学出版社,2014.

[15]姚允龙.数学分析[M].上海:复旦大学出版社,2002.

[16]臧子龙,严兴杰.数学分析(上)[M].徐州:中国矿业大学出版社,2018.

[17]臧子龙,严兴杰.数学分析(下)[M].徐州:中国矿业大学出版社,2018.

[18]殷承元.数学分析[M].上海:上海财经大学出版社,2005.

[19]马建国.数学分析[M].北京:科学出版社,2011.

[20]康永强,陈燕燕.应用数学与数学文化[M].2 版.北京:高等教育出版社,2019.

[21]李建杰,傅建军.应用数学:理论、案例与建模[M].北京:中国人民大学出版社,2017.

[22]杨传林.数学分析解题思想与方法[M].杭州:浙江大学出版社,2008.

[23]王家正,乔宗敏.数学分析选讲[M].合肥:安徽大学出版社,2010.

[24]龚怀云.数学分析[M].西安:西安交通大学出版社,2000.

[25]刘新波.数学分析选讲[M].哈尔滨:哈尔滨工业大学出版社,2009.

[26]王彭.基础数学[M].北京:中国电力出版社,2014.

[27]黄永辉.数学分析选讲[M].北京:中国铁道出版社,2008.

[28]沈忠华,虞旦盛,于秀源.数学分析问题讲析[M].杭州:浙江大学出版社,2010.

[29]陈玉花.应用数学基础[M].北京:高等教育出版社,2014.

[30]顾央青,曹勃.应用数学[M].杭州:浙江大学出版社,2019.

[31]李铮伟.常微分方程典型应用案例及理论分析[M].上海:上海科学技术出版社,2019.

[32]朱惠霖,田延彦.当代世界中的数学:应用数学与数学应用[M].哈尔滨:哈尔滨工业大学出版社,2019.

[33]阳永生,戴新建.应用数学基础[M].北京:中国人民大学出版社,2017.

[34]曾庆柏.应用高等数学[M].北京:高等教育出版社,2014.

[35]颜文勇.高等应用数学[M].北京:高等教育出版社,2014.

[36]黄玉娟.经济数学·微积分[M].北京:中国水利水电出版社,2014.

[37]刘洪宇.经济数学[M].北京:中国人民大学出版社,2012.

[38]邱红.实用高等数学[M].青岛:中国海洋大学出版社,2011.

[39]吴纯,谭莉.应用高等数学[M].北京:机械工业出版社,2013.

[40]柴惠文,蒋福坤.高等数学[M].第二版.上海:华东理工大学出版社,2015.

[41]柯善军.高等数学与应用实验[M].北京:北京航空航天大学出版社,2007.

[42]陶金瑞.高等数学[M].第二版.北京:机械工业出版社,2015.